基于R应用的统计学丛书

数据可视化分析

基于R语言

第3版

DATA VISUALIZATION ANALYSIS WITH R LANGUAGE

贾俊平——著

中国人民大学出版社
·北京·

前　　言

当你面对一个数据集时，如何用图形将其展示出来，这就是可视化问题。简单说，数据可视化是将数据用图形展示出来的方法，它是数据分析的基础，也是数据分析的重要组成部分。可视化本身既是对数据的展示过程，也是对数据信息的再提取过程，它不仅可以帮助我们理解数据，探索数据的特征和模式，还可以提供从数据本身难以发现的额外信息。对使用者而言，可视化分析需要清楚数据类型、分析目的和实现工具三个基本问题。数据类型决定你可以画出什么图形；分析目的决定你需要画出什么图形；实现工具决定你能够画出什么图形。

本书概要

本书以 R 语言为实现工具，以数据可视化分析为导向，结合实际数据介绍可视化方法。全书包括 10 章内容。第 1 章介绍数据可视化的基本问题以及 R 语言数据处理的基本方法，为可视化分析奠定基础。第 2 章介绍 R 语言绘图基础，重点介绍 R 的传统绘图包 graphics 中的基本绘图函数和 ggplot2 包的绘图语法及其应用。第 3 章介绍类别数据的可视化方法，包括类别频数和频数百分比的可视化方法。第 4 章介绍数据分布的可视化方法，包括直方图与核密度图、箱线图和小提琴图、点图等。第 5 章介绍变量间关系的可视化方法，包括散点图、散点图矩阵、相关系数矩阵等。第 6 章介绍样本相似性的可视化方法，包括平行坐标图和雷达图、星图和脸谱图、聚类图和热图等。第 7 章介绍时间序列的可视化方法，包括展示时间序列变化模式的图形、随机成分平滑曲线以及时间序列动态交互图等。第 8 章介绍概率分布的可视化方法，包括二项分布、正态分布、χ^2分布、t 分布和 F 分布的可视化以及抽样分布的可视化方法。第 9 章介绍其他一些特殊的可视化图形以及图表组合的绘制方法。第 10 章介绍与可视化相关的一些基本问题和注意事项。

本书特色

- 不同的可视化视角。与其他可视化书籍不同，本书根据数据类型和可视化目的对图形进行分类，如类别数据的频数图形、数值数据的分布图形、变量间的关系图形、样本的相似性图形、时间序列图形等，有利于读者根据所面对的数据类型和分析目的选择图形。
- 体现 R 语言可视化的强大功能及其多样性和灵活性。全书精选 400 多幅图。图形绘制以 ggplot2 为主，结合使用传统绘图包 graphics 和绘图代码相对简单的基于 ggplot2 开发的一些绘图包，如 ggiraphExtra、ggpubr 等。对于 ggplot2 不能绘制或代码相对复杂的一些图形，使用了其他一些包，如 plotrix、vcd、aplpack 等。
- 详细的绘图代码。除少数示意图外，每幅图形均列出了相对独立的绘制代码，并标有详细注释，直接运行即可得到相应的图形。
- 详尽的图形解读。每幅图形均结合实际数据给出了详尽解读，以帮助读者更好地理解和应用。

读者对象

本书可作为高等院校各专业开设数据可视化分析课程的教材，也可作为数据分析工作者、R 语言和可视化分析爱好者的参考书。阅读本书需要具备一定的统计学基础知识，如统计量的计算、概率分布、参数估计、假设检验、相关分析与回归建模检验、时间序列预测等。

R 语言是个永远也挖不完的金矿，其中的更多资源还需要读者自己挖掘。因作者水平有限，本书介绍的可视化图形只是冰山一角，也难免存在不当之处。只要能起到抛砖引玉的作用，就达到了本书的目标。

贾俊平

数据可视化分析课程思政建设的总体目标

《数据可视化分析——基于 R 语言》(第 3 版)以习近平新时代中国特色社会主义思想为指导，全面贯彻党的二十大精神，根据教育部《高等学校课程思政建设指导纲要》的要求，把立德树人作为根本任务。

数据可视化是用图形展示数据的方法，它既是一门方法课，又是一门应用课程。数据可视化分析应紧密联系新时代中国特色社会主义理论和实践，结合中国社会发展成就，客观反映社会经济、生产和生活以及科学研究领域的发展变化。本课程思政建设的总体目标应包括以下几个方面的内容。

- **树立正确价值观，展示社会发展成就**

数据可视化分析课程应与中国特色社会主义理论和实践相结合，牢记数据可视化分析服务于社会、服务于生活、服务于管理、服务于科学研究的使命，重点展示中国特色社会主义建设成就，展示中国社会经济、科学研究、生产和生活的发展和变化，反映中国特色社会主义制度的优越性。

- **坚持实事求是理念，合理选择数据**

合理选择数据是可视化分析的基础和前提。数据可视化分析应树立实事求是的理念，将数据选取与实事求是的理念相结合。可视化分析应着重选择反映我国社会发展成就、反映科技进步和人民生活变化的数据。数据选择应符合实际，避免为个人目的主观取舍数据或弄虚作假行为。

- **坚持科学态度，合理选择方法**

数据可视化的实现方法多种多样，即使是相同的数据，选择不同方法也会提供不同的信息。可视化方法的选择应科学合理，避免主观臆断；既要符合展示数据的需要，又应避免为个人需要而刻意选择可视化方法。

- **客观展示结果，避免以偏概全**

在对数据可视化分析中，结果的解释和结论陈述应保持客观公正、表里如一，避免因个人目的而违背科学、断章取义等行为。

贾俊平

目　录

第 1 章 数据可视化与R语言

Chapter 1

图形是展示数据的有效方式。在日常生活中，阅读报纸杂志、看电视、在网络上查阅文献时都能看到大量的图形。学术论文和其他出版物中也经常用图形来展示数据或数据的分析结果。显然，看图形要比看枯燥的数字更有趣，也更容易理解。本章首先介绍数据可视化有关概念，然后介绍 R 语言的初步使用和数据处理方法。

1.1 数据可视化概述

数据可视化是数据分析的基础，也是数据分析的重要组成部分。可视化本身既是对数据的展示过程，也是对数据信息的再提取过程。它不仅可以帮助我们理解数据，探索数据的特征和模式，还可以提供从数据本身难以发现的额外信息。

1.1.1 可视化及其分类

1. 可视化的含义

可视化的起源最早可追溯到 17 世纪，当时人们就开始对一些物理的基本测量结果手工绘制图表。18 世纪统计图形得到迅速发展，其奠基人苏格兰工程师威廉·普莱费尔（William Playfair）发明了折线图、条形图、饼图等。随着绘制手段的进步，到 19 世纪，统计图形得到了进一步的发展和完善，产生了直方图、轮廓图等更多的图形，初步形成了统计图表体系。进入 20 世纪 50 年代，随着计算机技术的发展，逐步形成了计算机图形学，人们利用计算机创建出了首批图形和图表。进入 21 世纪，可视化作为一门相对独立的学科得到迅速发展和完善，它在生活、生产和科学研究的各个领域得到广泛应用。

从一般意义上讲，数据可视化（data visualization）是研究数据视觉表现形式的方法和技术，它是综合运用计算机图形学、图像、人机交互等技术，将数据映射为可识别的图形、图像、视频或动画，并允许用户对数据进行交互分析的理论、方法和技术。从数据分析和应用的角度讲，可视化是将数据用图形表达出来的一种手段，它可以帮助人们更好地理解或解释数据，探索数据的特征和模式，并从数据中提取更多的信息。

随着计算机和数据科学的发展以及可视化手段的不断进步，数据可视化的概念和内涵也在不断地演进，可视化的形式也从传统的统计图表发展成形式多样的可视化技术，并开发出了一些专业的可视化工具。

2. 可视化的分类

根据可视化所处理的数据对象，数据可视化分为科学可视化和信息可视化两大类。

科学可视化主要是面向科学和工程领域的数据，如空间坐标和几何信息的三维空间数据、医学影像数据、计算机模拟数据等，主要探索如何以几何、拓扑和形状来呈现数据的特征和规律。根据数据的类型，科学可视化大致可分为标量场可视化、向量场可视化和张量场三类。

信息可视化处理的是非结构化和非几何的数据，如金融交易数据、社交网络数据、文本数据等。统计图形属于传统的信息可视化，其表现形式通常是在二维空间中表达数据信息。

3. 可视化的应用

目前，数据可视化在实际中已广泛应用，其应用的方式和形式主要取决于使用者的目的。有些是用于数据观测和跟踪，比如，实时的股票价格指数变化图、道路交通状况的实时监测等，这类可视化强调实时性和图表的可读性。有些是用于数据分析和探索，比如，分析数据分布特征的图表、分析变量间关系的图表等，这类图表主要强调数据的呈现或表达，发现数据之间的潜在关联。也有些是为帮助普通用户或商业用户快速理解数据的含义或变化，比如，商业类图表。还有些则是用于教育或宣传，比如出现在街头、杂志上的图表，这类图表强调说服力，通常使用强烈的对比、置换等手段，绘制出具有冲击力的图像。

本书介绍的可视化主要是针对数据的探索和分析，即如何将数据用图形表达出来，并对图形提供的信息进行分析，内容侧重于数据可视化的应用，即如何根据实际数据和分析目的选择要绘制的图形以及图形绘制的实现方法。

1.1.2 可视化的数据类型

数据可视化的对象是数据。数据类型决定你可以画出什么图形。不同的数据可以画出不同的图形，比如，对于人的性别可以画出频数条形图，对于人的年龄可以画出直方图，等等。因此，绘图之前需要弄清楚自己手中的**数据**（data）或**变量**（variable）是什么类型（数据是变量的观测结果，二者的分类是相同的）。可视化使用的数据大致可分为两大类，即**类别数据**（categorical data）和**数值数据**（metric data）。

类别数据也称分类数据或**定性数据**（qualitative data），它是**类别变量**（categorical variable）的观测结果。类别变量是取值为对象属性、类别或区间值的变量，也称分类变量或**定性变量**（qualitative variable）。比如，人的性别可以分为“男”“女”两类；上市公司所属的行业可以分为“金融”“地产”“医药”等多个类别；顾客对某项服务的满意度可以分为“很好”“好”“一般”“差”“很差”。人的性别、上市公司所属的行业、顾客对某项服务的满意度就是类别变量，其观测值就是类别数据。当数值数据划分成若干区间时，这样的区间也是类别变量，比如，将学生的月生活费支出分为 1 000 元以下、1 000～1 500 元、1 500～2 000 元、2 000 元以上 4 个层级，则“月生活费支出的层级”是数值区间，因此也属于类别变量。

类别变量根据取值是否有序，可分为无序类别变量和有序类别变量。无序类别变量的各类别间是不可以排序的，有序类别变量的各类别间则是有序的。比如，“服务满意度”的取值“很好”“好”“一般”“差”“很差”就是有序的。当然，可根据分析的需要将无序类别设置为有序类别。只取两个值的类别变量也称为布尔变量（Boolean variable）或二值变量（binary variable），例如“性别”这一变量只取“男”和“女”两个值，“真假”这一变量只取“真”和“假”两个值，等等。这里的“性别”和“真假”就是布尔变量。

数值数据（metric data）是数值变量（metric variable）的观测结果。比如，“电商销售额”“某只股票的收盘价”“生活费支出”“掷一枚骰子出现的点数”等变量的取值用数字来表示，都属于数值变量。数值变量根据取值的不同，可以分为离散变量（discrete variable）和连续变量（continuous variable）。离散变量是只能取有限个值的变量，而且其取值可以列举，通常（但不一定）是整数，如“企业数”“产品数量”等就是离散变量。连续变量是可以在一个或多个区间中取任何值的变量，它的取值是连续不断的，不能列举，如“年龄”“温度”“零件尺寸的误差”等都是连续变量。

在可视化分析中，使用的变量往往不是单一的类型，比如，仅仅是类别变量或数值变量，通常是不同类型变量的混合，即绘图数据中既有类别变量，又有数值变量，比如，数值数据是在一个或多个因子的水平下获得的。这类较复杂的数据结构通常可以画出多种图形，但要画出什么图形需要根据分析的目的做出选择，并非要画出所有可能的图形。

除数据类型外，分析目的也是影响数据可视化的因素之一。分析目的通常决定你需要画出什么图形。可视化不是为画图而画图，画什么图完全取决于分析目的。比如，要分析男女人数的构成，需要画出饼图、扇形图或环形图；要分析身高和体重的关系，需要画出散点图；要分析身高或体重的分布，需要画出直方图、核密度图，等等。只有清楚自己的分析目的，才能正确选择要画的图形。

1.1.3　可视化的实现工具

实现工具决定你能够画出什么图形。使用不同的可视化工具能够画出的图形是不同的，即使是同一种图形，不同工具也可能有不同的图形式样。使用者希望使用易于操作的工具绘制出漂亮的图形，但任何一款工具都不可能满足所有人的需要，因此，使用者可以考虑结合使用多种可视化工具。

统计软件中一般都有基本的绘图功能，如 SAS、SPSS、Minitab、Matlab 等都可以绘制基本的统计图形。还有一些较专业的可视化软件，如 Tableau、Origin 等。多数人熟悉的表格处理软件 Excel 也提供了一些基本的可视化功能。有些软件只需要点击鼠标，就可以绘制出所需的图形，有些则需要一定的编程知识，如 R 语言和 Python 语言等。

R 是一种免费的统计计算和绘图语言，也是一套开源的数据分析解决方案。R 语言不仅提供了内容丰富的数据分析方法，而且具有功能强大的可视化技术，因其开源和免费、功能强大、易于使用和更新速度快等优点受到人们的普遍欢迎。

本书使用 R 语言作为可视化的实现工具，是因为 R 语言具有多样性和灵活性的特点。利用它，使用者不仅可以绘制出式样繁多的图形，满足不同分析的需求，还可根据需要对图形进行修改。R 语言提供了大量的绘图包和函数，如传统绘图包 graphics、ggplot2 包以及基于 ggplot2 开发的多个绘图包。所有图形均可使用 R 函数来绘制，每个函数都附有详细的帮助信息，使用者可随时查阅函数帮助以解决绘图中的疑问。如果对图形有特殊要求，使用者还可以自己编写程序绘制想要的图形。

R 软件每年都会有两次左右的版本更新，新版本可能对某些包或函数做了升级，使用前需要根据自己使用的版本检查使用的函数是否已经更新。建议使用 R 软件的读者在下载或更新 R 版本时，保留旧版本，以备不时之需。

1.2 R 软件的初步使用

1.2.1 R 和 RStudio 的下载与安装

R 有两个主要的操作环境：一个是 R 的官方操作环境；另一个是 RStudio。

使用前，需要在你使用的计算机系统中安装 R 软件。在 CRAN 网站（https://cran.r-project.org/）上可以下载 R 的各种版本，包括 Windows，Linux 和 Mac OX，使用者可以根据自己的计算机系统选择相应的版本。

如果使用的是 Windows 系统，下载完成后桌面上会出现带有 R 版本信息的图标，双击该图标即可完成安装。安装完成后，双击即可启动 R 软件进入开始界面，如图 1-1 所示。

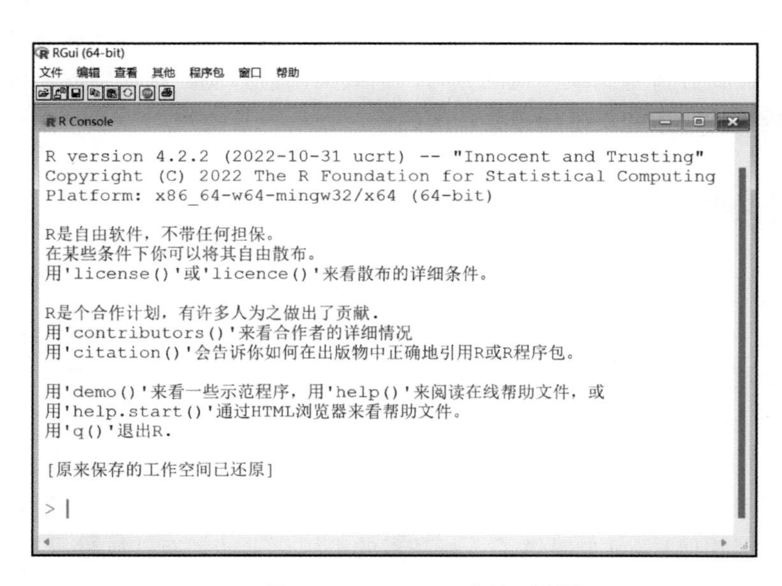

图1-1　Windows中的R界面

在提示符“>”后输入命令代码，按“Enter”键，R 软件就会运行该命令并输出相应的结果。本书代码的运行均在上述界面中完成。

图 1-1 是 R 官方提供的操作环境界面。除官方操作环境外，R 还有一种操作环境，即 RStudio，它是 R 语言的一个独立的开源项目，它将许多编程工具集成到一个直观、易于学习的界面中，现已成为 R 使用者偏爱的一种操作环境。

在安装完 R 后，可以进入 RStudio 的官方网站（https://www.rstudio.com/products/rstudio/download/）下载 RStudio。点击 Free 下的 Download，根据自己的计算机系统选择适合的版本。下载并安装完成后，双击即可启动 RStudio 进入开始界面。在提示符“>”后输入命令代码，按“Enter”键，即可显示结果，在右下窗口显示图形，如图 1-2 所示。

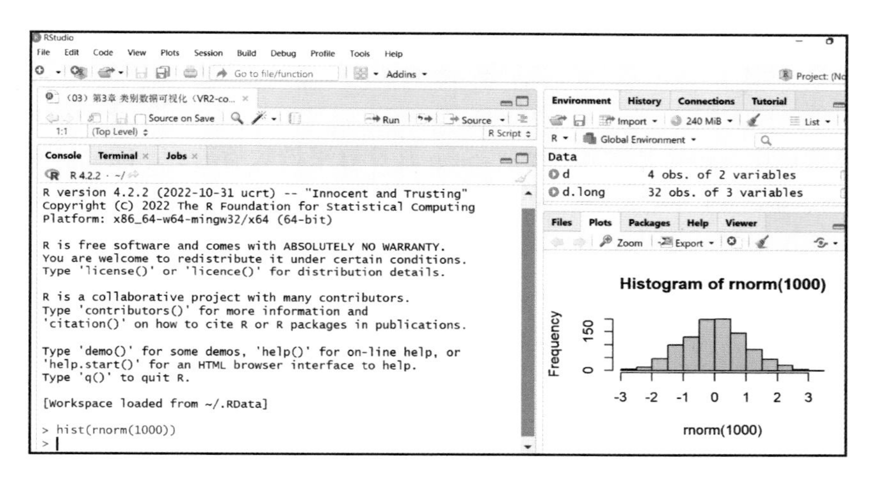

图1-2　Windows中的RStudio界面

R 软件的所有分析和绘图均由 R 命令实现。使用者需要在提示符“>”后输入命令代码，每次可以输入一条命令，也可以连续输入多条命令，命令之间用分号“；”隔开。命令输入完成后，按“Enter”键，R 软件就会运行该命令并输出相应的结果。比如，在提示符“>”后输入 2+3，按“Enter”键后显示结果为 5。如果要输入的代码较多，超过一行，可以在适当的地方按“Enter”键，在下一行继续输入，R 软件会在断行的地方用“+”表示连接。

1.2.2　对象赋值与运行

如果要对输入的数据做多种分析，如计算平均数、标准差，绘制直方图等，每次分析都要输入数据就非常麻烦，这时，可以将多个数据组合成一个数据集，并给数据集起一个名称，然后把数据集赋值给这个名称，这就是所谓的 **R 对象**（object）。R 对象可以是数据集、模型、图形等任何东西。

R 语言的标准赋值符号是“<-”，也允许使用“=”进行赋值，但推荐使用更加标准的前者。使用者可以给对象赋一个值、一个向量、一个矩阵或一个数据框等。比如，将 5 个数据 80，87，98，73，100 赋值给对象 x，将数据文件 data1_1 赋值给对象 y，代码如下面的代码框所示。

```
# 对象赋值（未运行）
> x<-c(80,87,98,73,100)          # 将5个数据赋值给对象x
> y<-data1_1                     # 将数据文件data1_1赋值给对象y
```

代码“x<-c(80,87,98,73,100)”中“c”是一个 R 函数，它表示将 5 个数据合并成一个向量，然后赋值给对象 x。这样，在分析这 5 个数据时，就可以直接分析对象 x。比如，要计算对象 x 的总和、平均数，并绘制条形图，代码如下面的代码框所示。

```
# 对象计算和绘图（未显示运行结果）
> sum(x)                         # 计算对象x的总和
> mean(x)                        # 计算对象x的平均数
> barplot(x)                     # 绘制对象x的条形图
```

在上述代码中，sum 是求和函数，mean 是计算平均数的函数，barplot 是绘制条形图的函数。代码中“#”是 R 语言的注释符号，运行代码遇到注释符号时，会自动跳过其后的内容而不运行，未使用“#”标示的内容，R 软件都会视为代码运行，没有“#”符号的注释，R 软件会显示错误信息。读者可以运行上述代码来查看相应结果。

1.2.3　编写代码脚本

R 代码虽然可以在提示符后输入，但如果输入的代码较多，难免出现输入错误。如果代码输入错误或书写格式错误，运行后，R 会出现错误提示或警告信息。这时，在 R 界面中修改错误的代码比较麻烦，也不利于保存代码，因此，R 代码最好是在脚本文件中编写，编写完成后，选中输入的代码，并单击鼠标右键，选择“运行当前行或所选代码”，即可在 R 中运行该代码并得到相应结果。

使用脚本文件编写代码时，在 R 控制台中单击“文件”→“新建程序脚本”命令，会弹出 R 编辑器，在其中编写代码即可，如图 1-3 所示。

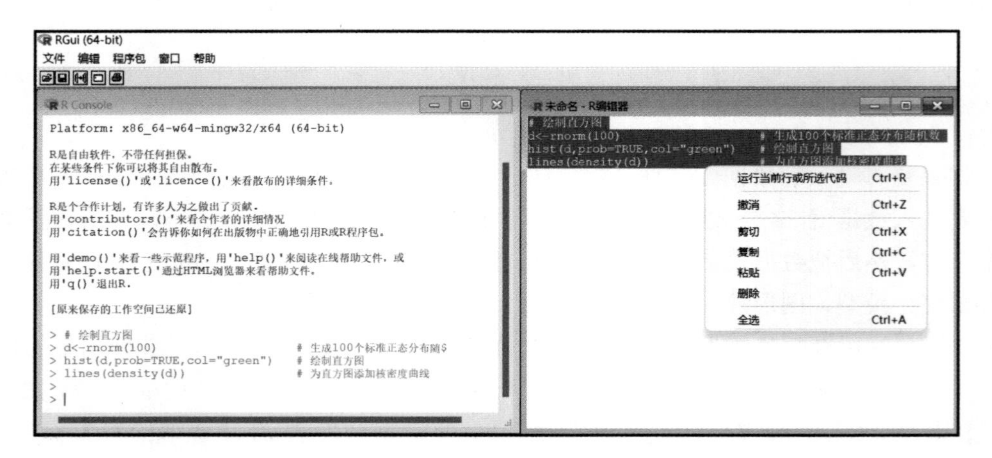

图1-3　在脚本文件中编写代码

如果运行出现错误或需要增加新的代码，可根据 R 的错误提示信息在脚本文件中修改。运行没有问题后可将代码文件保存到指定目录的文件夹中，下次使用时在 R 界面中打开代码即可。

1.2.4　包的安装与加载

R 软件中的包（package）是指包含数据集、R 函数等信息的集合。大部分统计分析和绘图都可以使用已有的 R 包中的函数来实现。一个 R 包中可能包含多个函数，能做多种分析和绘图，对于同一问题的分析或绘图，也可以使用不同包中的函数来实现，用户可以根据个人需要和偏好选择所用的包。

在最初安装 R 软件时，自带了一系列默认包，如 base，datasets，utils，grDevices，graphics，stats，methods 等，它们提供了种类繁多的默认函数和数据集，分析时可直接使用这些包中的函数而不必加载这些包。其他包则需要事先安装并加载后才能使用。使用 library( ) 或 .packages(all.available=TRUE) 函数，可以显示 R 软件中已经安装了哪些包，并列出这些包的名称。

在使用 R 软件时，可根据需要随时在线安装所需的包。对于放置在 CRAN 平台上的包，输入 install.packages(" 包名称 ") 命令，选择相应的镜像站点即可自动完成包的下载和安装。完成安装后，要使用该包时，需要使用 library 函数或 require 函数将其加载到 R 界面中。有关 R 包的一些简单操作如下面的代码框所示。

```
# 安装包
> install.packages("ggplot2")                  # 安装ggplot2包
> install.packages(c("ggplot2","vcd"))         # 同时安装ggplot2和vcd两个包

# 加载包
> library(ggplot2)                             # 加载ggplot2包，或写成require(ggplot2)

# 卸载（删除）安装在R中的包
> remove.packages("ggplot2")                   # 从R中彻底删除ggplot2包

# 解除（不是删除）加载到R界面中的包
> detach("ggplot2")                            # 解除加载到R界面中的ggplot2包

注：有些R包放置在GitHub上，如果想下载GitHub上的包，需要使用githubinstall函数或gh_install_
packages函数，该函数来自githubinstall包，因此需要先安装这个包。比如，想安装来自GitHub的
ggTimeSeries包，具体代码如下：
install.packages("githubinstall ")    # 安装githubinstall包
library(githubinstall)                # 加载githubinstall包
githubinstall("ggTimeSeries ")        # 安装ggTimeSeries包
或gh_install_packages("ggTimeSeries")
```

除R软件默认安装的包外，本书还用到了其他一些包。建议读者在使用本书前先安装所需的包，以方便随时调用。在R官网上可以查阅包的功能简介，使用help(package="包名称")可以查阅包的详细信息。

1.2.5 查看帮助文件

R软件的所有计算和绘图均可由R函数完成，这些函数通常来自不同的R包，每个R包和函数都有相应的帮助说明。使用中遇到疑问时，可以随时查看帮助文件。比如，要想了解sum函数和stats包的功能及使用方法，可使用help(函数名)或“?函数名”查询。直接输入函数名，可以看到该函数的源代码，如下面的代码框所示。

```
# 查看帮助
> help(sum)                          # 查看sum函数的帮助信息
> ?plotmath                          # 查看R的数学运算符
> help(package="stats")              # 查看stats包的信息
> var                                # 查看var函数的源代码
```

help(sum)会输出sum函数的具体说明，包括函数的形式、参数设定、示例等内容。help(package=stats)可以输出stats包的简短描述以及包中的函数名称和数据集名称的列表。输入var并运行，可以查看var函数的源代码。

1.3 R的数据类型及其操作

R软件自带了很多数据集，并附有这些数据集的分析和绘图示例，可在学习R语言时练习使用。输入数据集的名称可查看该数据集，用help(数据集名称)可查看该数据集的详细信息。比如，要查看泰坦尼克号的数据，输入Titanic即可，要查看该数据的详细信息，输入help(Titanic)或?Titanic即可。

使用R语言绘图时，清楚R的数据类型、数据结构以及数据操作是十分重要的。R语言处理的数据集（data set）类型包括向量（vector）、矩阵（matrix）、数组（array）、数据框（data frame）、因子（factor）、列表（list）等。

1.3.1 向量、矩阵和数组

1. 向量

向量是个一维数组，其中可以是数值型数据，也可以是字符数据或逻辑值（如TRUE或FALSE）。要在R中录入一个向量，可以使用c函数将不同元素组合成向量，也可以使用seq函数、rep函数等产生向量。下面的代码框展示了在R中创建不同向量的例子。

```
# 用c函数创建向量
> a<-c(2,5,8,3,9)                              # 数值型向量
> b<-c("甲","乙","丙","丁")                    # 字符型向量
> c<-c("TRUE","FALSE","FALSE","TRUE")          # 逻辑值向量
> a;b;c                                        # 运行向量a,b,c，并显示其结果
[1] 2 5 8 3 9
[1] "甲" "乙" "丙" "丁"
[1] "TRUE"  "FALSE" "FALSE" "TRUE"
# 创建向量的其他方法
> v1<-1:6                                      # 产生1~6的等差数列
> v2<-seq(from=2,to=4,by=0.5)                  # 在2~4之间产生步长为0.5的等差数列
> v3<-rep(1:3,times=3)                         # 将1~3的向量重复3次
> v4<-rep(1:3,each=3)                          # 将1~3的向量中每个元素重复3次
> v1;v2;v3;v4                                  # 运行向量v1,v2,v3,v4
[1] 1 2 3 4 5 6
[1] 2.0 2.5 3.0 3.5 4.0
[1] 1 2 3 1 2 3 1 2 3
[1] 1 1 1 2 2 2 3 3 3
# R的内置函数
> LETTERS[1:10]                                # 生成第1~10个大写英文字母
 [1] "A" "B" "C" "D" "E" "F" "G" "H" "I" "J"
> letters[1:10]                                # 生成第1~10个小写英文字母
 [1] "a" "b" "c" "d" "e" "f" "g" "h" "i" "j"
> month.abb                                    # 生成缩写的英文月份
 [1] "Jan" "Feb" "Mar" "Apr" "May" "Jun" "Jul" "Aug" "Sep" "Oct" "Nov" "Dec"
> month.name[1:6]                              # 生成全称英文月份1—6月份
[1] "January"  "February" "March"    "April"    "May"      "June"
```

同一个向量中的元素只能是同一类型的数据，不能混杂。使用表示下标的方括号“[ ]”可以访问向量中的元素。比如，访问向量 a<-c(2,5,8,3,9) 中的第 2 个和第 5 个元素，输入代码 a[c(2,5)]，显示的结果为 [1] 5 9。

2. 矩阵

矩阵是个二维数组，其中的每个元素类型都是数值。用 matrix 函数可以创建矩阵。比如，要创建一个 2 行 3 列的矩阵，代码和结果如下面的代码框所示。

```
# 用matrix函数创建矩阵
> v<-1:6                       # 生成1~6的数值向量
> mat<-matrix(v,               # 创建向量v的矩阵，并命名为mat
+   nrow=2,ncol=3,             # 矩阵行数为2，列数为3
+   byrow=TRUE)                # 按行填充矩阵元素（函数默认byrow=FALSE，即按列填充）
> mat                          # 显示矩阵mat
```

```
     [,1] [,2] [,3]
[1,]    1    2    3
[2,]    4    5    6
```

第 1 列中的 [1,] 表示第 1 行，[2,] 表示第 2 行，逗号在数字后表示行；第 1 行中的 [,1] 表示第 1 列，[,2] 表示第 2 列，[,3] 表示第 3 列，逗号在数字前表示列。

要给矩阵添加行名和列名，可以使用 rownames 函数和 colnames 函数。要对矩阵做转置，可使用 t 函数。代码和结果如下面的代码框所示。

```
# 为矩阵mat添加行名和列名
> rownames(mat)=c("甲","乙")                    # 添加行名
> colnames(mat)=c("A","B","C")                  # 添加列名
> mat
   A  B  C
甲  1  2  3
乙  4  5  6
# 矩阵转置（使用t函数）
> t(mat)
  甲 乙
A  1  4
B  2  5
C  3  6
```

数组与矩阵类似，但维数可以大于 2。使用 array 函数可以创建数组。限于篇幅，这里不再举例，读者可自己查阅函数帮助。

1.3.2 数据框

数据框是一种表格结构的数据，类似于 Excel 中的数据表，也是较为常见的数据形式。

1. 创建数据框

使用 data.frame 函数可创建数据框。假定有 5 名学生 3 门课程的考试分数数据如表 1-1 所示。

表1-1 5名学生3门课程的考试分数（table1_1）

姓名	统计学	数学	经济学
刘文涛	68	85	84
王宇翔	85	91	63
田思雨	74	74	61
徐丽娜	88	100	49
丁文彬	63	82	89

表 1-1 就是数据框形式的数据。要将该数据录入到 R 中，可先以向量的形式录入，然后用 data.frame 函数组织成数据框。代码和结果如下面的代码框所示。

```
# 写入姓名和分数向量
> names<-c("刘文涛","王宇翔","田思雨","徐丽娜","丁文彬")          # 写入学生姓名向量
> stat<-c(68,85,74,88,63)                                          # 写入各门课程分数向量
> math<-c(85,91,74,100,82)
> econ<-c(84,63,61,49,89)

# 将向量组织成数据框形式
> table1_1<-data.frame(学生姓名=names,统计学=stat,数学=math,经济学=econ)
                              # 将数据组织成数据框形式，并赋值给对象table1_1
> table1_1                    # 展示数据框
  学生姓名  统计学  数学  经济学
1   刘文涛      68    85      84
2   王宇翔      85    91      63
3   田思雨      74    74      61
4   徐丽娜      88   100      49
5   丁文彬      63    82      89
```

2. 数据框的查看和访问

将外部数据读入到 R 时，并不显示该数据。输入数据的名称可以显示全部数据。如果数据框中的行数和列数都较多，可以只显示数据框的前几行或后几行。使用 head(table1_1) 默认显示数据的前 6 行，如果只想显示前 3 行，则可以写成 head(table1_1,3)。使用 tail(table1_1) 默认显示数据的后 6 行，如果只想显示后 3 行，则可以写成 tail(table1_1,3)。使用 class 函数可以查看数据的类型；使用 nrow 函数和 ncol 函数可以查看数据框的行数和列数；使用 dim 函数可以同时查看数据框的行数和列数。当数据量比较大时，可以使用 str 函数查看数据的结构。查看数据框的代码和结果如下面的代码框所示。

```
# 查看数据框
> table1_1<-read.csv("C:/mydata/chap01/table1_1.csv")        # 读入数据框table1_1
> table1_1                                                   # 显示table1_1
    姓名  统计学  数学  经济学
1 刘文涛      68    85      84
2 王宇翔      85    91      63
3 田思雨      74    74      61
4 徐丽娜      88   100      49
5 丁文彬      63    82      89
> head(table1_1,3)                                           # 查看前3行
    姓名  统计学  数学  经济学
1 刘文涛      68    85      84
```

```
2  王宇翔      85      91      63
3  田思雨      74      74      61
> tail(table1_1,3)                                  # 查看后3行
     姓名   统计学    数学   经济学
3  田思雨      74      74      61
4  徐丽娜      88     100      49
5  丁文彬      63      82      89
# 查看数据框的行数和列数
> nrow(table1_1)                                    # 查看table1_1的行数
[1] 5
> ncol(table1_1)                                    # 查看table1_1的列数
[1] 4
> dim(table1_1)                                     # 同时查看行数和列数
[1] 5 4
# 查看数据类型
> class(table1_1)
[1] "data.frame"
# 查看数据结构
> str(table1_1)                                     # 查看tabe1_1的数据结构
'data.frame':  5 obs. of  4 variables:
 $ 姓名   : chr  "刘文涛" "王宇翔" "田思雨" "徐丽娜" ...
 $ 统计学: int   68  85  74  88   63
 $ 数学   : int   85  91  74  100  82
 $ 经济学: int   84  63  61  49   89

注：代码str(table1_1)的运行结果显示，table1_1是一个数据框，有4个变量，每个变量有5个观测值。其中"姓名"是因子，有5个水平，因子的编码（按姓名的拼音字母顺序）为2 4 3 5 1；"统计学""数学""经济学"是数值变量。当数据量较大时，R会显示前几个，其余省略。
```

如果要对数据框中的特定变量进行分析或绘图，需要用“$”符号指定要分析的变量，也可以用下标指定变量所在的列或行（这样可以避免书写变量名），要分析指定的列时，需要将逗号放在数字的前面，要分析指定的行时，需要将逗号放在数字的后面。代码和结果如下面的代码框所示。

```
# 访问数据框中的特定行或列
> table1_1<-read.csv("C:/mydata/chap01/table1_1.csv")
> table1_1$统计学          # 访问table1_1中的统计学变量，或写成table1_1[,2]
[1] 68 85 74 88 63
> table1_1[,2:3]           # 访问table1_1中的第2列至第3列，或写成table1_1[,c(2,3)]
    统计学   数学
1      68     85
2      85     91
```

```
3        74       74
4        88      100
5        63       82
> table1_1[,c(1,3)]     # 访问table1_1中的第1列和第3列
      姓名     数学
1   刘文涛      85
2   王宇翔      91
3   田思雨      74
4   徐丽娜     100
5   丁文彬      82
> table1_1[3,]       # 访问table1_1中的第3行
      姓名   统计学    数学   经济学
3   田思雨       74      74       61
> table1_1[c(2,4),]      # 访问table1_1中的第2行和第4行
      姓名   统计学    数学   经济学
2   王宇翔       85      91       63
4   徐丽娜       88     100       49
> table1_1[3,2]        # 访问table1_1中的第3行和第2列对应的单元格
[1] 74
> table1_1[c(1,3),c(1,2:3)]  # 访问table1_1中的第1行和第3行、第1列和第2至第3列
      姓名   统计学    数学
1   刘文涛       68      85
3   田思雨       74      74
```

3. 数据框的合并

如果需要合并不同的数据框，使用 rbind 函数可以将不同的数据框按行合并；使用 cbind 函数可以将不同的数据框按列合并。需要注意，按行合并时，数据框中的列变量必须相同，按列合并时，数据框中的行变量必须相同，否则合并是没有意义的。假定除上面的数据框 table1_1 外，还有一个数据框 table1_2，如表 1-2 所示。

表1-2　5名学生3门课程的考试分数（table1_2）

姓名	统计学	数学	经济学
李志国	78	84	51
王智强	90	78	59
宋丽媛	80	100	53
袁芳芳	58	51	79
张建国	63	70	91

表 1-2 是另外 5 名学生相同课程的考试分数。如果将两个数据框按行合并，代码和结果如下面的代码框所示。

```
# 数据框合并
> table1_1<-read.csv("C:/mydata/chap01/table1_1.csv")          # 读入数据
> table1_2<-read.csv("C:/mydata/chap01/table1_2.csv")
> mytable<-rbind(table1_1,table1_2)                            # 按行合并数据框
> mytable
     姓名  统计学  数学  经济学
1   刘文涛     68    85      84
2   王宇翔     85    91      63
3   田思雨     74    74      61
4   徐丽娜     88   100      49
5   丁文彬     63    82      89
6   李志国     78    84      51
7   王智强     90    78      59
8   宋丽媛     80   100      53
9   袁芳芳     58    51      79
10  张建国     63    70      91
```

假定上面的 10 名学生还有两门课程的考试分数，可以使用 cbind 函数将其按列合并到 mytable 中。

4. 数据框排序

有时需要对向量或数据框进行排序。使用 sort 函数可以对向量排序，函数默认 decreasing=FALSE（默认的参数设置可以省略不写），即升序排列，降序时，可设置参数 decreasing=TRUE。

如果要对整个数据框中的数据进行排序，排序结果与数据框中的行变量对应，则可以使用 base 包中的 order 函数、dplyr 包中的 arrange 函数等。其中 dplyr 包提供了数据框操作的多个函数，比如排序函数 arrange、变量筛选函数 select、数据汇总函数 summarise 等。排序函数 arrange 可以根据数据框中的某个列变量对整个数据框排序。函数默认按升序排列，降序时，设置参数 desc(变量名) 即可。

以表 1-1 的数据（table1_1）为例，使用 dplyr 包中的 arrange 函数对数据排序的代码和结果如下面的代码框所示。

```
# 使用dplyr包中的arrange函数根据某个列变量对整个数据框排序
> library(dplyr)                                        # 加载包
> table1_1<-read.csv("C:/mydata/chap01/table1_1.csv")
> arrange(table1_1,姓名)                                 # 按姓名升序对整个数据框排序
     姓名  统计学  数学  经济学
1   丁文彬     63    82      89
2   刘文涛     68    85      84
3   田思雨     74    74      61
4   王宇翔     85    91      63
5   徐丽娜     88   100      49
```

```
> arrange(table1_1,desc(数学))         # 按数学分数降序对整个数据框排序
     姓名   统计学   数学   经济学
1   徐丽娜      88    100      49
2   王宇翔      85     91      63
3   刘文涛      68     85      84
4   丁文彬      63     82      89
5   田思雨      74     74      61
```

使用 order 函数也可以对数据框排序，运行代码 table1_1[order(table1_1$ 姓名),] 和 table1_1[order(table1_1$ 数学 , decreasing=TRUE),]，得到与上述相同的结果。使用代码 sort(table1_1$ 姓名) 可以对姓名做升序排列；使用代码 sort(table1_1$ 统计学 ,decreasing=TRUE) 可以对统计学分数降序排列。

1.3.3　因子和列表

类别变量在 R 语言中称为因子（factor），因子的取值称为水平（level）。很多数据结构中都包含因子，分析或绘图时通常会按照因子的水平进行分组处理。

使用 factor 函数可以创建因子。比如，a<-c(" 金融 "," 地产 "," 医药 "," 医药 "," 金融 "," 医药 ")，factor(a) 将此向量中的元素设置为因子。根据分析的需要，可以使用 as.numeric 函数将因子转换为数值。使用 factor 函数也可以创建有序因子，设置参数 ordered=TRUE 即可。因子操作的 R 代码和结果如下面的代码框所示。

```
# 创建因子
> a<-c("金融","地产","医药","医药","金融","医药")         # 创建向量a
> f1<-factor(a);f1                                      # 将向量a编码为因子
[1] 金融   地产   医药   医药   金融   医药
Levels: 地产   金融   医药
# 将因子转换为数值
> as.numeric(f1)
[1] 2 1 3 3 2 3
# 将无序因子转换为有序因子或数值
> b<-c("很好","好","一般","差","很差")                    # 创建向量b
> f2<-factor(b,ordered=TRUE,levels=c("很好","好","一般","差","很差"))
> f2                                                    # 将向量b编码为有序因子
[1] 很好   好   一般   差   很差
Levels: 很好 < 好 < 一般 < 差 < 很差

> as.numeric(f2)                                        # 将因子转换为数值
[1] 1 2 3 4 5
```

列表是一些对象的集合，它是 R 语言中较复杂的数据形式，一个列表中可能包含若干向量、矩阵、数据框等。使用 list 函数可以创建列表。限于篇幅，这里不再介绍，请读者使用 help(list) 查阅帮助。

1.4　R 语言数据处理

在做数据分析和可视化前，首先需要对获得的数据进行审核、清理，并录入到计算机形成数据文件，再根据需要对数据做必要的预处理，以便满足分析和可视化的需要。本节主要介绍本书用到的一些数据处理方法。

1.4.1　数据读取和保存

在数据分析或可视化时，可以在 R 界面中录入数据，但比较麻烦。如果使用的是已有的外部数据，如 Excel 数据、SPSS 数据、SAS 数据、Stata 数据等，可以将外部数据读入到 R 界面中。建议读者先在 Excel 中录入数据，然后在 R 中读入数据进行分析。

1. 读取外部数据

R 软件可以读取不同形式的外部数据，这里主要介绍如何读取 csv 格式的数据。本书使用的数据均为 csv 格式，其他很多类型的数据也可以转换为 csv 格式，比如，Excel 数据、SPSS 数据等，均可转换成 csv 格式。

需要注意的是，csv 文件的编码格式有两种，即 GBK 格式和 UTF-8 格式。使用 Excel 将数据存为 csv 格式时，默认编码格式为 GBK，要将其存为 UTF-8 格式，需要使用 CSV UTF-8 进行保存。R4.2.0 以后的版本默认读取的 csv 数据编码格式为 UTF-8。为数据读取方便，本书例题和习题数据均已将 csv 文件存为 UTF-8 编码格式。

使用 read.csv 函数可以将 csv 格式数据读入到 R 界面中，需要指定文件编码格式。函数默认参数 header=FALSE，即读取的 csv 数据中包含标题（即变量名）。假定有一个名为 table1_1 的 csv 格式数据文件，并存放在路径“C:/mydata/chap01/”中，读取该数据的代码如下面的代码框所示。

```
# 读取编码格式为GBK的csv文件（含有标题）
> table1_1<-read.csv("C:/mydata/chap01/table1_1.csv",fileEncoding="GBK")
> table1_1
    姓名   统计学   数学   经济学
1   刘文涛     68     85     84
2   王宇翔     85     91     63
3   田思雨     74     74     61
4   徐丽娜     88    100     49
5   丁文彬     63     82     89
```

```
# 读取编码格式为UTF-8的csv文件df（未运行）
df<-read.csv("C:/mydata/chap01/df.csv",fileEncoding="UTF-8")
# 或写成下面的形式
df<-read.csv("C:/mydata/chap01/df.csv")      # 数据编码格式为UTF-8的csv文件
```

2. 保存数据

在分析数据时，如果读入的是已有的数据，并且未对数据做任何改动，就没必要保存，下次使用时，重新加载该数据即可。如果在 R 中录入的是新数据，或者对加载的数据做了修改，保存数据就十分必要。

如果在 R 界面中录入新数据，或者读入的是已有的数据，想要将数据以特定的格式保存在指定的路径中，则先要确定保存成何种格式。如果想保存成 csv 格式，可以使用 write.csv 函数，数据文件的后缀必须是 csv，同时需要指定编码格式。假定要将 table1_1 保存在指定的路径中，R 代码如下面的代码框所示。

```
# 存为编码格式为GBK的csv文件
write.csv(table1_1,file="C:/mydata/chap01/dd.csv", fileEncoding = "GBK")
                                                # 存为编码格式为GBK的csv文件

# 存为编码格式为UTF-8的csv文件
write.csv(table1_1,file="C:/mydata/chap01/table1_1.csv")      # 默认存为编码格式为UTF-8
write.csv(table1_1,file="C:/mydata/chap01/table1_2.csv",fileEncoding="UTF-8")
                                                # 指定编码格式为UTF-8

注：file=""指定文件的存放路径和名称。存为UTF-8的csv文件，在用Excel打开时可能会显示乱码，建议存为GBK编码格式。
```

1.4.2　数据抽样和筛选

数据抽样（data sampling）是从一个已知的总体数据集中抽取随机样本，数据筛选（data filter）则是从数据集中找出符合特定条件的某类数据。

1. 数据抽样

从一个已知的总体数据集中抽取随机样本可以采取不同的抽样方法，对应的 R 函数也不同。比如，使用 base 包中的 sample 函数可以从一个已知的数据集中抽取简单随机样本，也可以用于抽取符合特定条件的数据；使用 sampling 包中的 strata 函数可以进行分层抽样，使用 srswr 函数可以采取有放回抽样方式抽取简单随机样本，使用 srswor 函数可以采取无放回抽样方式抽取简单随机样本；使用 doBy 包的 systematic 函数可以进行系统抽样；等等。本节只介绍抽取简单随机样本的方法。

使用 sample 函数可以从一个已知的数据集中抽取简单随机样本，函数默认 replace=FALSE，即采取无放回抽样方式抽取样本，设置参数 replace=TRUE，则采取有放回抽样方式抽取样本，该函数也可以抽出符合特定条件的数据。下面通过一个例子说明使用 sample 函数抽取简单随机样本的方法。

【例 1-1】（数据：data1_1）表 1-3 是 120 名学生的性别、专业、在读学位和每月网购金额（元）数据。使用 sample 函数抽取简单随机样本。

表1-3　120名学生的性别、专业、在读学位和网购金额数据（只列出前3行和后3行）

性别	专业	在读学位	网购金额（元）
女	会计学	学士	382
女	金融学	硕士	171
男	会计学	博士	579
⋮	⋮	⋮	⋮
女	金融学	学士	360
女	管理学	硕士	575
男	金融学	硕士	717

使用 sample 函数抽取随机样本的 R 代码和结果如下面的代码框所示。

```
# 随机抽取10个不同的专业组成一个样本
> df<-read.csv("C:/mydata/chap01/data1_1.csv")
> n1<-sample(df$专业,size=10);n1                    # 无放回抽取10个不同专业
[1] "会计学" "管理学" "金融学" "金融学" "金融学" "会计学" "管理学"
[8] "会计学" "金融学" "会计学"
> n2<-sample(df$专业,size=10,replace=TRUE);n2       # 有放回抽取10个不同专业
[1] "会计学" "管理学" "金融学" "会计学" "会计学" "管理学" "金融学"
[8] "管理学" "会计学" "金融学"
# 随机抽取10个网购金额组成一个样本
> n3<-sample(df$网购金额,size=10);n3                # 无放回抽取10个网购金额
[1] 565 355 264 309 274 652 419 398 422 525
> n4<-sample(df$网购金额,size=10,replace=TRUE);n4   # 有放回抽取10个网购金额
[1] 516 266 495 434 434 308 408 573 520 700
```

由于是随机抽样，每次运行上述代码都会得到不同的结果。要想每次运行都产生相同的一组样本，可在抽样之前使用函数 set.seed( ) 设定随机数种子，在括号内输入任意数字，如 set.seed(12)。使用相同的随机数种子，每次运行都会产生一组相同的随机样本。

2. 数据筛选

数据筛选是根据需要找出符合特定条件的某类数据。比如，找出每股盈利在 2 元以上的上市公司；找出考试成绩在 90 分及以上的学生；等等。

使用 R 的 dplyr 包中的 filter 函数、基础包 base 包中的 subset 函数等均可以返回满足条件的向量、矩阵或数据集的子集。使用 sample 函数和 which 函数、下标 [ ] 方法也很容易进行数据筛选。下面以例 1-1 的数据为例，说明使用 filter 函数和 subset 函数进行数据筛选的方法，R 代码和结果如下面的代码框所示。

```
# 使用dplyr包中的filter函数筛选出符合特定条件的数据
> library(dplyr)
> df<-read.csv("C:/mydata/chap01/data1_1.csv")
> filter(df,网购金额>=800)                      # 筛选网购金额大于等于800元的所有学生
  性别    专业   在读学位   网购金额
1   女   会计学     学士       825
2   女   会计学     学士       802
3   女   金融学     硕士       885
> filter(df,性别=="男" & 网购金额>=700 & 网购金额<=800)  # 筛选出网购金额在700~800元之间
                                                          的男生
  性别    专业   在读学位   网购金额
1   男   管理学     学士       705
2   男   管理学     学士       762
3   男   会计学     硕士       776
4   男   金融学     硕士       717
> filter(df,性别=="男" & 专业=="金融学" & 在读学位=="博士") # 筛选出金融学专业的男博士
  性别    专业   在读学位   网购金额
1   男   金融学     博士       317
2   男   金融学     博士       304
3   男   金融学     博士       565
4   男   金融学     博士       285
5   男   金融学     博士       586

# 使用subset函数筛选出符合特定条件的数据
> subset(df,性别=="女" & 专业=="会计学" & 网购金额>=700)
                                     # 筛选出会计学专业网购金额大于等于700元的女生
   性别    专业   在读学位   网购金额
8    女   会计学     硕士       724
28   女   会计学     学士       700
31   女   会计学     硕士       730
84   女   会计学     学士       825
```

```
85  女  会计学        学士        802
> subset(df,网购金额>600 & 专业=="管理学" & 性别=="男")
                                          # 筛选出网购金额大于600元的管理学专业的男生
   性别    专业   在读学位   网购金额
37  男    管理学      学士        675
46  男    管理学      学士        705
47  男    管理学      博士        696
73  男    管理学      学士        762
```

在相同条件下，filter 函数和 subset 函数返回的结果相同，只是 subset 函数还返回样本的行号。

3. 生成随机数

用 R 软件产生随机数十分简单，只需在相应分布函数的前面加上字母 r 即可。由于是随机生成，每次运行会得到不同的随机数。要想每次运行都产生相同的一组随机数，可在生成随机数之前使用函数 set.seed( ) 设定随机数种子。使用相同的随机数种子，每次运行都会产生一组相同的随机数。下面的代码框展示了产生几种不同随机数的代码和结果。

```
# 生成不同分布的随机数
> rnorm(n=5,mean=0,sd=1)                   # 产生5个标准正态分布随机数
[1] -0.003612769 -0.020883173  0.032106002 -1.167278006 -0.519571618
> set.seed(15)                             # 设置随机数种子
> rnorm(n=5,mean=50,sd=5)                  # 产生5个均值为50、标准差为5的正态分布随机数
[1] 51.29411 59.15560 48.30191 54.48599 52.44008
> runif(n=5,min=0,max=10)                  # 在0～10之间产生5个均匀分布随机数
[1] 1.046694 6.461509 5.090904 7.066286 8.623137
```

1.4.3 数据类型的转换

在数据分析或绘图时，不同的 R 函数对数据的形式可能有不同的要求。比如，有的函数要求数据是向量，有的要求是数据框，有的要求是矩阵，等等。为满足不同分析或绘图的需要，有时需要将一种数据结构转换为另一种数据结构。比如，将数据框中的一个或几个变量转换为向量，将数据框转换为矩阵，将短格式数据转换成长格式数据，等等。

1. 变量转换成向量

为方便分析，可以将数据框中的某个变量转换为一个向量，也可以将几个变量合并

转换成一个向量（注意：数据合并必须有意义）。比如，将 table1_1 中的统计学分数转换成向量，将统计学和数学分数合并转换成一个向量，将整个数据框转换成向量，使用 as.vector 函数可以将变量转换成向量，代码和结果如下面的代码框所示。

```
# 将统计学分数转换成向量
> table1_1<-read.csv("C:/mydata/chap01/table1_1.csv")
> v1<-as.vector(table1_1$统计学);v1
[1] 68  85  74  88  63
# 统计学分数和数学分数合并转换为向量
> v2<-as.vector(c(table1_1$统计学,table1_1$数学));v2
 [1]  68  85  74  88  63  85  91  74  100  82
# 将数据框转换为向量
> v3<-as.vector(as.matrix(table1_1[,2:4]));v3
 [1]  68  85  74  88 63  85  91  74  100  82  84  63  61  49  89
```

2. 数据框转换成矩阵

R 中的有些函数要求分析或绘图的数据必须是矩阵形式，有些则要求必须是数据框形式，这时就需要做数据转换。使用 as.matrix 函数可以将数据框转换成矩阵，使用 as.data.frame 可以将矩阵转换成数据框。比如，要将数据框 table1_1 转换成名为 mat 的矩阵，代码和结果如下面的代码框所示。

```
# 将数据框table1_1转换为矩阵mat
> table1_1<-read.csv("C:/mydata/chap01/table1_1.csv")
> mat<-as.matrix(table1_1[,2:4])              # 将table1_1中的2~4列转换为矩阵mat
> rownames(mat)=table1_1[,1]                  # 命名矩阵的行名为table1_1第1列的名称
> mat                                         # 显示矩阵
       统计学   数学   经济学
刘文涛    68     85      84
王宇翔    85     91      63
田思雨    74     74      61
徐丽娜    88    100      49
丁文彬    63     82      89
```

要将矩阵 mat 转换成数据框，可以使用代码 as.data.frame(mat)。

3. 短格式转换成长格式

数据框 table1_1 中的每一门课程占据一列，这种数据形式属于短格式或称宽格式。短格式数据通常是为出版的需要而设计的。实际上，在 table1_1 中，除姓名外，只涉及两个变量：一个是“课程”（因子），一个是“分数”（数值）。使用 R 做数据分析或绘图时，有时需要将“课程”和“分数”分别放在单独的列中，这种格式的数据就是长格式。

将短格式数据转换成长格式数据，可以使用 reshape2 包中的 melt 函数、tidyr 包中的 gather 函数等。使用前需要安装并加载 reshape2 包或 tidyr 包。比如，将 table1_1 的数据转换成长格式，代码和结果如下面的代码框所示。

```
# 使用reshape2包中的melt函数融合数据
> library(reshape2)                                              # 加载reshape2包
> table1_1<-read.csv("C:/mydata/chap01/table1_1.csv")           # 读取数据table1_1
> df1<-melt(table1_1,id.vars="姓名",variable.name="课程",value.name="分数")
                                                                 # 设置id变量、变量名和值名
> head(df1,3);tail(df1,3)                                        # 显示df1的前3行和后3行
     姓名    课程   分数
1 刘文涛   统计学    68
2 王宇翔   统计学    85
3 田思雨   统计学    74
     姓名    课程   分数
13 田思雨  经济学    61
14 徐丽娜  经济学    49
15 丁文彬  经济学    89

# 使用tidyr包中的gather函数融合数据
library(tidyr)                                                   # 加载tidyr包
> df2<-gather(table1_1,key="课程",value="分数","统计学","数学","经济学")
                                                                 # key为融合后的变量名称
# df2                                                            # 显示df2（未运行）

注：运行df2得到的结果与上述相同。
```

函数 melt 中的 id.vars 称为标识变量，用于指定按哪些因子（一个或多个因子）汇集其他变量（通常是数值变量）的值。比如，id.vars="姓名"，表示要将统计学、数学和经济学的分数按姓名汇集成一个变量，而且汇集成一列的数值与原来的课程和姓名相对应。variable.name="课程" 表示 3 门课程汇集成一列后的名称。value.name="分数" 表示分数汇集成一列后的名称。如果数据中没有标识变量，比如没有姓名这一列，可以不使用 id 变量，函数会自动使用列变量名称进行融合。

如果得到的数据本身是列联表形式，为满足分析需要，也可以将列联表转换成原始数据（见 1.4.4 节）。

1.4.4 生成频数分布表

频数分布表（frequency distribution table）是展示数据的一种基本形式，它是对类别数据（因子的水平）计数或数值数据类别化（分组）后计数生成的表格，用于展示数据的频数分布（frequency distribution），其中，落在某一特定类别的数据个数称为频数

（frequency）。

用频数分布表可以观察不同类型数据的分布特征。比如，通过不同品牌产品销售量的分布了解其市场占有率；通过一所大学不同学院学生人数的分布了解该大学的学生构成；通过社会中不同收入阶层的人数分布了解收入的分布状况；等等。有些可视化函数要求绘图数据是频数表形式。

1. 类别数据频数表

由于类别数据本身就是一种分类，只要将所有类别都列出来，然后计算出每一类别的频数，即可生成一张频数分布表。根据观测变量的多少，可以生成一维频数表、二维列联表和多维列联表。

（1）一维频数表。

当只涉及一个类别变量时，这个变量的各类别既可以放在频数分布表中“行”的位置，也可以放在“列”的位置，将该变量的各类别及其相应的频数列出来就是一维频数表或称简单频数表，也称一维列联表（one-dimensional contingency table）或简称一维表。下面通过一个例子说明一维表的生成过程。

【例 1-2】（数据：data1_1.csv）沿用例 1-1。生成类别变量的频数分布表。

这里涉及 3 个类别变量，即学生性别、专业和在读学位。对每个变量可以生成一个简单频数表（一维表），分别展示学生性别、专业和在读学位的分布状况。R 中生成列联表的函数有 base 包中的 table 函数、stats 包中的 ftable 函数、vcd 包中的 structable 函数等。使用 prop.table 函数可以将频数表转换成百分比表。以在读学位为例，使用 table 函数生成一维频数表的代码和结果如下面的代码框所示。

```
# 生成在读学位的一维频数表
> data1_1<-read.csv("C:/mydata/chap01/data1_1.csv")
> tab1<-table(data1_1$在读学位);tab1                    # 生成频数表
博士   硕士   学士
 36     45     39
> prop.table(tab1)*100                                # 将频数表转换成百分比表
博士   硕士   学士
30.0   37.5   32.5
```

（2）二维列联表。

当涉及两个类别变量时，可以将一个变量的各类别放在“行”的位置，另一个变量的各类别放在“列”的位置（行和列可以互换），由两个类别变量交叉分类形成的频数分布表称为二维列联表（two-dimensional contingency table），简称二维表或交叉表（cross table）。比如，对例 1-2 的 3 个变量可以分别生成性别与专业、性别与在读学位、专业与在读学位的 3 个二维列联表。

使用 table 函数或 ftable 函数均可以生成两个类别变量的二维列联表，使用 addmargins

函数可为列联表添加边际和。以性别和专业为例，生成二维列联表的代码和结果如下面的代码框所示。

```
# 生成性别与专业的二维列联表
> data1_1<-read.csv("C:/mydata/chap01/data1_1.csv")
> attach(data1_1)                                  # 绑定数据框data1_1
> tab2<-table(性别,专业);tab2                        # 生成性别和专业的二维列联表
      专业
性别   管理学  会计学  金融学
  男      21      12      21
  女      15      30      21
> addmargins(tab2)                                 # 为列联表添加边际和
      专业
性别   管理学  会计学  金融学   Sum
  男      21      12      21    54
  女      15      30      21    66
  Sum     36      42      42   120
> addmargins(prop.table(tab2)*100)                 # 将列联表转换成百分比表
      专业
性别   管理学  会计学  金融学   Sum
  男    17.5    10.0    17.5   45.0
  女    12.5    25.0    17.5   55.0
  Sum   30.0    35.0    35.0  100.0
```

（3）多维列联表。

当有两个以上类别变量时，通常将一个或多个变量的各类别按“行”摆放，其余变量的各类别按“列”摆放，这种由多个类别变量生成的频数分布表称为**多维列联表**（multidimensional contingency table），简称多维表或**高维表**（higher-dimensional tables）。比如，对例 1-2 中的 3 个类别变量，可以生成一个三维列联表，分别观察 3 个变量频数的交叉分布状况。

使用 stats 包中的 ftable 函数、vcd 包中的 structable 函数均可以生成多维列联表（这些函数也可以生成一维频数表和二维列联表）。以例 1-1 为例，生成多维列联表的代码和结果如下面的代码框所示。

```
# 使用ftable函数生成例1-1的多维列联表
> data1_1<-read.csv("C:/mydata/chap01/data1_1.csv")
> tab3<-ftable(data1_1,row.vars=c("性别","专业"),col.vars="在读学位")
                                                  # 行变量为性别和专业，列变量为在读学位
> tab3
              在读学位  博士  硕士  学士
性别  专业
  男  管理学               7     3    11
```

```
        会计学        4     4     4
        金融学        5    10     6
    女  管理学        5     7     3
        会计学        7    12    11
        金融学        8     9     4
```

```
# 为列联表添加边际和
> ftable(addmargins(table(data1_1$性别,data1_1$专业,data1_1$在读学位)))
                博士   硕士   学士   Sum
  男    管理学     7      3     11     21
        会计学     4      4      4     12
        金融学     5     10      6     21
        Sum       16     17     21     54
  女    管理学     5      7      3     15
        会计学     7     12     11     30
        金融学     8      9      4     21
        Sum       20     28     18     66
  Sum   管理学    12     10     14     36
        会计学    11     16     15     42
        金融学    13     19     10     42
        Sum       36     45     39    120
```

注：ftable函数默认将数据框中的最后一个变量作为列联表的列变量。设置参数row.vars和col.vars可以改变行变量和列变量的位置。比如，将专业放在行的位置，将性别和在读学位放在列的位置，可以使用代码ftable(data1_1,row.vars=c("专业"),col.vars=c("性别","在读学位"))。更多信息查阅函数帮助。

```
# 使用vcd包中的structable函数生成例1-1的多维列联表
> library(vcd)
> data1_1<-read.csv("C:/mydata/chap01/data1_1.csv")
> structable(性别+专业~在读学位,data=data1_1)        # 不同表达式产生不同形式的多维表
          性别      男                              女
          专业      管理学   会计学   金融学        管理学   会计学   金融学
在读学位
博士                   7        4        5             5        7        8
硕士                   3        4       10             7       12        9
学士                  11        4        6             3       11        4
```

注：在structable函数中，函数中的formula是一个表达式（公式），用于指定频数表的行变量和列变量。data是包含制表变量的数据框、列表或从类表（如table函数、ftable函数等生成的表）继承的对象。direction是指定拆分方向 (“h”表示水平拆分，“v”表示垂直拆分)的字符向量，使用代码structable(data1_1[,1:3],direction=c("v","v","h"))生成的列联表与上述相同。如果想要将专业放在行，其余两个变量放在列，则设置参数direction=c("v","h","v")即可。更多信息查阅函数帮助。

（4）将列联表转换成数据框。

如果得到的数据本身就是列联表形式，为满足自身的分析需要，也可以将列联表转换成数据框形式。使用 DescTools 包中的 Untable 函数可以将列联表转换成原始数据框，使用 as.data.frame 函数可以将列联表转换成带有类别频数的数据框。比如，根据 data1_1 数据生成多维列联表，再将列联表转换成原始的数据框形式，代码和结果如下面的代码框所示。

```
# 将列联表转换成原始数据框
> library(DescTools)                    # 加载包
> mytable<-ftable(data1_1[,1:3])        # 选择变量1~3生成多维列联表
> df<-Untable(mytable)                  # 将列联表转换成原始数据框
> head(df,3);tail(df,3)                 # 显示前3行和后3行
      性别    专业    在读学位
1       男   管理学      博士
2       男   管理学      博士
3       男   管理学      博士
      性别    专业    在读学位
118     女   金融学      学士
119     女   金融学      学士
120     女   金融学      学士

注：运行代码Untable(table(data1_1[,1:3]))，得到与上述相同的结果。

# 将列联表转换成带有交叉类别频数的数据框（Freq表示交叉分类的频数）
> tab<-ftable(data1_1[1:3])             # 生成列联表（也可以使用table函数生成列联表）
> df<-as.data.frame(tab)                # 将列联表转换成带有类别频数的数据框
> head(df,3);tail(df,3)                 # 展示前3行和后3行
      性别    专业    在读学位    Freq
1       男   管理学      博士        7
2       女   管理学      博士        5
3       男   会计学      博士        4
      性别    专业    在读学位    Freq
16      女   会计学      学士       11
17      男   金融学      学士        6
18      女   金融学      学士        4

# 使用dplyr包中的管道函数%>%生成列联表并转换成数据框df
> library(dplyr)                                        # 加载包
> df<-data1_1%>%select(性别,专业,在读学位)%>%           # 选取列变量
+  ftable()%>%                                          # 使用ftable函数生成多维表
+  as.data.frame()%>%                                   # 将多维表转换成数据框
+  rename(频数=Freq)%>%                                 # 将Freq重新命名为频数
+  head(3)                                              # 查看数据框前3行
```

```
> df
        性别    专业      在读学位      频数
1        男   管理学        博士         7
2        女   管理学        博士         5
3        男   会计学        博士         4

# 使用table函数生成列联表，使用reshape2包中的melt函数融合成数据框（结合管道函数%>%）
> library(reshape2)
df<-data1_1%>%select(性别,专业,在读学位)%>%table()%>%melt()%>%rename(频数=value)
# df   # 未运行
```

使用 dplyr 包中的管道函数 %>% 可以进行连续操作，该函数将前一步（左侧）的结果直接传递给下一步的函数，从而省略中间的赋值步骤。上述代码中，%>% 的后面表示将前面（左侧）的 data1_1 传递给 select 函数选出列变量，然后将这一结果传递给 ftable 函数生成多维列联表，再将结果传递给 as.data.frame 函数转换成数据框，依次类推。在数据处理中，使用管道函数可以省略代码编写过程中的多次赋值，从而简化代码。

2. 数值数据类别化

在生成数值数据的频数分布表时，需要先将数据划分成不同的数值区间（bin），这样的区间就是类别数据，再生成频数分布表，这一过程称为类别化（categorization）。类别化的方法是将原始数据分成不同的组别。

数据分组是将数值数据转化成类别数据的方法之一，它先将数据按照一定的间距划分成若干区间，再统计出每个区间的频数，生成频数分布表。通过分组可以将数值数据转化成具有特定意义的类别，比如，根据空气质量指数（Air Quality Index，AQI）数据将空气质量分为 6 级：优（0 ～ 50）、良（51 ～ 100）、轻度污染（101 ～ 150）、中度污染（151 ～ 200）、重度污染（201 ～ 300）、严重污染（300 以上）；按收入的多少将家庭划分成低收入、中等收入、高收入；等等。

下面结合具体例子说明数值数据频数分布表的生成过程。

【例 1–3】（数据：data1_1）沿用例 1-1。对网购金额做适当分组，分析网购金额的分布特征。

首先，确定要分的组数。确定组数的方法有几种。设组数为K，根据 Sturges 给出的组数确定方法，$K=1+\log_{10}(n)/\log_{10}(2)$。当然这只是个大概数，具体的组数可根据需要适当调整。例 1-1 共有 120 个数据，$K=1+\log_{10}(120)/\log_{10}(2)=8$，或使用 R 函数 nclass.Sturges(data1_1$ 网购金额)，得$K=8$，因此，可以将数据大概分成 8 组。实际分组时，可根据需要适当调整组数。

其次，确定各组的组距（组的宽度）。组距可根据全部数据的最大值和最小值及所分的组数来确定，即组距＝（最大值－最小值）÷ 组数。对于例 1-1 的数据，最小值为 min(data1_1$ 网购金额)=108，最大值为 max(data1_1$ 网购金额)=885，则组距 =(885 －

108)/8 ≈ 97，因此组距可取 100（当然也可以取组距 =150，组距 =200，等等，使用者根据分析的需要确定一个大概数即可）。

最后，统计出各组的频数即可得到频数分布表。在统计各组频数时，恰好等于某一组上限的值有不同的处理方法。使用 R 或其他软件分组计数时，通常包含上限值，即一个组的数值 x 满足 $a < x \leqslant b$。根据需要也可以将恰好等于上限的值计算在下一组，即一个组的数值 x 满足 $a \leqslant x < b$。

使用 base 包中的 cut 函数、actuar 包中的 grouped.data 函数、DescTools 包中的 Freq 函数等均可实现数据分组并生成频数分布表。这里推荐使用 DescTools 包中的 Freq 函数。由 Freq 函数生成频数分布表的代码和结果如下面的代码框所示。

```
# 使用Freq函数的默认分组（含上限值）
> library(DescTools)
> data1_1<-read.csv("C:/mydata/chap01/data1_1.csv")
> tab1<- Freq(data1_1$网购金额)
> tab1
        level     freq     perc   cumfreq    cumperc
1   [100,200]        8     6.7%         8       6.7%
2   (200,300]       17    14.2%        25      20.8%
3   (300,400]       19    15.8%        44      36.7%
4   (400,500]       25    20.8%        69      57.5%
5   (500,600]       27    22.5%        96      80.0%
6   (600,700]       11     9.2%       107      89.2%
7   (700,800]       10     8.3%       117      97.5%
8   (800,900]        3     2.5%       120     100.0%
注：默认分组的频数分布表列出了组别（level）、各组的频数（freq）、各组频数百分比（perc）、累积频数（cumfreq）、累积频数百分比（cumperc）。

# 指定组距=150（不含上限值）
> tab2<-Freq(data1_1$网购金额,breaks=c(0,150,300,350,500,650,900),right=FALSE)
                                                      # 指定组距=150，不含上限值
> tab2<-data.frame(分组=tab2$level,频数=tab2$freq,频数百分比=tab2$perc*100,
+  累积频数=tab2$cumfreq,累积百分比=tab2$cumperc*100) # 重新命名频数表中的变量名
> print(tab2, digits=4)                 # 使用print函数打印结果并确定小数位数
        分组   频数   频数百分比   累积频数   累积百分比
1    [0,150)      6        5.000          6         5.00
2  [150,300)     19       15.833         25        20.83
3  [300,350)      8        6.667         33        27.50
4  [350,500)     36       30.000         69        57.50
5  [500,650)     33       27.500        102        85.00
6  [650,900]     18       15.000        120       100.00
```

注：Freq函数中的参数breaks用于确定所分的组数，可根据需要确定一个分组切割点的数值向量；参数right为逻辑值，确定区间是否包含上限值，默认right=TRUE，包含上限值，设置right=FALSE则不包含上限值。更多信息查看帮助。

习题

1.1　什么是数据可视化？举出几个数据可视化应用的例子。

1.2　举例说明变量和数据的分类。

1.3　从你所在的班级（或工作单位）的全部人员中，随机抽取一个由 10 个人组成的随机样本。

1.4　R 自带的数据集 Titanic 记录了泰坦尼克号上乘客的生存和死亡信息，该数据集包含船舱等级（Class）、性别（Sex）、年龄（Age）和生存状况（Survived）4 个类别变量。根据该数据集生成以下频数表。

（1）生成 Sex 和 Survived 两个变量的二维列联表，并为列联表添加上边际和。

（2）生成 Class、Sex、Age 和 Survived 4 个变量的多维列联表。

（3）将问题（2）生成的列联表转换成带有类别频数的数据框。

1.5　从均值为 200、标准差为 10 的正态总体中产生 1 000 个随机数，并将这 1 000 个数据分成组距为 10 的组，生成频数分布表。

第 2 章 Chapter 2 R语言绘图基础

R 软件的所有图形均可由相应的函数绘制，这些函数通常来自不同的绘图包或称绘图系统。除了底层绘图系统 grid（该系统并不提供生成图形的函数）外，R 的绘图系统主要有三个：一是基础安装时自带的 graphics 绘图系统，称为基础绘图系统或传统绘图系统，该系统提供了多个绘图函数，可以绘制一些常用的图形；二是 lattice 系统或称 lattice 包，该系统提供了绘制网格图形的高级函数；三是 ggplot2 系统或称 ggplot2 包，该系统使用独特的绘图语法，可绘制多种二维图形。前两个包在最初安装 R 时就已经安装好，使用 graphics 绘图时，可直接调用其中的函数，而不必加载该包；虽然 lattice 在最初安装 R 时已完成安装，但使用其中的绘图函数时仍然需要事先加载该包；ggplot2 包需要下载并安装后才能使用。本章主要介绍 graphics 和 ggplot2 包的初步使用方法。

2.1 graphics 简介

graphics 包也称为基础绘图系统或传统绘图系统，该包提供了大量的基本绘图函数，可用于快速探索数据。在最初安装 R 软件时，该包就已经安装在 R 中，其中的绘图函数可以直接使用，而不必加载 graphics 包。

2.1.1 基本绘图函数

graphics 包中的绘图函数可分为两大类：一类是高级绘图函数，这类函数可以产生一幅独立的图形；另一类是低级绘图函数，这类函数不产生独立的图形，而是在高级函数绘制的图形上添加一些新的图形元素，如图例、注释文本、线段、数学表达式等。

1. 高级绘图函数

graphics 包中的高级绘图函数有多个，其中最重要的一个是 plot 函数。该函数是一个泛函数，传递给函数不同类型的数据，函数会绘制不同的图形。下面先通过一个例子说明 plot 函数的使用方法。

【例 2-1】（数据：data2_1.csv）调查 50 名选修 R 语言和 Python 语言课程的学生，得到他们的性别、专业和两门课程的考试分数，如表 2-1 所示。

表2-1　50名学生两门课程的考试分数（只列出前3行和后3行）

性别	专业	R语言	Python语言
男	金融	93	76
女	管理	90	73
男	金融	72	63
⋮	⋮	⋮	⋮
男	金融	83	71
男	金融	86	75
女	管理	83	71

图 2-1 是由 plot 函数绘制的 4 种不同图形。

```
# 图2-1的绘制代码
> data2_1<-read.csv("C:/mydata/chap02/data2_1.csv")
> attach(data2_1)                                    # 绑定数据框，以便直接使用变量名
> par(mfrow=c(2,2),mai=c(0.7,0.7,0.4,0.4),cex=0.8,cex.main=1,font.main=1)
> plot(R语言,Python语言,main="(a) 散点图")
> plot(factor(性别),xlab="性别",ylab="人数",main="(b) 条形图")
> plot(R语言~factor(专业),xlab ="专业",main="(c) 箱线图")
> plot(factor(专业)~R语言,ylab="专业",main="(d) 脊形图")
```

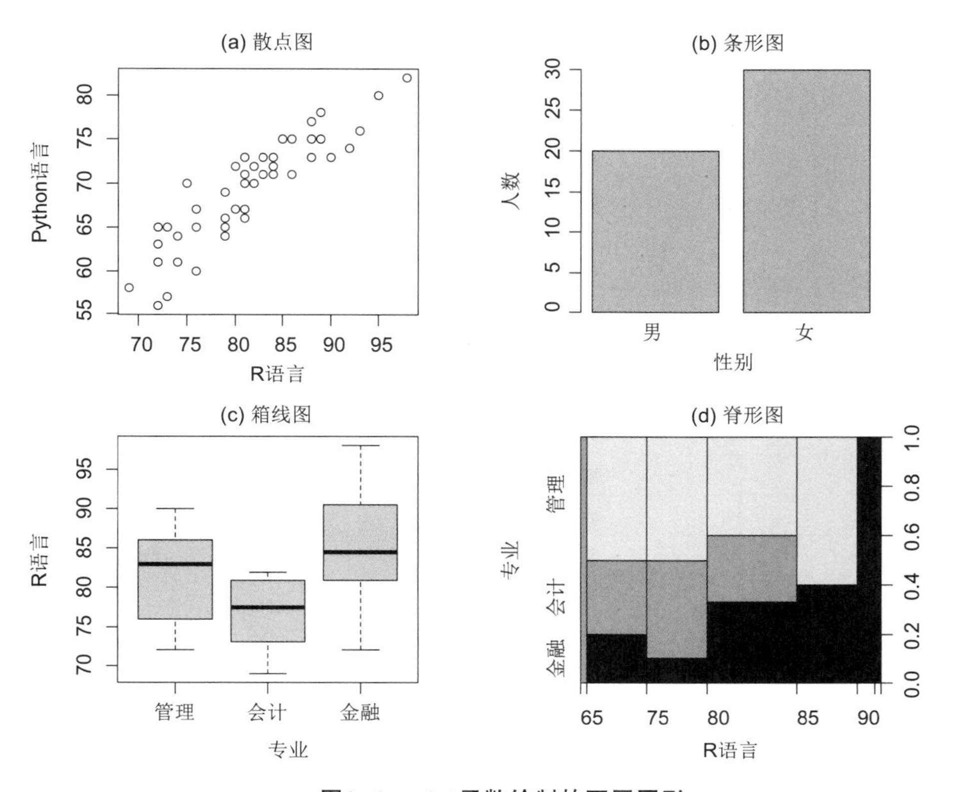

图2-1　plot函数绘制的不同图形

图2-1（a）传递给函数的是两个数值变量，plot函数绘制出两个变量的散点图；图2-1（b）传递给函数的是一个因子（性别），plot函数绘制出条形图；图2-1（c）传递给函数的是一个数值变量和一个因子，plot函数绘制出按因子分组的箱线图；图2-1（d）传递给函数的是一个因子和一个数值变量，plot函数绘制出脊形图。

plot函数可以绘制出多种图形，比如，传递给函数的是数据的密度，plot函数绘制出密度曲线；传递给函数的是时间序列对象，函数会绘制出折线图。此外，很多统计分析的结果也可以由plot函数绘制图形。比如，对R分数和Python分数两个变量拟合一个线性模型model，plot函数会绘制出model的诊断图，等等。

除plot函数外，graphics包中还有其他一些高级绘图函数。其中有些是作为plot的替代函数，比如，用barplot函数来绘制条形图。有些则是作为一种独立的绘图函数，比如，用hist函数绘制直方图等。表2-2列出了graphics包中的部分高级绘图函数。这些函数的参数设置及含义可使用help查看函数帮助。

表2-2　graphics包中的部分高级绘图函数

函数	数据类型	图形
assocplot	二维列联表	关联图
barplot	数值向量，矩阵，列联表	条形图
boxplot	数值向量，列表，数据框	箱线图
cdplot	单一数值向量，一个对象	条件密度图
contour	数值，数值，数值	等高线图
coplot	表达式	条件图
curve	表达式	曲线
dotchart	数值向量，矩阵	点图
fourfoldplot	2×2表	四折图
hist	数值向量	直方图
image	数值，数值，数值	色阵图
matplot	数值向量，矩阵	矩阵列图
mosaicplot	二维列联表，n维列联表	马赛克图
pairs	矩阵，数据框	散点图矩阵
persp	数值，数值，数值	三维透视图
pie	非负的数值向量，列联表	饼图
stars	矩阵，数据框	星图
stem	数值向量	茎叶图
stripchart	数值向量，数值向量列表	带状图
sun flower plot	数值向量，因子	向日葵图
symbols	数值，数值，数值	符号图

2. 低级绘图函数

当高级绘图函数产生的图形不能满足可视化需要时，可以使用低级绘图函数为现有图形添加所需的元素，如添加线段、标题、图例、多边形、坐标轴、注释文本、数学表达式等。表 2-3 列出了 graphics 包中的部分低级绘图函数及其简要描述。

表2-3　graphics包中的部分低级绘图函数

函数	描述
abline	为图形添加截距为a、斜率为b的直线
arrows	在坐标点（x_0,y_0）和（x_1,y_1）之间绘制线段，并在端点处添加箭头
box	绘制图形的边框
layout	布局图形页面
legend	在坐标点（x,y）添加图例
lines	在坐标点（x,y）之间添加直线
mtext	在图形区域的边距或区域的外部边距添加文本
points	在坐标点（x,y）添加点
polygon	沿着坐标点（x,y）绘制多边形
polypath	绘制由一个或多个连接坐标点的路径组成的多边形
rasterlmaga	绘制一个或多个网格图像
rect	绘制一个左下角在（$x$left,$y$bottom），右上角在（$x$right,$y$top）的矩形
rug	添加地毯图
segments	在坐标点（x_0,y_0）和（x_1,y_1）之间绘制线段
text	在坐标点（x,y）添加文本
title	为图形添加标题
xspline	根据控制点（x,y）绘制x样条曲线（平滑曲线）

图 2-2 是用高级绘图函数 plot 绘制的散点图，绘图数据 x 和 y 是随机模拟的具有线性关系的两个变量，然后用低级函数为散点图添加多种图形元素，以增强图形的可读性。

```
# 图2-2的绘制代码
# 构建数据框
> set.seed(1)
> x <- rnorm(200)
> y <- 1+2*x +rnorm(200)
> d<-data.frame(x,y)

# 绘制图形
> par(mai=c(0.7,0.7,0.4,0.4),cex=0.8)
> plot(d,xlab="x=自变量",ylab="y=因变量")                # 绘制散点图
> grid(col="grey60")                                      # 添加网格线
> axis(side=4,col.ticks="blue",lty=1)                     # 添加坐标轴
> polygon(d[chull(d),],lty=6,lwd=1,col="lightyellow")    # 添加多边形并填充底色
> points(d)                                               # 重新绘制散点图
> points(mean(x),mean(y),pch=19,cex=5,col=2)              # 添加均值点
> abline(v=mean(x),h=mean(y),lty=2,col="gray30")          # 添加均值水平线和垂直线
> abline(lm(y~x),lwd=2,col=2)                             # 添加回归直线
```

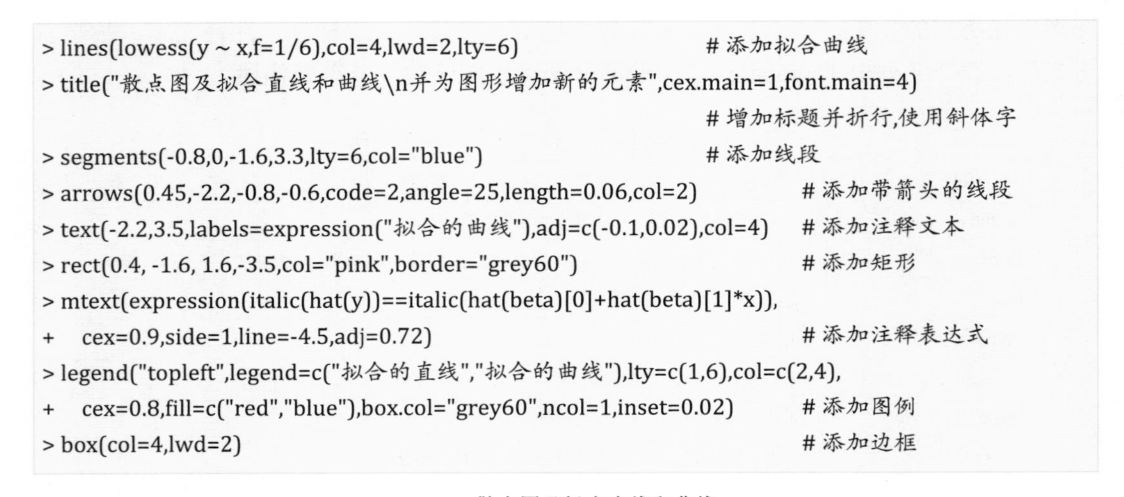

```
> lines(lowess(y ~ x,f=1/6),col=4,lwd=2,lty=6)                       # 添加拟合曲线
> title("散点图及拟合直线和曲线\n并为图形增加新的元素",cex.main=1,font.main=4)
                                                                     # 增加标题并折行,使用斜体字
> segments(-0.8,0,-1.6,3.3,lty=6,col="blue")                         # 添加线段
> arrows(0.45,-2.2,-0.8,-0.6,code=2,angle=25,length=0.06,col=2)      # 添加带箭头的线段
> text(-2.2,3.5,labels=expression("拟合的曲线"),adj=c(-0.1,0.02),col=4)  # 添加注释文本
> rect(0.4, -1.6, 1.6,-3.5,col="pink",border="grey60")              # 添加矩形
> mtext(expression(italic(hat(y))==italic(hat(beta)[0]+hat(beta)[1]*x)),
+    cex=0.9,side=1,line=-4.5,adj=0.72)                              # 添加注释表达式
> legend("topleft",legend=c("拟合的直线","拟合的曲线"),lty=c(1,6),col=c(2,4),
+    cex=0.8,fill=c("red","blue"),box.col="grey60",ncol=1,inset=0.02)  # 添加图例
> box(col=4,lwd=2)                                                   # 添加边框
```

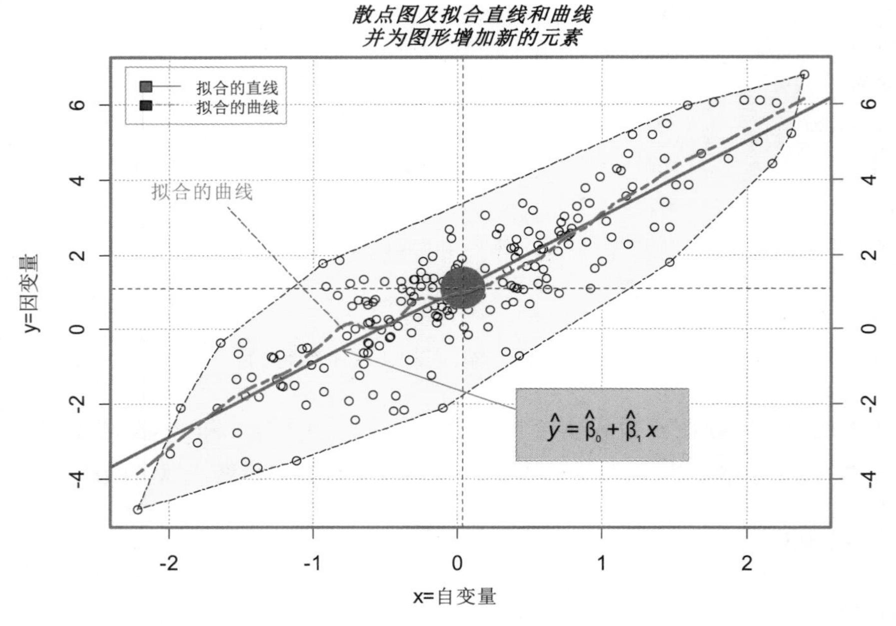

图2-2　在散点图上添加图形元素

图 2-2 演示了在现有图形上添加图形元素的方法，实际应用中可根据需要选择要添加的元素。

2.1.2　图形参数

graphics 包中的每个绘图函数都有多个参数，图形的输出是由这些参数控制的。使用者可以用 help(函数名) 查阅函数参数的详细解释。绘图时，若不对参数做任何修改，则函数使用默认参数绘制图形。如果默认设置不能满足需要，可对其进行修改，以改善图形输出。

在绘制图形时，使用者可根据需要调整参数，根据图形变化决定参数是否要修改以及如何修改。不同函数具有不同的参数及参数设置，这样的参数属于函数的特定参数，但有些参数在不同函数中都可以使用，比如，xlab=""、ylab=""、col=""、main="" 等在条形图、直方图、箱线图等函数中都可以使用，这样的参数属于绘图函数的标准参数。但有的标准参数在不同函数中的作用是不同的，比如，col 参数在有些函数中用于设置点、符号等的颜色，但在条形图、直方图、箱线图等函数中，用来填充条和箱子的颜色，使用时需要注意。

除绘图函数本身的参数外，graphics 包中绘图函数的参数也可以使用 par 函数来控制。par 函数是传统绘图函数中最常用的参数控制函数，它可以对图形进行多种控制。表 2-4 列出了 par 函数的部分参数及其含义，其中有些也可以作为其他绘图函数（如 plot 函数）的参数。使用 help(par) 可以查阅详细信息。

表2-4　par函数的部分参数及其描述

参数	描述
adj	设置文本、标题等字符串在图中的对齐方式。adj=0表示左对齐，adj=0.5(默认值) 表示居中，adj=1表示右对齐(允许使用 [0,1] 中的任何值)
ann	控制高级绘图函数的主标题和坐标轴标题注释。若ann=FALSE，将不显示这些注释
bg	图形的背景颜色
bty	图周围边框的类型。bty="o"（默认）表示周围都有边框；bty="l"表示左侧和下方有边框；bty="7"表示上方和右侧有边框；bty="c"表示左侧和上方有边框；bty="u"表示两侧和下方有边框；bty="]"表示右侧和下方有边框
cex	控制文字和绘图符号的大小。cex=1表示正常大小。cex=0.8表示绘图文字和符号缩小为正常大小的80%
cex.axis，cex.lab cex.main，cex.sub	分别是坐标轴文字、坐标轴标签、主标题、副标题的缩放倍数，以cex为基准
col	绘图颜色
col.axis，col.lab col.main，col.sub	分别是坐标轴注释、坐标轴标签、主标题、副标题的颜色
family	文字的字体族
fg	绘图的前景颜色
font	文字的字体（黑体，斜体）
font.axis，font.lab font.main，font.sub	分别是坐标轴注释、坐标轴标签、主标题、副标题的字体
lab	由3个值构成的向量（*x*,*y*,*len*）。*x*和*y*设置*x*轴和*y*轴刻度的数量，*len*设置标签的长度
las	坐标轴标签的风格。las=0表示平行于坐标轴；las=1表示水平的；las=2表示垂直于坐标轴；las=3表示垂直的
lend，ljoin，lmitre	设置线条端点以及线条连接处的风格。lend=0或lend="round"表示圆头；lend=1或lend="butt"表示粗头；lend=2或lend="square"表示方头
lty，lwd	线条的类型和线的宽度（见图2-3）
mai，mar	参数是一个数值向量c(底部，左侧，上方，右侧)。设置图形边距大小，单位是英寸（mai）和文字行数（mar）
mfcol，mfrow	参数是一个数值向量*c*(*nr*,*nc*)，用于将绘图区域分割成*nr*行和*nc*列的矩阵，并按列（mfcol）或按行（mfrow）填充各图
new	设置new=TRUE表示在现有的图形上添加一幅新图

续表

参数	描述
mgp	含有3个值的向量，控制轴标题、轴标签和轴线的边距（与图形边界的距离），默认值为 c(3, 1, 0)。第1个值控制坐标轴标签到轴的距离；第2个值控制坐标轴刻度到轴的距离；第3个值控制整个坐标轴（包括刻度）到图的距离
pch	绘图点或符号的类型（见图2-3）
tck	坐标轴刻度的长度（根据绘图区域尺寸的比例设置）
tcl	坐标轴刻度的长度（根据文本行高度的比例设置）
xaxp	设置 x 轴刻度的数量
xaxs	x 轴坐标间隔的计算方法
xaxt	设置 x 轴的类型。xaxt="n"表示没有坐标轴，取其他值都会画出坐标轴
yaxp	设置 y 轴刻度的数量
yaxs	y 轴坐标间隔的计算方法
yaxt	设置 y 轴类型。yaxt="n"表示没有坐标轴，取其他值都会画出坐标轴
ylog	逻辑值，设置是否对 y 轴取对数

图 2-3 展示了 par 函数的常用参数绘图符号（pch）、线型（lty）、线宽（lwd）、点的大小（pt.cex）、位置调整参数（adj）、主要颜色（col）及其对应的数字。

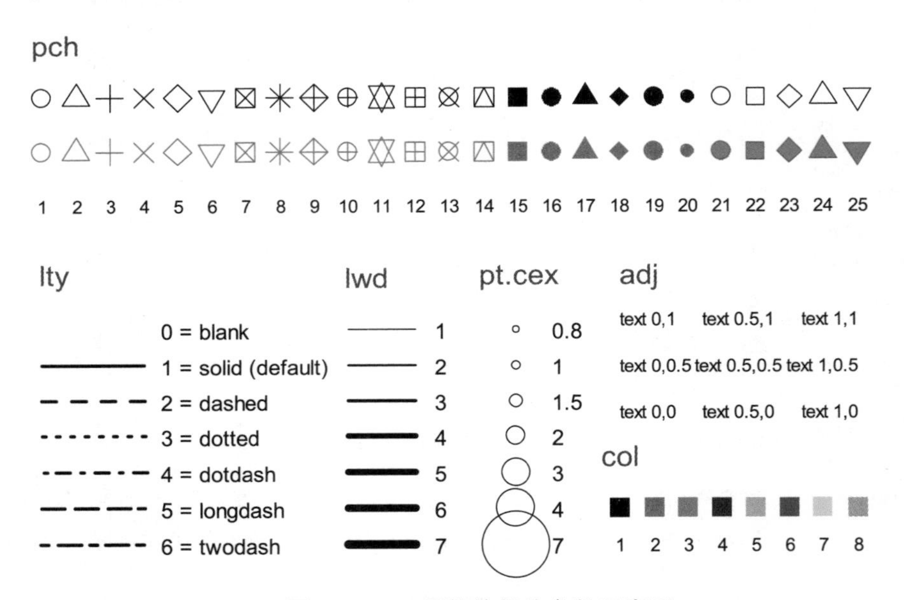

图2-3　par函数的部分参数示意图

2.1.3　图形颜色

图形颜色在可视化中十分重要，从某种角度上说，颜色可以作为展示数据的一个特殊维度，比如，用颜色对因子分类等。R 软件提供了丰富的绘图颜色，绘图时可以使用颜色名称、调色板或调色板函数为图形配色。

1. 颜色名称和调色板函数

使用 colors( ) 函数可以查看 R 软件中全部 657 种颜色的名称。使用 graphics 包绘图时，设置绘图颜色的参数主要有 3 个：col、bg 和 fg。col 主要用于设置绘图区域中绘制的数据符号、线条、文本等元素的颜色；bg 用于设置图形的背景颜色，如坐标轴、图形的边框等；fg 用于设置图形的前景颜色，如图形区域的颜色等。

R 软件的几种主要颜色也可以直接用数字 1 ～ 8 表示（如图 2-3 所示），比如，1="black"，2="red"，3="green"，4="blue" 等。设置单一颜色时，表示成 col="red"（或 col=2）。设置多个颜色时，则为一个颜色向量，如 col=c("red","green","blue")，或 col=c(2,3,4)，连续的颜色数字也可以写成 col=2:4，这 3 种写法等价。需要填充的颜色多于设置的颜色向量时，颜色会被重复循环使用。比如，要填充 10 个条的颜色，col=c("red","green") 两种颜色被重复使用。

除以上名称外，要使用多种颜色绘图时，也可以使用 grDevices 包提供的调色板函数，如 rainbow、heat.colors、colors、terrain.colors、topo.colors、cm.colors、gray.colors 等。绘图时可以将颜色设置为这些函数，如 col=colors(256)、col=rainbow(n,start=0.4, end =0.5)、col=heat.colors( ) 等。

2. 调色板

如果对颜色有特殊的要求，也可以使用调色板对图形配色。使用 RColorBrewer 包中的 display.brewer.all 函数可以查看 R 的调色板，其中包括连续型部分（单色系）、离散型部分（多色系）和极端值部分（双色系），如图 2-4 所示。

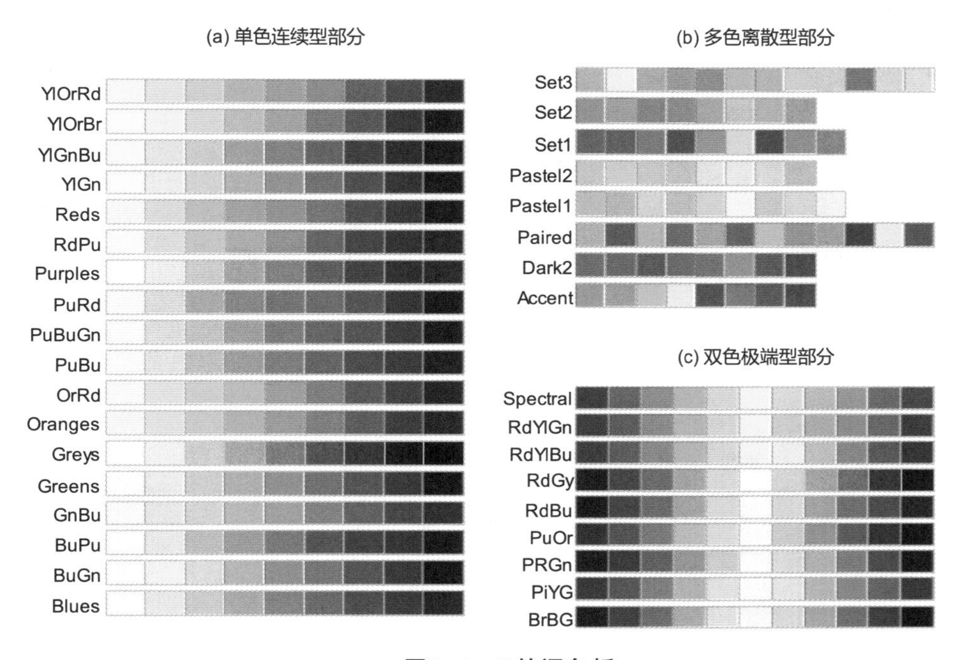

图2-4　R的调色板

根据图 2-4 中的行名称，使用 brewer.pal 函数可以创建自己的调色板。创建离散型调色板时，在最低的起点数值（3）和最高的终点数值（不同调色板的最大值不同，见图 2-4（b））之间选择一个数值，即可生成所需颜色数量的调色板。使用 display.brewer.pal 函数可以展示创建的调色板。图 2-5 展示了不同调色板绘制的条形图。

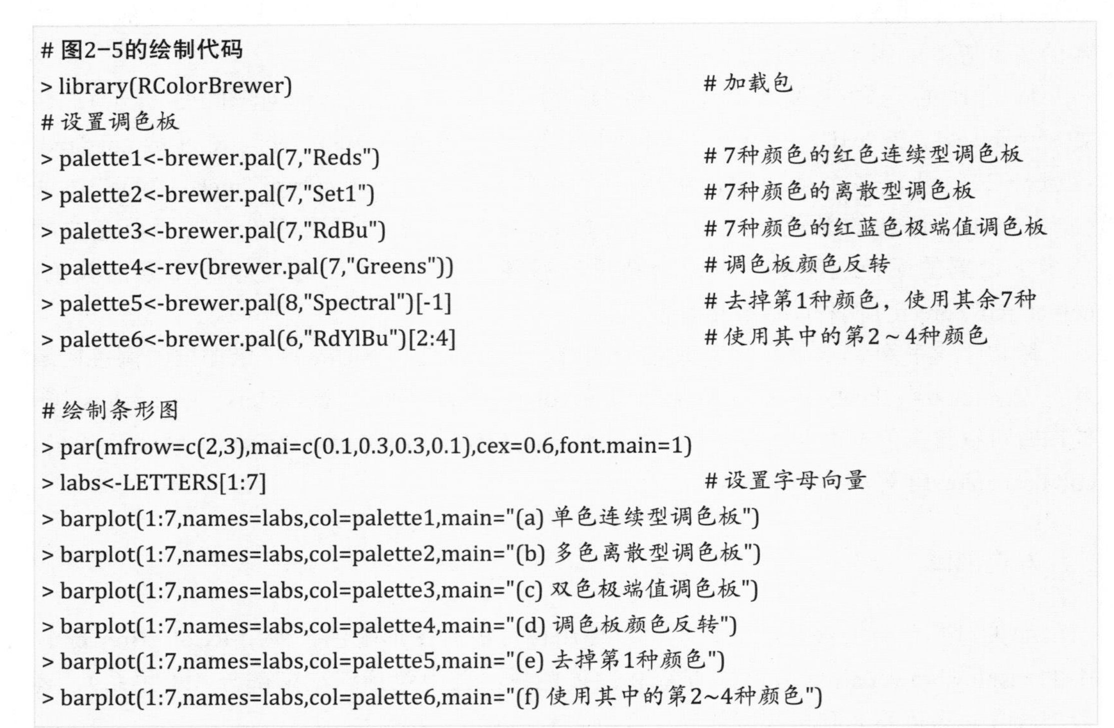

```
# 图2-5的绘制代码
> library(RColorBrewer)                                  # 加载包
# 设置调色板
> palette1<-brewer.pal(7,"Reds")                         # 7种颜色的红色连续型调色板
> palette2<-brewer.pal(7,"Set1")                         # 7种颜色的离散型调色板
> palette3<-brewer.pal(7,"RdBu")                         # 7种颜色的红蓝色极端值调色板
> palette4<-rev(brewer.pal(7,"Greens"))                  # 调色板颜色反转
> palette5<-brewer.pal(8,"Spectral")[-1]                 # 去掉第1种颜色，使用其余7种
> palette6<-brewer.pal(6,"RdYlBu")[2:4]                  # 使用其中的第2～4种颜色

# 绘制条形图
> par(mfrow=c(2,3),mai=c(0.1,0.3,0.3,0.1),cex=0.6,font.main=1)
> labs<-LETTERS[1:7]                                     # 设置字母向量
> barplot(1:7,names=labs,col=palette1,main="(a) 单色连续型调色板")
> barplot(1:7,names=labs,col=palette2,main="(b) 多色离散型调色板")
> barplot(1:7,names=labs,col=palette3,main="(c) 双色极端值调色板")
> barplot(1:7,names=labs,col=palette4,main="(d) 调色板颜色反转")
> barplot(1:7,names=labs,col=palette5,main="(e) 去掉第1种颜色")
> barplot(1:7,names=labs,col=palette6,main="(f) 使用其中的第2~4种颜色")
```

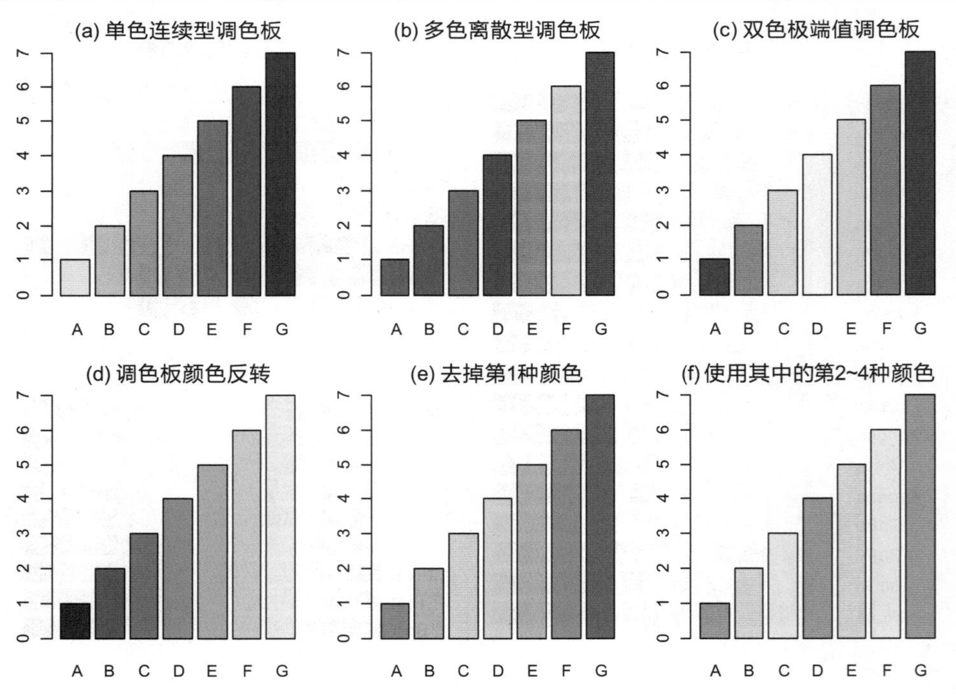

图2-5　不同调色板绘制的条形图

运行 palette1 得到的 16 进制的颜色字符串为："#FEE5D9""#FCBBA1""#FC9272""#FB6A4A""#EF3B2C""#CB181D""#99000D"。绘图时，可使用偏爱颜色的字符串作为颜色名称，比如，col="#FC9272"。使用 rev 函数可使调色板的颜色反向排列，比如，rev(brewer.pal(7,"Reds"))，表示颜色由深到浅排列。

2.1.4 页面布局

一个绘图函数通常生成一幅独立的图形。有时需要在一个绘图区域（图形页面）内同时绘制多幅不同的图，或者将多幅独立的图形组合成一幅图形。R 软件有不同的页面分割方法和图形组合方法。本节主要介绍 graphics 图形的页面分割方法，其他图形的组合方法将在 2.2 节中介绍。

传统图形的页面布局函数有多个，如 par 函数、layout 函数等。使用 par 函数中的参数 mfrow 或 mfcol 可以将一个绘图页面分割成$nr \times nc$的矩阵，然后在每个分割的区域填充一幅图。参数 mfrow=c(nr,nc) 表示按行填充各图，参数 mfcol=c(nr,nc) 表示按列填充各图。

使用 par 函数可以将绘图页面的行和列等分成大小相同的区域。有时需要将绘图页面划分成不同大小的区域，以满足不同图形的要求。使用 layout 函数可以将绘图区域划分为 *nr* 行 *nc* 列的矩阵，设置参数 widths 和 heights 可以将矩阵分割成大小不同的区域。使用 layout.show 函数可以预览图形布局。图 2–6 展示了 layout 函数几种不同的图形布局方式。

```
# 图2–6的绘制代码
# 图（a）2行2列的图形矩阵，第2行为1幅图
> layout(matrix(c(1,2,3,3),nrow=2,ncol=2,byrow=TRUE),heights=c(2,1))
> layout.show(3)                                        # 预览布局

# 图（b）2行3列的图形矩阵，第2行为3幅图
> layout(matrix(c(1,1,1,2,3,4),nrow=2,ncol=3,byrow=TRUE),widths=c(3:1),heights=c(2,1))
> layout.show(4)

# 图（c）3行3列的图形矩阵，第2行为2幅图
> layout(matrix(c(1,2,3,4,5,5,6,7,8),3,3,byrow=TRUE),widths=c(2:1),heights=c(1:1))
> layout.show(8)
```

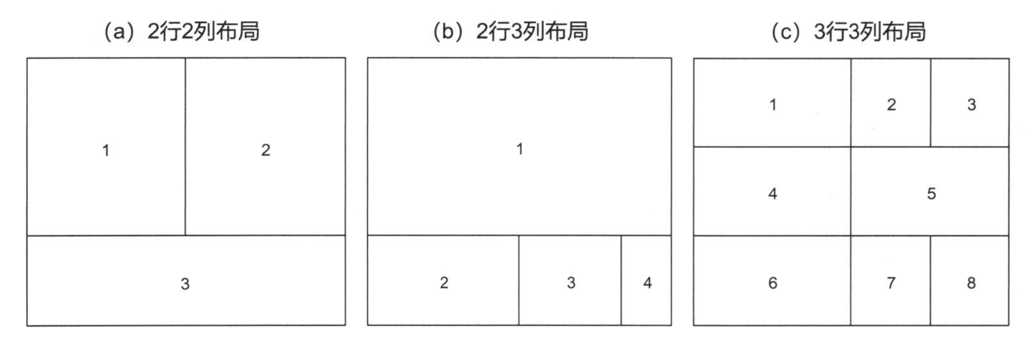

图2–6 layout函数的页面布局

图 2-7 是 8 幅图的 layout 函数的页面布局结果。

```
# 图2-7的绘制代码
> n=100;set.seed(12);x<-rnorm(n);y<-rexp(n)                  # 生成随机数向量x和y
> layout(matrix(c(1,1,2,3,4,4,5,5,6,7,7,8),3,4,byrow=TRUE),widths=c(1:1),heights=c(1:1))
                                                              # 页面布局
> par(mai=c(0.3,0.3,0.3,0.1),cex.main=1.2,font.main=1)
> barplot(runif(8,1,8),names=LETTERS[1:8],col=2:7,main="(a) 条形图")
> pie(1:12,col=rainbow(6),labels="",border=NA,main="(b) 饼图")
> qqnorm(y,col=1:7,pch=19,xlab="",ylab="",main="(c) Q-Q图")
> plot(x,y,pch=21,bg=c(2,3,4),cex=1.2,xlab="",ylab="",main="(d) 散点图")
> plot(rnorm(25),rnorm(25),cex=(y+2),col=2:4,lwd=2,xlab="",ylab="",main="(e) 气泡图")
> hist(rnorm(1000),col=3,xlab="",ylab="",main="(f) 直方图")
> plot(density(y),col=4,lwd=1,xlab="",ylab="",main="(g) 核密度图")
> polygon(density(y),col="gold",border="blue")
> boxplot(x,col=2,main="(h) 箱线图")
```

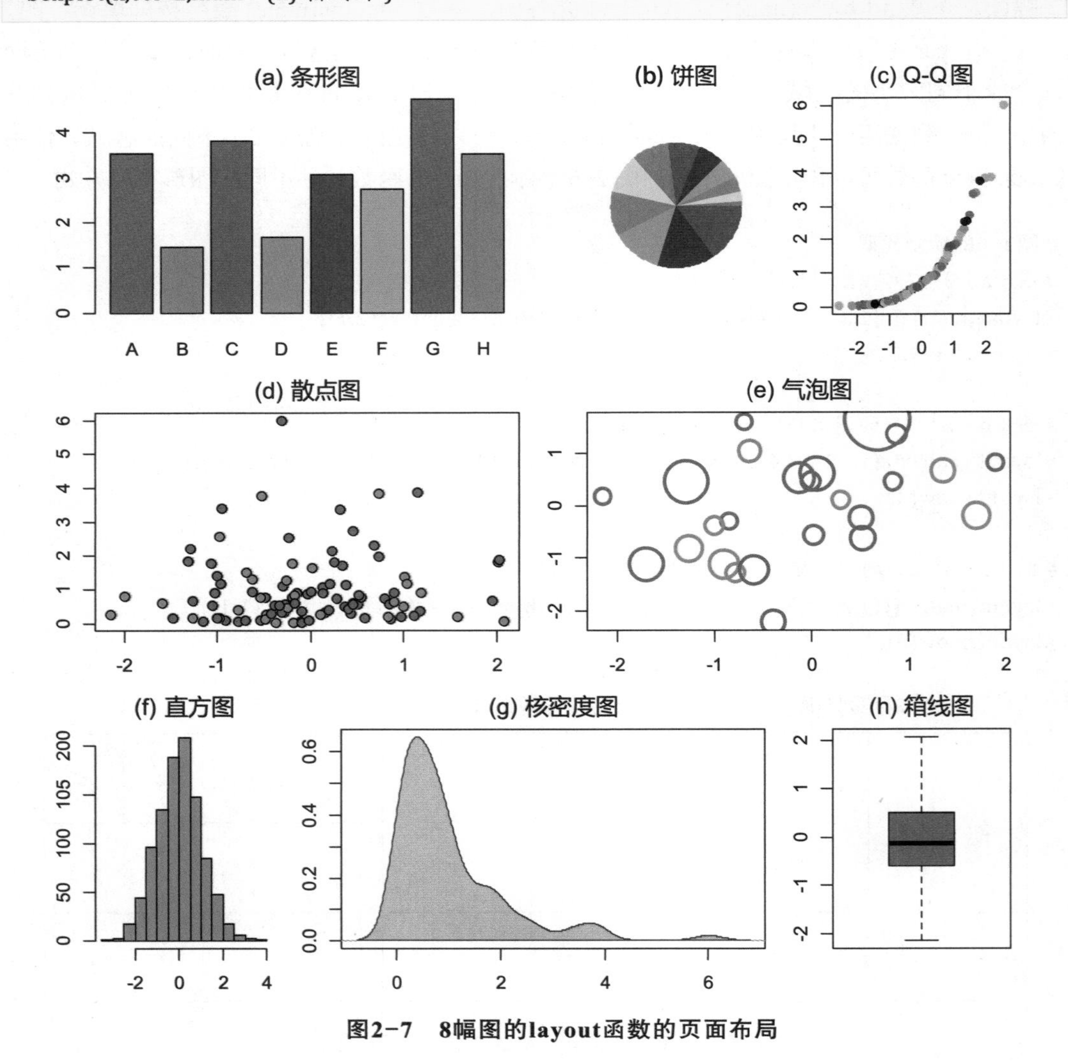

图2-7　8幅图的layout函数的页面布局

2.1.5　打开多个绘图窗口

页面布局和图形组合是在一个图形页面中绘制多幅图。如果要比较不同的图形，也可以在 R 平台中同时打开多个绘图窗口。比如，画出一组数据的直方图后，想再画出该组数据的核密度图。在画完直方图后，如果再输入一条绘制核密度图的命令，前面绘制的直方图就会被删除，无法再次看到。如果想保留之前绘制的直方图，在绘制核密度图之前，输入命令 dev.new( )，就会打开一个新的绘图窗口，在新窗口绘制核密度图，之前绘制的直方图窗口依然保留。R 软件可以同时打开多个绘图窗口。图 2-8 是在不同窗口绘制的同一组数据的直方图与核密度图。

```
# 图2-8的绘制代码
> x<-rnorm(1000)                                      # 生成1000个标准正态分布随机数
> hist(x,col=3,xlab="",ylab="",main="直方图")          # 绘制直方图
> dev.new()                                           # 打开一个新的绘图窗口
> plot(density(x),xlab="",ylab="",main="核密度图")     # 绘制核密度图
```

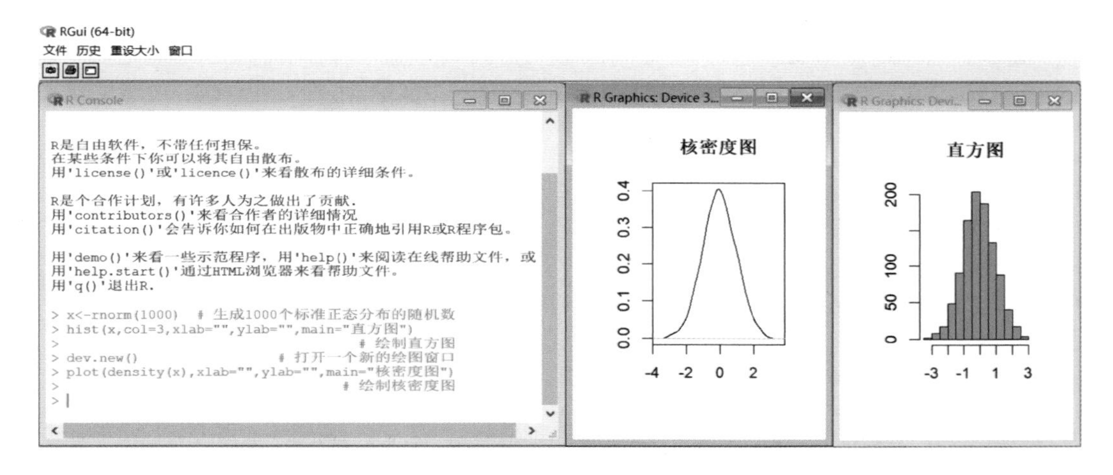

图2-8　在两个绘图窗口分别绘制直方图与核密度图

要关闭新的绘图窗口，使用函数 dev.off( ) 即可。

2.2　ggplot2 简介

ggplot2 包是由 Hadley Wickham（2009）编写的绘图包。该包提供了一种基于语法的图形绘制系统，因其图形漂亮、语法规范广受人们喜爱。用 ggplot2 包绘图十分方便，尤其适合绘制二维图形。与传统绘图包 graphics 相比，不需要太多的细节设置就可以绘制出满意的图形。目前，基于 ggplot2 开发的绘图包也有很多，如 ggiraphExtra、ggpubr 等，其中的函数兼容 ggplot2 的语法，而参数设置相对较少，方便快速绘图。使用 ggsave 函数可以存储和导出不同格式的 ggplot2 图形。

2.2.1 绘图语法

为理解 ggplot2 的绘图语法，我们用例 2-1 的数据先画出几幅不同的图形，如图 2-9 所示。

```
# 图2-9的绘制代码
> library(ggplot2)                                    # 加载ggplot2包
> library(reshape2)                                   # 为使用melt函数融合数据
> library(gridExtra)                                  # 为使用grid.arrange函数组合图形
> data2_1<-read.csv("C:/mydata/chap02/data2_1.csv")

# 将数据融合为长格式
> df<-melt(data2_1,id.vars=c("性别","专业"),variable.name="课程",value.name="分数")

# 设置图形主题（可根据需要设置，省略时函数会根据默认设置绘图）
> mytheme<-theme(plot.title=element_text(size="12"),        # 设置主标题字体大小
+   axis.title=element_text(size=10),                       # 设置坐标轴标签字体大小
+   axis.text=element_text(size=9),                         # 设置坐标轴刻度字体大小
+   legend.position="none")                                 # 移除图例

# 绘制图形
> p1<-ggplot(data=df)+aes(x=性别,fill=性别)+                 # 设置x轴，按性别填充颜色
+   geom_bar()+                                             # 绘制条形图
+   ylab("人数")+                                           # 设置y轴标签
+   mytheme+                                                # 使用设置的主题
+   ggtitle("(a) 条形图")                                   # 添加标题

> p2<-ggplot(data=df)+aes(x=课程,y=分数,fill=性别)+
+   geom_boxplot()+                                         # 绘制箱线图
+   facet_wrap(~性别)+                                      # 按性别分面
+   mytheme+ggtitle("(b) 分面箱线图")

> p3<-ggplot(data=df)+aes(x=分数,fill=课程,alpha=0.2)+
                                                  # 设置颜色透明度alpha的值（[0,1]之间）
+   geom_density()+                               # 绘制核密度图
+   xlim(50,105)+                                 # 设置x轴值域（数值范围）
+   ylim(0,0.07)+                                 # 设置y轴值域（数值范围）
+   annotate("text",x=68,y=0.015,label="Python语言",size=4)+  # 添加注释文本
+   annotate("text",x=85,y=0.015,label="R语言",size=4)+       # 添加注释文本
+   mytheme+ggtitle("(c) 分组核密度图")

> p4<-ggplot(data=data2_1)+aes(x=R语言,y=Python语言,fill=性别)+
+   geom_point(size=3,shape=21,color="black")+              # 绘制散点图
+   facet_wrap(~性别)+                                      # 按性别分面
```

```
+   mytheme+ggtitle("(d) 分面散点图")

> grid.arrange(p1,p2,p3,p4,ncol=2)                    # 按2列组合图形p1、p2、p3、p4
```

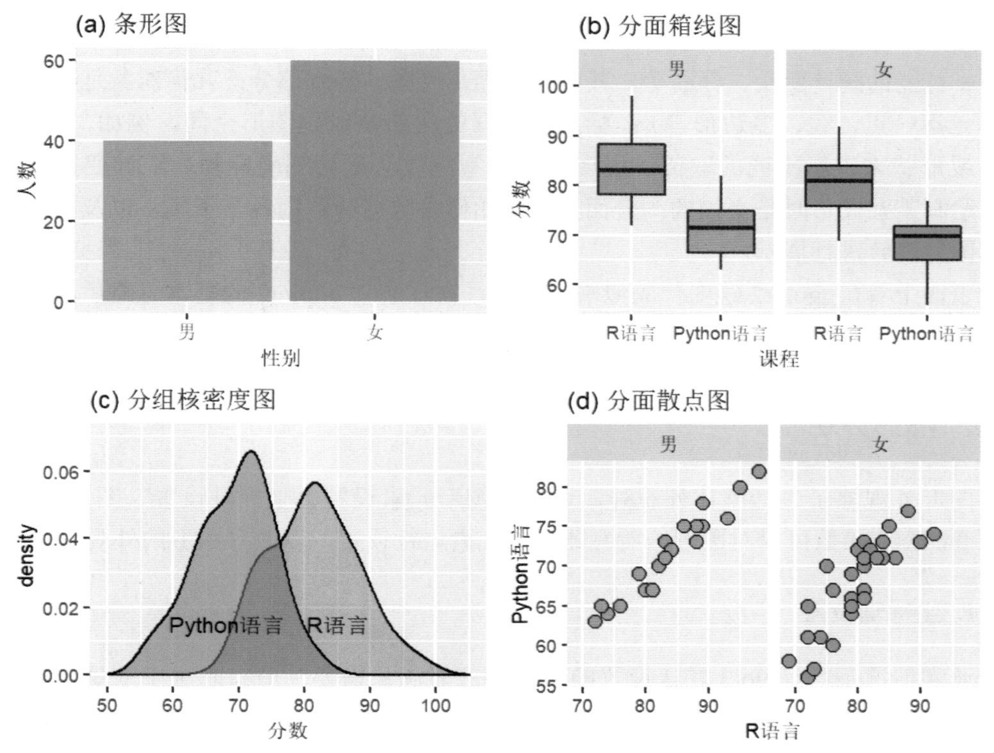

图2-9　ggplot2绘制的不同图形

图 2-9 是用 ggplot2 绘制的 4 幅独立的不同图形，使用 gridExtra 包中的 grid.arrange 函数组合在一个图形页面中形成一幅图形。

现在来看看 ggplot2 绘图的过程和语法。在图 2-9 的绘制代码中，ggplot 函数指定要绘图的数据（数据框形式），并生成一个空的图形对象（不生成图形）；aes 是 aesthetics（美学）的缩写，aes(x,y,…) 函数用于指定图形美学属性的映射，其中的 x 用于指定坐标轴 x 的映射变量，y 用于指定坐标轴 y 的映射变量。比如，图 2-9（a）中，aes(x= 性别 ,fill= 性别) 表示 x 轴映射的变量是性别，由于绘制条形图时，函数默认使用类别变量的行计数，所以未设置 y 轴，映射的变量是性别的计数。geom 是要绘制的几何对象，在下划线 “_” 后面指定要绘制的几何图形。比如，geom_bar( ) 指定要绘制条形图。ggplot2 的绘图语法是将各个部分（图层，layer）用 “+” 连接起来。

图 2-9 中使用 theme 函数设置图形主题，用于控制或修改图形外观，设置内容包括主标题字体大小、坐标轴标签字体大小、坐标轴刻度字体大小、图例位置及其字体大小等。图形中的每个元素都可以使用 theme 函数进行修改。如果绘制多幅图时使用相同的主题，可以单独设置，然后在每幅图中加上预设的主题，这样可以简化代码；如果只绘制

一幅图，或多幅图有不同的主题设置，主题设置放在绘制代码中，用“+”号连接即可。图 2-9（b）和图 2-9（d）是按性别分面绘制的箱线图和散点图，图 2-9（c）是按课程分组绘制的核密度图。

根据图 2-9 的绘制过程，可大致了解 ggplot2 的绘图语法。与其他绘图包不同，ggplot2 采用独特的设计方式。绘制一幅图形包含的要素有数据、坐标轴、几何对象、标度、可能的统计变换、分面等。其中，**数据**是绘图的基础部分；**几何对象**是要绘制的图形元素（点、线、多边形等）；**标度**将数据的取值映射到图形空间。例如，用颜色、大小或形状来表示不同的取值，展现标度的常见做法是绘制坐标轴；**统计变换**是可选项，绘制某些图形时是必需的；**分面**描述了如何将数据分解为各个子集，以及如何对子集作图并联合进行展示。

表面上看，ggplot2 绘图代码似乎很复杂，在理解了 ggplot2 的基本思路后，其实很容易，与其他绘图包相比，ggplot2 不需要记住太多的函数及其参数设置方法。

2.2.2　图形外观

图形外观除了包括整体外观外，还包括图形元素设置、坐标轴设置、图例设置等。使用 theme( ) 函数可以对图形的所有非数值元素进行设置，以改善图形的外观。

1. 坐标轴设置

通常情况下，ggplot2 默认设置的坐标轴都能满足需要，但有时由于变量名称过长或某些特殊要求，需要对坐标轴做适当修改。比如，修改坐标轴刻度字体大小和刻度线的数量；设置 x 轴和 y 轴的数值范围；修改坐标轴标签的字体大小和摆放方式等。图 2-10 是对坐标轴进行不同设置绘制的图形。

```
# 图2-10的绘制代码
> library(ggplot2);library(reshape2);library(gridExtra)
> data2_1<-read.csv("C:/mydata/chap02/data2_1.csv")

# 将数据融合成长格式
> df<-melt(data2_1,id.vars=c("性别","专业"),variable.name="课程",value.name="分数")

# 设置图形主题
> mytheme<-theme(plot.title=element_text(size="11"),        # 设置主标题字体大小
+   axis.title=element_text(size=10),                       # 设置坐标轴标签字体大小
+   axis.text=element_text(size=9),                         # 设置坐标轴刻度字体大小
+   legend.position="none")                                 # 移除图例

# 图（a）修改类别轴项目顺序
> p1<-ggplot(data=df)+aes(x=课程,y=分数,fill=课程)+
+   geom_boxplot()+                                         # 绘制箱线图
+   scale_x_discrete(limits=c("Python语言","R语言"))+       # 修改类别轴项目顺序
```

```
+  mytheme+ggtitle("(a) 修改类别轴项目顺序\n默认顺序R语言、Python语言")

# 图（b）坐标轴互换，并反转x轴元素的顺序
> p2<-ggplot(data=df)+aes(x=课程,y=分数,fill=课程)+geom_boxplot()+
+  coord_flip()+                          # 坐标轴互换（或者设置y=分数,x=课程）
+  ylim(54,101)+                          # 设置y轴值域（数值范围）
+  theme(axis.text.y=element_text(size=9,angle=90,hjust=0.5,vjust=0.5))+
                                          # 设置y轴标签角度，并进行水平和垂直位置调整
+  scale_x_discrete(limits=rev(levels(df$课程)))+      # 反转类别轴项目顺序
+  mytheme+ggtitle("(b) 坐标轴互换\n反转x轴元素的顺序并旋转90度")

# 图（c）移除y轴刻度线和标签，删除x轴和y轴次网格线
> p3<-ggplot(data=df)+aes(x=分数,fill=课程,alpha=0.2)+
+  geom_density()+                                   # 绘制核密度图
+  xlim(50,105)+                                     # 设置x轴值域（数值范围）
+  ylim(0,0.07)+                                     # 设置y轴值域（数值范围）
+  theme(axis.title.y=element_blank(),               # 移除y轴标签
+      axis.ticks.y=element_blank(),                 # 移除y轴刻度线
+      panel.grid.minor.x=element_blank(),           # 去掉x轴次网格线
+      panel.grid.minor.y=element_blank())+          # 去掉y轴次网格线
+  annotate("text",x=69,y=0.015,label="Python语言",size=3)+    # 添加注释文本
+  annotate("text",x=85,y=0.015,label="R语言",size=3)+
+  mytheme+ggtitle("(c) 移除y轴刻度线和y轴标签\n去掉x轴和y轴次网格线")

# 图（d）移除所有刻度线，x轴刻度标签旋转90度
> p4<-ggplot(data=df)+aes(x=分数,fill=课程,alpha=0.2)+geom_density()+
+  scale_x_continuous(limits=c(50,100),
+   breaks=c(50,55,60,65,70,75,80,85,90,95,100))+             # 设置x轴值域和刻度线位置
+  scale_y_continuous(limits=c(0,0.07),
+  breaks=c(0,0.01,0.02,0.03,0.04,0.05,0.06,0.07))+           # 设置y轴值域和刻度线位置
+  ylab("密度")+                                              # 设置y轴标签
+  theme(axis.ticks=element_blank(),                          # 移除所有刻度线
+   axis.line=element_line(color="blue",size=1.5),            # 添加坐标轴直线
+   axis.text.x=element_text(size=9,angle=90,hjust=1,vjust=1))+ # 设置x轴标签角度
+  annotate("text",x=69,y=0.015,label="Python语言",size=3)+   # 添加注释文本
+  annotate("text",x=85,y=0.015,label="R语言",size=3)+
+  mytheme+ggtitle("(d) 移除所有刻度线\nx轴刻度标签旋转90度")

> grid.arrange(p1,p2,p3,p4,ncol=2)                           # 组合图形
```

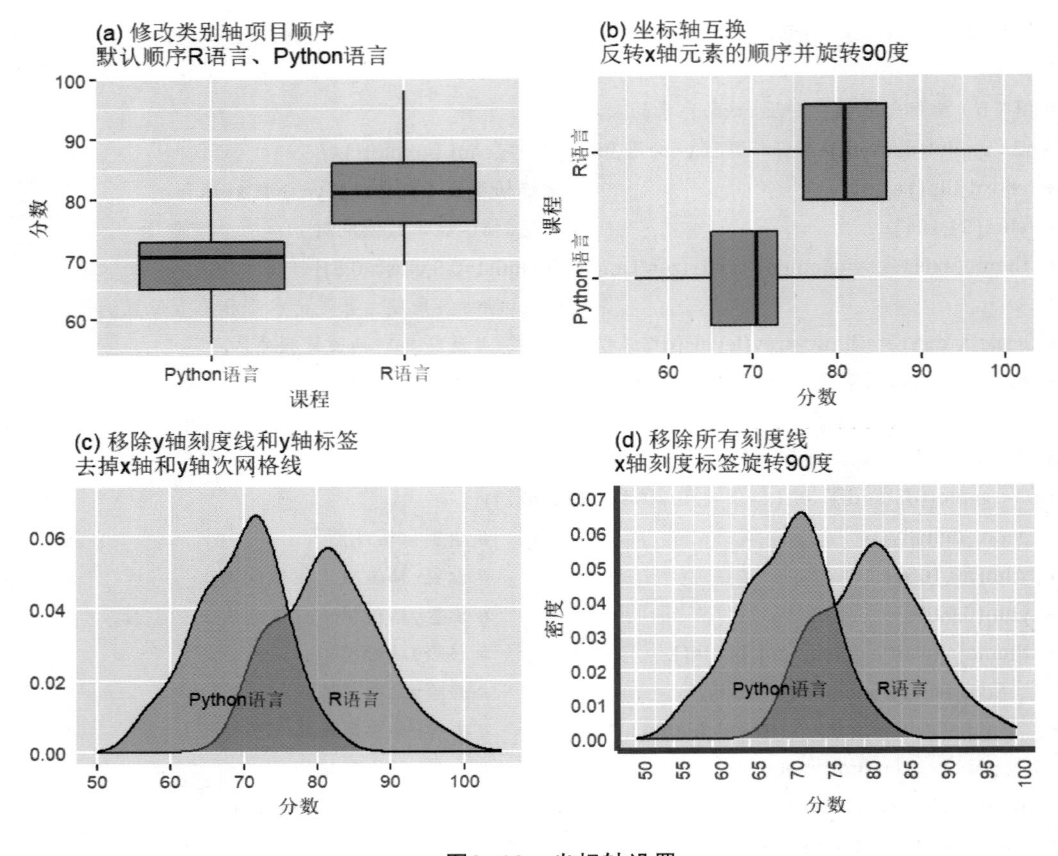

图2-10　坐标轴设置

图 2-10（a）默认绘制的类别轴（本图为 x 轴）顺序是 R 语言、Python 语言，使用 scale_x_discrete(limits=c( )) 可根据需要改变类别顺序。绘图前将因子设置为所需的顺序，其效果相同。

图（b）是设置 coord_flip( ) 使坐标轴互换，在 aes 中设置 aes(x= 分数 ,y= 课程) 效果与之相同，反转 x 轴元素的顺序是为了使从上到下的阅读顺序与数据框中变量的顺序一致，同时，将 x 轴（类别轴）标签旋转 90 度。

图（c）使用 theme(axis.title.y=element_blank( )) 移除 y 轴标签，要移除 x 轴标签使用类似的设置；设置 theme(axis.ticks.y=element_blank( )) 移除 y 轴刻度线，可以按相同方法移除 x 轴的刻度线。设置 panel.grid.minor.x=element_blank( ) 移除 x 轴次网格线（主网格线之间的线），用同样方法移除 y 轴次网格线。

图（d）使用 theme(axis.ticks=element_blank()) 移除所有的刻度线，也可以按图（c）的方式处理。将坐标轴标签旋转是为了改变标签的角度，当变量名较长时，旋转角度可以避免标签重叠，也可以采用其他处理方法（见后面介绍的长标签处理方法）。使用 xlim() 可以设置 x 轴的数值范围，如 xlim(50,100)，该设置与 scale_x_continuous(limits=c(50,100)) 等价。设置 x 轴数值范围时，函数会在该范围内设置坐标轴刻度，重新设置刻度线可以使用 scale_x_continuous(limits=c( ),breaks=c( ))，如图 2-10（d）所示。图 2-10 只是为了演示坐标轴的设置方法，实际绘图时可根据需要设置。

2. 标题设置

默认情况下，ggplot2 绘制的图形不添加标题，使用 ggtitle( ) 函数可以添加标题（添加在图形的上方），也可以使用 labs(title="") 函数添加标题（可以将标题添加在所需要的位置）。使用主题函数 theme 可以设置标题的字体大小等。不同标题设置的图形如图 2-11 所示。

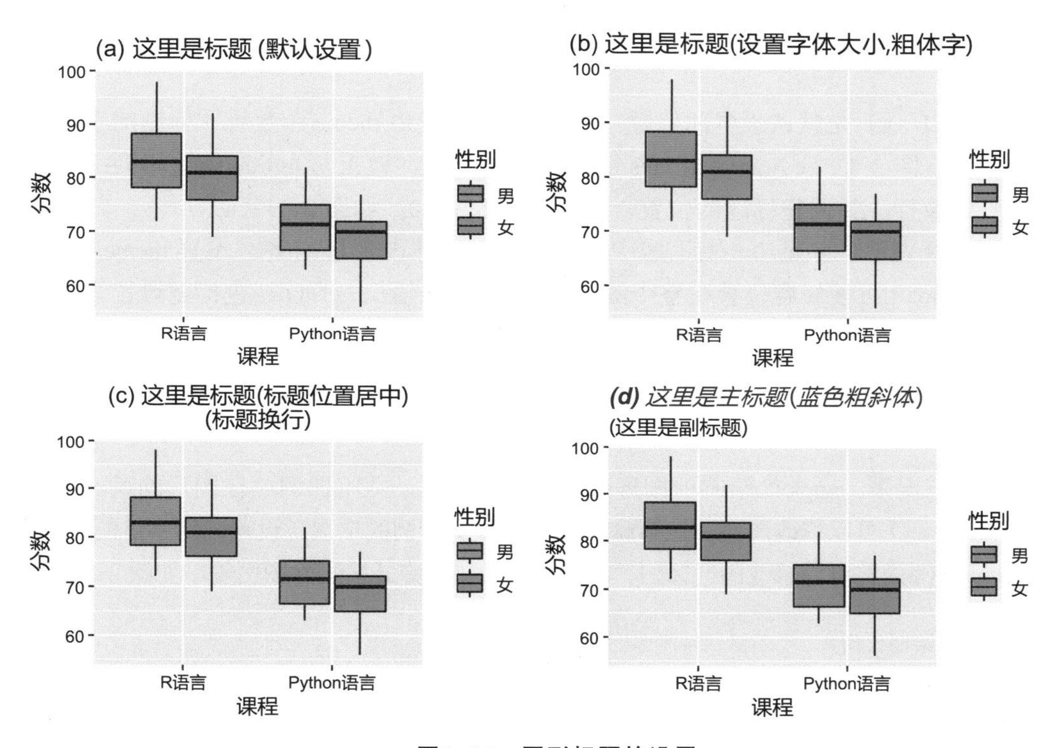

图2-11 图形标题的设置

```
# 图2-11的绘制代码
> library(ggplot2);library(reshape2)
> data2_1<-read.csv("C:/mydata/chap02/data2_1.csv")
> df<-melt(data2_1,id.vars=c("性别","专业"),variable.name="课程",value.name="分数")

# 绘制图形
> p<-ggplot(data=df)+aes(x=课程,y=分数,fill=性别)+geom_boxplot()        # 绘制箱线图

# 设置标题
> p1<-p+ggtitle("(a) 这里是标题(默认设置)")                              # 添加标题

> p2<-p+ggtitle("(b) 这里是标题(设置字体大小,粗体字)")+
```

```
+     theme(plot.title=element_text(size=10,face="bold"))          # 设置标题字体大小

> p3<-p+labs(title=("(c) 这里是标题(标题位置居中)\n(标题换行)"))+
                                                                   # 标题换行（在\n处换行）
+     theme(plot.title=element_text(size=12,hjust=0.5))            # 调整标题位置（居中）

> p4<-p+ggtitle("(d) 这里是主标题(蓝色粗斜体)","(这里是副标题)")+       # 添加副标题
+     theme(plot.title=element_text(face="bold.italic",color="blue3")) # 设置标题为粗斜体字，蓝色

> gridExtra::grid.arrange(p1,p2,p3,p4,ncol=2)                        # 组合图形
```

图 2-11（a）是默认设置的标题。图 2-11（b）使用 theme 函数设置标题的字体大小和粗体字。图 2-11（c）是使用 labs 函数添加的标题，效果与 ggtitle 函数相同；使用 \n 在需要处换行，并调整标题的位置，默认位置 hjust=0，如图 2-11（a）所示，即标题位置在图形区左齐，hjust=0.5 表示居中，hjust=1 表示在图形区右齐。设置 theme(plot.title.position="plot") 可使标题位置在整个图形的起点开始。图 2-11（d）主标题设置为蓝色斜体字，并通过 ggtitle 函数中的第 2 个参数设置副标题，副标题的字体比主标题字体略小。

3. 图例设置

默认情况下，ggplot2 绘制的图形会自动添加图例，并将图例放在图形的最右侧。使用函数 theme() 可以修改图例，包括删除图例、改变图例的位置、设置图例字体的大小等；使用 guides() 函数可以修改图例标题、改变图例的排放方式、删除图例等，如图 2-12 所示。

```
# 图2-12的绘制代码
> library(ggplot2)
> data2_1<-read.csv("C:/mydata/chap02/data2_1.csv")
> df<-melt(data2_1,id.vars=c("性别","专业"),variable.name="课程",value.name="分数")

# 绘制图形
> p<-ggplot(data=df)+aes(x=课程,y=分数,fill=性别)+geom_boxplot()

# 设置图例
> p1<-p+ggtitle("(a) 默认图例")

> p2<-p+ggtitle("(b) 移除图例")+
+     theme(legend.position="none")                  # 移除图例(或设置guides(fill="none"))

> p3<-p+ggtitle("(c) 设置图例位置、字体、背景和边框颜色")+
+     theme(legend.text=element_text(size=8,color="blue"),      # 设置图例字体大小和颜色
+         legend.position="top",                                # 设置图例位置（顶部）
+         legend.background=element_rect(fill="grey85",color="grey"),
```

```
                                                           # 设置图例背景色和边框颜色
+      legend.key=element_rect(color="blue",size=0.25))    # 设置图例键的颜色和线宽

> p4<-p+ggtitle("(d) 设置图例位置、摆放方式和顺序")+
+   theme(legend.position=c(0.75,0.9),                # 设置图例位置
+       legend.background=element_blank(),            # 移除图例整体边框
+       legend.text=element_text(size=8))+            # 设置图例字体大小
+   guides(fill=guide_legend(nrow=1,title=NULL))+
                                                      # 设置图例摆放方式(1行，去掉图例标题)
+   scale_fill_discrete(limits=c("女","男"))          # 修改图例顺序

> gridExtra::grid.arrange(p1,p2,p3,p4,ncol=2)         # 组合图形
```

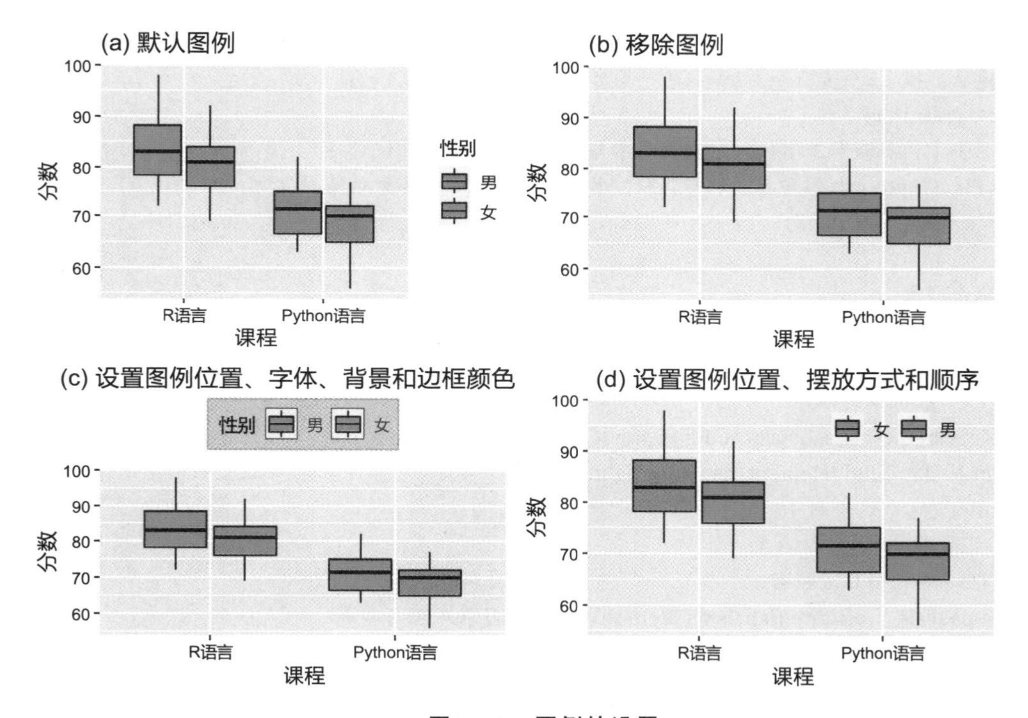

图2-12　图例的设置

图 2-12（a）是默认绘制的图例，放在图形右侧（right），可根据需要放在顶部（top）或底部（bottom）。图 2-12（b）是通过设置 theme(legend.position="none") 来移除图例，本图也可使用 guides(fill= "none") 来移除标度 fill 的图例（如果标度为 color，则设置 guides(color="none")）。图 2-12（c）设置了图例的位置、字体大小和颜色、边框颜色和背景颜色。图 2-12（d）删除了图例的标题、边框，这样的图例设置可使图例与图形融合为一体；设置摆放方式为 1 行（可根据需要设置），修改了图例顺序（默认为男、女）。

当有多个图例时，可以使用 sacle 函数删除某个图例，比如，要删除 alpha 产生的图例，设置 scale_alpha(guide="none") 即可；要删除 shape 产生的图例，设置 scale_shape (guide="none") 即可。要改变多个图例的顺序，可使用 guides 函数，比如要改变 color 和 fill 图例的顺序，设置 guides(color=guide_legend(order=2),fill=guide_legend(order=1)) 即可。

4. 长标签处理

在可视化过程中，有时会涉及多个变量，有些变量名称可能较长，这时产生的坐标轴标签或图例标签就可能会重叠或相互遮盖，不仅难以识别，而且影响美观。有些可以通过标签角度旋转的办法解决（见图 2-10），有些则需要另行处理。下面通过一个例子说明长标签处理的一些方法，如图 2-13 所示。

```
# 图2-13的绘制代码
> library(ggplot2);library(gridExtra)
> library(stringr)                                          # 为使用str_wrap函数

# 构建数据框（3个专业和3门课程的平均考试分数）
> df<-data.frame(
+  专业=c("流行病和卫生统计","数据科学与大数据技术","数理统计"),
+  课程=c("Python机器学习原理与实践","数据建模","数据科学统计基础"),
+  平均分数=c(76,88,82))

# 绘制条形图
> p<-ggplot(df)+aes(x=课程,y=平均分数,fill=专业)+geom_col(width=0.8,color="grey50")

# 图（a）默认绘制标签
> p1<-p+theme(panel.background=element_rect(fill="lightyellow"),      # 设置图形面板背景色
+  plot.background=element_rect(fill="lightblue"))+                    # 设置图形整体背景色
+ ggtitle("(a) 默认绘制")

# 图（b）在适当位置换行
> p2<-p+scale_x_discrete(labels=c("Python\n机器学习\n原理与实践",
+            "数据建模","数据科学\n统计基础"))+                 # 将x轴的长标签换行
+  theme(axis.text=element_text(lineheight=1))+                   # 设置x轴标签文本的高度
+  scale_fill_discrete(labels=c("流行病和\n卫生统计",
+           "数据科学\n与大数据\n技术","数理统计"))+            # 将图例标签换行
+  theme(legend.text=element_text(lineheight=1),legend.key.height=unit(1,"cm"))+
                                                                  # 设置图例文本和色键高度
+  ggtitle("(b) 在适当位置换行")

# 图（c）设置标签文本宽度
> p3<-p+scale_x_discrete(labels=function(x) str_wrap(x,width=8))+      # 设置x轴标签宽度
+  theme(axis.text=element_text(lineheight=1))+
+  scale_fill_discrete(labels=function(x) str_wrap(x,width=8))+       # 设置图例标签宽度
+  theme(legend.text=element_text(lineheight=1),legend.key.height=unit(1,"cm"))+
```

```
+ ggtitle("(c) 设置标签文本宽度")

> grid.arrange(p1,p2,p3,layout_matrix=rbind(c(1,1),c(2,3)))          # 图形布局
```

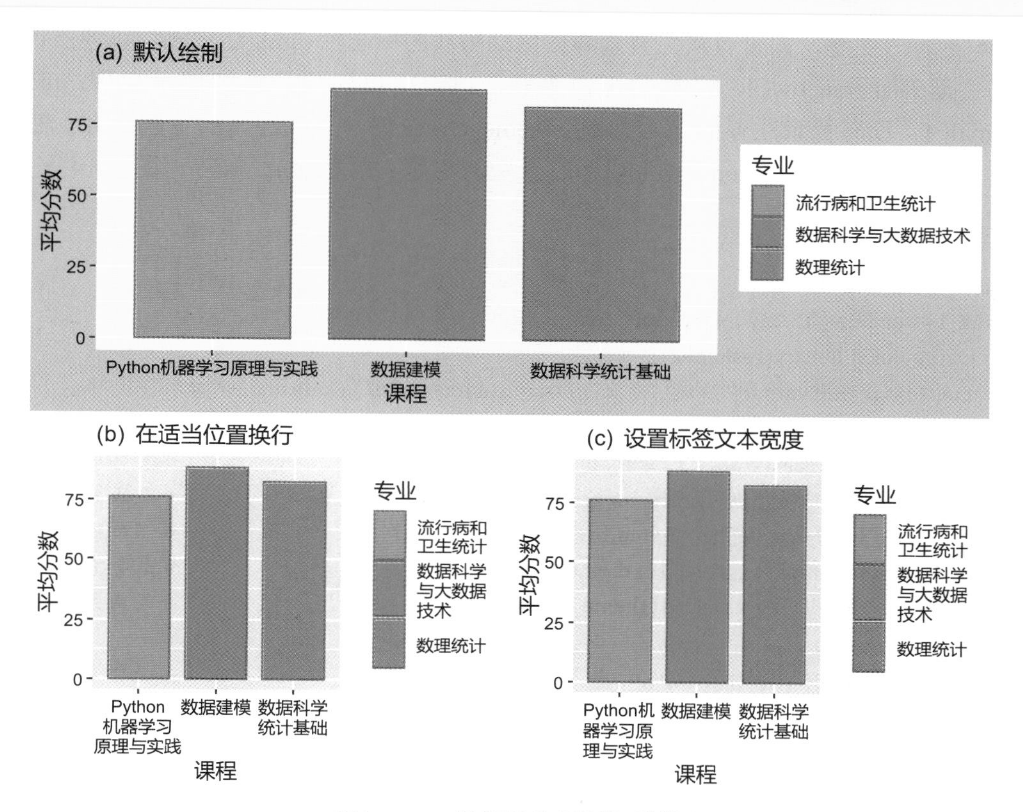

图2-13　*x*轴标签和图例标签的处理

图 2-13（a）是默认绘制的条形图，由于课程名称和专业名称较长，为完整展示 x 轴标签和图例标签，需要将图形拉长，在图形中占了两幅图的位置，否则会出现 x 轴标签重叠、相互覆盖或过于拥挤的情况，不仅难以识别，而且影响图形美观。设置图形面板和整体背景色是为了识别整幅图的大小。

图 2-13（b）使用 scale_x_discrete 函数重新设置标签，并在需要换行处使用 \n 表示新行，同时使用 theme 函数设置文本行高度。使用 scale_fill_discrete 函数，用相同方法设置图例标签，并使用 theme 函数设置图例文本和色键的高度，以改变图例间隔，避免过于拥挤。

图 2-13（c）使用 scale 函数结合 stringr 包中的 str_wrap 函数对 x 轴标签和图例标签做了处理。str_wrap 函数用于重新格式化字符串向量，参数 width 用于设置文本的宽度，超出设置宽度会自动换行，可根据需要合理设置宽度。观察图 2-13（b）和（c）可见二者的差异。

当绘图使用的变量较多但标签名称并不是很长时，可以使用 scale_x_discrete (guide= guide_axis(n.dodge=2)) 将长标签交替排成 2 行或多行，也可以通过设置 x 轴标签角度的办法来合理安排长标签。对于 y 轴标签的处理与上述方法类似。

5. 使用已有的图形主题

上述图形中多次使用 theme( ) 函数来改变图形元素和外观。使用 ggplot2 绘图时，也可以通过 theme 函数来修改所有非数据显示的主题。函数默认使用 theme_grey( ) 或 theme_gray( ) 主题，即带有灰色背景和白色网格线的标志性 ggplot2 主题，以便于比较。可选主题有 theme_bw( )，经典的黑白主题，适合用投影仪显示的演示文稿；theme_minimal( )，没有背景注释的简约主题；theme_classic( )，外观经典的主题，有 x 轴和 y 轴线条，没有网格线；theme_void( )，完全空的主题（无主题）；等等。图 2-14 是几种不同主题设置的图形。

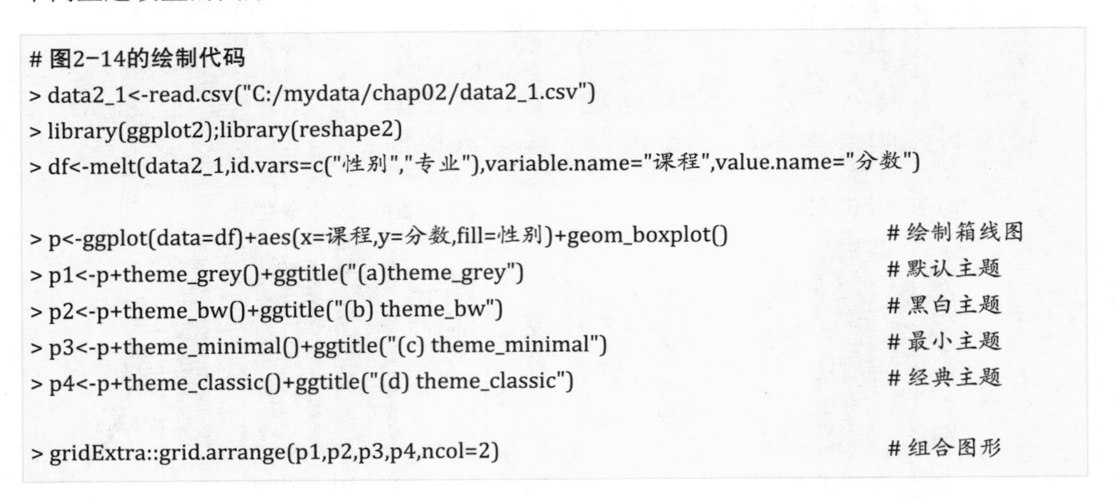

```
# 图2-14的绘制代码
> data2_1<-read.csv("C:/mydata/chap02/data2_1.csv")
> library(ggplot2);library(reshape2)
> df<-melt(data2_1,id.vars=c("性别","专业"),variable.name="课程",value.name="分数")

> p<-ggplot(data=df)+aes(x=课程,y=分数,fill=性别)+geom_boxplot()          # 绘制箱线图
> p1<-p+theme_grey()+ggtitle("(a)theme_grey")                            # 默认主题
> p2<-p+theme_bw()+ggtitle("(b) theme_bw")                               # 黑白主题
> p3<-p+theme_minimal()+ggtitle("(c) theme_minimal")                     # 最小主题
> p4<-p+theme_classic()+ggtitle("(d) theme_classic")                     # 经典主题

> gridExtra::grid.arrange(p1,p2,p3,p4,ncol=2)                            # 组合图形
```

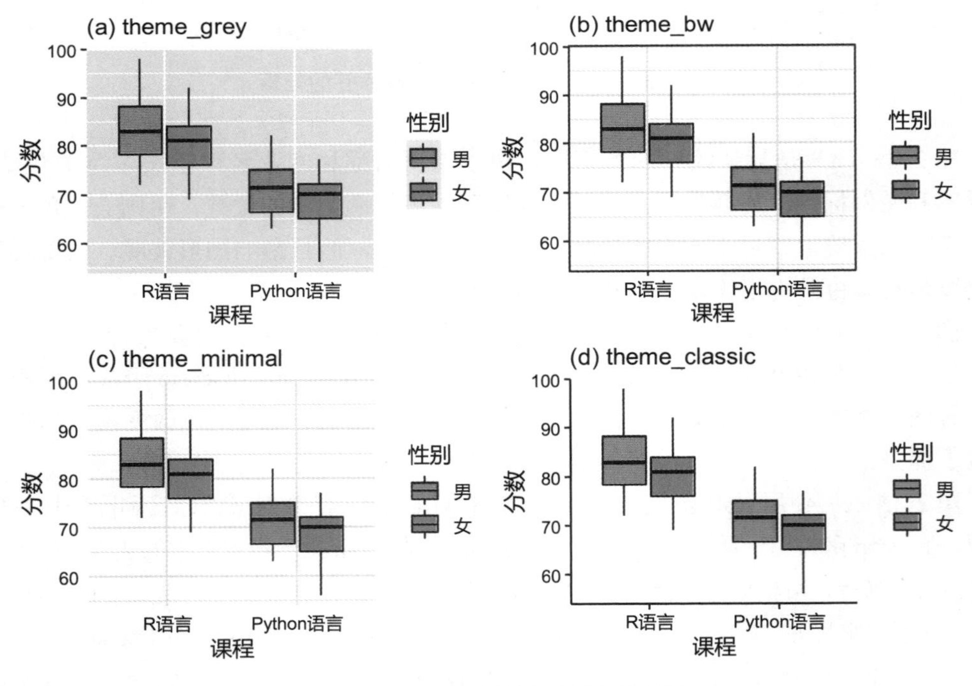

图2-14　几种不同的图形主题

在带有网格线的主题图形中，可根据需要隐藏网格线。设置 theme(panel.grid.major=element_blank()) 隐藏主网格线（带有标签的坐标轴刻度对应的网格线）；theme(panel.grid.minor=element_blank()) 隐藏次网格线（位于主网格线之间的线）。也可单独移除 x 轴或 y 轴网格线，比如，设置 theme(panel.grid.minor.x=element_blank()) 隐藏 x 轴次网格线，设置 theme(panel.grid.minor.y=element_blank()) 隐藏 y 轴次网格线，等等。

要改变图形面板的背景颜色，比如，将图形面板背景颜色改为黄色、边框线设置为红色，可使用 theme(panel.background=element_rect(fill="yellow",color="red"))。要改变整体图形的背景色，比如淡黄色，使用 theme(plot.background=element_rect(fill="lightyellow")) 即可。

除 ggplot2 包提供的图形主题外，ggthemes 包提供了 20 多种 ggplot2 图形的扩展主题，图 2-15 是其中的 4 种图形主题。

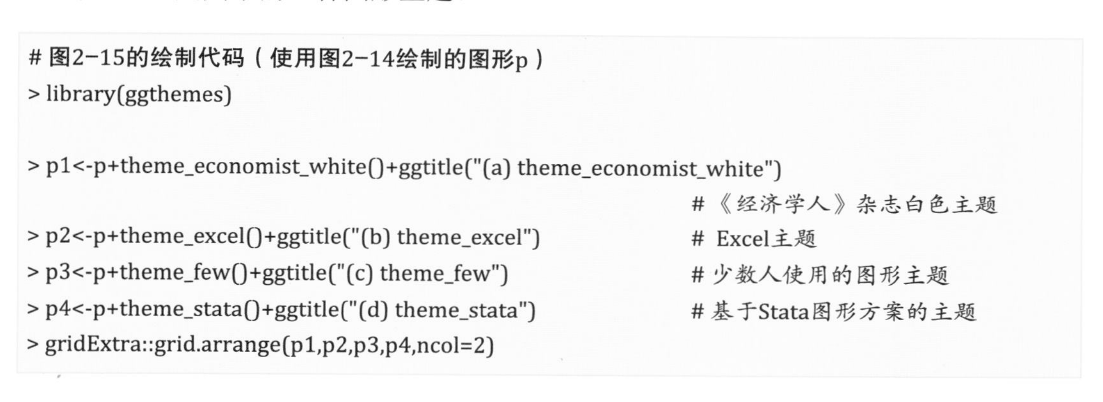

```
# 图2-15的绘制代码（使用图2-14绘制的图形p）
> library(ggthemes)

> p1<-p+theme_economist_white()+ggtitle("(a) theme_economist_white")
                                                    #《经济学人》杂志白色主题
> p2<-p+theme_excel()+ggtitle("(b) theme_excel")    # Excel主题
> p3<-p+theme_few()+ggtitle("(c) theme_few")        # 少数人使用的图形主题
> p4<-p+theme_stata()+ggtitle("(d) theme_stata")    # 基于Stata图形方案的主题
> gridExtra::grid.arrange(p1,p2,p3,p4,ncol=2)
```

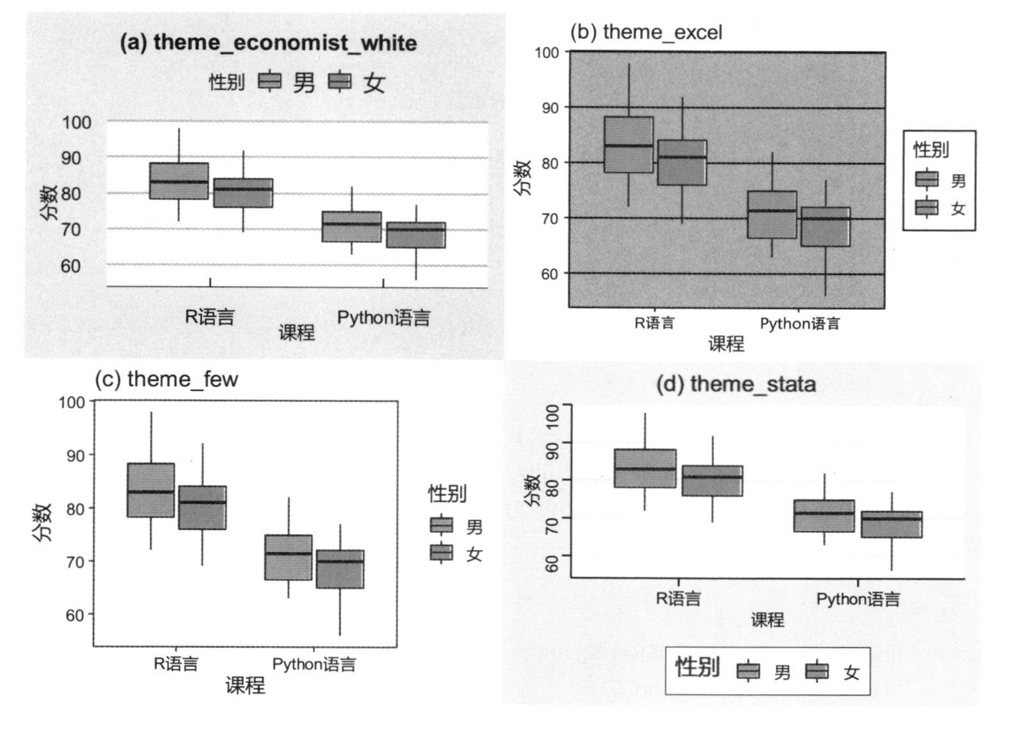

图2-15　ggthemes包中的部分图形主题

2.2.3 添加注释

除了图形提供的基本信息外，为帮助别人理解图形，可能需要在已经绘制好的图形上额外添加注释信息，以增强图形的可读性。比如，添加注释文本、数学表达式、函数的计算结果、线段等。

为图形添加注释的函数主要是 annotate（也可以使用 labs 函数），它可以为图形添加多种不同的注释信息。以例 2-1 为例，添加不同注释的图形如图 2-16 所示。

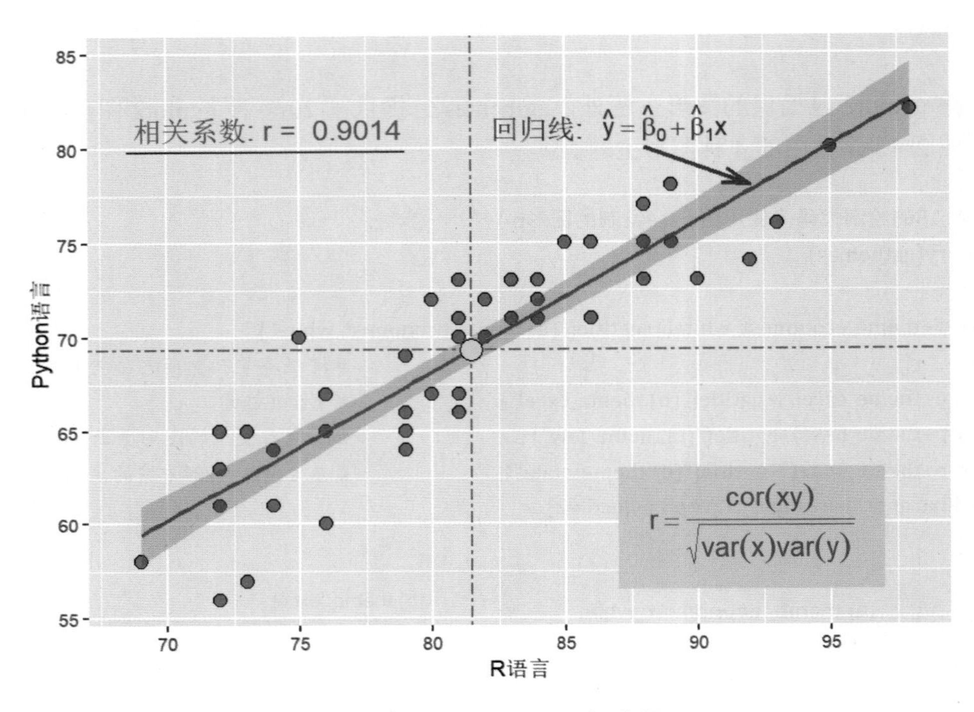

图2-16　为图形添加注释

```
# 图2-16的绘制代码
> library(ggplot2)
> d<-read.csv("C:/mydata/chap02/data2_1.csv")

# 绘制散点图
> p<-ggplot(data=d)+aes(x=R语言,y=Python语言)+
+  geom_point(size=3,shape=21,color="black",fill="red2")+        # 绘制点
+  scale_x_continuous(breaks=c(70,75,80,85,90,95))+              # 设置x轴刻度线位置
+  stat_smooth(method="lm")                                      # 添加线性回归线和置信带

# 添加注释
> p+geom_vline(xintercept=mean(d$R语言),linetype="twodash",
+                  color="grey50",size=0.5)+                     # 添加x的均值线
+  geom_hline(yintercept=mean(d$Python语言),
```

```
+                 linetype="twodash",color="grey50",size=0.5)+                #添加y的均值线
+ geom_point(x=mean(d$R语言),y=mean(d$Python语言),
+                 shape=21,size=5,fill="yellow")+                             #添加均值点
+ annotate("text",x=72,y=81,label="相关系数: r = ",size=5,color="red3")+       #添加注释文本
+ annotate("text",x=77.2,y=81,label=round(cor(d$R语言,d$Python语言),4),
+              size=5,color="red3")+                                          #添加相关系数
+ annotate("text",x=92,y=60,parse=TRUE,size=5,color="red3",
+              label="r==frac(cor(xy),sqrt(var(x)*var(y)))")+        #添加相关系数的数学表达式
+ geom_rect(xmin=87, xmax=97, ymin=56.5,ymax=63,fill="grey85")+               #添加矩形
+ annotate("text",x=84,y=81,label="回归线:",size=5,color="blue3")+             #添加注释文本
+ annotate("text",x=88.8,y=81.3,parse=TRUE,size=4.5,color="blue3",
               label="hat(y)==hat(beta)[0]+hat(beta)[1]*x")+        #添加回归方程数学表达式
+ annotate("segment",x=68.5,xend=79,y=79.8,yend=79.8,color="red4",size=0.5) + #添加直线
+ annotate("segment",x=88,xend=92,y=80,yend=78,color="blue",size=1,
             arrow=arrow(angle=15,length=unit(0.2,"inches")))  #添加带箭头的线
```

图 2-16 中，使用 mean 函数计算出 x 和 y 的均值，然后使用 geom_vline 和 geom_hline 添加 x 的均值线（垂直线）和添加 y 的均值线（水平线）。使用 cor 函数计算出 R 语言和 Python 语言的相关系数，使用 round 函数将结果保留 4 位小数，使用 annotate 函数添加计算结果。添加相关系数的计算公式和回归方程表达式时，需要设置解析 R 表达式 parse=TRUE，使用 annotate 函数结合 label 添加。x 和 $x$end、y 和 $y$end 分别表示 x 和 y 的坐标起点和终点。添加带箭头的线段时，可以在 arrow 函数中设置箭头的角度（angle）和长度（length）等。

2.2.4　图形分面

如果分析的数据集中有多个变量，或者数值变量按类别变量（因子）分组，要对每个变量绘制一幅图形，或按因子分组绘制某个变量的多个图形，这些图形称为子图（sub graph）。图形分面（facet）就是要将多个子图排列成矩阵网格的形式，排列后的多个子图形成一幅独立的图形。使用 facet_wrap 函数或 facet_grid 函数可以对图形进行分面。以例 2-1 为例，不同分面设置的图形如图 2-17 所示。

```
# 图2-17的绘制代码
> library(ggplot2);library(reshape2)
> data2_1<-read.csv("C:/mydata/chap02/data2_1.csv")

# 将数据融合成长格式
> df<-melt(data2_1,id.vars=c("性别","专业"),variable.name="课程",value.name="分数")
> p1<-ggplot(data=df)+aes(x=课程,y=分数,fill=性别)+geom_boxplot()+
+  facet_wrap(~性别,ncol=2)+                              # 按性别2列分面
+  ggtitle("(a) 按性别2列分面")
```

```
> p2<-ggplot(data=df)+aes(x=课程,y=分数,fill=专业)+geom_boxplot()+
+  facet_grid(性别~.)+                                     # 按性别2行分面
+  ggtitle("(b) 按性别2行分面")

> p3<-ggplot(data=df)+aes(x=课程,y=分数,fill=性别)+geom_boxplot()+
+  facet_wrap(~专业,ncol=3) +                              # 按专业3列分面
+  ggtitle("(c) 按专业3列分面")

> p4<-ggplot(data=df)+aes(x=专业,y=分数,fill=专业)+geom_boxplot()+
+  facet_grid(课程~性别)+                                  # 按课程（行）和性别（列）分面
+  theme(panel.spacing.x=unit(0.2,"lines"),               # 设置子图的x轴间距
+        panel.spacing.y=unit(0.1,"lines"),               # 设置子图的y轴间距
+        strip.text=element_text(size=10),                # 设置分面字体大小
+        strip.background=element_rect(fill="skyblue",color="blue4"))+
                                                           # 设置分面背景颜色和边框颜色
+  ggtitle("(d) 按课程（行）和性别（列）分面")

> gridExtra::grid.arrange(p1,p2,p3,p4,ncol=2)             # 组合图形
```

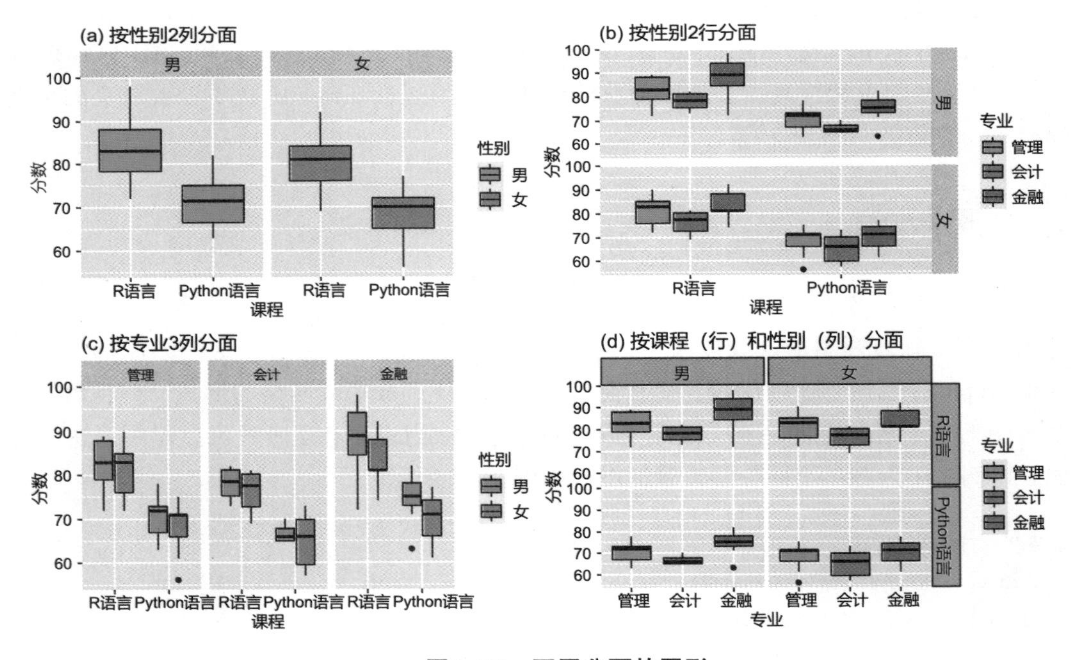

图2-17　不同分面的图形

图 2-17 是几种不同的分面方式。图 2-17（b）的绘制代码中，使用 facet_wrap(~性别 ,nrow=2) 也可以按两行分面，不同的是将分面标题放在图的上方。图形分面的更多用法见表 2-5 中列出的函数。

2.2.5 图形组合

图形分面是将多幅同类图形排列成网格形式，其中的格子大小是相同的。图形组合则是将多幅独立的不同图形组合成 R×C 的网格形式，其中格子大小可以相同，也可以不相同。要将 ggplot2 绘制的多幅独立的不同图形组合成一幅图形，可以使用 gridExtra 包中 grid.arrange 函数和 arrangeGrob 函数、cowplot 包中的 plot_grid 函数等。限于篇幅，本节只介绍 grid.arrange 函数，其他函数的使用方法类似，详细信息可查阅函数帮助。

在上面的图形绘制中，我们曾多次使用 grid.arrange 函数组合 ggplot2 的图形。函数中的参数 nrow 和 ncol 是将图形组合成一个 nrow×ncol 的矩阵，不设置其他参数，函数组合成格子大小都相同的图形矩阵。设置参数 layout_matrix 可以将矩阵分割成任意大小不同的格子，并在每个格子中填充一幅图形。以例 2-1 为例，不同方式组合的图形如图 2-18、图 2-19 和图 2-20 所示。

```
# 图2-18、图2-19和图2-20的绘制代码
> library(ggplot2);library(reshape2);library(gridExtra)
> data2_1<-read.csv("C:/mydata/chap02/data2_1.csv")

# 将数据融合成长格式
> df<-melt(data2_1,id.vars=c("性别","专业"),variable.name="课程",value.name="分数")

# 设置图形主题（可根据需要设置）
> mytheme<-theme(plot.title=element_text(size="11"),          # 设置主标题字体大小
+  axis.title=element_text(size=10),                           # 设置坐标轴标签字体大小
+  axis.text=element_text(size=9),                             # 设置坐标轴刻度字体大小
+  legend.position="none")                                     # 移除图例

# 绘制图形p1、p2、p3、p4、p5
> p1<-ggplot(data=df)+aes(x=性别,fill=性别)+geom_bar(width=0.8)+ylab("人数")+      # 绘制条形图
+  mytheme+ggtitle("(a) 条形图")
> p2<-ggplot(data=df)+aes(x=分数)+
+  geom_histogram(binwidth=5,fill="lightgreen",color="gray50")+                   # 绘制直方图
+  mytheme+ggtitle("(b) 直方图")
> p3<-ggplot(data=df)+aes(x=专业,y=分数,fill=专业)+geom_boxplot()+                # 绘制箱线图
+  mytheme+ggtitle("(c) 箱线图")
> p4<-ggplot(data=df,aes(x=课程,y=分数,fill=课程))+geom_violin()+                 # 绘制小提琴图
+  mytheme+ggtitle("(d) 小提琴图")
> p5<-ggplot(data=df)+aes(x=分数,fill=课程,alpha=0.2)+geom_density()+             # 绘制核密度图
+  xlim(50,105)+ylim(0,0.07)+
+  mytheme+ggtitle("(e) 核密度图")

# 图2-18的绘制代码（按行填充子图，行高比为1：2）
> grid.arrange(p1,p2,p3,p5,                       # 组合图形p1、p2、p3、p5
+  heights=c(1,2),                                # 设置行高比为1：2
```

```
+ layout_matrix=rbind(c(1,2,3),c(5,5,5)))              # 2行3列的矩阵布局

# 图2-19的绘制代码（按行填充子图，行高比为1：2：1）
> grid.arrange(p1,p2,p3,p4,p5,                         # 组合图形p1、p2、p3、p4、p5
+ heights=c(1,2,1),                                    # 设置行高比为1：2：1
+ layout_matrix=rbind(c(1,2,2),c(5,5,5),c(3,3,4)))     # 3行3列的矩阵布局

# 图2-20的绘制代码（按列填充子图，列宽比为1：2）
> grid.arrange(p1,p2,p3,p4,p5,                         # 组合图形p1、p2、p3、p4、p5
+ widths=c(1,2),                                       # 设置列宽比为1：2
+ layout_matrix=cbind(c(1,4,3),c(2,5,5)))              # 3行2列的矩阵布局
```

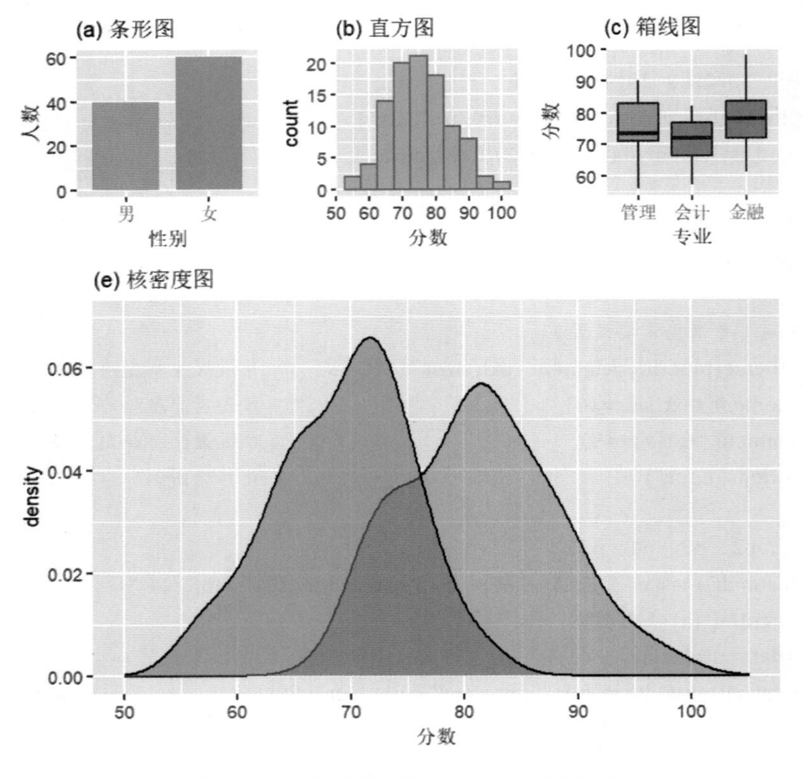

图2-18　2行3列的图形组合，行高比为1：2

图形组合函数 grid.arrange 默认将矩阵分割成大小相等的格子，设置参数 layout_matrix 可以改变格子的大小，设置参数 heights 和 widths 可以改变行高和列宽。图 2-18 的绘制代码中，layout_matrix= rbind(c(1,2,3),c(5,5,5))) 表示 2 行 3 列的图形布局，rbind 表示按行填充子图，其中，第 1 行填充图 1、图 2、图 3，第 2 行填充图 5，c(5,5,5) 表示第 5 个图占据 3 列位置。heights=c(1,2) 表示行高比为 1 ： 2，即第 1 行高度为 1，第 2 行高度为 2。

先加载包 library(gridExtra)，再使用其中 grid.arrange( ) 函数的结果，与 gridExtra::grid.arrange( ) 的写法等价。双冒号“::”表示直接调用该包中的函数，而不必加载该包。当使

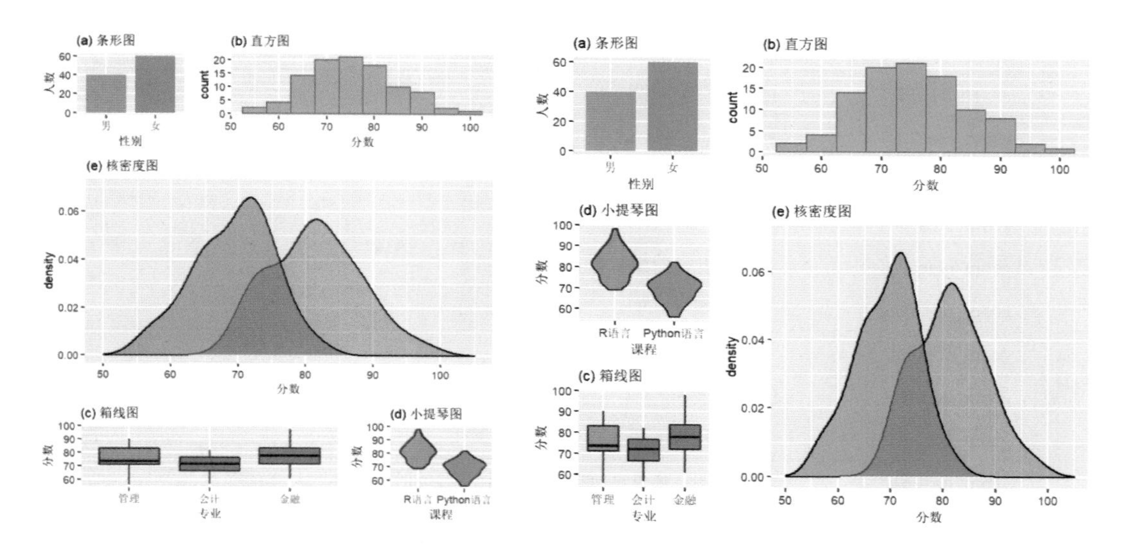

图2-19　3行3列的图形组合，行高比为1∶2∶1　　　　图2-20　3行2列的图形组合，列宽比为1∶2

用该包中的函数很少，或在编写代码过程中使用其中的函数时，这种写法较方便。本书在图形组合时，两种写法混用。

图 2-19 的绘制代码中，layout_matrix=rbind(c(1,2,2),c(5,5,5),c(3,3,4))) 表示 3 行 3 列的图形布局，rbind 表示按行填充子图，其中，第 1 行填充图 1、图 2，c(1,2,2) 表示第 1 个图占据 1 列，第 2 个图占据 2 列；第 2 行填充图 5，c(5,5,5) 表示第 5 个图占据 3 列；第 3 行填充图 3、图 4，c(3,3,4) 表示第 3 个图占据 2 列，第 4 个图占据 1 列。heights=c(1,2,1) 表示第 1 行高度为 1，第 2 行高度为 2，第 3 行的高度为 1。

图 2-20 的绘制代码中，layout_matrix=cbind(c(1,4,3),c(2,5,5))) 表示 3 行 2 列的图形布局，cbind 表示按列填充子图。其中，c(1,4,3) 表示第 1 列的第 1 行为第 1 幅图，第 2 行为第 4 幅图，第 3 行为第 3 幅图；c(2,5,5) 表示第 2 列的第 1 行为第 2 幅图，第 3 行和第 4 行为第 5 幅图。widths=c(1,2) 表示第 1 列的宽度为 1，第 2 列的宽度为 2。

2.2.6　常用绘图函数

ggplot2 包中的绘图函数大致可分为以下几类：一是生成几何对象的函数，这类函数用于绘制不同的图形，如 geom_bar 用于绘制条形图。二是标度（scale）函数，包括位置标度，用于坐标轴的控制；颜色标度，将数据变量映射到颜色；自定义标度 (manual)，自定义数据到图形属性的映射关系；非映射标度 (identity)，直接将变量值作为图形属性值使用，不做映射。三是统计变换函数，它是将数据经过统计变换后映射成图形的属性。四是分面函数，将数据分割成多个子集，在同一页面中为每个子集绘制一幅独立的图形。此外，还有用于图形外观控制的函数，如 theme，文本设置函数 geom_text，等等。

表 2-5 列出了 ggplot2 包中一些常用的绘图函数。在加载 ggplot2 包后，均可使用 help 获得函数的帮助信息。

表2-5 ggplot2的常用绘图函数

图形函数	描述
geom_bar	条形图
geom_abline	由截距*a*和斜率*b*指定的线图
geom_area	面积图
geom_bland	空的几何对象，什么也不画
geom_boxplpot	箱线图
geom_contour	等高线图
geom_density	核密度图
geom_density2d	二维核密度图
geom_errorbar	误差图（通常添加到其他图上，如条形图、点图、线图等）
geom_errorbarh	水平误差线
geom_freqpoly	频数多边形
geom_hex	六边形图（常用于六边形分箱图）
geom_histogram	直方图
geom_hline	水平线
geom_jitter	扰动点
geom_line	线图
geom_linerange	区间图，用竖直线表示
geom_path	几何路径，由一组点按顺序连接
geom_point	点图
geom_pointrange	表示点的范围的一条垂直线
geom_polygon	多边形
geom_quantile	分位数线
geom_rect	矩形
geom_rug	地毯图
geom_segment	线段
geom_smooth	添加平滑曲线和置信区间（默认置信水平为95%）。使用的平滑函数包括线性模型（lm）、广义线性模型（glm）、loess模型等，默认是smooth
geom_step	阶梯图
geom_text	文本
geom_violin	小提琴图
geom_vline	垂直线
标度函数	描述
scales_continuous	设定坐标轴为连续变量，比如scales_x_continuous表示*x*轴为连续刻度。breaks=设置刻度标记，labels=设置刻度标签，limits=设置取值范围
scales_discrete	设定坐标轴为离散变量（因子），比如scales_x_discrete表示*x*轴为因子。breaks=对因子的水平进行放置和排序，labels=设置因子水平的标签，limits=设置想要展示的因子的水平

续表

标度函数	描述
coord_flip	x 轴和 y 轴互换
scales_date	指定坐标轴为日期
scales_datetime	指定坐标轴为日期和时间
统计变换函数	描述
stat_idensity	不做变换
stat_abline	增加截距为a、斜率为b的直线
stat_bin	分割数据，然后绘制直方图
stat_density	绘制密度图
stat_hline	添加水平线
stat_qq	绘制Q-Q图
stat_smooth	添加平滑曲线
stat_unique	绘制不同的数据（去掉重复的数据）
stat_vline	增加垂直线
分面函数	描述
facet_wrap(~var,ncol=n)	将var的每个水平排列成 n 列的独立图
facet_wrap(~var,nrow=n)	将var的每个水平排列成 n 行的独立图
facet_grid(rowvar~colvar)	将页面分割成rowvar（行）和colvar（列）组合的独立图
facet_grid(rowvar~.)	每个rowvar（行）水平的独立图，配置成一个单列
facet_grid(.~colvar)	每个colvar（列）水平的独立图，配置成一个单行

表 2-6 列出了 ggplot2 绘图函数中的一些常用参数选项。

表2-6　ggplot2绘图函数中的常用参数选项

选项	描述
color	设置点、线和填充区域的颜色
fill	设置填充区域的颜色（如条形、密度区域）
alpha	设置颜色的透明度。从0（完全透明）到1（不透明）
linetype	设置线条的类型（1=实线，2=虚线，3=点，4=点破折号，5=长破折号，6=双破折号）
size	设置点的大小和线的宽度
shape	设置点的形状（参见图2-3中的pch）.
position	设置对象的位置（比如，绘制条形图时，position="dodge"表示绘制并列条形图，position="stack"表示绘制堆叠条形图）
binwidth	设置直方图中条的宽度
sides	设置地毯图的位置（比如，sides="b"表示放在底部，"l"表示放在左侧，"t"表示放在顶部，"r"表示放在右侧）
width	条形图或箱线图的宽度

习题

2.1 graphics 包中的高级绘图函数和低级绘图函数有何区别？请说出其中的两个高级绘图函数和两个低级绘图函数。

2.2 简要说明 par 函数和 layout 函数在图形页面布局上的差异。

2.3 用 layout 函数设置 11 幅图的一个页面，并用 layout.show 函数显示该页面。

2.4 下面是 5 个不同专业的学生统计学考试的平均分数。

专业	经济	会计	营销	金融	管理
平均分数	85	82	78	91	75

（1）使用 graphics 包中的 barplot 函数，分别用连续型调色板、离散型调色板和极端值调色板绘制条形图。

（2）使用 ggplot2 包中的 geom_bar 函数和 geom_col 函数分别绘制条形图，并合成一幅图形。

2.5 根据习题 2.4 的数据，在 R 中同时打开 3 个窗口绘制条形图。

第 3 章 类别数据可视化

Chapter 3

类别数据是类别变量的各个类别或各类别所对应的数值向量，其中的数值向量可以是类别的频数向量，如男和女分别对应的人数（频数），也可以是类别对应的其他数值，如男和女分别对应的平均身高等。为便于理解，本章将混合使用类别频数或类别数值的概念。对于类别数据（变量），主要是关心各类别对应的绝对数值或数值构成百分比等信息。对于两个或两个以上的类别变量，在做数据分析时，还可能关心类别变量间的差异是否显著等。类别数据可视化的基本图形主要有条形图和饼图及其变种。本章将介绍类别数据（变量）的各种可视化图形、适用条件及 R 实现。

3.1 条形图

条形图（bar plot）是用一定宽度和高度（或长度）的条形（或称矩形）表示各类别数值多少的图形，主要用于展示各类别对应的绝对数值或百分比。绘制条形图所需的数据类型可以是原始的类别变量、由类别变量生成的频数表、具有类别标签的数值向量或数据框。绘制条形图时，各类别可以放在 x 轴（横轴），也可以放在 y 轴（纵轴）。类别放在 x 轴的条形图称为垂直条形图（vertical bar plot）或柱形图，类别放在 y 轴的条形图称为水平条形图（horizontal bar plot）。绘制条形图使用的类别变量可以是一个、两个或多个。

3.1.1 单变量条形图

单变量条形图是根据一个类别变量或一维表绘制的条形图，它是用一个坐标轴（x 轴或 y 轴）表示各类别、另一个坐标轴表示类别对应的数值绘制的条形图。

1. 普通条形图

普通条形图一般是用条的高度或长度表示各类别数值的多少，各类别条的宽度是相同的，且不添加数值标签。多数软件默认绘制的条形图均属此类。如果要为条形图添加数值标签，需要在绘图后自行添加（R 中的某些函数可以自动添加数值或百分比标签）。下面通过一个例子说明单变量普通条形图的绘制方法及其解读。

【例 3-1】（数据：data3_1.csv）对 2 000 名消费者的网购情况进行调查，得到的数据如表 3-1 所示。分别绘制性别、网购原因和满意度的条形图。

表3-1　2 000名消费者的网购情况调查数据（前3行和后3行）

性别	网购原因	满意度
女	方便	满意
男	价格便宜	不满意
女	价格便宜	不满意
⋮	⋮	⋮
女	选择性强	不满意
男	价格便宜	中立
女	方便	不满意

表 3-1 涉及 3 个原始的类别变量，绘图时可以使用原始变量，也可以生成频数表，或将频数表转化成具有数值标签的数据框。

R 中有多个函数可以绘制条形图，如传统绘图包中的 barplot 函数等。使用 ggplot2 中的 geom_bar( ) 函数或 geom_col( ) 函数（仅适用于带有类别标签和对应数值的数据框）均可绘制条形图。如果数据是原始类别变量，如表 3-1 所示，可以直接使用 geom_bar( )，函数默认参数为 stat="bin"，即按行对类别进行计数；如果是带有类别标签和对应数值的数据框（如表 3-2 所示），可以使用 geom_bar(stat="identity")，或使用 geom_col( ) 函数，二者等价。由 geom_bar 函数绘制的条形图如图 3-1 所示。

```
# 图3-1的绘制代码
> library(ggplot2)
> data3_1<-read.csv("C:/mydata/chap03/data3_1.csv")

# 设置图形主题（可根据需要设置或省略）
> mytheme<-theme(plot.title=element_text(size="11"),        # 设置主标题字体大小
+   axis.title=element_text(size=10),                        # 设置坐标轴标签字体大小
+   axis.text=element_text(size=9),                          # 设置坐标轴刻度字体大小
+   legend.position="none")                                  # 删除图例

# 绘制图形p1、p2、p3
> p1<-ggplot(data3_1,aes(x=性别,fill=性别))+
+   geom_bar(width=0.8)+              # 绘制条形图并设置条的宽度（默认宽度为0.9）
+   ylim(0,1250)+                     # 设置y轴范围
+   coord_flip()+                     # 坐标轴互换（水平摆放条）
+   ylab("人数")+                     # 设置y轴标签
+   mytheme+                          # 使用设置的主题
+   ggtitle("(a) 水平条形图")          # 添加标题
```

```
> p2<-ggplot(data3_1,aes(x=网购原因,fill=网购原因))+
+  geom_bar(width=0.8)+mytheme+ylab("人数")+ggtitle("(b) 垂直条形图")

> p3<-ggplot(data3_1,aes(x=满意度,fill=满意度))+geom_bar(width=0.8)+
+  scale_fill_manual(values=c("red2","grey","grey"))+  # 用红色高亮（突出）显示第1个条
+  scale_x_discrete(limits=c("不满意","中立","满意"))+ # 修改类别轴项目顺序
+  mytheme+ylab("人数")+ggtitle("(c) 垂直条形图，修改类别顺序")

> gridExtra ::grid.arrange(p1,p2,p3,ncol=3)            # 按3列组合图形
```

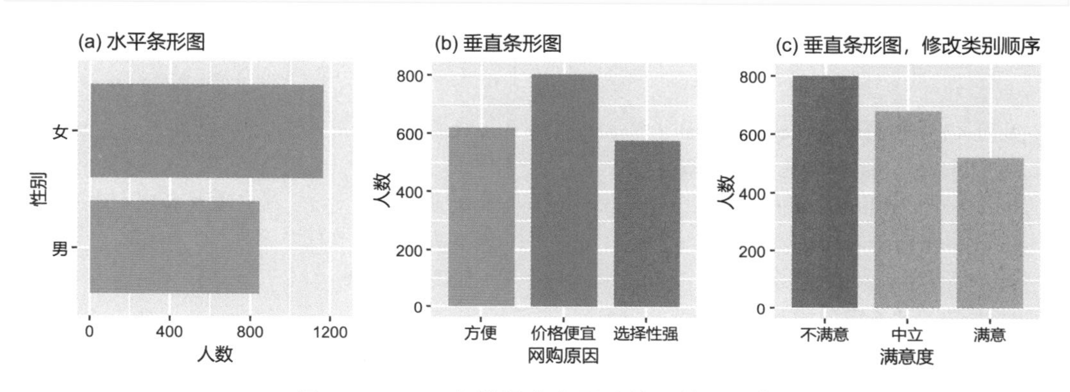

图3-1　2 000名被调查者网购情况的普通条形图

图 3-1（a）的绘制代码中，设置 coord_flip( ) 将 x 轴和 y 轴互换，设置 aes(y= 性别 ,fill= 性别) 的效果与之相同。图 3-1（b）中类别轴的顺序是默认绘制的，按类别名称的拼音字母顺序排列。图 3-1（c）修改了类别轴的标签顺序，并用红色高亮显示不满意的条，其余条用灰色。在实际分析中，可根据需要安排各类别的顺序以及高亮显示所关注的条。

图 3-1（a）显示，在全部 2 000 名被调查者中，女性人数多于男性。图 3-1（b）显示，因价格便宜而网购的人数最多，因选择性强而网购的人数最少。图 3-1（c）显示，在全部被调查者中，不满意的人数最多，满意的人数最少。

2. 添加数值标签

为使条形图展示出更多信息，也可以给条形图添加数值标签、数值百分比标签、误差条和检验 P 值（见 3.1.3 节）等。使用 barplot 函数绘制条形图时，需要使用 text 函数或使用 DescTools 包中的 BarText 函数、plotrix 包中的 barlabels 函数给条形图添加数值标签，但相对来说比较烦琐。使用 sjPlot 包中的 plot_frq 函数绘制条形图，可以自动为图形添加类别的数值标签和数值百分比标签等，该函数可直接使用类别变量绘图，不需要事先生成列联表。

使用 ggplot2 中的 geom_bar 函数绘制条形图时，默认绘图数据是原始类别变量，函数按行计数（count）绘制条形图。但要给条形图添加数值标签，绘图数据需要是由类别及其对应数值构成的数据框，然后使用 geom_text 函数添加标签。以例 3-1 的满意度为例，首先构造出绘图所需的数据框，然后用 geom_text 函数为条形图添加数值标签，如图 3-2 所示。

```
# 图3-2的绘制代码
> library(ggplot2)
> library(dplyr)                                      # 为了使用管道函数%>%
> data3_1<-read.csv("C:/mydata/chap03/data3_1.csv")

# 处理数据
> d<-data3_1%>%select(满意度)%>%table()%>%          # 选择绘图变量并生成频数表
+   as.data.frame()%>%rename(人数=Freq)              # 将频数表转化成数据框
> percent<-d$人数/sum(d$人数)*100                    # 计算频数百分比
> df<-data.frame(d,percent)%>%rename(百分比=percent) # 构建数据框将percent命名为百分比

# 绘制条形图
> palette<-RColorBrewer::brewer.pal(3,"Set2")        # 设置调色板
> p1<-ggplot(df,aes(x=满意度,y=人数))+
+   geom_bar(width=0.8,stat="identity",fill=palette)+ # 设置条形的宽度、统计变换和填充颜色
+   geom_text(aes(label=人数,vjust=-0.5))+            # 垂直调整标签位置
+   ylim(0,1.1*max(df$人数))+                         # 设置y轴范围
+   ggtitle("(a) 添加频数标签")

> p2<-ggplot(df,aes(x=满意度,y=人数))+geom_col(width=0.8,fill=palette)+
+   geom_text(aes(label=paste(format(人数))),vjust=-0.5)+
+   geom_text(aes(label=paste(format(百分比,nsmall=1),"%")),vjust=1.5)+ # 添加百分比标签
+   ylim(0,1.1*max(df$人数))+
+   scale_x_discrete(limits=c("满意","中立","不满意"))+              # 修改类别轴项目顺序
+   ggtitle("(b) 添加频数和频数百分比标签")

> gridExtra ::grid.arrange(p1,p2,ncol=2)                              # 按2列组合图形
```

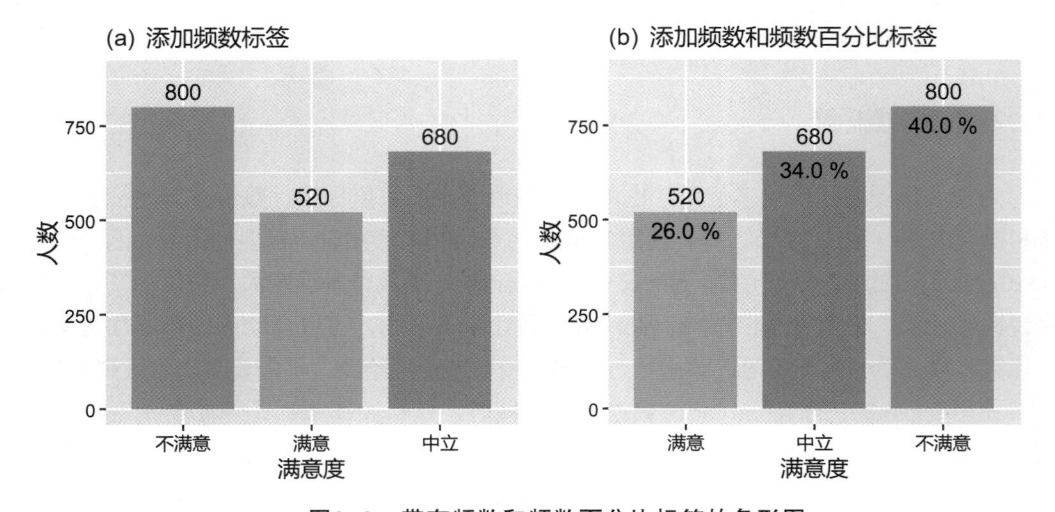

图3-2　带有频数和频数百分比标签的条形图

使用 geom_bar( ) 函数绘制条形图时，参数默认 stat="count"，即对行进行计数（计算类别个数），没有对应类别的 y 值标签。就本例而言，如果是根据原始数据绘制条形图，使用默认即可，代码 ggplot(data3_1,aes(x= 满意度))+geom_bar( ) 得到的图形与上述相同。但为了添加频数标签，绘图数据需要是带有类别和相应频数向量的数据框。因此，需要在 geom_bar( ) 中设置参数 stat="identity"，也就是告诉函数跳过类别聚合（按行计数），使用提供的 y 值（绘制条形图的数值向量）绘图。

图 3-2（a）画出了各类别频数标签。geom_text 函数中的参数 vjust 用于垂直调整标签位置，水平调整时使用 hjust。图 3-2（b）是使用 geom_col() 函数（该函数不适用于原始类别变量）绘制的条形图，当数据为数据框时，该函数无须设置参数 stat="identity"。图中添加了频数标签和频数百分比标签，使用 paste 函数添加标签名称和 % 符号，使用 format 函数格式化结果并保留 1 位小数，根据需要修改了类别轴（本图为 x 轴）类别的顺序。

3. 帕累托图

绘制条形图时，各类别在坐标轴上的顺序是根据类别名称的拼音字母顺序排列的。如果想按特定的顺序排列，绘图前可以使用 factor 函数将类别转化成有序因子，或使用 scale_x_discrete 函数修改类别顺序（如图 3-2（b））。如果想按数值的多少排序绘制条形图，绘图前需要先将数值排序。数值排序可以是升序，也可以是降序。按降序绘制的条形图也称为帕累托图（Pareto plot），该图是以意大利经济学家帕累托（V.Pareto）的名字命名的。帕累托图中通常会添加累积数值百分比曲线，利用该图很容易看出哪类数值出现得最多，哪类数值出现得最少以及累积百分比的分布状况。

为更好地理解帕累托图，我们再看一个实际例子。

【例 3-2】（数据：data3_2.csv）表 3-2 是 2020 年北京、天津、上海和重庆的城镇居民人均消费支出数据。

表3-2　2020年北京、天津、上海和重庆的城镇居民人均消费支出　　单位：元

支出项目	北京	天津	上海	重庆
食品烟酒	8 751.4	9 122.2	11 515.1	8 618.8
衣着	1 924.0	1 860.4	1 763.5	1 918.0
居住	17 163.1	7 770.0	16 465.1	4 970.8
生活用品及服务	2 306.7	1 804.1	2 177.5	1 897.3
交通通信	3 925.2	4 045.7	4 677.1	3 290.8
教育文化娱乐	3 020.7	2 530.6	3 962.6	2 648.3
医疗保健	3 755.0	2 811.0	3 188.7	2 445.3
其他用品及服务	880.0	950.7	1 089.9	675.1

资料来源：国家统计局. 中国统计年鉴（2021）. 北京：中国统计出版社，2021.

以北京为例，绘图前需要先将北京的支出金额降序排列，并将支出项目设置为有序因子，计算出累积百分比。使用 ggplot2 绘制的帕累托图如图 3-3 所示。

```
# 图3-3的绘制代码
> library(ggplot2);library(gridExtra)
> library(dplyr)                                    # 为使用数据排序函数和管道函数
> data3_2<-read.csv("C:/mydata/chap03/data3_2.csv")

# 处理数据
> d<-data3_2%>%select(支出项目,北京)%>%                    # 选择绘图变量
+   rename(支出金额=北京)%>%                                # 将北京命名为支出金额
+   arrange(desc(支出金额))                                 # 将支出金额降序排序
> y<-round(cumsum(d$支出金额)/sum(d$支出金额)*100,1)       # 计算累积百分比，保留1位小数
> dd<-data.frame(d,累积百分比=y)                            # 将累积百分比添加到数据框
> f<-factor(dd$支出项目,ordered=TRUE,levels=dd$支出项目)    # 将支出项目变为有序因子
> df<-data.frame(支出项目=f,dd[,-1])                        # 构建数据框

# 绘制条形图
> palette<-rev(brewer.pal(8,"Reds"))                        # 设置调色板
> p<-ggplot(df)+aes(x=支出项目,y=支出金额)+
+   geom_col(width=0.8,fill=palette,color="grey50")+          # 绘制条形图
+   scale_x_discrete(labels=c("食品烟酒","衣着","居住","生活用品\n及服务","交通通信",
+            "教育文化\n娱乐","医疗保健","其他用品\n及服务"))+  # 将x轴标签换行
+ geom_text(aes(x=支出项目,y=支出金额,label=支出金额,vjust=-0.5),size=3,color="gray50")+
                                                  # 添加数值标签，垂直调整标签位置
+   ylab("支出金额\n(元)")+                       # 设置y轴标签
+   theme(axis.text.y=element_text(angle=90,hjust=0.5,vjust=0.5))+          # 调整y轴标签角度
+   theme(legend.position="none")                                           # 删除图例

# 绘制折线和点
> p1<-p+geom_line(aes(x=as.numeric(支出项目),y=累积百分比*max(支出金额/100)))+
                                                                        # 绘制累积百分比曲线
+   geom_point(aes(x=as.numeric(支出项目),y=累积百分比*max(支出金额/100)),
+          size=2.5,shape=23,fill="white")+               # 绘制点，设置点的大小、形状和添充颜色
+   geom_text(aes(label=累积百分比,x=支出项目,y=1*累积百分比*max(支出金额/100),
+        hjust=0.6,vjust=-0.95),size=3,colour="blue3")+                 # 添加百分比标签
+   scale_y_continuous(sec.axis = sec_axis(~./max(df$支出金额/100)))    # 添加坐标轴
> p1+annotate("text",x=8.3,y=10000,label="百分比（%）",angle=90,size=3.5)+
+   annotate("text",x=5,y=13500,label="累积百分比曲线",size=3.5)        # 添加注释文本
```

图 3-3 展示了各项支出的降序变化，图中折线上的数字是累积百分比，右纵坐标轴为百分比。

使用 DescTools 包中的 Desc 函数，不仅可以生成某个类别变量的频数分布表，还可以绘制出该变量按各类别频数排序的条形图，并绘制出各类别的累积百分比条形图。限于篇幅，这里不再举例，请读者自己查阅函数帮助。

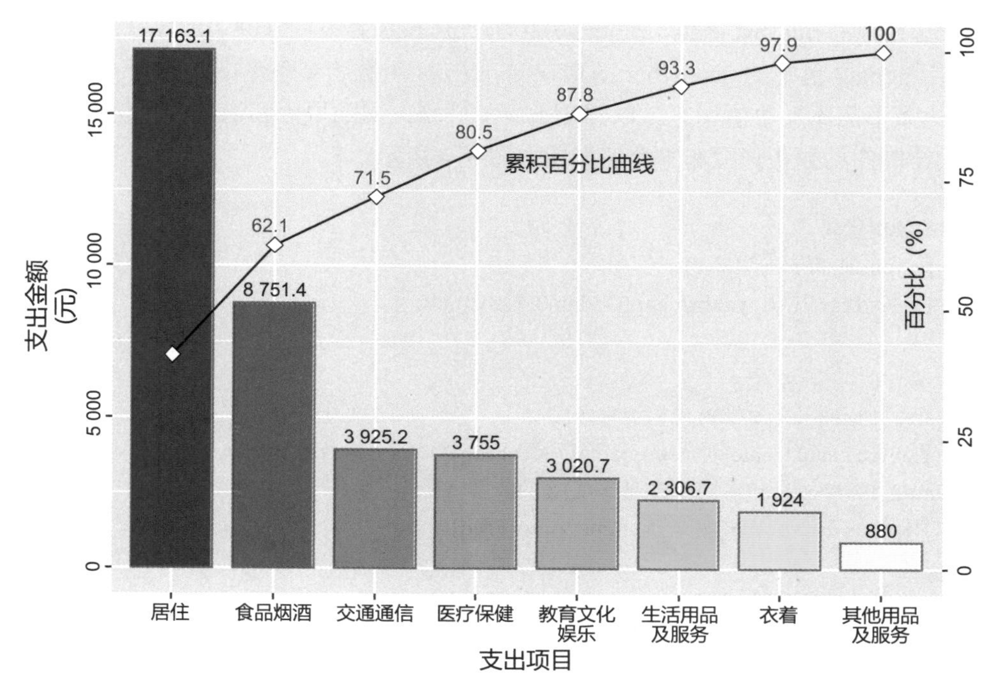

图3-3 2020年北京城镇居民人均消费支出的帕累托图

3.1.2 多变量条形图

多变量条形图用于展示两个或两个以上类别变量的绝对数值或百分比，绘图数据可以是多个原始的类别变量，也可以是二维或多维列联表、带有对应数值标签的向量或数据框。要展示各类别的绝对值，可以绘制并列条形图、堆叠条形图；要展示各类别的数值构成，可以绘制比例条形图或百分比条形图；要展示各类别变量的层次结构，可以绘制树状图和旭日图；要分析类别变量之间的关系，可以绘制带检验信息的条形图；等等。

1. 展示类别绝对值

条形图的主要用途是展示和比较各类别的绝对值大小，也可以展示数值百分比、样本量、关系检验等其他信息。

(1) 并列条形图和堆叠条形图。

并列条形图（juxtaposed bar plot）和堆叠条形图（stacked bar plot）是用于展示两个类别或两个以上类别变量分组比较的条形图。在并列条形图中，一个类别变量作为分类轴，另一个类别变量用于分组，各组别的条并列摆放；在堆叠条形图中，一个类别变量作为类别轴，另一个类别变量用于分组，各组别的数值按比例堆叠在同一个分类条中。

R 语言中有多个函数可以绘制并列条形图和堆叠条形图。使用 graphics 包中的 barplot 函数默认绘制堆叠条形图，设置参数 beside=TRUE 可绘制并列条形图，结合

DescTools 包中的 BarText 函数、plotrix 包中的 barlabels 函数可以为条形图添加频数标签。

使用 ggpot2 包中的 geom_bar 函数或 geom_col 函数绘制条形图，结合 geom_text 函数可以为条形图添加数值标签。以例 3-1 中的性别、网购原因和满意度为例，由 geom_col 函数绘制的并列条形图和堆叠条形图如图 3-4 所示。

```
# 图3-4的绘制代码
> library(ggplot2); library(dplyr)
> data3_1<-read.csv("C:/mydata/chap03/data3_1.csv")

# 处理数据
> df1<-data3_1%>%select(性别,满意度)%>%                         # 选择绘图变量
+  table()%>%as.data.frame()%>%rename(人数=Freq)               # 生成列联表并转化成数据框
> df2<-data3_1%>%select(网购原因,满意度)%>%
+  table()%>%as.data.frame()%>%rename(人数=Freq)

# 图（a）垂直并列条形图
> p1<-ggplot(df1,aes(x=满意度,y=人数,fill=性别))+
+  geom_col(width=0.8,position="dodge", color="gray50")+ # 绘制并列条形图，设置宽度和边框颜色
+  scale_fill_brewer(palette="Set2")+                           # 设置填充颜色
+  geom_text(aes(label=人数),position=position_dodge(0.9),vjust=-0.5,size=3)+
                                                                # 设置标签垂直位置和字体大小
+  ylim(0,1.1*max(df1$人数))+                                   # 设置y轴范围
+  ggtitle("(a) 垂直并列条形图")

# 图（b）水平并列条形图
> p2<-ggplot(df1,aes(x=满意度,y=人数,fill=性别))+
+  geom_col(width=0.8,position="dodge",color="gray50")+
+  geom_text(aes(label=人数),position=position_dodge(0.9),size=3,hjust=1.5)+
+  coord_flip()+                                                # 坐标轴互换
+  scale_fill_brewer(palette="Set2")+ggtitle("(b) 水平并列条形图")

# 图（c）垂直堆叠条形图
> p3<-ggplot(df2,aes(x=满意度,y=人数,fill=网购原因))+
+  geom_col(width=0.7,color="gray50")+                          # 绘制堆叠条形图（默认）
+  geom_text(aes(label=人数),position=position_stack(0.5),size=3)+
+  scale_fill_brewer(palette="Set2")+ggtitle("(c) 垂直堆叠条形图")

# 图（d）水平堆叠条形图
> p4<-p3+coord_flip()+ggtitle("(d) 水平堆叠条形图")

> gridExtra::grid.arrange(p1,p2,p3,p4,ncol=2)                  # 组合图形
```

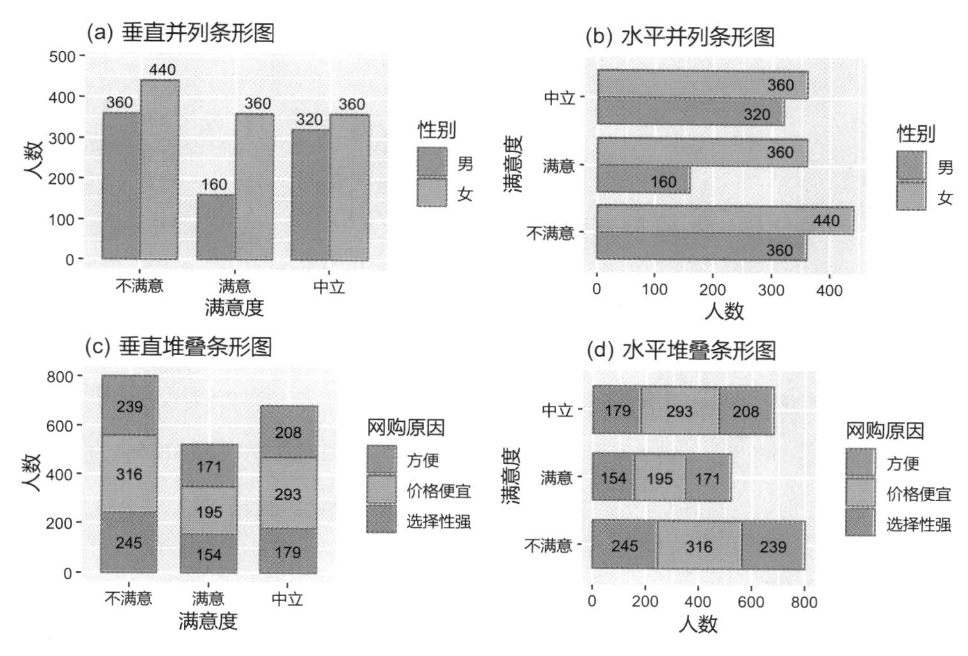

图3-4　性别、网购原因、满意度人数分布的并列条形图和堆叠条形图

如果有 3 个或以上的类别变量，想绘制一幅条形图，可以使用多个变量交互分类的方式来设置分类轴，用另一个变量对交互分类轴上的变量再进行分组。以例 3-1 中的 3 个变量为例，使用 base 包中的 interaction 函数设置交互分类坐标轴，由 ggplot2 包的 geom_col 函数绘制的并列条形图和堆叠条形图如图 3-5 所示。

```
# 图3-5（a）的绘制代码
> library(ggplot2) ;library(dplyr)
> data3_1<-read.csv("C:/mydata/chap03/data3_1.csv")

# 处理数据
> df<-data3_1%>%ftable()%>%as.data.frame()%>%rename(人数=Freq)

> ggplot(df,aes(x=interaction(性别,满意度),y=人数,fill=网购原因))+          # 设置交互分类x轴
+  geom_col(width=0.8, position="dodge", color="gray50")+
+  geom_text(aes(label=人数),position=position_dodge(0.9),size=2.5,color="black",vjust=-0.5)+
+  scale_fill_brewer(palette="Set2")+
+  scale_x_discrete(guide=guide_axis(n.dodge=2))+                          # 设置x轴标签为2行
+  theme(legend.position="bottom")+
+  ylim(0,1.1*max(df$人数))+ggtitle("(a) x 轴交互分类的并列条形图")
```

将图 3-5（a）的绘制代码中的参数设置为 position="stack" 即可得到图 3-5（b）。图 3-5 的 x 轴按性别和满意度两个变量交互分类，用网购原因做分组变量。使用交互分类，可以对多变量的数值做比较。

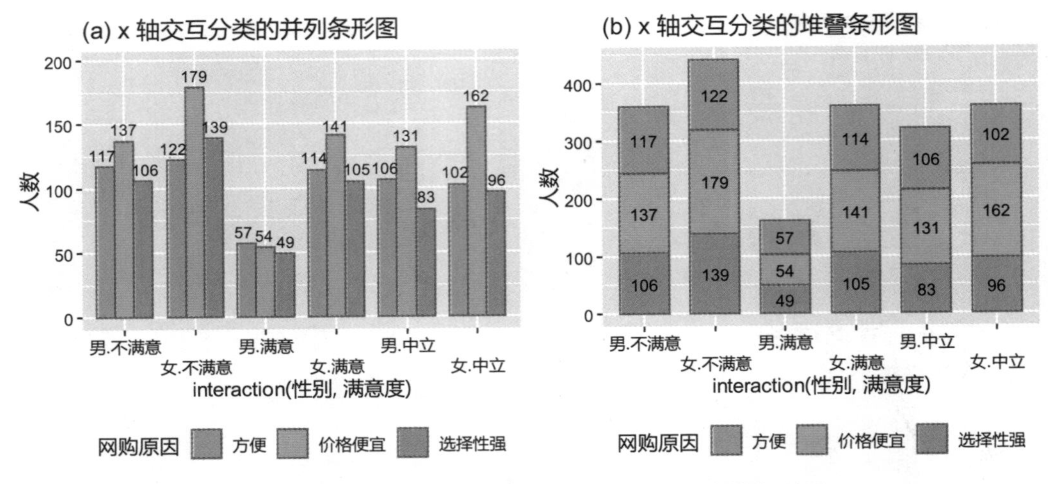

图3-5　x轴交互分类的并列条形图和堆叠条形图

（2）嵌套条形图。

嵌套条形图（nested bar chart）是根据类别的分层依次画出各层的条形，其中，第 1 层类绘制成较大的条形，第 2 层细类绘制成较小的条形嵌套在第 1 层大的条形中，第 3 层细类绘制成更小的条形嵌套在第 2 层较小的条形中，依此类推。嵌套条形图可以用来展示多个类别变量之间的层次结构关系。

使用 plotrix 包中的 barNest 函数可以绘制嵌套条形图，绘图数据是由一个或多个类别变量的原始类别构成的数据框。如果要绘制两个类别变量的嵌套条形图，至少需要 3 个类别变量或含有一个数值变量。如果要绘制 3 个类别变量的嵌套条形图，至少需要 4 个类别变量或含有一个数值变量。以例 3-1 为例，绘制的嵌套条形图如图 3-6 所示。

```
# 图3-6的绘制代码（数据：data3_1）
> library(plotrix)
> data3_1<-read.csv("C:/mydata/chap03/data3_1.csv")
> layout(matrix(c(1,2,3,3),2,2,byrow=TRUE))          # 页面布局
> par(mai=c(0.6,0.7,0.3,0.2),cex=0.8,font.main=1)

# 图（a）性别和满意度的嵌套条形图
> cols1<-list(Overall="gray95",性别=c("lightgreen","lightskyblue"),
+  满意度=c("pink","#dd00aa","#FD8D3C"))          # 设置条形的填充颜色列表
> barNest(formula=网购原因~性别+满意度,data=data3_1,ylab="人数",
+  shrink=0.2,                                    # 设置缩小条形宽度的比例
+  col=cols1,                                     # 设置条形的填充颜色
+  labelcex=0.7,                                  # 设置组标签的字符大小
+  showall=TRUE,                                  # 显示整个细分的条形图
+  Nwidths=FALSE,                                 # 不根据观察次数调整条形的宽度
+  showlabels=TRUE,                               # 默认，在条形下方显示标签
+  lineht=65,                                     # 设置条的标签文本的行高度
```

```
+  FUN="valid.n",                                    #使用有效样本量（各类别频数）函数
+  main="(a) 性别和满意度的嵌套条形图")

# 图（b）网购原因和满意度的嵌套条形图
> cols2<-list(Overall="gray95",网购原因=c("lightgreen","lightskyblue","#66C2A5"),
+  满意度=c("pink","#dd00aa","#FD8D3C"))
> barNest(formula=性别~网购原因+满意度,data=data3_1,ylab="人数",
+  shrink=0.2,col=cols2,labelcex=0.55,showall=TRUE,lineht=65,FUN="valid.n",
+  main="(b) 网购原因和满意度的嵌套条形图")

# 图（c）性别、网购原因和满意度的嵌套条形图
> df<-data.frame(编号=nrow(data3_1),data3_1)          # 在数据框data3_1中添加数字编号
> cols3<-list(Overall="gray95",满意度=c("lightgreen","lightskyblue","#66C2A5"),
+  网购原因=c("pink","#dd00aa","#FD8D3C"),性别=c("#1affd8","yellow"))
> barNest(formula=编号~满意度+网购原因+性别,data=df,ylab="人数",
+  shrink=0.2,col=cols3,labelcex=0.7,showall=TRUE,lineht=65,FUN="valid.n",
+  main="(c) 性别、网购原因和满意度的嵌套条形图")
```

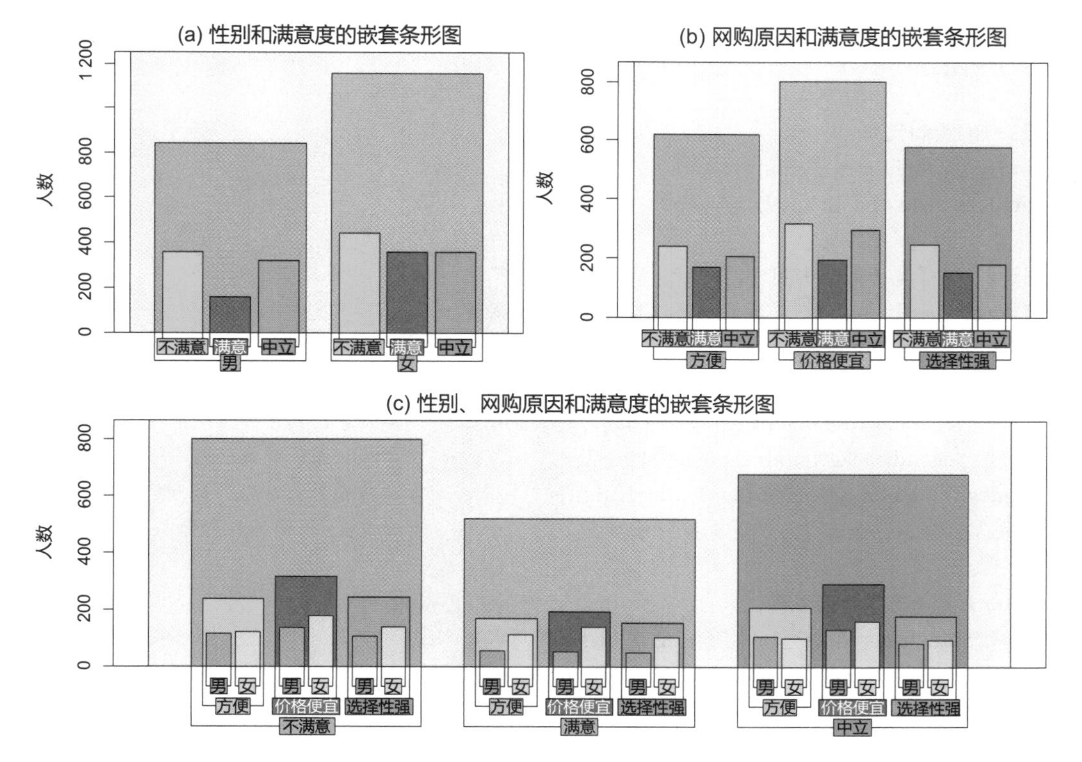

图3-6 性别、网购原因和满意度的嵌套条形图

图3-6中，最大的灰色矩形（Overall="gray95"）是全部的观测频数，也就是各级别细类矩形面积之和。在各子类条形中，最宽的条表示第一层分类，嵌套在其中的较窄

的条表示较低层的分类，依次类推。图 3-6（a）的绘图表达式左边是网购原因（如果数据框中有某个数值变量，也可以将数值变量放在表达式的左侧），右边是要绘制嵌套条形图的多个分类变量。图 3-6（a）中较大的条是男女人数的条形图，嵌套在其中的较小的条是对应的满意度分类的频数条形图。图 3-6（b）中较大的条是网购原因的频数条形图，嵌套在其中的较小的条是对应的满意度分类的频数条形图。

图 3-6（c）是为了绘制 3 个类别变量的嵌套条形图，在数据框中添加了编号一列放在表达式的左边（如果有 4 个类别变量，也可以将其放在表达式的左边）。图中最大的条形是满意度的分类条形图，较小的条形是网购原因的分类条形图，最小的条形是性别分类的条形图。改变表达式中变量的排列方式，会得到不同层次分类的嵌套条形图。

（3）不等宽条形图。

在普通条形图中，每个条的宽度都是相同的，宽度不含任何信息，而条的高度或长度则取决于各类别的相应数值。对于两个类别变量或二维列联表，可以用一个变量各类别条形的宽度表示样本量，另一个类别变量的各类别以并列或堆叠的方式绘制条形图，这样的条形图就是不等宽条形图（variable width bar chart）。与普通的条形图相比，不等宽条形图可以提供各类别样本量的信息。

使用 ggiraphExtra 包（需要同时加载 ggplot2 包）中的 ggSpine 函数可以绘制不等宽条形图。以例 3-1 中的网购原因和满意度为例，由 ggSpine 函数绘制的不等宽条形图如图 3-7 所示。

```
# 图3-7的绘制代码
> library(ggiraphExtra);require(ggplot2)
> data3_1<-read.csv("C:/mydata/chap03/data3_1.csv")

# 图（a）不等宽并列条形图
> p1<-ggSpine(data=data3_1,aes(x=满意度,fill=网购原因),
+  position="dodge",palette="Blues",labelsize=2.5)+            # 绘制并列条形图
+  theme(legend.position=c(0.65,0.96),                          # 设置图例位置
+         legend.text=element_text(size="6"),                   # 设置图例字体大小
+         legend.background=element_blank())+                  # 移除图例整体边框
+  guides(fill=guide_legend(nrow=1,title=NULL))+                # 移除图例标题，1行摆放
+  ylab("人数")+ggtitle("(a) 不等宽并列条形图")                  # 设置y轴标签和标题

# 图（b）不等宽堆叠条形图
> p2<-ggSpine(data=data3_1,aes(x=满意度,fill=网购原因),
+  position="stack",palette="Reds",labelsize=3,reverse=TRUE)+ # 绘制堆叠条形图
+  ggtitle("(b) 不等宽堆叠条形图")

> gridExtra::grid.arrange(p1,p2,ncol=2)                         # 组合图形
```

在图 3-7 中，x 轴上不同满意度的条形宽度与相应的样本量成正比。比如，不满意的条形最宽，满意的条形最窄，表示在总人数中，不满意的人数最多，满意的人数最少。

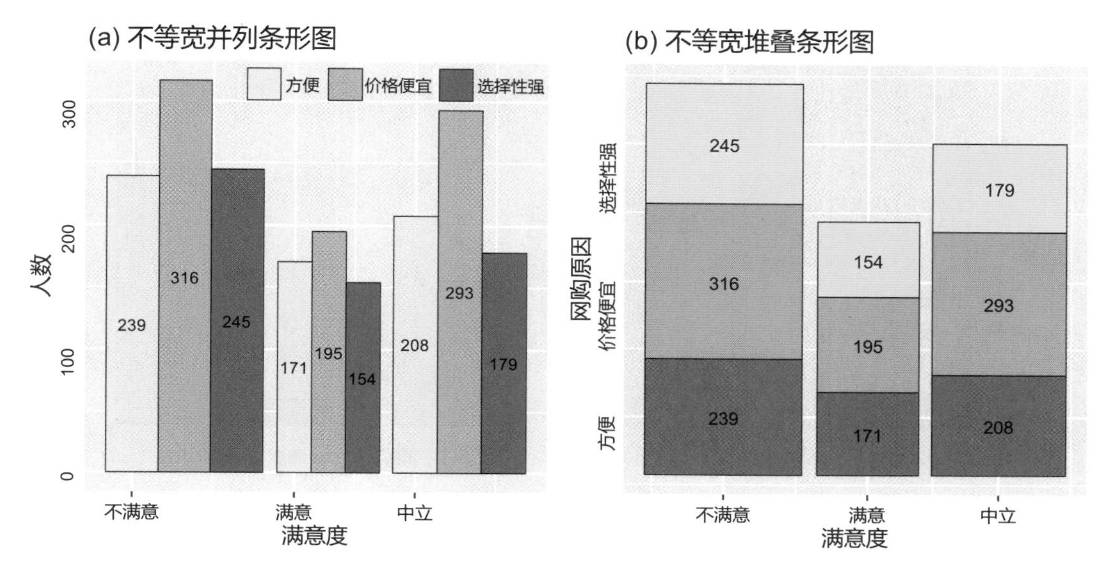

图3-7　网购原因和满意度的不等宽并列条形图和堆叠条形图

2. 展示数值比例或百分比

如果要比较各类别的数值构成，可以将堆叠条形图绘制成比例条形图或百分比条形图。在比例条形图中，每个条的高度均为 1，在百分比条形图中，每个条的高度均为 100%，条内堆叠矩形的大小取决于各类别的数值构成。比例条形图和百分比条形图都用于展示各类别的数值构成，二者没有本质差异。

（1）比例条形图。

比例条形图（proportional bar chart）也称比例堆叠条形图，它是将每个类别条的高度均设定为 1 绘制的条形图，条的宽度可以相等，也可以不相等。条宽不相等的比例条形图也称**脊形图**（spine plot），它是根据各类别数值比例绘制的一种不等宽条形图，其中条的宽度与各类别的数值比例成正比，条内堆叠矩形的高度表示另一个类别变量各类别的数值比例。脊形图可以根据两个类别变量绘制，也可以根据多个类别变量绘制。

双变量脊形图。双变量脊形图是根据两个类别变量绘制的。使用 graphics 包中的 spineplot 函数、vcd 包中的 spine 函数、ggiraphExtra 包中的 ggSpine 函数等均可绘制脊形图。以例 3-1 的性别与满意度、网购原因与满意度为例，由 graphics 包中的 spineplot 函数绘制的脊形图如图 3-8 所示。

```
# 图3-8的绘制代码
> data3_1<-read.csv("C:/mydata/chap03/data3_1.csv")
> par(mfrow=c(1,2),mai=c(0.7,0.7,0.4,0.4),cex=0.8,cex.main=1,font.main=1)
> spineplot(factor(性别)~factor(满意度),data=data3_1,col=c("#FB8072","#80B1D3"),
+  xlab="满意度",ylab="性别",main="(a) 性别与满意度")
> spineplot(factor(网购原因)~factor(满意度),data=data3_1,col=c("#7FC97F","#BEAED4","#FDC086"),
+  xlab="满意度",ylab="网购原因",main="(b) 网购原因与满意度")
```

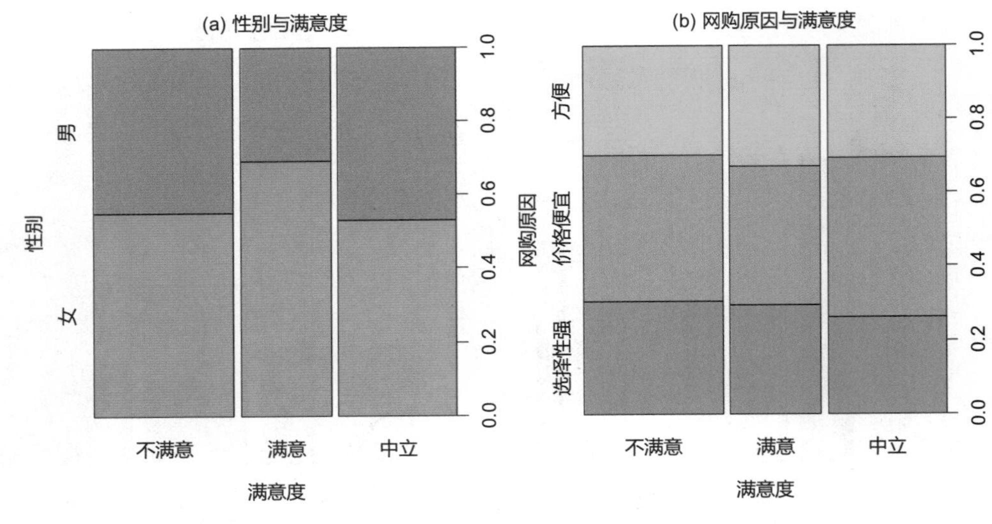

图3-8　性别与满意度、网购原因与满意度的脊形图

图 3-8 中的右纵坐标轴列出的是频数比例，条的宽度与各类别的样本量成正比。图 3-8（a）显示，表示不满意的条最宽，表示中立的其次，表示满意的最窄。说明在所有被调查者中，不满意的人数比例最高，中立的人数比例次之，满意的人数比例最低。从性别看，在表示满意的人中，女性的人数比例高于男性，而表示不满意和中立的男女人数比例相差不大。图 3-8（b）显示，从网购原因来看，因价格便宜而网购的人数比例最高，因方便和选择性强而网购的人数比例相差不大。

多变量脊形图。当有 3 个及以上的类别变量时，可以使用两个变量来分类 x 轴（垂直拆分），另一个类别变量作为 y 轴（水平拆分）。使用 vcd 包中的 doubledecker 函数可以绘制多个变量的脊形图，也称为双层图（doubledecker plot）。双层图既可以看作多变量的脊形图，也可以看作马赛克图的一种特殊形式。以例 3-1 的 3 个变量为例，绘制的双层图如图 3-9 所示。

```
# 图3-9的绘制代码
> library(vcd)
> data3_1<-read.csv("C:/mydata/chap03/data3_1.csv")
> tab1<-ftable(data3_1,row.vars=c("性别","网购原因"),col.vars="满意度")      # 生成列联表
> tab2<-ftable(data3_1,row.vars=c("性别","满意度"),col.vars="网购原因")

> p1<-doubledecker(tab1,abeling=labeling_values,return_grob=TRUE,main="(a) y轴为满意度")
> p2<-doubledecker(tab2,abeling=labeling_values,return_grob=TRUE,main="(b) y轴为网购原因")

> mplot(p1,p2,cex=0.5,layout=c(1,2))                                        # 按1行2列布局
```

图 3-9（a）中 x 轴的第 1 层分类是性别，第 2 层分类是网购原因，y 轴是满意度分类。图 3-9（b）中 y 轴是网购原因。图中条的宽度与对应类的频数成正比，填充条的面积与 y 轴各类别的频数成正比。

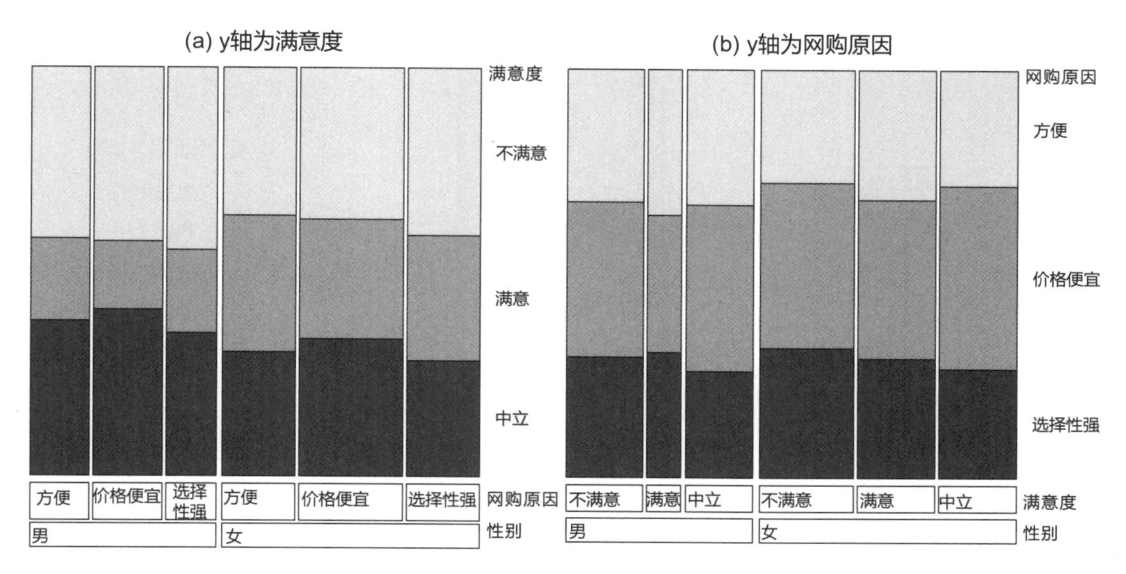

图3-9　y轴为满意度和网购原因的双层图

（2）百分比条形图。

百分比条形图（percentage bar chart）是用条的高度或长度表示各类别的数值百分比。与脊形图类似，绘制百分比条形图时，每个类别条的高度均设定为100%，条的宽度可以相等，也可以不相等。

普通百分比条形图。普通百分比条形图各条的宽度是相等的，堆叠在条内的矩形大小取决于另一个类别的数值百分比。使用 ggplot2 绘制百分比条形图时，需要先计算出各类别的百分比，然后根据百分比数据框绘制条形图。以例 3-2 为例，绘制的普通百分比条形图如图 3-10 所示。

```
# 图3-10的绘制代码（数据：data3_2）
> library(ggplot2);library(reshape2)
> library(plyr)                                                    # 为使用ddply函数
> data3_2<-read.csv("C:/mydata/chap03/data3_2.csv")

# 处理数据
> d<-data3_2%>%melt(id.vars="支出项目",variable.name="地区",value.name="支出金额")%>%
+  ddply("地区",transform,percent=支出金额/sum(支出金额)*100)      # 计算各项支出百分比
> f<-factor(data3_2$支出项目,ordered=TRUE,levels=data3_2$支出项目)  # 将支出项目变为有序因子
> df<-data.frame(支出项目=f,d[,-1])                                 # 构建数据框

# 绘制百分比条形图
> ggplot(df)+aes(x=地区,y=percent,fill=支出项目)+ylab("百分比(%)")+
+  geom_bar(stat="identity",width=0.8,color="grey50")+
+  scale_fill_brewer(palette="Blues")
```

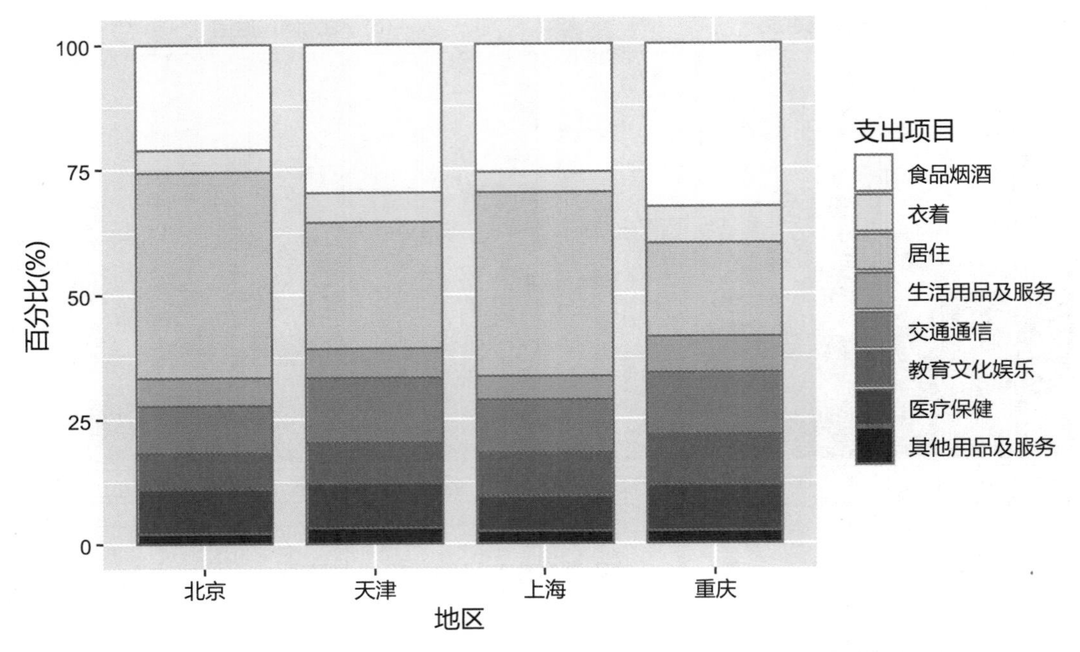

图3-10　2020年4个地区城镇居民人均消费支出的百分比条形图

图 3-10 的绘制代码中，由于将数据框融合成了长格式，需要根据融合后的数据按地区分组计算组内的构成百分比。因此，需要使用 plyr 包中的 ddply 函数分地区计算对应的百分比（percent），并对各组数据执行 transform，然后返回含有 percent 的数据框，再根据该数据框绘制条形图。图 3-10 按支出项目进行排序，主要是为了与原始数据框中的类别顺序一致，也可以按百分比大小排序绘制。结合 geom_text 函数可以为百分比条形图添加数值标签。

不等宽百分比条形图。不等宽百分比条形图中，条的宽度与各类别数值大小成正比，条内堆叠矩形的高度表示另一个类别变量各类别数值的百分比。使用 ggiraphExtra 包中的 ggSpine 函数可以绘制两个类别变量的百分比条形图，设置参数 interactive=TRUE 还可以绘制动态交互百分比条形图。当有第 3 个类别变量时，还可以绘制按第 3 个类别变量分面的百分比条形图。由该函数绘制的按性别分面的满意度与网购原因的百分比条形图如图 3-11 所示。

```
# 图3-11的绘制代码（数据：data3_1）
> library(ggiraphExtra);require(ggplot2)
> data3_1<-read.csv("C:/mydata/chap03/data3_1.csv")
> ggSpine(data=data3_1,aes(x=满意度,fill=网购原因,facet=性别),
+  palette="Reds",labelsize=3,reverse=TRUE)                    # 反转调色板颜色
```

图 3-11 是一种不等宽百分比条形图，条的宽度与相应的样本量成正比，这比普通的条形图提供了更多的信息。

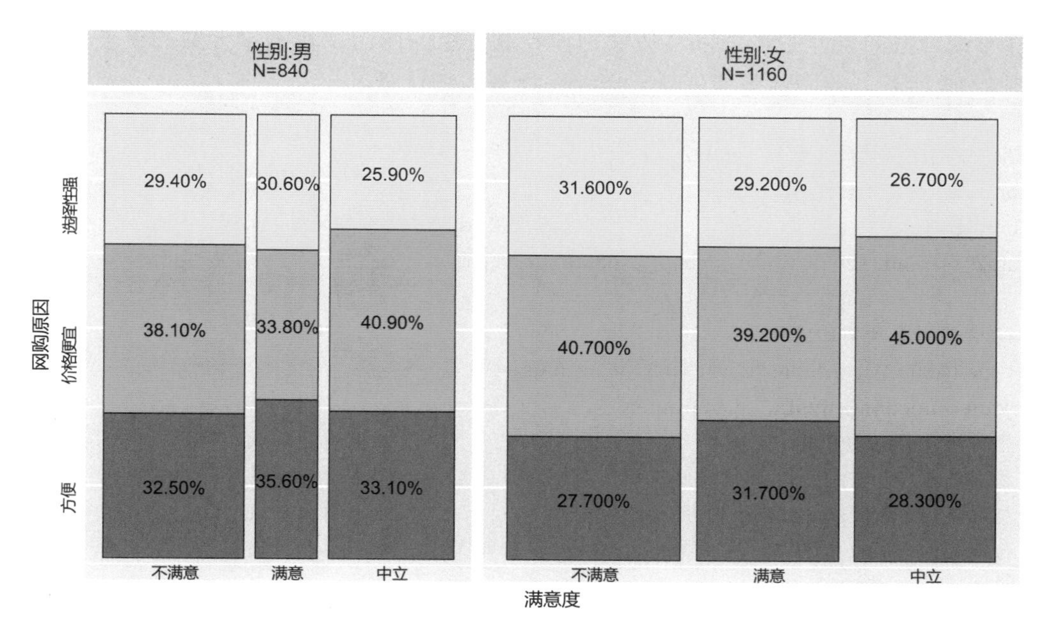

图3-11 按性别分面的满意度与网购原因的百分比条形图

3.1.3 添加推断信息

条形图主要用于展示数据的绝对值或百分比。如果用条形展示多个样本的均值，可以将误差信息添加在条形图上；如果关心两个类别变量是否有关系，可以将检验的 P 值添加在条形图上；等等。将误差信息和检验的 P 值添加到条形图上，可以为数据分析提供更多的信息或结论。

1. 添加误差信息

添加误差信息的条形图也称误差条形图（error bar chart），它是用条的高度表示样本平均数，并以平均数为中心加减一定的误差范围叠加在条形图上。其中，误差范围可以是样本均值 ± 估计误差（给定置信水平时所使用的分布对应的分位数（$q_{\alpha/2}$）与样本均值的标准误（$s/\sqrt{n}$）的乘积），即一定置信水平的置信区间；也可以是平均值 ± 一个标准差（s）的范围或一个标准误（$s/\sqrt{n}$）的范围。在用条形图比较多个样本的均值时，绘制误差条形图就很有用，它既可以用条的高度比较各样本的均值大小，又可以分析各样本均值的置信区间或误差范围。

绘制误差条形图的 R 函数有多个。使用 psych 包中的 error.bars 函数和 error.bars.by 函数、ggplot2 包中的 geom_errorbar 函数等均可绘制带误差线的条形图。使用 error.bars 函数可以绘制误差条为置信区间和 1 个标准差范围的误差条形图，函数所需代码较少，容易实现。

以例 2-1（数据：data2_1.csv）为例，使用 gplot2 中的 geom_errorbar 函数绘制的两门

课程考试分数的误差条形图以及按性别和专业分组的两门课程考试分数的误差条形图，如图 3-12 所示，绘图前需要先计算出绘图所需的统计量。

```
# 图3-12的绘制代码（数据：data2_1）
> library(ggplot2);library(reshape2)
> library(plyr)                                    # 为使用ddply函数分组计算统计量
> data2_1<-read.csv("C:/mydata/chap02/data2_1.csv")

# 编写函数计算所需的统计量
> d<-melt(data2_1,variable.name="课程",value.name="分数")   # 融合数据为长格式
> myfun<-function(x){with(x,data.frame(
+   平均数=mean(分数),                                      # 计算平均数
+   标准差=sd(分数),                                        # 计算标准差
+   标准误=sd(分数)/sqrt(length(分数)),                     # 计算标准误
+   估计误差=qnorm(0.975)*sd(分数)/sqrt(length(分数))))}    # 计算估计误差
# 计算统计量并返回数据框
> df1<-ddply(d,"课程",myfun)                               # 按课程分组计算统计量
> df2<-ddply(d,c("课程","性别"),myfun)                     # 按课程和性别分组计算统计量
> df3<-ddply(d,c("课程","专业"),myfun)                     # 按课程和专业分组计算统计量

# 绘制误差条形图
> p<-ggplot(df1,aes(x=课程,y=平均数,fill=课程))+geom_col(color="grey40",width=0.6)+
+   theme(legend.position="none")
> p1<-p+geom_errorbar(aes(ymin=平均数-标准差,ymax=平均数+标准差),
+   width=0.3,color="blue3",size=1.2)+
+   ggtitle("(a) 平均数±1个标准差")

> p2<-p+geom_errorbar(aes(ymin=平均数-标准误,ymax=平均数+标准误),width=0.3)+
+   ggtitle("(b) 平均数±1个标准误")

> p3<-ggplot(df2,aes(x=课程,y=平均数,fill=性别))+
+   geom_col(width=0.8,color="grey40",position="dodge")+
+   geom_errorbar(aes(ymin=平均数-估计误差,ymax=平均数+估计误差),
+           width=0.3,position=position_dodge(0.8))+
+   theme(legend.text=element_text(size=6),                # 设置图例字体大小
+           legend.position=c(0.85,0.92),                  # 设置图例位置
+           legend.background=element_blank())+            # 移除图例整体边框
+   guides(fill=guide_legend(nrow=1,title=NULL))+           # 删除图例标题
+   ggtitle("(c) 平均数±估计误差(按性别分组)")

> p4<-p3 %+% df3+aes(x=课程,y=平均数,fill=专业)+theme(legend.position=c(0.73,0.92))+
+   ggtitle("(d) 平均数±估计误差(按专业分组)")

> gridExtra::grid.arrange(p1,p2,p3,p4,ncol=2)                # 组合图形
```

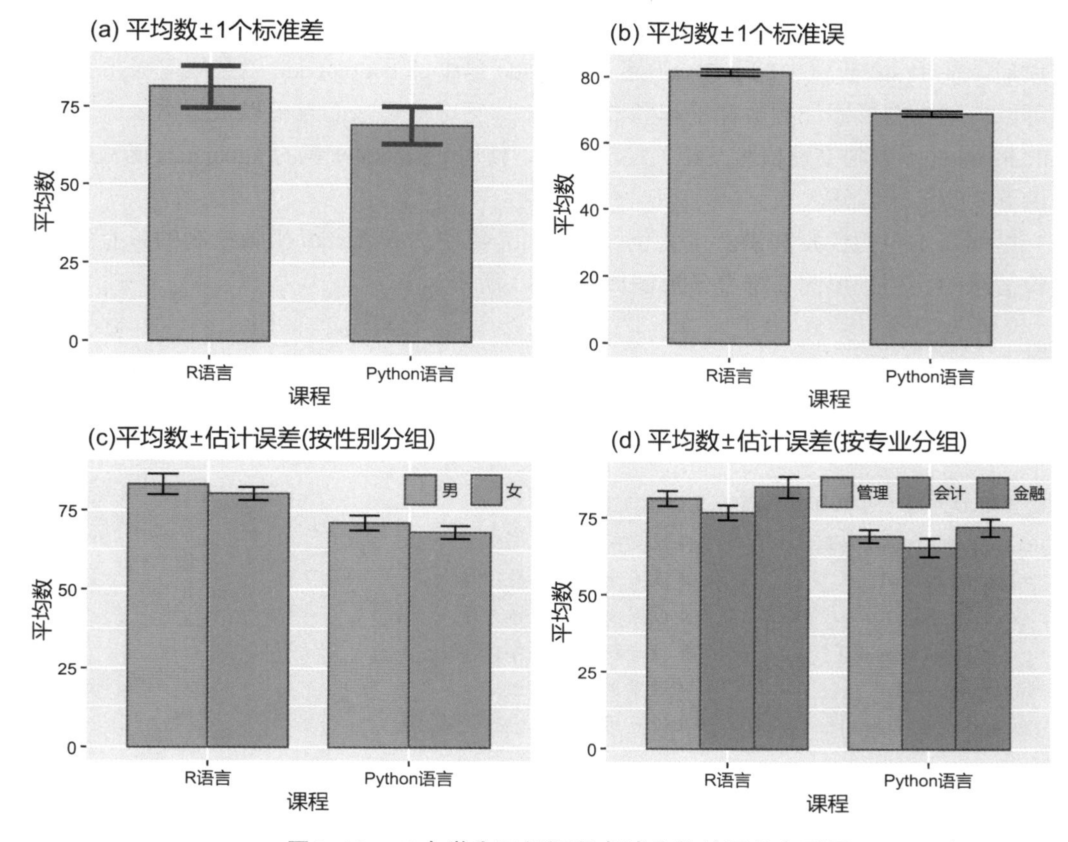

图3-12　50个学生两门课程考试分数的误差条形图

图 3-12 的绘制代码中，首先编写计算统计量的函数，其中，标准误是样本均值的标准差，反映均值的离散程度，它等于样本标准差除以样本量的平方根，即$s/\sqrt{n}$。估计误差也称边际误差，它是一定置信水平所对应的分布的分位数乘以标准误，样本均值 ± 估计误差即为一定置信水平下的置信区间。这里的估计误差是使用正态分布的分位数乘以标准误计算的，也就是根据正态分布构建的 95% 的置信区间。也可以使用 t 分布的分位数，即 qt(0.975,df)，但由于分组计算的自由度（df）不同，需要编写不同的函数。

图 3-12（a）是两门课程考试分数的误差条形图，其中的误差条是均值 ±1 个标准差的范围。图 3-12（b）的误差条是均值 ±1 个标准误的范围。图 3-12（c）和图 3-12（d）中的误差条是均值 ± 估计误差，这里是由正态分布构建的 95% 的置信区间，其中图 3-12（c）是按性别分组的两门课程考试分数的误差条形图。图 3-12（d）是按专业分组的两门课程考试分数的误差条形图，绘制代码中，运算符 %+% 传递给 ggplot 一个新数据框，还是绘制原来的图形，只是使用新的数据。使用不同数据绘制相同的图形时，这种写法可以简化代码。

2. 添加检验信息

在类别变量分析中，如果关心两个类别变量是否有关系，则需要做χ^2独立性检验。要在条形图上添加检验的 P 值信息，可以使用 ggplot2 包中的 geom_bar 函数绘制条形图，绘图前需要事先计算出相应的检验结果，再使用 annotate 函数添加到条形图上，相对来说较烦琐。使用 sjPlot 包中的 plot.xtab 函数、epade 包中的 bar.plot.ade 函数绘制条形图，不仅可以自动为图形添加频数标签和频数百分比标签等信息，而且可以根据需要添加列联表的 Pearson 卡方独立性检验及相关性等信息。使用 ggstatsplot 包的 ggbarstats 函数则可以提供更多的统计信息。

以例 3-1 中的性别和满意度为例，由 sjPlot 包中的 plot.xtab 函数绘制的带有独立性检验信息的并列条形图和堆叠条形图如图 3-13 所示。

```
# 图3-13的绘制代码
> library(sjPlot)
> data3_1<-read.csv("C:/mydata/chap03/data3_1.csv")

# 设置图形主题（可根据需要设置或使用默认）
> set_theme(title.size=1.3,              # 设置图形标题字体大小
+   axis.title.size=1,                   # 设置坐标轴标题字体大小
+   axis.textsize=1,                     # 设置坐标轴字体大小
+   geom.label.size=2.1,                 # 设置图形标签字体大小
+   legend.size=1,                       # 设置图例字体大小
+   legend.title.size=1)                 # 设置图例标题字体大小

> p1<-plot_xtab(data3_1$满意度,data3_1$性别,
+  bar.pos="dodge",                      # 绘制并列条形图
+  geom.colors="Set2",                   # 设置调色板
+  show.n=TRUE,show.prc=TRUE,            # 显示频数和百分比
+  show.summary=TRUE,                    # 绘制出带有卡方检验统计量信息的摘要
+  vjust="center",                       # 调整频数标签摆放的垂直位置
+  show.total=FALSE,                     # 不绘制各类别的总和（默认）
+  title="(a) 并列条形图")               # 设置图形标题

> p2<-plot_xtab(data3_1$满意度,data3_1$性别,bar.pos="stack", # 绘制堆叠条形图
+  show.n=TRUE,show.prc=TRUE,show.summary=TRUE,show.total=FALSE,
+  geom.colors="Set2",vjust="middle",title="(b) 堆叠条形图")

> cowplot::plot_grid(p1,p2,ncol=2)    # 使用cowplot包中的plot_grid函数按2列组合图形
```

图 3-13 中画出了每个类别的频数和每个类别的频数百分比。图的上方列出了 Pearson 卡方检验的统计量信息，其中包括样本量 N、χ^2统计量的值、表示相关程度的列联系数和检验的 P 值。由于 P=0.001，足以拒绝原假设，表示满意度与性别不独立，或者说二者之间具有相关性。列联系数$\phi_c = 0.14$表示满意度与性别的相关程度，由于ϕ_c的数值较小，表示满意度与性别之间虽然显著相关，但相关性较弱。如果要将条形图水平摆放，可设置 coord.flip=TRUE。

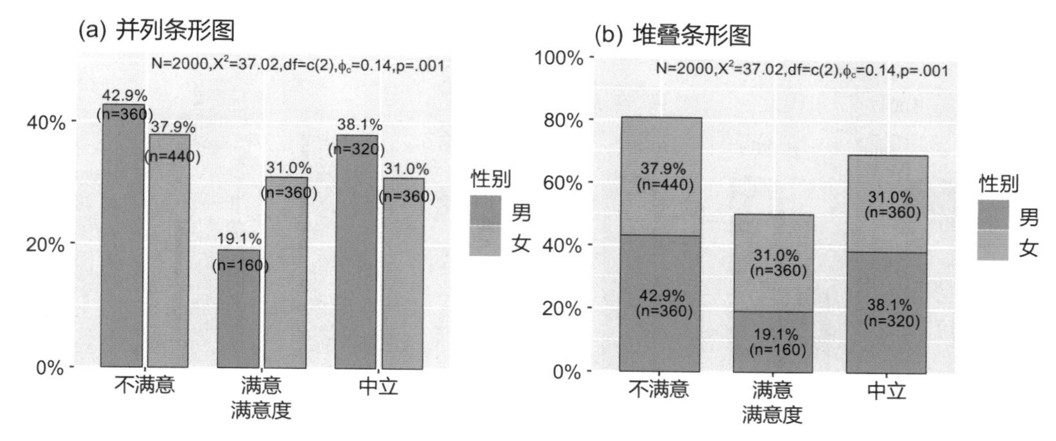

图3-13　带有独立性检验信息的并列条形图和堆叠条形图

为增强视觉效果，也可以绘制 3D（三维）条形图并添加检验信息。R 有多个包都提供绘制 3D 图形的函数。使用 epade 包中的 bar.plot.ade 函数绘制 3D 条形图时，默认参数 beside=TRUE，即绘制并列条形图，设置 beside=FALSE 可绘制堆叠条形图，在条形图上可以添加独立性检验的信息。以例 3-1 的性别、网购原因和满意度为例，绘制的 3D 条形图如图 3-14 所示。

```
# 图3-14的绘制代码
> library(epade)
> data3_1<-read.csv("C:/mydata/chap03/data3_1.csv")
> par(mfrow=c(1,2),mai=c(0.7,0.7,0.2,0.1),cex=0.7,font.main=1)

# 图（a）并列条形图
> bar.plot.ade(data3_1$性别,data3_1$满意度,                 # 绘制并列条形图（默认）
+   form="z",wall=1,                                        # 设置3D条形式样和图形风格
+   prozent=TRUE,                                           # 在条形上画出百分比
+   btext=TRUE,                                             # 画出卡方检验的P值
+   xlab="满意度",ylab="人数",main="(a) 性别与满意度的并列条形图")

# 图（b）堆叠条形图
> bar.plot.ade(data3_1$网购原因,data3_1$满意度,beside=FALSE,# 绘制堆叠条形图
+  form="z",wall=1,prozent=TRUE,btext=TRUE,lhoriz=FALSE,legendon="top",
+  xlab="满意度",ylab="人数",main="(b) 网购原因与满意度的堆叠条形图")
```

图 3-14（a）中画出了在“不满意”“满意”“中立”3 个类别中，男女人数分布差异的显著性检验 P 值。比如，在“不满意”这一类别中，该检验的原假设是：男性人数与女性人（与期望频数相比）无显著差异，利用χ^2检验得到的 P=0.004 7。这一 P 值足以拒绝原假设，表示男女人数有显著差异。在“满意”这一类别中，检验的 P<0.000 1，表示男女人数也有显著差异；在中立这一类别中，检验的 P=0.13，这一 P 值不足以拒绝原假设，表示在“中立”这一类别中，男女人数无显著差异。图 3-14（b）显示，在“不满

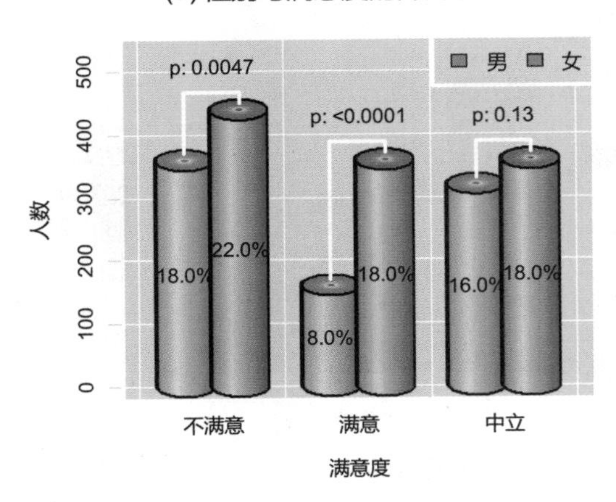

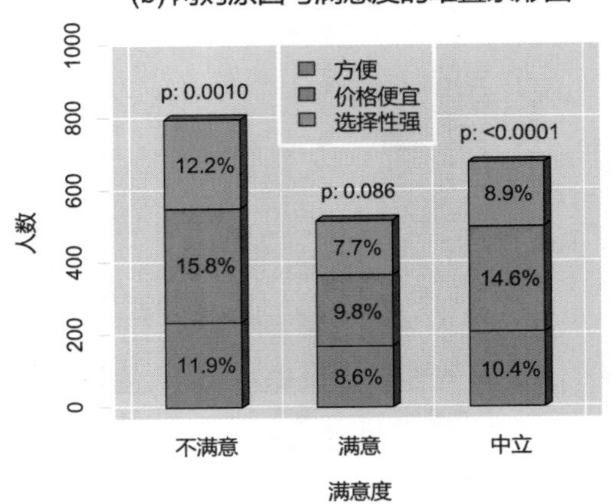

图3-14　带有独立性检验信息的3D并列条形图和堆叠条形图

意”和“中立”两个类别中，不同网购原因的人数差异显著；在“满意”这一类别中，不同网购原因的人数差异不显著。

使用 ggstatsplot 包可以为图形添加更多统计信息，该包是 ggplot2 的一个扩展包，它可以绘制条形图、饼图、箱线图、小提琴图、直方图、散点图等多种图形，并在图形上添加各种统计信息。以例 3-1 的性别、网购原因和满意度为例，由该包中的 ggbarstats 函数绘制的条形图如图 3-15 所示。

```
# 图3-15的绘制代码
> library(ggstatsplot);library(ggplot2)
> df<-read.csv("C:/mydata/chap03/data3_1.csv")

# 图（a）性别与满意度的百分比条形图及其检验
> p1<-ggbarstats(df,x=性别,y=满意度,type="nonparametric",            # 设置检验类型
+   ggtheme=theme_grey(),title="(a) 性别与满意度")

# 图（b）网购原因与满意度的百分比条形图及其检验
> p2<-ggbarstats(df,x=网购原因,y=满意度,type="nonparametric",
+   ggtheme=theme_grey(),title="(b) 网购原因与满意度")

> gridExtra::grid.arrange(p1,p2,ncol=2)
```

ggbarstats 函数默认的检验类型为 parametric（参数方法），可选方法有 nonparametric（非参数）、robust（稳健、鲁棒性）、bayes（贝叶斯）。由于这里使用的是卡方检验，所以选择 nonparametric 方法。图 3-15 中最上面一行给出了卡方检验统计量和 P 值、相关性度量 Cramer 系数（V）和置信区间以及样本量信息。每个条的上方给出了条内类别差异检验的信息，图的下方给出了其他统计信息。

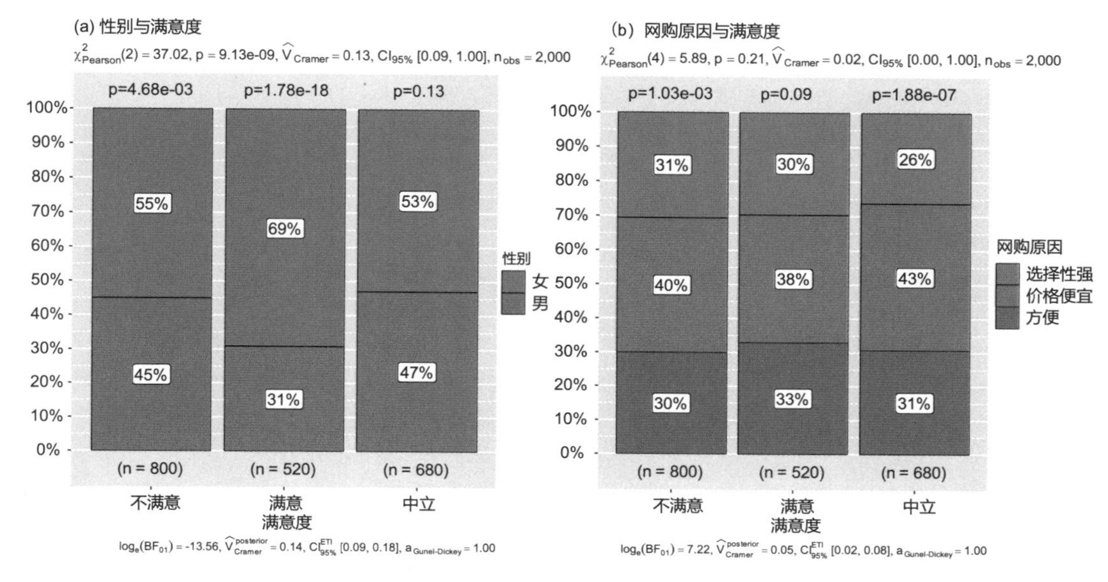

图3-15　添加多种统计信息的百分比条形图

3.2　瀑布图和漏斗图

对于一个类别变量的各个类别及其对应的数值，可以用不同的方式绘制条形图，瀑布图和漏斗图就是简单条形图的变种形式。

3.2.1　瀑布图

瀑布图（waterfall chart）是由麦肯锡顾问公司创建的一种图形，因为形似瀑布流水而得名。瀑布图可看作条形图的一个变种，其界面与条形图十分形似，区别是条形图不反映局部与整体的关系，而瀑布图可以展示多个子类对总和的贡献，从而反映局部与整体的关系。比如，各个产业的增加值对 GDP 总额的贡献，不同地区的销售额对总销售额的贡献，等等。下面通过一个例子说明瀑布图的绘制方法。

使用 waterfall 包中的 waterfallchart 函数、waterfalls 包中的 waterfall 函数等均可绘制式样不同的瀑布图。其中，waterfalls 包中的 waterfall 函数提供的参数较多，可修改性强，可以结合使用 ggplot2 包中的函数进一步美化图形。以例 3-2 中北京的各项支出为例，使用 waterfall 函数绘制的瀑布图如图 3-16 所示。

```
# 图3-16（a）的绘制代码
> library(waterfalls);library(ggplot2);library(dplyr);library(RColorBrewer)
> data3_2<-read.csv("C:/mydata/chap03/data3_2.csv")

# 处理数据
```

```
> df1<-data3_2%>%select(支出项目,北京)%>%rename(支出金额=北京)
> df2<-data3_2%>%select(支出项目,北京)%>%rename(支出金额=北京)%>%
+  arrange(desc(支出金额))                          # 将支出金额降序排序

> palette1<-brewer.pal(8,"Set3")                   # 设置调色板
> waterfall(.data=df1,
+  rect_text_labels=paste(df1$支出金额),            # 设置矩形标签
+  fill_colours=palette1,                           # 设置各矩形颜色
+  calc_total=TRUE,total_rect_color="pink",         # 显示总和矩形并设置其填充颜色
+  total_rect_text = paste('总支出','\n',sum(df1$支出金额)), # 设置总和矩形的文本标签
+  rect_width=1,                                    # 设置矩形宽度
+  rect_text_size=0.9,                              # 设置矩形标签字体大小
+  total_rect_text_color="black",                   # 设置总和文本标签的颜色
+  rect_border="grey50",                            # 设置矩形边框颜色
+  fill_by_sign=FALSE)+                             # 设置正值和负值的颜色不同
+  theme(axis.text.x=element_text(size=9,angle=25,hjust=1,vjust=1))+
+  ggtitle("(a) 按支出项目原始顺序排序")
```

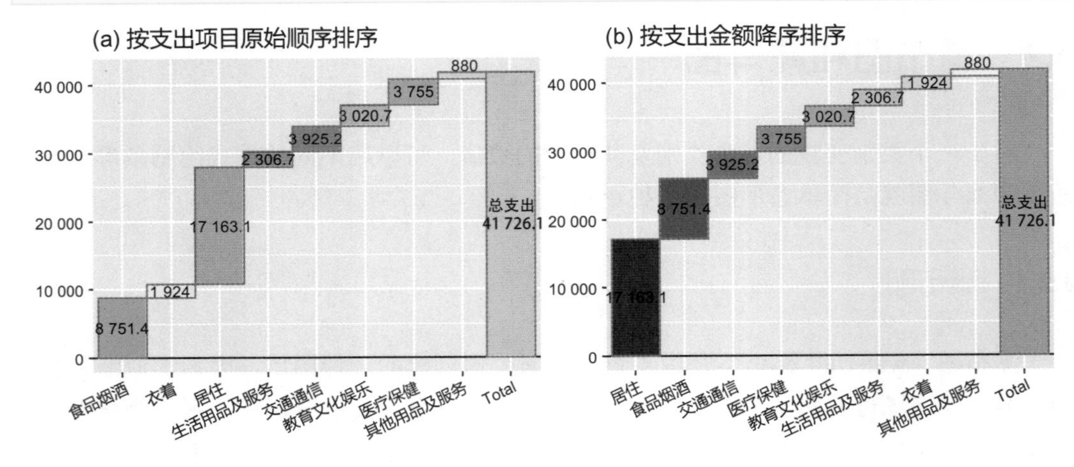

图3-16　2020年北京城镇居民人均消费支出的瀑布图

将图 3-16（a）绘制代码中的数据 df1 替换成 df2，并使用调色板“GnBu”，即可得到图 3-16（b）。图 3-16 中条的长度表示各项消费支出对消费总金额的贡献大小。图 3-16 显示，贡献最大的是居住支出，其次是食品烟酒支出，贡献最小的是其他用品及服务支出。使用函数 coord_flip( ) 可以将瀑布图水平排放（x 轴和 y 轴互换）。

3.2.2　漏斗图

漏斗图（funnel plot）因形状似漏斗而得名，它是将各类别数值降序排列后绘制的水平条形图。漏斗图适合展示数据逐步减少的现象，比如，生产成本逐年减少等。

目前尚未发现 R 中绘制漏斗图的函数。以例 3-2 中北京和上海的各项支出为例，

使用 barplot 函数绘制的漏斗图如图 3-17 所示。

```
# 图3-17（a）的绘制代码
> library(dplyr)
> data3_2<-read.csv("C:/mydata/chap03/data3_2.csv")
> par(mfrow=c(1,2),mai=c(0.1,0.3,0.3,0.3),cex=0.8,font.main=1)

# 处理数据
> df1<-data3_2%>%select(支出项目,北京)%>%arrange(北京)          # 将支出金额升序排列
> df2<-data3_2%>%select(支出项目,上海)%>%arrange(上海)

# 绘制漏斗图
> barplot(df1$北京,horiz=TRUE,axes=FALSE,border=FALSE,col="steelblue",
+   space=0.08,xlim=c(-17200,17200),main="(a) 北京各项支出的漏斗图")          # 绘制漏斗图
> barplot(-df1$北京,horiz=TRUE,axes=FALSE,border=FALSE,col="steelblue",
+   space=0.08,xlim=c(-17200,17200),add=TRUE)                                 # 绘制漏斗图
> text(x=rep(-12500,8),y=seq(1,8,length.out=8),labels=df1$支出项目,cex=0.9)    # 添加类别标签
> text(x=rep(0,8),y=seq(1,8,length.out=8),labels=df1$北京,cex=0.7,col="white")
```

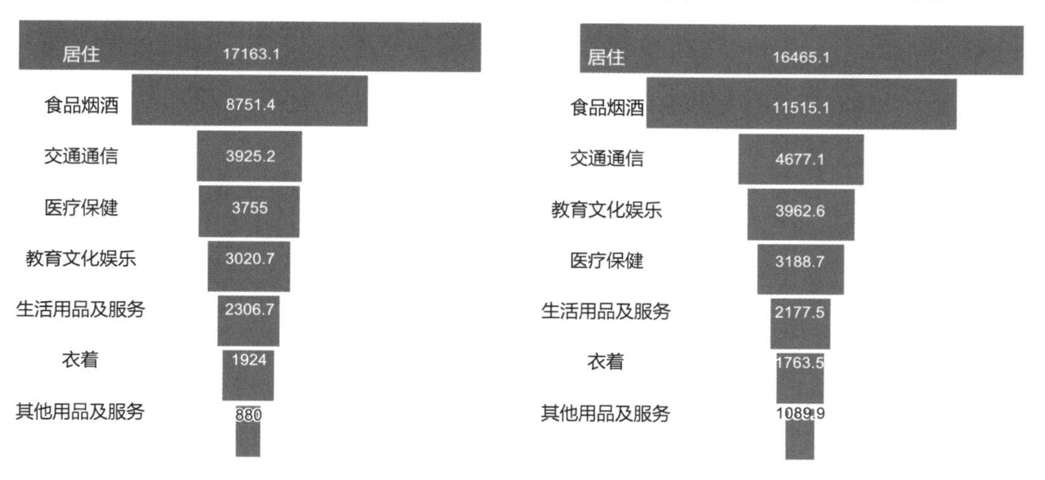

图3-17　2020年北京和上海城镇居民人均消费支出的漏斗图

将图 3-17（a）绘制代码中的 df1 替换成 df2，并将北京替换成上海，即可得到图 3-17（b）。图 3-17 形象地展示了各项支出逐渐减少的状况。

3.3　极坐标条形图和玫瑰图

普通的条形图是在直角坐标系中绘制的，极坐标图则是在极坐标系中绘制的。极坐标图形有多种，本节只介绍极坐标条形图和玫瑰图。

3.3.1 极坐标条形图

极坐标条形图（polar bar chart）也称径向条形图（radial bar chart）或圆形条形图（circular bar chart），它是在极坐标中绘制的条形图。与直角坐标条形图相比，极坐标条形图的优点是节省空间，可以在有限的空间内展示更多的类别；其缺点是不宜比较各条的长度。当一个类别变量的类别数较多时，极坐标条形图可以作为单变量条形图的替代图形。

使用ggplot2中的coord_polar函数可以将直角坐标条形图转换成极坐标条形图。以例3-1为例，图3-18展示了将直角坐标条形图转换成极坐标条形图的过程。

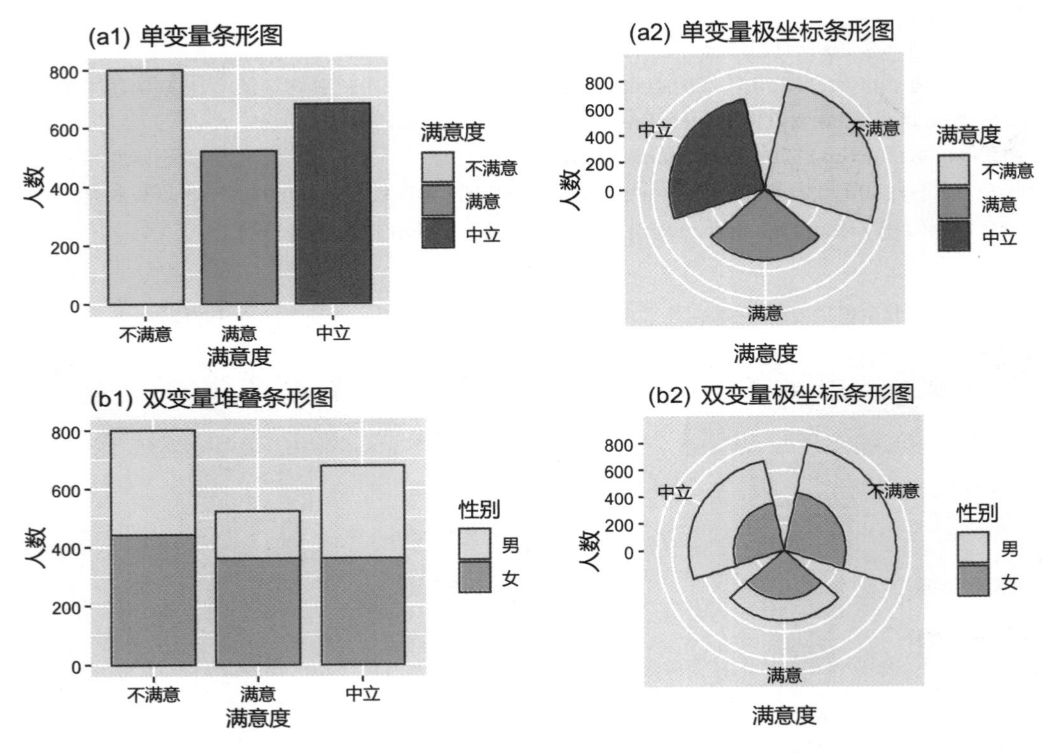

图3-18　直角坐标条形图与极坐标条形图的比较

```
# 图3-18的绘制代码
> library(ggplot2);library(dplyr)
> data3_1<-read.csv("C:/mydata/chap03/data3_1.csv")

# 处理数据
> df1<-data3_1%>%select(满意度)%>%table()%>%as.data.frame()%>%rename(人数=Freq)
> df2<-data3_1%>%select(性别,满意度)%>%table()%>%as.data.frame()%>%rename(人数=Freq)

# 图（a）单变量条形图和极坐标条形图
> p1<-ggplot(df1,aes(x=满意度,y=人数,fill=满意度))+
```

```
+  geom_col(width=0.8,color="gray30")+                 # 设置条形图的宽度为0.8（默认为0.9）
+  scale_fill_brewer(palette="Reds")+                  # 设置调色板
+  ggtitle("(a1) 单变量条形图")
> p2<-p1+coord_polar()+                                # 默认绘图起点为0度（start=0）
+  ggtitle("(a2) 单变量极坐标条形图")

# 图（b）双变量堆叠条形图和极坐标条形图
> p3<-ggplot(df2,aes(x=满意度,y=人数,fill=性别))+geom_col(width=0.8,color="gray30")+
+  scale_fill_brewer(palette="Blues")+ggtitle("(b1) 双变量堆叠条形图")
> p4<-p3+coord_polar()+ggtitle("(b2) 双变量极坐标条形图")

> gridExtra::grid.arrange(p1,p2,p3,p4,ncol=2)          # 组合图形
```

在图 3-18 的绘制代码中，将条形图的宽度设置为 1，再转换成极坐标图，即为下面将要介绍的玫瑰图。

图 3-19 是根据例 3-2 中北京的各项支出金额绘制的单变量极坐标条形图。

```
# 图3-19（a）的绘制代码
> library(ggplot2);library(dplyr)
> data3_2<-read.csv("C:/mydata/chap03/data3_2.csv")

# 处理数据
> d<-data3_2%>%select(支出项目,北京)%>%rename(支出金额=北京)%>%arrange(支出金额)
        # 选择数据并将北京重新命名为支出金额，按升序排序支出金额（也可以降序排序）
> f<-factor(d[,1],ordered=TRUE,levels=d[,1])           # 将支出项目变为有序因子
> df=data.frame(支出项目=f,支出金额=d[,-1])

# 图（a）x 轴为支出项目
> myangle<-seq(-20,-340,length.out=8)                  # 设置标签角度，使之垂直于坐标轴
> p<-ggplot(df,aes(x=支出项目,y=支出金额,fill=支出项目))+geom_col(width=0.8)+ # 绘制条形图
+  scale_fill_brewer(palette="Spectral")               # 设置调色板

> p1<-p+coord_polar(theta="x",start=0)+                # 将x轴映射到极坐标（默认）
+  ylim(-1000,18000)+                                  # 设置y轴数值范围
+  theme(legend.position="none",                       # 删除图例
+            axis.text.x=element_text(size=10,angle=myangle))+ # 设置坐标轴标签字体大小和角度
+  ggtitle("(a) x 轴为支出项目")

# 图（b）y轴为支出项目
> p2<-p+coord_polar(theta="y",start=0)+                # 将y轴映射到极坐标（本例为支出项目）
+  ylim(0,20000)+
+  theme(legend.position="none",
+            axis.text.y=element_blank(),              # 去掉y轴标签
```

```
+          axis.ticks=element_blank())+                            # 去掉y轴刻度
+  geom_text(hjust=1,size=2.5,aes(x=支出项目,y=0,label=支出项目))+    # 添加文本标签
+  ggtitle("(b) y 轴为支出项目")

> gridExtra::grid.arrange(p1,p2,ncol=2)                            # 组合图形
```

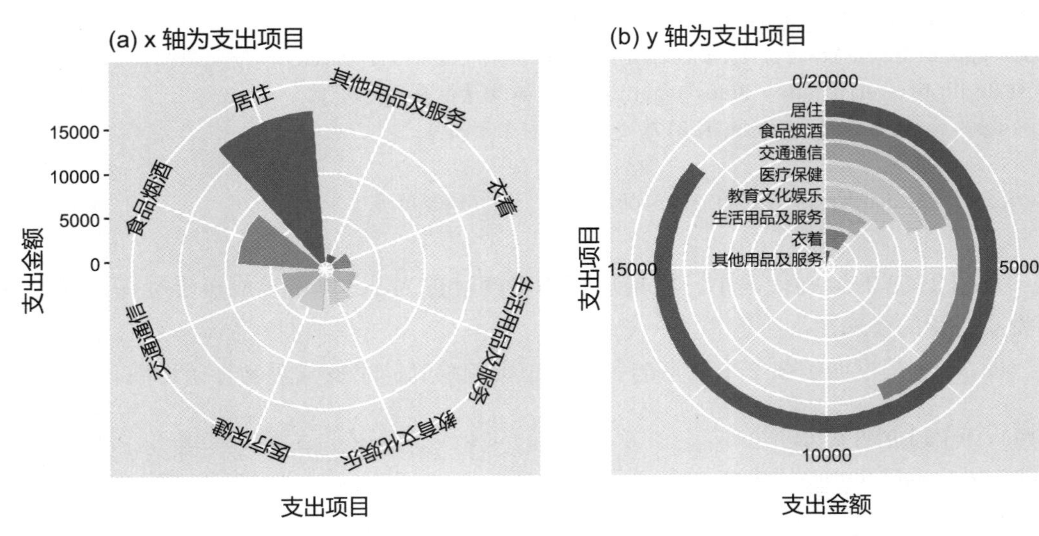

图3-19　2020年北京城镇居民人均消费支出的极坐标条形图

图 3-19（a）是按支出金额升序绘制的，降序排序时会改变图形的顺序。设置 ylim(−2 000,18 000) 的数值范围从负数开始，可以在圆的中心留出一个空心（也可设置 y 的最小值为 0，不保留空心）。图 3-19（b）是将 y 轴映射到极坐标绘制的，此时，条形的长度用圆弧表示。如果设置 ylim(0,max(y))，则最大值的条绘制成一个闭合圆环。使用极端值调色板 palette="Spectral" 是为了强调最大值和最小值。

如果有两个类别变量，可以将并列条形图和堆叠条形图转换成极坐标条形图。以例 3-2 为例，绘制的北京、天津、上海和重庆的城镇居民人均消费支出的极坐标条形图如图 3-20 所示。

```
# 图3-20（a）的绘制代码
> library(ggplot2);library(reshape2);library(gridExtra)
> data3_2<-read.csv("C:/mydata/chap03/data3_2.csv")

# 处理数据
> d<-melt(data3_2,id.vars="支出项目",variable.name="地区",value.name="支出金额") # 融合数据
> f<-factor(d$支出项目,ordered=TRUE,levels=data3_2[,1])        # 将支出项目变为有序因子
> df<-data.frame(支出项目=f,d[,-1])                            # 构建数据框

# 图（a）极坐标并列条形图，x轴为支出项目
```

```
> myangle<-seq(-20,-340,length.out=8)          # 设置标签角度，使之垂直于坐标轴
> ggplot(df,aes(x=支出项目,y=支出金额,fill=地区))+
+  geom_col(width=0.8,position="dodge",color="gray30")+      # 绘制条形图并设置填充颜色
+  coord_polar(theta="x",start=0)+             # 将x轴（或y轴）映射到极坐标，从0度开始
+  ylim(-2000,18000)+                           # 设置内圆的大小（负值）和条形图的高度（正值）
+  scale_fill_brewer(palette="Reds")+           # 设置调色板
+  theme(legend.position="bottom")+
+  guides(fill=guide_legend(nrow=2,title=NULL))+      # 图例排成2行,去掉图例标题
+  theme(plot.title=element_text(size=15))+           # 设置标题字体大小
+  theme(axis.text.x=element_text(size=12,color="red3",angle=myangle))+
                                                      # 设置坐标轴标签字体大小和角度
+  ggtitle("(a) 极坐标并列条形图，x 轴为支出项目")
```

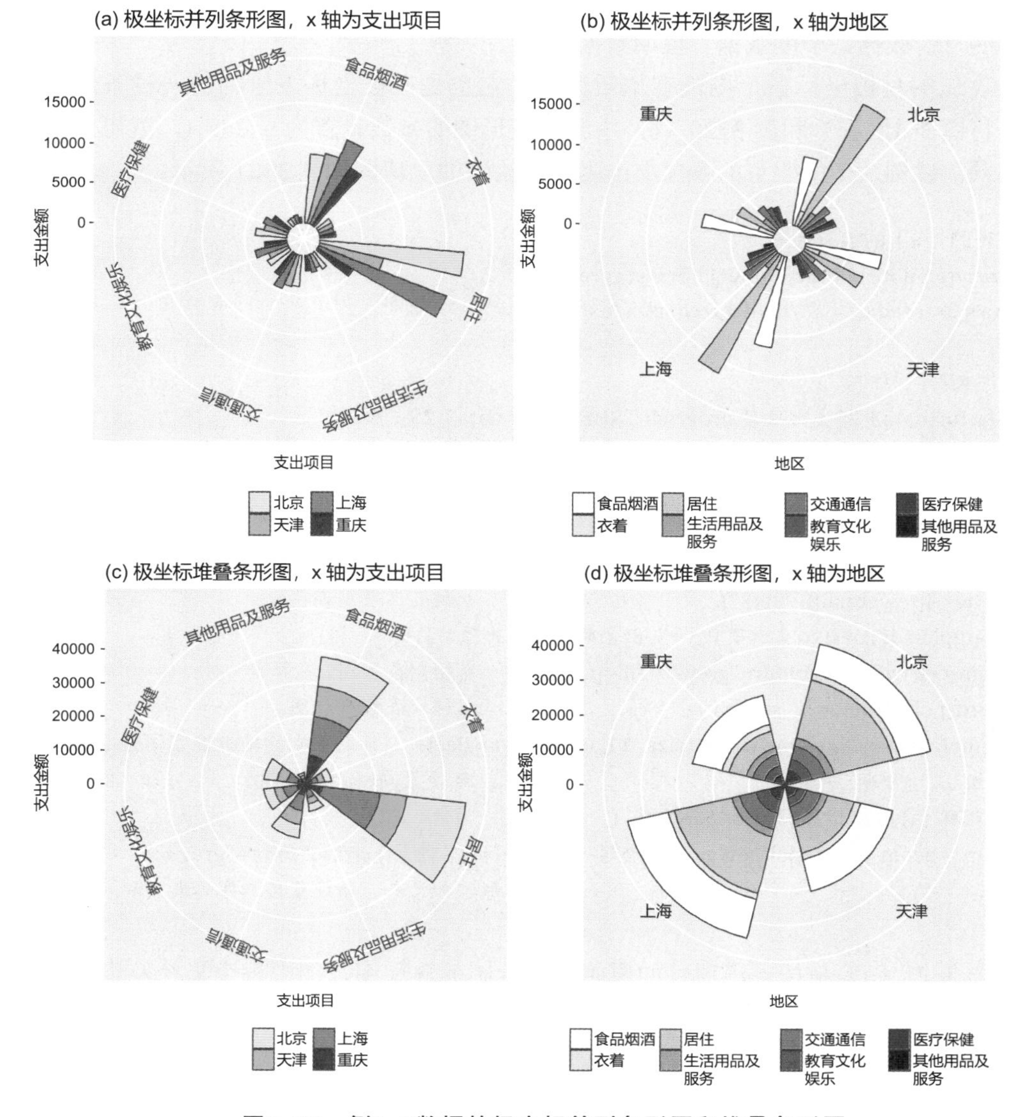

图3-20　例3-2数据的极坐标并列条形图和堆叠条形图

在图 3-20（a）的绘制代码中，设置 aes(x= 地区 ,y= 支出金额 ,fill= 支出项目) 即可得到图 3-20（b）。将绘制条形图的参数设置为 geom_col(position="stack") 即可绘制成图 3-20（c）和图 3-20（d）。图 3-20（a）和图 3-20（c）展示了按地区分组的各项消费支出；图 3-20（b）和图 3-20（d）展示了按消费项目分组的各地区的消费支出。

3.3.2　玫瑰图

玫瑰图也称南丁格尔玫瑰图（Nightingale rose diagram），它由英国护士、统计学家弗罗伦斯 • 南丁格尔（Florence Nightingale）发明，她称这类图为鸡冠花（coxcomb），用于展示战地军医院季节性的死亡率。

玫瑰图使用弧形的半径长度表示数据的大小，每个类别的数据在极坐标中用一个扇形表示，扇形的大小与类别对应的数值成正比。玫瑰图适合展示具有周期性的数据，如各年的月份数据、季度数据、星期数据等。

玫瑰图与极坐标条形图没有本质区别，它也是在极坐标下绘制的一种条形图。比如，将图 3-18（a）和图 3-20（c）中绘制条形图的参数设置为 width=1，就可以转换成玫瑰图。以例 3-2 中北京的各项支出为例，绘制的玫瑰图如图 3-21 所示。

```
# 图3-21（a）的绘制代码
> library(ggplot2);library(dplyr);library(ggrepel)
> data3_2<-read.csv("C:/mydata/chap03/data3_2.csv")

# 处理数据
> f<-factor(data3_2$支出项目,ordered=TRUE,levels=data3_2$支出项目)
> df1<-data.frame(支出项目=f,支出金额=data3_2$北京)          # 构建新的数据框

# 绘制玫瑰图
> myangle<-seq(-20,-340,length.out=8)                    # 设置标签角度，使之垂直于坐标轴
> palette<-brewer.pal(8,"Set3")                          # 设置离散型调色板
> p1<-ggplot(df1,aes(x=支出项目,y=支出金额,fill=支出项目))+
+  geom_col(width=1,colour="grey20",fill=palette)+     # 绘制条形图
+  coord_polar(theta="x",start=0)+                      # 转换成极坐标图
+  theme(axis.text.x=element_text(size=11,angle=myangle))+   # 设置坐标轴标签字体大小和角度
+  ylab("支出金额")+                                     # 设置y轴标签
+  ggtitle("(a) 按支出项目原始顺序排序")
> p1<-p1+geom_text_repel(aes(y=支出金额-100,label=支出金额),size=2,color="grey30")
                                            # 为图形添加文本，并设置文本字体大小和颜色
```

图 3-21（a）是按支出项目的原始顺序绘制的玫瑰图，图中每个半径及扇形的大小与各项支出的多少成比例。图 3-21（b）是将支出金额降序排序后绘制的玫瑰图，使用的调色板为 Spectral。图形显示，北京的居住支出最多，其次是食品烟酒支出，其他用品及服务的支出最少。

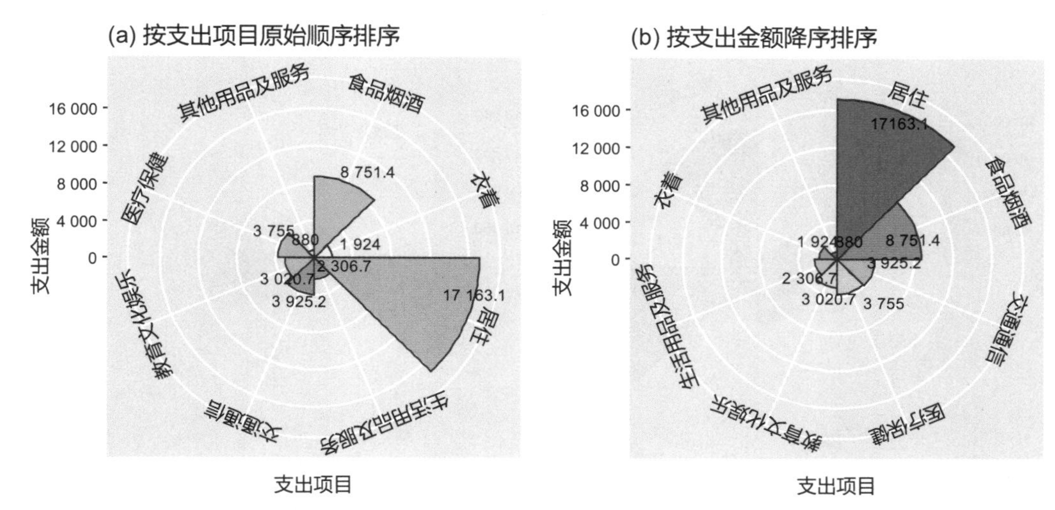

图3-21　2020年北京城镇居民人均消费支出的玫瑰图

如果要将北京、天津、上海和重庆 4 个地区的各项支出画出玫瑰图，可以设置 x 轴为支出项目，y 轴为支出金额，用地区作为填充颜色，这实际上是将以 x 轴为地区的堆叠条形图转换成玫瑰图。也可以将 x 轴设置为地区，用不同消费项目作为填充颜色绘制玫瑰图。为使图中坐标轴的顺序与原始数据框的顺序一致，绘图前可以将支出项目转换成有序因子。

除 ggplot2 外，使用 ggiraphExtra 包中的 ggRose 函数可以直接绘制出玫瑰图，也可以使用 ggBar 函数绘制条形图，再由 ggRose 函数将堆叠条形图转换成极坐标下的玫瑰图，该函数所需代码较少。此外，设置参数 interactive=TRUE，还可以绘制出动态交互玫瑰图。图 3-22 是使用 ggiraphExtra 包中的 ggRose 函数绘制的玫瑰图。

```
# 图3-22（a）的绘制代码
> library(ggiraphExtra);library(ggplot2);library(reshape2)
> data3_2<-read.csv("C:/mydata/chap03/data3_2.csv")

# 处理数据
> d<-melt(data3_2,id.vars="支出项目",variable.name="地区",value.name="支出金额")
> f<-factor(d$支出项目,ordered=TRUE,levels=data3_2[,1])        # 将支出项目变为有序因子
> df<-data.frame(支出项目=f,d[,-1])                             # 构建数据框

# 图（a）x轴为支出项目
> myangle<-seq(-20,-340,length.out=8)                   # 设置标签角度，使之垂直于坐标轴
> ggRose(df,aes(x=支出项目,y=支出金额,fill=地区),
+   stat="identity",palette="Reds",reverse=TRUE)+ylab("支出金额")+
+   guides(fill=guide_legend(nrow=2,title=NULL))+       # 图例排成2行,去掉图例标题
+   theme(legend.position="bottom")+
+   theme(plot.title=element_text(size=15))+            # 设置标题字体大小
+   theme(axis.text.x=element_text(size=12,color="red3",angle=myangle))+
                                                        # 设置坐标轴标签字体大小和角度
+   ggtitle("(a) x轴为支出项目")
```

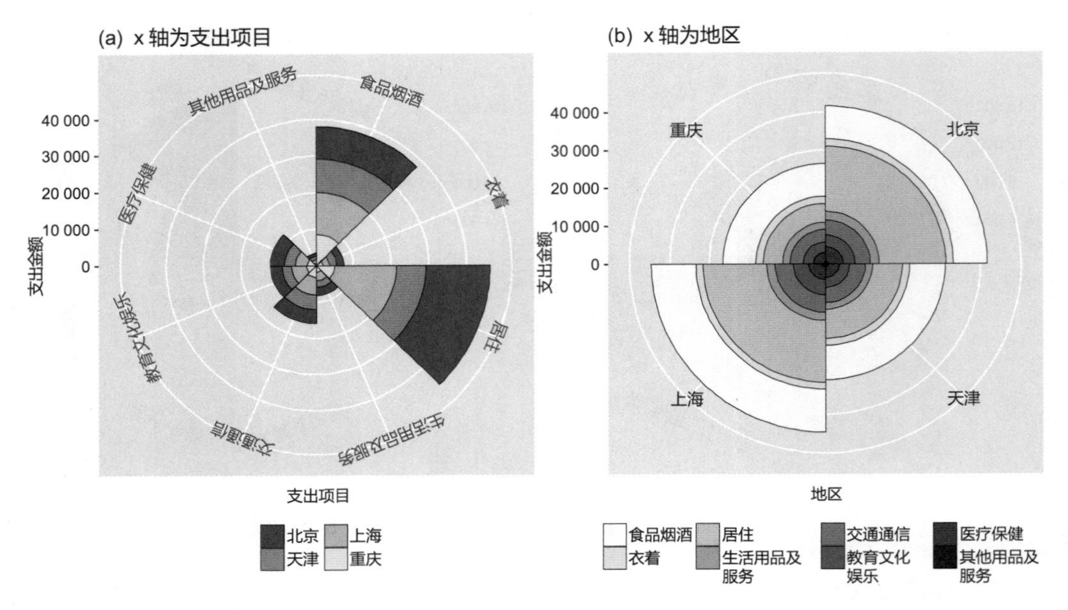

图3-22　2020年北京、天津、上海和重庆的城镇居民人均消费支出的玫瑰图

将图 3-22（a）的绘制代码中的 aes(x= 支出项目 ,y= 支出金额 ,fill= 地区) 替换成 aes(x= 地区 ,y= 支出金额 ,fill= 支出项目) 即可得到图 3-22（b）。图 3-22（a）显示，在各项消费支出中，居住的支出最多，其次是食品烟酒支出。其中，北京和上海的居住支出较多，其次是食品烟酒支出，其他用品及服务的支出最少。从扇形的半径看，重庆的各项支出总额较少。在食品烟酒支出和居住支出中，上海最多，其次是北京、天津和重庆。图 3-22（b）显示，上海的各项支出金额均较多，其次是北京、天津和重庆。其中，北京和上海的居住支出较多，其次是食品烟酒支出。

3.4　马赛克图和关联图

马赛克图和关联图是展示两个或两个以上类别变量的另外两种不同图形，绘图数据可以是原始的类别变量，也可以是列联表。

3.4.1　马赛克图

马赛克图（mosaic plot）是用矩形表示列联表中对应频数（比例）的一种图形，图中嵌套矩形的面积与列联表相应单元格的频数成正比。除用于展示二维或多维列联表外，也可用于展示具有多组类别标签的其他数据。

使用 graphics 包中的 mosaicplot 函数、vcd 包中的 mosaic 函数和 strucplot 函数、DescTool 包中的 PlotMosaic 函数、ggmosaic 包中的 geom_mosaic 函数等均可创建马赛克图。以例 3-1 的性别、网购原因和满意度为例，由 graphics 包中的 mosaicplot 函数绘制的简单马赛克图和扩展的马赛克图如图 3-23 所示。

```
# 图3-23的绘制代码
> data3_1<-read.csv("C:/mydata/chap03/data3_1.csv")
> par(mfrow=c(1,2),mai=c(0.3,0.3,0.2,0.1),font.main=1)
> mosaicplot(~性别+网购原因+满意度,data=data3_1,cex.axis=0.7,
+  col=c("#E41A1C","#377EB8","#4DAF4A"),
+  off=8,                    # 确定镶嵌图每一层的百分比间距的偏移向量
+  dir=c("v","h","v"),       # 设置镶嵌图每一层的分割方向(垂直方向为"v",水平方向为"h")
+  main="(a) 简单马赛克图")
> mosaicplot(~性别+网购原因+满意度,data=data3_1,
+  shade=TRUE,cex.axis=0.7,off=8,dir=c("v","h","v"),main="(b) 扩展的马赛克图")
```

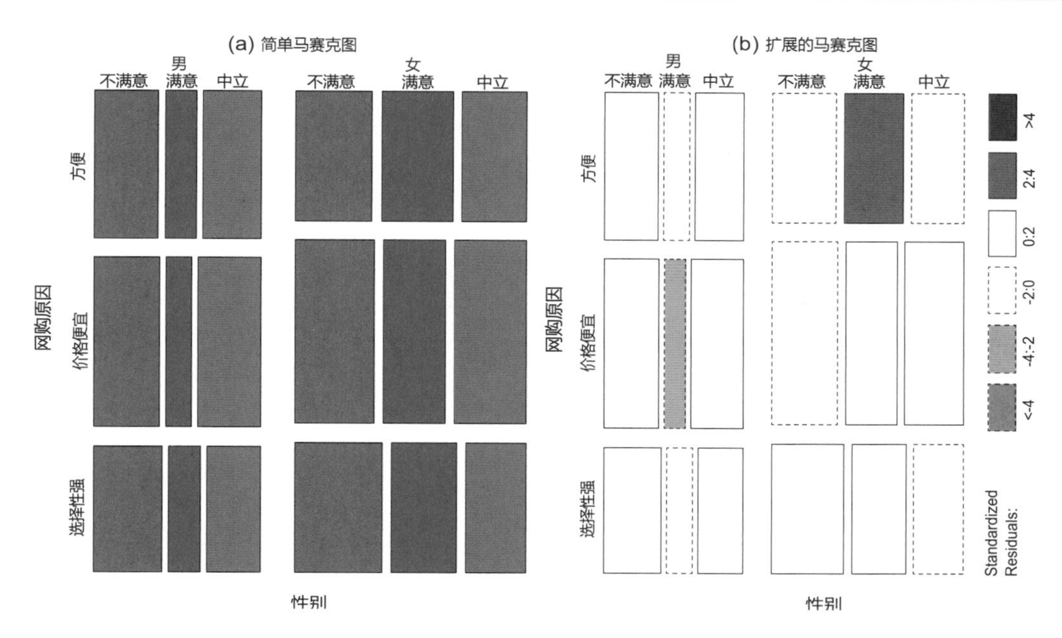

图3-23　性别、网购原因、满意度的马赛克图

图 3-23 中的每个矩形对应于多维列联表的单元格频数，矩形的相对高度和宽度与单元格频数成正比。

图 3-23（a）显示，在全部被调查者中，女性的人数多于男性；网购原因为价格便宜的人数最多，方便的次之，选择性强的最少。在满意度评价方面，网购原因为方便和价格便宜时，男性表示不满意和中立的人数相当，表示满意的人数最少；网购原因为选择性强时，男性不满意的人数最多，满意的人数最少。女性在各网购原因中不满意的人数都最多，但网购原因为方便时，满意的人数略多于中立的人数；网购原因为价格便宜时，满意的人数和中立的人数相当。

图 3-23（b）是设置参数 shade=TRUE 绘制的扩展的马赛克图。图的右侧列出了用颜色表示的标准化残差。图中的实线表示残差为正，虚线表示残差为负。不同的颜色表示不同的残差大小，蓝色表示正残差，红色表示负残差，颜色越深，表示残差越大。图形

显示，在女性中，网购原因为方便时，表示满意的残差为正值，且残差较大，矩形用蓝色表示；在男性中，网购原因为价格便宜时，表示满意的残差为负值，且残差较大，矩形用红色表示。

除 mosaicplot 函数外，vcd 包提供了多个绘制马赛克图的函数，比如，mosaic 函数、strucplot 函数、sieve 函数、tlle 函数等，使用 cotabplot 函数可以绘制条件马赛克图，使用 pairs 函数可以绘制马赛克图矩阵等。函数的绘图数据是矩阵形式的列联表，或是由 structable 函数、ftable 函数或 table 函数生成的列联表对象。

使用 mosaic 函数可以在马赛克图上添加观测频数或期望频数等信息。以例 3-1 为例，由该函数绘制的马赛克图如图 3-24 所示。

```
# 图3-24的绘制代码
> library(vcd)
> data3_1<-read.csv("C:/mydata/chap03/data3_1.csv")
> tab<-structable(data3_1)              # 生成多维列联表（或用table或ftable生成列联表）
> p1<-mosaic(tab,shade=TRUE,labeling=labeling_values,        # 生成频数标签
+  return_grob=TRUE,                                          # 返回grob对象
+  main="(a) 显示观测频数")
> p2<-mosaic(tab,shade=TRUE,labeling=labeling_values,
+  value_type="expected",                                     # 绘制期望频数标签
+  return_grob=TRUE,main="(b) 显示期望频数")
> mplot(p1,p2,cex=0.5,layout=c(1,2))                          # 按1行2列组合p1和p2
```

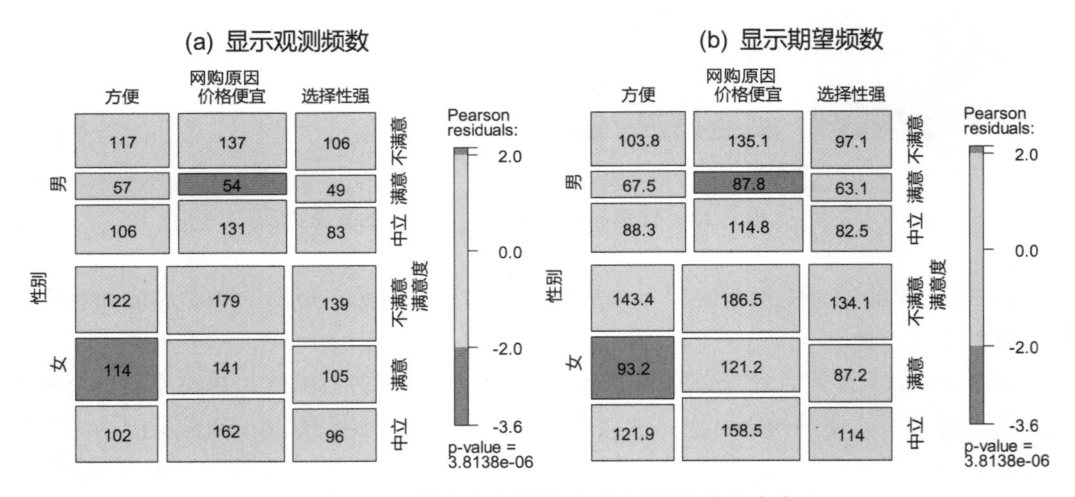

图3-24　带有观测频数和期望频数的马赛克图

图 3-24（a）设置了参数 labeling=labeling_values，函数默认画出各单元格的观测频数，并用不同颜色标出残差较大的单元格，其中蓝色表示残差为正，红色表示残差为负。图 3-24（b）设置了参数 labeling=labeling_values 和 value_type="expected"，函数画出相应单元格的期望频数。图的右侧画出了用颜色表示的 Pearson 残差（观测频数与期望频数之差），下方列出了χ^2检验的 P 值。P 值显示，不同类别之间的频数差异显著。

3.4.2　关联图

关联图（association plot）是分析列联表中行变量和列变量关系的图形。对于二维列联表，可以使用 Pearson 卡方检验来分析行变量（R）和列变量（C）是否独立。设f_{ij}为单元格的观测频数，e_{ij}为单元格的期望频数，$\left(f_{ij}-e_{ij}\right)$称为 Pearson 残差。由卡方统计量的计算公式$\chi^2=\sum\sum\frac{\left(f_{ij}-e_{ij}\right)^2}{e_{ij}}$可知，$f_{ij}$与$e_{ij}$差异越大，卡方统计量的值就越大，检验的 P 值就越小，从而导致拒绝原假设，表示行变量与列变量不独立，或者说二者之间有相关性。

关联图就是展示行变量和列变量差异的图形。它将图形以$R\times C$的形式布局，列联表中每一个单元格的观测频数和期望频数用一个矩形表示。设$d_{ij}=\left(f_{ij}-e_{ij}\right)/\sqrt{e_{ij}}$，矩形的高度与$d_{ij}$成比例，矩形的宽度与期望频数的平方根$\sqrt{e_{ij}}$成比例，而矩形的面积则与观察频数和期望频数之差$\left(f_{ij}-e_{ij}\right)$，即 Pearson 残差成正比。每行中的矩形相对于表示独立的基线$\left(d_{ij}=0\right)$进行定位（当观测频数等于期望频数时，$d_{ij}=0$，表示行变量与列变量独立）。如果一个单元格的观测频数大于期望频数，矩形将高于基线；如果一个单元格的观测频数小于期望频数，则矩形将低于基线。

graphics 包中的 assocplot 函数可用于绘制二维列联表的相关图。当矩形高于基线时，函数以 col 参数指定的第一个颜色着色（默认为黑色）；当矩形低于基线时，函数以 col 指定的第二个颜色着色（默认为红色）。由该函数绘制的满意度与性别、网购原因与满意度的关联图如图 3-25 所示。

```
# 图3-25的绘制代码
> data3_1<-read.csv("C:/mydata/chap03/data3_1.csv")
> attach(data3_1)
> par(mfrow=c(1,2),mai=c(0.7,0.7,0.3,0.1),cex=0.8,cex.main=1,font.main=1)
> assocplot(table(满意度,性别),col=c("black","red"),main="(a) 满意度与性别")
> box(col="grey50")                              # 为图形添加边框
> assocplot(table(网购原因,满意度),col=c("black","red"),main="(b) 网购原因与满意度")
> box(col="grey50")
```

图 3-25 中的虚线是表示独立的基线（$d_{ij}=0$）。如果两个变量独立，矩形的高度理论上是 0。矩形的高度越高，表示两个变量越相关。

图 3-25（a）显示，男性中表示满意的人数（为 160 人）低于期望频数（计算结果为 218.4），Pearson 残差为负值（160-218.4=-58.4），矩形低于基线；表示不满意和中立的 Pearson 残差则为正值，矩形高于基线。女性中表示满意的 Pearson 残差为正值（360-301.6=58.4），矩形高于基线；表示不满意和中立的 Pearson 残差则为负值，矩形低于基线。此外，在表示满意的人中，无论是男性还是女性，都有较高的矩形，表示观测频数与期望频数差异较大。从整体上看，性别与满意度具有相关性。

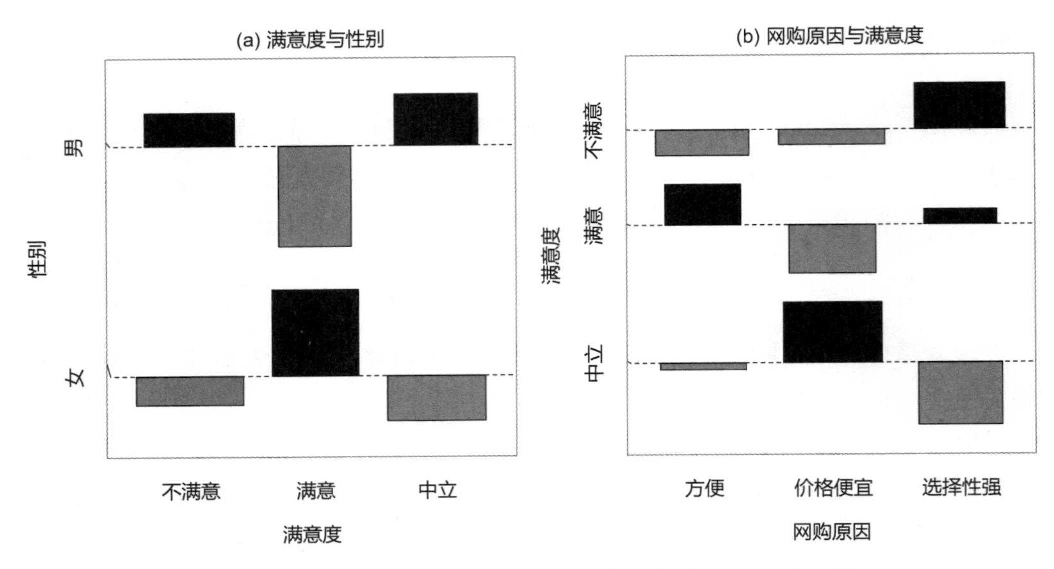

图3-25　满意度与性别、网购原因与满意度的关联图

图 3-25（b）显示，网购原因为方便时，表示满意的人数高于期望频数，Pearson 残差为正值，矩形高于基线；表示不满意和中立的 Pearson 残差则为负值，矩形低于基线。网购原因为价格便宜时，表示中立的人数高于期望频数，矩形高于基线；表示不满意和满意的人数低于期望频数，矩形低于基线。网购原因为选择性强时，表示不满意和满意的人数都高于期望频数，矩形高于基线，但表示不满意的矩形面积远大于表示满意的矩形面积；表示中立的人数低于期望频数，矩形低于基线，且矩形面积较大。从整体上看，网购原因与满意度具有相关性。

使用 vcd 包中的 assoc 函数和 strucplot 函数可以创建多维列联表的关联图，该函数也可以绘制二维表的相关图。图 3-26 是 assoc 函数绘制的性别、网购原因、满意度的关联图。

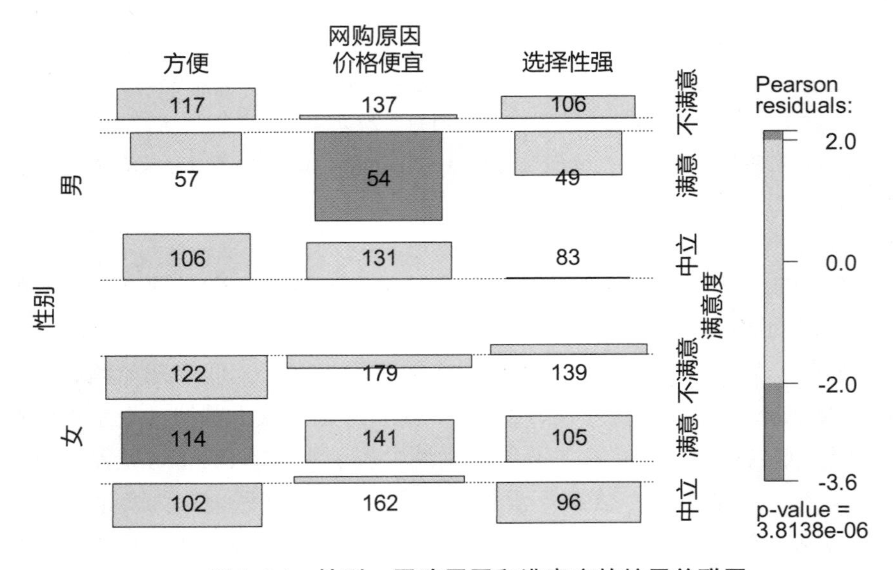

图3-26　性别、网购原因和满意度的扩展关联图

```
# 图3-26的绘制代码
> library(vcd)
> data3_1<-read.csv("C:/mydata/chap03/data3_1.csv")
> tab<-structable(data3_1)                              # 生成多维列联表
> assoc(tab,shade=TRUE,labeling=labeling_values)        # 绘制关联图，并为矩形增加相应单元格的
                                                          观测频数
```

在图 3-26 的绘制代码中，设置参数 shade=TRUE 表示要生成扩展的关联图，并用颜色来表示对数线性模型的标准残差。右侧列出了用颜色表示的 Pearson 残差的标度，蓝色表示正残差，红色表示负残差，颜色越深，表示残差越大。右下方列出的χ^2检验的 P 值显示，性别、网购原因、满意度之间具有相关性。

图 3-26 显示，在男性中，表示不满意的残差均为正值，表示满意的残差均为负值，且网购原因为价格便宜时，表示满意的残差有较大的负值，因此矩形的面积也较大，表示中立的残差均为正值，但网购原因为选择性强时，残差很小，表示观测频数与期望频数差异不大。在女性中，网购原因为方便时，表示不满意和中立的残差为负值，表示满意的残差为正值，且矩形面积较大；网购原因为选择性强时，表示中立的残差为负值，表示满意和不满意的残差为负值；网购原因为价格便宜时，表示满意的残差有较大的正值，其他残差与基线的差异不大。从总体上看，除少数几个矩形外，其余矩形均与基点偏离较大，这表示性别、网购原因、满意度之间有相关性。

3.5 树状图和旭日图

对于多个类别变量，要展示各类别的层次结构，可以绘制树状图和旭日图等，这些图形可以清晰地展示多个类别的层次结构。

3.5.1 树状图

树状图（treemap）是展示多层次分类的一种图形，也称分层树状图。树状图主要用来展示多个类别变量之间的层次结构关系，尤其适合展示 3 个及 3 个以上类别变量的情形（也可以用于展示两个类别变量）。树状图有不同的表现形式，如条形树状图、矩形树状图等。限于篇幅，本节主要介绍矩形树状图。

矩形树状图（rectangular treemap）可用于展示一个类别变量的各类别对应的数值向量，也可用于展示两个或两个以上类别变量各类别对应的数值向量。在由多个类别变量绘制的树状图中，将多个类别变量的层次结构绘制在一个表示总数值的大矩形中，每个子类用不同大小的矩形嵌套在这个大矩形中。嵌套矩形表示各子类别对应的数值，其大小与相应的子类数值成正比。

使用 treemap 包中的 treemap 函数、DescTools 包中的 PlotTreemap 函数等均可以绘

制矩形树状图。其中，treemap 函数要求的绘图数据必须是数据框，包含一个或多个索引（index）列，即因子（类别变量）、一个确定矩形区域大小 (vSize) 的列（数值变量），以及确定矩形颜色 (vColor) 的列 (可选的数值变量)。矩形树状图的索引变量可以是一个或多个，但为了反映层次结构，索引变量通常需要两个或两个以上。以例 3-1 的数据为例，使用性别、网购原因、满意度 3 个索引变量绘制的矩形树状图如图 3-27 所示。

```
# 图3-27的绘制代码
> library(treemap) ;library(dplyr)
> data3_1<-read.csv("C:/mydata/chap03/data3_1.csv")

# 图（a）分层顺序：性别—网购原因—满意度
> df<-data3_1%>%ftable()%>%as.data.frame()%>%rename(频数=Freq)
> treemap(df,index=c("性别","网购原因","满意度"),       # 设置聚合索引的列名称
+  vSize="频数",                                        # 指定矩形大小的列名称
+  position.legend="bottom",                            # 设置图例位置
+  title="(a) 分层顺序：性别—网购原因—满意度")

# 图（b）分层顺序：满意度—性别—网购原因
> treemap(df,index=c("满意度","性别","网购原因"), vSize="频数",vColor="频数", type="value",
+  title="(b) 分层顺序：满意度—性别—网购原因")
```

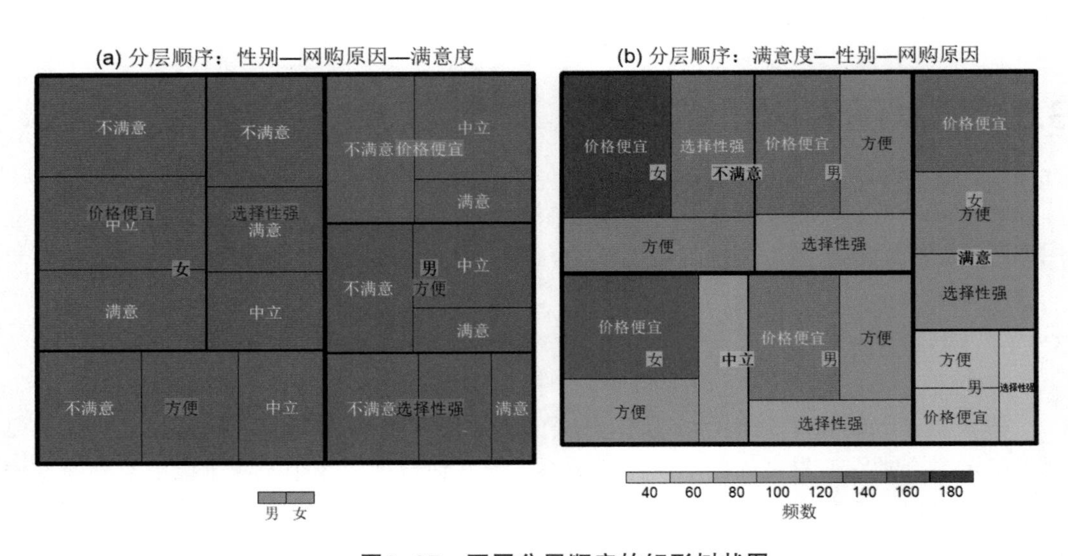

图3-27　不同分层顺序的矩形树状图

图 3-27（a）是包含 3 个索引变量的矩形树状图，分层顺序依次为性别、网购原因、满意度。其中，第 1 层聚类是按两种颜色区分的性别，在图中用粗线分割整个矩形，分割的大小与男女的人数成正比；第 2 层聚类是网购原因，在图中用较粗的线分割层内矩形；第 3 层聚类是满意度，图中用细线分割层内矩形。各层矩形排列的顺序是根据频数大小从上到下、从左到右。根据各矩形的大小可以分析不同层次结构中的频数。

图 3-27（b）的分层顺序依次为满意度、性别、网购原因。设置参数 vColor=" 频数 " 和 type="value"，可以将 vColor 指定的列直接映射到调色板。调色板中的 0 值表示中间颜色（白色或黄色），负值和正值为其他颜色（默认负值为红色，正值为绿色）。图下方调色板中的颜色越浅，表示频数越小，颜色越深，表示频数越大。

函数中的参数 type 有多个配色选项，也可以自定义调色板。以例 3-2 为例，绘制的 4 个地区 8 项支出的矩形树状图如图 3-28 所示。

```
# 图3-28的绘制代码（数据：data3_2）
> library(treemap);library(reshape2)
> data3_2<-read.csv("C:/mydata/chap03/data3_2.csv")
> df<-melt(data3_2,variable.name="地区",value.name="支出金额")
> treemap(df,index=c("地区","支出项目"), vSize="支出金额", vColor="支出金额",
+   palette="Set3",                                # 自定义调色板
+   position.legend="bottom",title="")
```

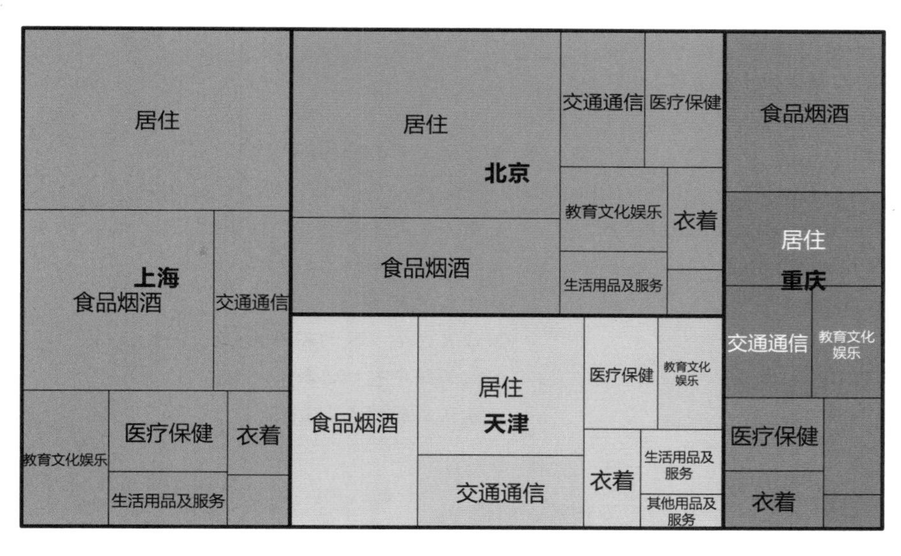

图3-28　2020年北京、天津、上海和重庆的城镇居民人均消费支出的矩形树状图

图 3-28 中的第一层是按支出总金额多少从上到下、从左到右排序的 4 个地区，第二层是地区内按各项支出金额多少从上到下、从左到右排序的 8 个消费项目。

当数据的层次结构较多时，用矩形树状图展示就显得有些凌乱，不易于观察和分析，此时可以使用能展示更多层次结构的旭日图。

3.5.2　旭日图

当数据集的层次结构较多时，虽然可以使用树状图展示，但会显得凌乱，不易观察

和分析，而旭日图则可以清晰地展示多层结构的数据。

旭日图（sunburst chart）是多个环形图的集合，它可以看作矩形树状图的一种极坐标形式。当数据集只有一个分层时，旭日图就是环形图。当数据集有多个分层时，旭日图是一种嵌套的多层环形图，其中的每一个圆环代表同一级别的分类，离原点（圆心）越近的圆环级别越高。最内层的圆环表示层次结构的顶级，称为父层；向外的圆环级别依次降低，称为子层。相邻两层中，是内层包含外层的关系。除圆环外，旭日图还可以绘制若干条从原点放射出去的射线，这些射线展示了不同级别数据间的脉络关系。利用旭日图可以清晰地展示各层次的结构和路径走向。现实中有很多数据都适合用旭日图展示，比如，全年的销售额中每个季度和每个月的销售额构成，不同年份各季度和各月份的 GDP 构成等。

使用 sunburstR 包中的 sunburst 函数可以绘制动态交互旭日图。该函数的绘图数据是一种特殊的结构，绘图前需要先将数据框转换成绘图所要求的特定格式，即 d3.js 层次结构。以例 3-1 为例，由 sunburst 函数绘制的性别、网购原因和满意度 3 个变量的动态交互旭日图如图 3-29 所示。

```
# 图3-29的绘制代码（数据：data3_1）
> library(sunburstR)
> library(d3r)                                  # 为了使用d3_nest函数
> data3_1<-read.csv("C:/mydata/chap03/data3_1.csv")
> df<-as.data.frame(ftable(data3_1))            # 生成带有交叉频数的数据框
> tree<-d3_nest(df,value_cols="Freq")           # 将数据框转换为d3.js层次结构
> sunburst(data=tree,                           # 绘制旭日图
+   valueField="Freq",                          # 计算大小字段的字符为Freq
+   count=TRUE,                                 # 在解释中包括计数和总数
+   sumNodes=TRUE)                              # 默认总和节点=TRUE
```

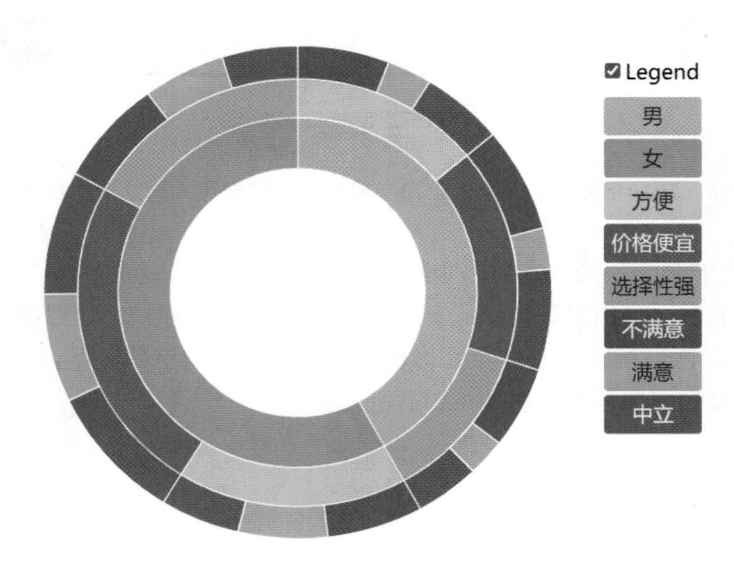

图3-29　性别、网购原因和满意度的旭日图（截图）

图 3-29 最里面的环是性别，属于最高层级的父层，向外依次是网购原因和满意度，属于较低层级的子层。图中环的每一部分的大小，表示相应类别的频数比例。将鼠标指针移至环中的任意位置，可以显示相应类别对应的频数和频数百分比。

下面再通过一个实际例子说明旭日图的应用。

【例 3-3】（数据：data3_3.csv）表 3-3 是 2021 年全国 31 个地区各季度的地区生产总值数据。

表3-3　2021年全国31个地区各季度的地区生产总值（前3行和后3行）　单位：亿元

地区	区域划分	地带划分	季度	地区生产总值
北京	华北	东部地带	1季度	8 875.82
北京	华北	东部地带	2季度	19 147.00
北京	华北	东部地带	3季度	29 638.67
⋮	⋮	⋮	⋮	⋮
新疆	西北	西部地带	2季度	7 298.02
新疆	西北	西部地带	3季度	11 352.35
新疆	西北	西部地带	4季度	15 983.65

由 sunburstR 包中的 sunburst 函数绘制的动态交互旭日图如图 3-30 示。

```
# 图3-30的绘制代码
> library(sunburstR);library(dplyr);library(d3r)
> data3_3<-read.csv("C:/mydata/chap03/data3_3.csv")
> df<-data3_4%>%select(地带划分,区域划分,地区,季度,地区生产总值) #根据需要调整列变量的位置
> df_tree<-d3_nest(df,value_cols="地区生产总值")                  #将数据框转换为d3.js层次结构
> sunburst(data=df_tree, valueField="地区生产总值",count=TRUE, sumNodes=TRUE)
```

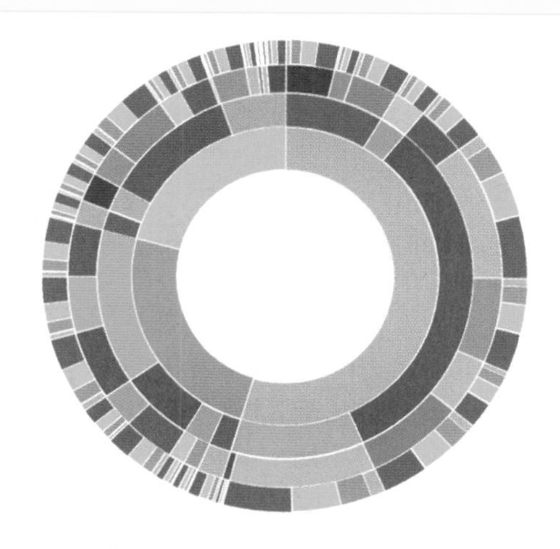

图3-30　2021年全国31个地区各季度地区生产总值的旭日图（截图）

图 3-30 最里面的环是地带划分，属于最高层级的父层，向外依次是区域划分、地区和季度，属于较低层级的子层。图中环的每一部分表示相应类别的数据比例大小。将鼠标指针移至环中的任意位置，可以显示相应类别对应的数据和数据百分比。

除本章介绍的图形外，展示类别数据的图形还有很多，如沃罗诺伊图、和弦图、桑基图、词云图等（见第 9 章）。

3.6　克利夫兰点图

克利夫兰点图（Cleveland dot chart）是将各类别对应的某个数值用点的形式展示出来。当类别数较多时，可以作为条形图的替代条形。

R 软件中有多个函数可以绘制克利夫兰点图，如 graphics 包中的 dotchart 函数、ggplot2 包中的 geom_point 函数、ggpubr 包中的 ggdotchart 函数等。

【例 3-4】（数据：data3_4.csv）表 3-4 是第七次人口普查 (2020 年，不含现役军人) 各地区人口数及其比重的数据。

表3-4　2020年全国31个地区的人口数及其比重（前3行和后3行）

地区	区域划分	地带划分	总人口（人）	比重（%）
北京	华北	东部地带	21 893 095	1.552 945
天津	华北	东部地带	13 866 009	0.983 559
河北	华北	东部地带	74 610 235	5.292 337
⋮	⋮	⋮	⋮	⋮
青海	西北	西部地带	5 923 957	0.420 205
宁夏	西北	西部地带	7 202 654	0.510 907
新疆	西北	西部地带	25 852 345	1.833 787

根据例 3-4 中各地区总人口数据，使用 ggplot2 包绘制的克利夫兰点图如图 3-31 所示。

```
# 图3-31的绘制代码
> library(ggplot2);library(dplyr)
> library(scales)                                    # 为使用scientific函数表示科学计数
> d<-read.csv("C:/mydata/chap03/data3_4.csv")

# 数据处理
> f1<-factor(d[,1],ordered=TRUE,levels=d[,1])         # 将地区转化成有序因子
> f2<-factor(d[,3],ordered=TRUE,levels=c("东部地带","中部地带","西部地带")) # 将地带变为有序因子
> df<-data.frame(地区=f1,地带划分=f2,d[,-c(1,3)])      # 构建数据框，去掉不需要的变量

# 图（a）按人口数多少排序
> p1<-ggplot(df)+aes(x=reorder(地区,desc(总人口)),y=总人口)+  # 按总人口数降序对地区重新排序
+  scale_color_brewer(palette="Set1")+                       # 设置调色板
+  geom_point(size=2,aes(color=地带划分))+
+  geom_segment(aes(x=地区,xend=地区,y=0,yend=总人口,color=地带划分))+
+  theme(legend.position=c(0.9,0.7),
```

```
+         axis.text.x=element_text(angle=90),                    #x轴标签旋转90度
+         legend.background=element_blank())+
+   xlab("地区")+ggtitle("(a) 按人口数多少排序")

#图（b）按地区排序，调整y轴起点值
> cols=ifelse(df$总人口>=50000000,"red","blue")
                                        #设置颜色，总人口大于等于500 000为红色，否则为蓝色
> p_size=ifelse(df$总人口>100000000,5,2)      #设置点的大小，总人口大于1 000 000为5，否则为2
> l_size=ifelse(df$总人口>100000000,2,0.6)    #设置线宽，总人口大于1 000 000为2，否则为0.6
> p2<-ggplot(df)+aes(x=地区,y=总人口)+
+   geom_point(size=p_size,color=cols)+                      #设置点的大小和颜色
+   geom_segment(aes(x=地区,xend=地区,y=50000000,yend=总人口),size=l_size,color=cols)+
+   theme(axis.text.x=element_text(angle=90))+               #x轴标签旋转90度
+   annotate("text",x=21,y=120000000,label=paste("广东\n",scientific(df[19,4],digits=3)),
+            size=3.5,fontface="bold",color="green4")+        #添加标签
+   annotate("text",x=12.3,y=110000000,label=paste("山东\n",scientific(df[15,4],digits=3)),
+            size=3.5,fontface="bold",color="green4")+
+   ggtitle("(b) 按地区排序，调整y轴起点值")

> gridExtra::grid.arrange(p1,p2,ncol=1)                     #组合图形
```

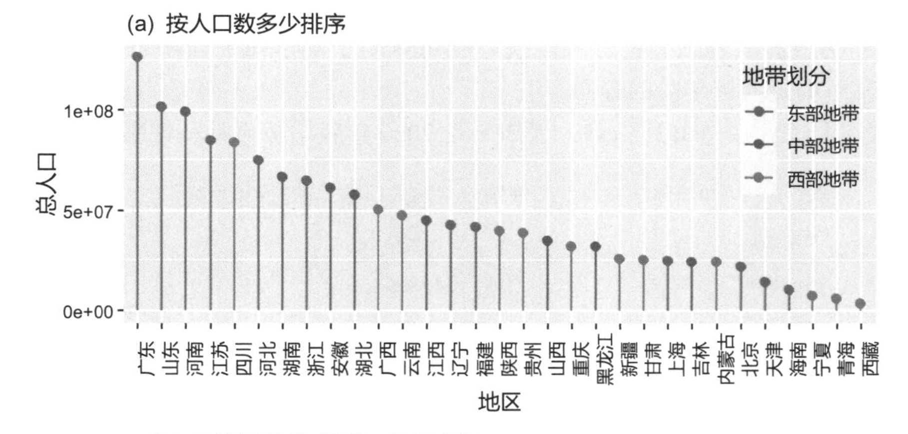

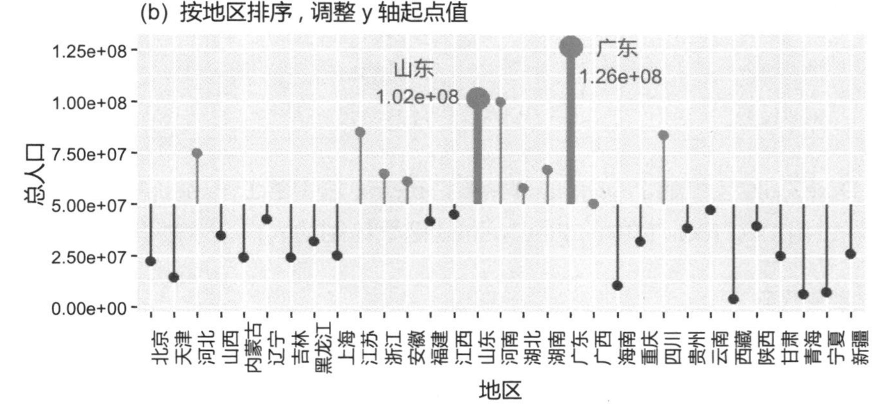

图3-31　第七次人口普查（2020年）各地区人口数的克利夫兰点图

图 3-31 使用 geom_segment 函数绘制出点与坐标轴的连线（默认不绘制），以便观察点与各类别的对应关系。图 3-31（a）是按人口数降序绘制的，图中的颜色表示不同的地带划分。图 3-31（b）是按数据框中地区的原始顺序绘制的，设置 y 轴起点为 50 000 000，并用红色和蓝色标识出总人口在 50 000 000 人以上和以下的点及连线，当特别关注某个数值以上或以下的类别时，这种设置非常有用。图中用较大的点和较粗的线标识出总人口在 10 000 000 人以上的地区，并添加了地区和人口数标签。使用 scales 包中的 scientific 函数对总人口采用科学计数法表示，以便与 y 轴一致。

使用函数 coord_flip( ) 可以将图 3-31 的坐标轴互换；使用函数 coord_polar( ) 可以将其转换成极坐标形式。与普通条形图相比，克利夫兰点图更节省空间。

3.7 金字塔图

金字塔图（pyramid chart）是一种特殊的塔状条形图，主要用于展示不同性别和不同年龄组的人口分布状况，因此也称为人口金字塔图（population pyramid chart）。由于人口年龄分组是不连续分组，因此金字塔图本质上是一种条形图。

绘制金字塔图时，通常将人口数或人口百分比作为 x 轴，将不同年龄组作为 y 轴，不同年龄组内的人口数或百分比按性别绘制成背靠背的条形图。金字塔图可用于展示不同年龄组中男性和女性人口的分布状况，也可以用于展示两个国家人口年龄分布的差异，或不同时间点人口年龄的分布。

【例 3-5】（数据：data3_5.csv）表 3-5 是 2020 年我国按年龄和性别分组的人口数。

表3-5　2020年我国按年龄和性别分组的人口数（前3行和后3行）　　单位：人

年龄组	男	女
0～4岁	40 969 331	36 914 557
5～9岁	48 017 458	42 226 598
10～14岁	45 606 790	39 649 204
⋮	⋮	⋮
70～74岁	24 162 733	25 427 303
75～79岁	14 752 433	16 486 416
80岁以上	15 257 272	20 543 563

使用 DescTools 包中的 PlotPyramid 函数、plotrix 包中的 Pyramid.plot 函数等均可绘制金字塔图。使用 DescTools 包中的 PlotPyramid 函数绘制的人口金字塔图如图 3-32 所示。

```
# 图3-32的绘制代码
> library(DescTools)
> data3_5<-read.csv("C:/mydata/chap03/data3_5.csv")
> par(mfrow=c(1,2),mai=c(0.8,0.7,0.3,0.2),cex.main=0.7,font.main=1)
```

```
# 图（a）y轴标签在中间
> PlotPyramid(lx=data3_5$男,rx=data3_5$女,             # 设置左侧条形和右侧条形
+  col=c("cornflowerblue","indianred"),                 # 设置颜色向量
+  lxlab="男",rxlab="女",                               # 设置左侧x轴和右侧x轴的标签
+  ylab=data3_5[,1],ylab.x=0,                           # 设置y轴标签和在x轴的位置
+  cex.axis=0.7,cex.lab=1,cex.names=0.6,adj=0.5,        # 设置坐标轴和标签大小及位置
+  main="(a) y轴标签在中间")

# 图（b）y轴标签在左侧
> PlotPyramid(lx=data3_5$男,rx=data3_5$女,
+  col=c("cornflowerblue","indianred"),ylab=data3_5[,1],ylab.x=-80000000,
+  lxlab="男",rxlab="女",gapwidth=0,space=0,            # 设置左右条形间隔和上下条形间隔
+  cex.axis=0.7,cex.lab=1,cex.names=0.6,adj=0.5,main="(b) y轴标签在左侧")
```

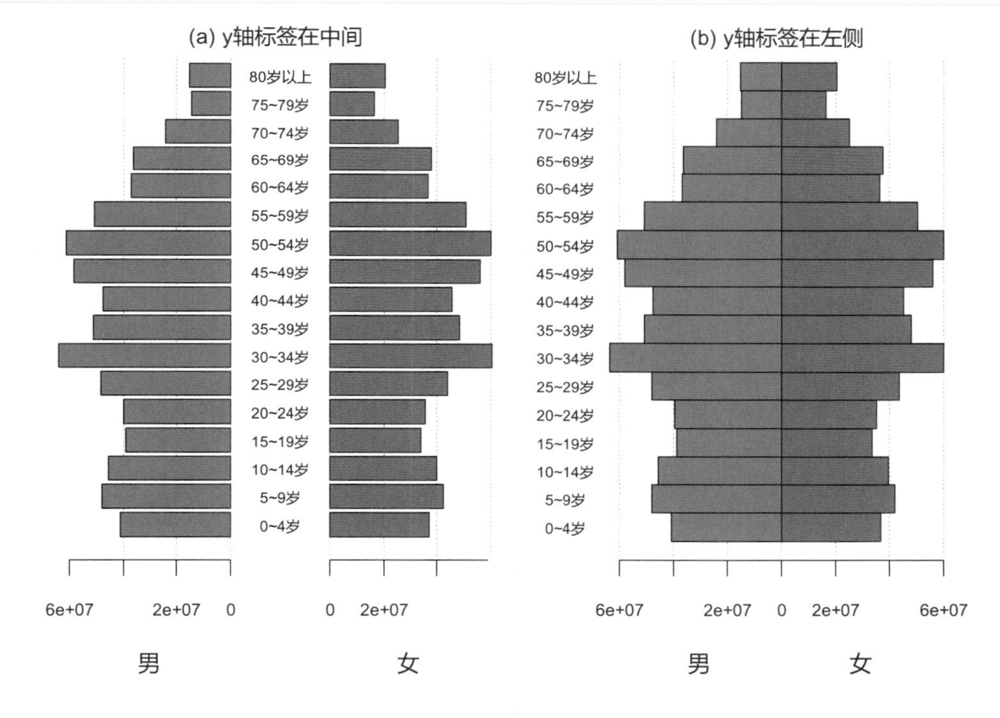

图3-32　2020年我国人口年龄分布的金字塔图

金字塔图的底部代表低年龄组人口，顶部代表高年龄组人口。如果塔底宽、塔顶尖，则表示低年龄段人口多，高年龄段人口少，属于年轻型人口结构；如果塔底和塔顶宽度基本一致，在塔尖处才逐渐收缩，而中间年龄段的人口较多，则属于中年型人口结构；如果塔顶宽，塔底窄，则表示低年龄段人口少，高年龄段人口多，属于老年型人口结构，表示人口出现老龄化。

图 3-32 显示，无论是男性还是女性，中间年龄段的人口均较多，金字塔的顶部随着年龄段的增大而逐渐收缩，表示 2020 年中国的人口结构为中年型。

3.8　点阵图和热图

对于二维列联表或带有行名称和列名称的数值矩阵，可以将交叉单元格的数值绘制成矩阵的形式，并用不同大小的形状或颜色饱和度来表示数值大小。

3.8.1　点阵图

点阵图（dot matrix diagram）是将二维列联表或带有行名称和列名称的数值矩阵绘制成矩阵的形式，并用不同大小的点形表示交叉单元格数值多少的图形，其中的点形可以是圆形、矩形、菱形、三角形等，点的大小与单元格数值的多少成正比。

使用 ggpubr 包中的 ggballoonplot 函数可以绘制点阵图，绘图数据是一个数据框或矩阵。当绘图数据为数据框时，其中至少包含三列，第 1 列对应第 1 个类别变量，第 2 列对应第 2 个类别变量，第 3 列是两个类别变量对应的频数或其他数值；当绘图数据为矩阵时，应包含行名称和列名称。ggballoonplot 函数默认的点形为圆形（shape=21，可选值有 22，23，24，25）。使用不同的图形主题也可以绘制出式样不同的图形。以例 3-1 为例，绘制的满意度和网购原因的点阵图如图 3-33 所示。

```
# 图3-33的绘制代码
> library(ggpubr);library(RColorBrewer);library(dplyr)
> data3_1<-read.csv("C:/mydata/chap03/data3_1.csv")

# 图（a）满意度和网购原因的点阵图
> df<-data3_1%>%ftable()%>%as.data.frame()%>%rename(人数=Freq)
> palette<-rev(brewer.pal(11,"RdYlGn"))                    # 设置调色板
> p1<-ggballoonplot(df,x="满意度",y="网购原因",            # 设置图形的x轴和y轴
+   shape=21,                              # 设置形状，默认21，可选22，23，24，25
+   size="人数",fill="人数",               # 设置点的大小和填充颜色变量
+   size.range = c(1,12),                  # 设置最小点和最大点的范围
+   rotate.x.text=FALSE,                   # x轴标签不旋转
+   ggtheme=scale_fill_gradientn(colors=palette))+      # 设置渐变颜色
+   theme(axis.text.y=element_text(angle=90))+          # y轴标签旋转90度
+   ggtitle("(a) 满意度和网购原因的点阵图")

# 图（b）按性别分面
> p2<-ggballoonplot(df,x="满意度",y="网购原因",size="人数",fill="人数",shape=22,
                                                      # 用正方形表示数据点
+   size.range = c(1,12),facet.by=c("性别"),          # 按性别分面
+   ggtheme=scale_fill_gradientn(colors=palette))+
+   theme(axis.text.y=element_text(angle=90))+ggtitle("(b) 按性别分面的点阵图")

> ggarrange(p1,p2,ncol=2)                             # 组合图形p1和p2
```

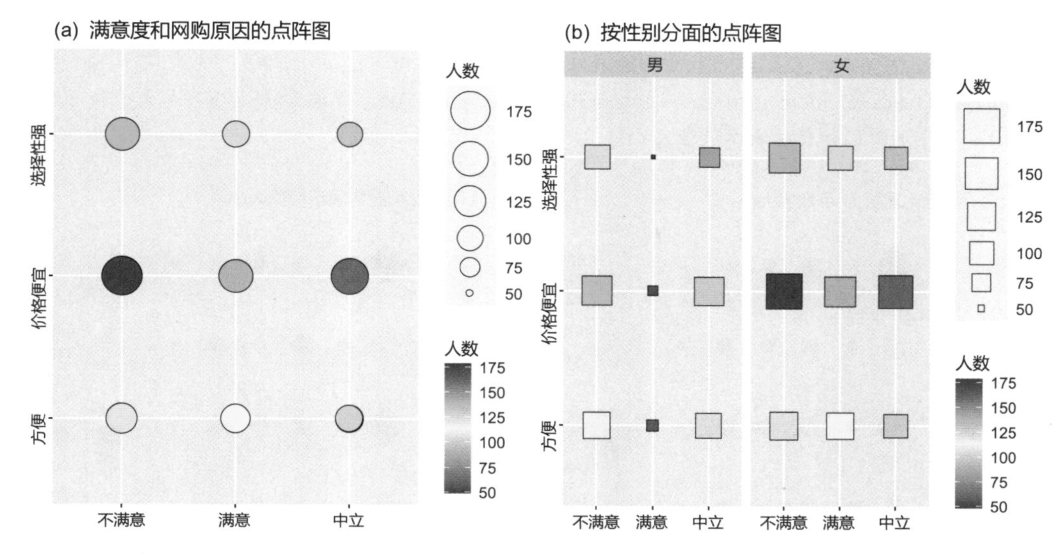

图3-33　性别、满意度和网购原因的点阵图

在图 3-33（a）中，圆的大小与列联表中相应单元格的频数成正比，频数越大，圆也越大。图的右侧分别列出了由色键表示的频数大小以及由圆的大小表示的数值多少。图 3-33（a）显示，从整体上看，在满意度方面，表示不满意的人数最多，表示满意和中立的人数相当；从网购原因看，价格便宜的人数最多，方便和选择性强的人数相当；从交叉分类看，网购原因为价格便宜的不满意人数最多，网购原因为选择性强的中立人数最少。

当有 3 个类别变量时，也可以按照其中的某个类别变量分面绘制点阵图。图 3-33（b）是按性别分面绘制的满意度与网购原因的点阵图，并用正方形表示各个点。该图可用于分析按性别分组的网购原因和满意度人数的交叉分布。比如，在男性被调查者中，不同网购原因中满意的人数最少，不满意和中立的人数相当；在女性被调查者中，不满意的人数最多，满意和中立的人数相当，其中，网购原因为价格便宜的人数最多，网购原因为方便和选择性强的人数相当。

如果绘图数据是数据框，绘图时需要先将数据框转换成矩阵。以例 3-2 为例，表 3-2 中涉及支出项目和地区两个类别变量，每个单元格并不是类别的频数，而是其他数值，这种矩阵形式的数据结构也可以使用点阵图来展示两个类别变量各单元格数值的大小。由 ggballoonplot 函数绘制的点阵图如图 3-34 所示。

```
# 图3-34（a）的绘制代码（矩阵形式的数据）
> library(ggpubr);library(RColorBrewer)
> data3_2<-read.csv("C:/mydata/chap03/data3_2.csv")
> mat<-as.matrix(data3_2[,2:5]);rownames(mat)=data3_2[,1]     # 将数据框转换成矩阵
> palette<-rev(brewer.pal(11,"Spectral"))                      # 设置调色板
> ggballoonplot(t(mat),                                        # 矩阵转置
+   size="value",fill="value",shape=21,                        # 用圆形表示数据点
+   rotate.x.text=TRUE,                                        # x轴标签旋转
```

```
+  ggtheme=scale_fill_gradientn(colors=palette))+
+  theme(axis.text.x=element_text(size=9,angle=30,hjust=1,vjust=1))+    #设置x轴标签字体大小和角度
+  ggtitle("(a) 用圆形和颜色表示数值大小")
```

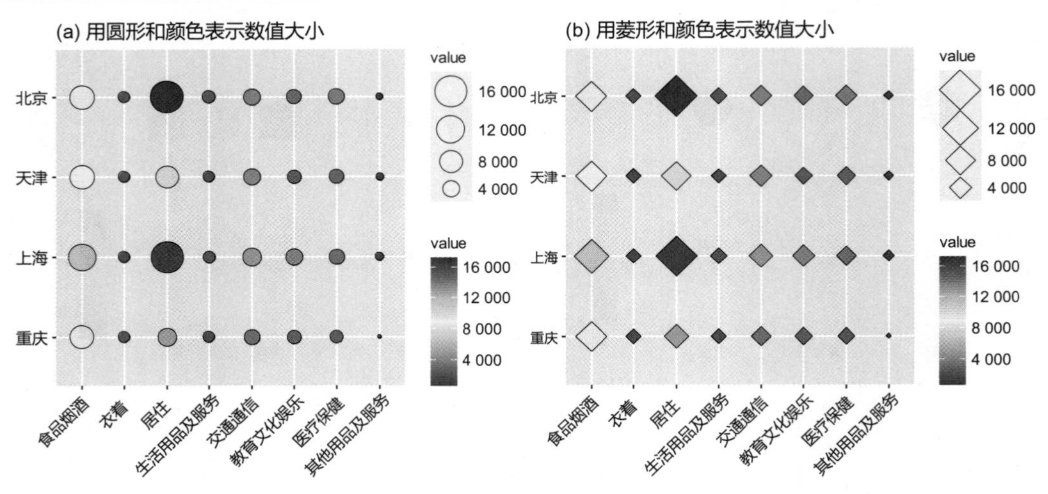

图3-34　2020年4个地区城镇居民人均消费支出的点阵图

将图3-34（a）的绘制代码中的shape=21替换成shape=23即可得到图3-34（b）。在图3-34中，圆的大小表示各项消费支出的多少，圆越大，表示支出越多。色键由蓝色到红色表示数值由小变大。在居住支出中，北京最多，其次是上海、天津和重庆；在食品烟酒支出中，上海最多，其次是天津、北京和重庆，而天津和重庆的食品烟酒支出则多于居住支出；等等。

3.8.2　热图

热图（heat map）是用颜色的饱和度（深浅）表示数值大小的图形。它可以绘制成矩形，用每个矩形的颜色饱和度表示二维表中每个单元格对应的数值大小，也可以将矩形转换成极坐标，绘制出极坐标热图。

使用ggiraphExtra包中的ggHeatmap函数不仅可以绘制静态热图，设置参数interactive= TRUE还可以绘制动态交互热图。图中的x轴为一个类别变量，y轴为另一个类别变量，如果还有第3个类别变量，可以将其作为分面变量。使用ggiraphExtra包时，需要同时加载ggplot2包。以例3-1为例，由ggHeatmap函数绘制的热图如图3-35所示。

```
# 图3-35的绘制代码
> library(ggiraphExtra);require(ggplot2)
> data3_1<-read.csv("C:/mydata/chap03/data3_1.csv")

# 绘制图形p1、p2、p3、p4
> p1<-ggHeatmap(data3_1,aes(x=网购原因,y=性别),              # 绘制矩形热图
+   addlabel=TRUE,                                            # 添加数值标签
```

```
+   palette="Reds")+                                         # 使用红色调色板
+   ggtitle("(a1) 矩形热图")                                   # 添加标题
> p2<-ggHeatmap(data3_1,aes(x=网购原因,y=性别),polar=TRUE,
+   addlabel=TRUE,palette="Reds")+                           # 绘制极坐标热图
+   ggtitle("(a2) 极坐标热图")
> p3<-ggHeatmap(data3_1,aes(x=满意度,y=性别),addlabel=TRUE,palette="Blues")+  # 使用蓝色调色板
+   ggtitle("(b1) 矩形热图")
> p4<-ggHeatmap(data3_1,aes(x=满意度,y=性别),polar=TRUE,
+   addlabel=TRUE,palette="Blues")+ggtitle("(b2) 极坐标热图")

> gridExtra::grid.arrange(p1,p2,p3,p4,ncol=2)                 # 组合图形p1、p2、p3、p4
```

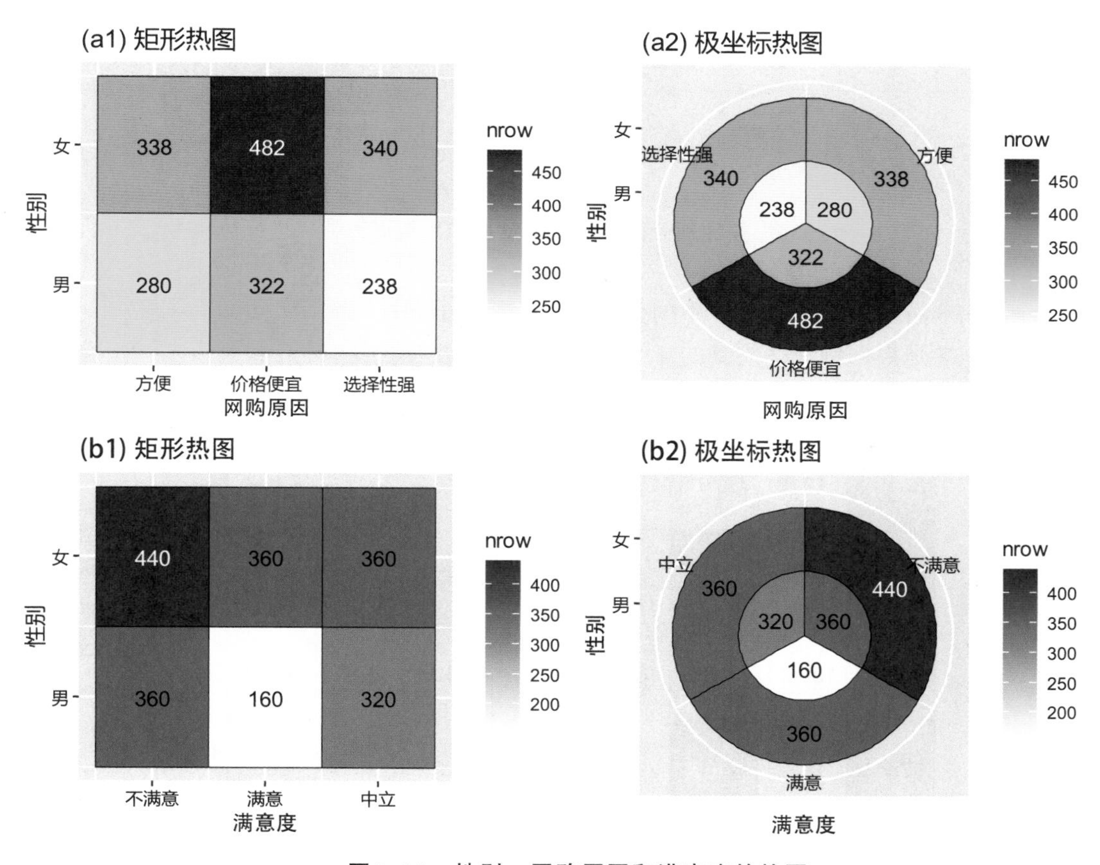

图3-35　性别、网购原因和满意度的热图

图 3-35 中分别为 x 轴为网购原因和满意度、y 轴为性别的矩形热图以及对应的极坐标热图。图中列出了二维列联表中每个单元格的频数，同时用颜色的深浅表示频数的多少。图右侧的色键表示颜色深浅代表的数值大小（按行计数的频数）。

如果有两个以上类别变量，则可以用另一个类别变量来分面绘制热图。比如，按性别分面绘制的满意度和网购原因的极坐标热图如图 3-36 所示。

```
# 图3-36的绘制代码
> data3_1<-read.csv("C:/mydata/chap03/data3_1.csv")
> ggiraphExtra::ggHeatmap(data3_1,aes(x=满意度,y=网购原因,facet=性别),
+  polar=TRUE,addlabel=TRUE,palette="Oranges")
```

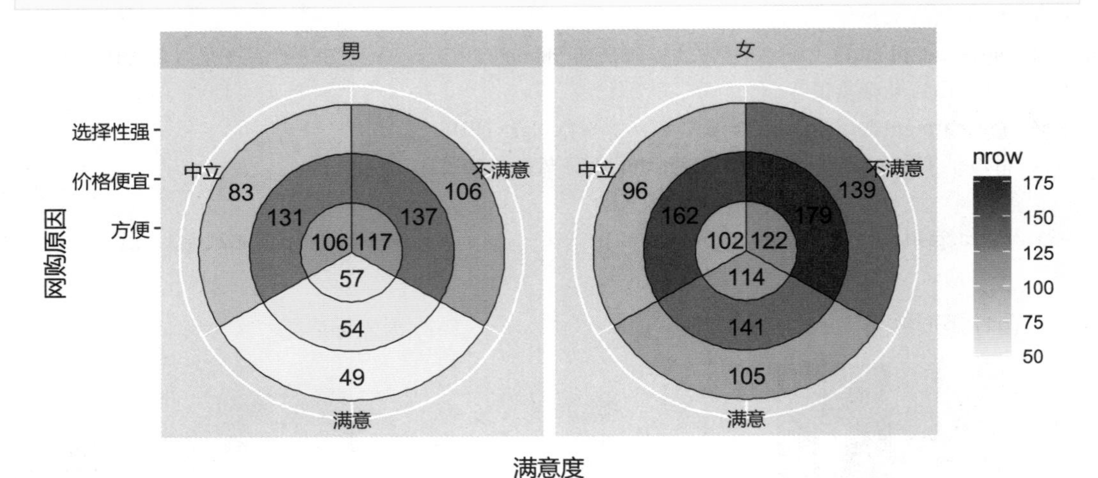

图3-36　按性别分面绘制的满意度和网购原因的极坐标热图

图 3-36 右侧色键（图例）中的颜色表示按行（nrow）计数的频数。

图 3-37 是根据例 3-2 绘制的 4 个地区 8 项消费支出的矩形热图。

图3-37　2020年4个地区城镇居民人均消费支出的矩形热图

```
# 图3-37的绘制代码
> library(ggiraphExtra);require(ggplot2); library(reshape2)
> data3_2<-read.csv("C:/mydata/chap03/data3_2.csv")
```

```
> d.long<-melt(data3_2,id.vars="支出项目",variable.name="地区",value.name="支出金额")
> f<-factor(data3_2$支出项目,ordered=TRUE,levels=data3_2$支出项目) #将支出项目变为有序因子
> df<-data.frame(支出项目=f,d.long[,2:3])                        #构建新的有序因子数据框
> ggHeatmap(df,aes(x=支出项目,y=地区,fill=支出金额),addlabel=TRUE,palette="Reds")+
+  theme(axis.text.x=element_text(size=9,angle=20,hjust=1,vjust=1))
                                                                 #设置坐标轴标签字体大小和角度
```

图 3-37 中单元格的颜色越深，表示数值越大。设置 polar=TRUE 可以绘制极坐标热图，设置 interactive = TRUE 可以绘制动态交互热图。

3.9　饼图及其变种

饼图是展示一个类别变量各类别频数构成或具有类别标签的其他数值构成的一种图形，其变种形式有扇形图、环形图、弧形图等。当有两个及两个以上类别变量时，可以使用饼环图和旭日图等来展示数值构成。

3.9.1　饼图和扇形图

1. 饼图

饼图（pie chart）是用圆形及圆内扇形的角度表示数值大小的图形，它主要用于展示一个类别变量（单层结构）中各类别的频数（或其他数值）占总值的百分比，对研究单层结构十分有用。

使用 R 基础安装包 graphics 中的 pie 函数、ggiraphExtra 包中的 ggPie 函数、Data Visualizations 包中的 Piechart 函数等均可绘制饼图。pie 函数绘制饼图需要很多代码，比较烦琐。使用 ggiraphExtra 包中的 ggPie 函数绘制饼图十分简单，绘图使用的数据既可以是原始类别变量，又可以是带有类别频数的数据框。以例 3-1 中的网购原因和满意度为例，由 ggPie 函数绘制的饼图如图 3-38 所示。

```
# 图3-38的绘制代码
> library(ggiraphExtra);require(ggplot2);library(dplyr)
> data3_1<-read.csv("C:/mydata/chap03/data3_1.csv")

> p1<-ggPie(data=data3_1,aes(pies=网购原因),                  #使用原始类别变量数据框
+  title="(a) 网购原因")+theme_grey()

# 生成带有交叉频数的数据框并绘制p2（根据原始数据绘图时不需要，这里只为演示方法）
> df<-data3_1%>%ftable()%>%as.data.frame()%>%rename(频数=Freq)
> p2<-ggPie(data=df,aes(pies=满意度,count=频数),              #使用带有数值向量的数据框
```

```
+ title="(b) 满意度")+theme_grey()

> gridExtra::grid.arrange(p1,p2,ncol=2)                    # 组合图形
```

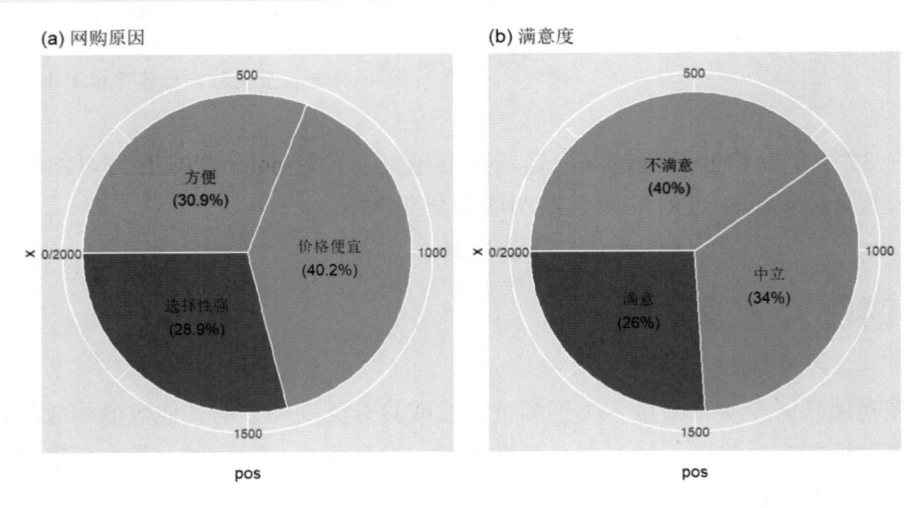

图3-38　不同网购原因和不同满意度人数构成的饼图

图 3-38 中外圆的数字标签是极坐标的刻度值，删除主题 theme_grey( ) 可删除不需要的信息。

使用 plotrix 包中的 pie3D 函数可以绘制 3D（三维）饼图，以网购原因和满意度为例，绘制的 3D 饼图如图 3-39 所示。

```
# 图3-39的绘制代码
> library(plotrix)
> data3_1<-read.csv("C:/mydata/chap03/data3_1.csv")

# 处理数据
> tab<-table(data3_1$满意度)                        # 生成频数表
> name<-names(tab)                                  # 设置名称向量
> percent<-prop.table(tab)*100                      # 计算百分比
> labs<-paste(name,"\n(",percent,"%)")              # 设置标签向量
> cols=c("lightgreen","pink","deepskyblue")

# 图（a）网购原因（视觉角度=pi/3）
> par(mfrow=c(1,2),cex=0.8,font.main=1)
> pie3D(tab,radius=1,height=0.1,theta=pi/3,start=0,
+ labels=labs,explode=0.1,labelcex=0.8,col=cols,mar=c(0,3,3,2),main="(a) 视角：theta=pi/3")

# 图（b）满意度（视觉角度=pi/6）
> pie3D(tab,radius=1,height=0.1,theta=pi/6,start=0,
+ labels=labs,explode=0.1,labelcex=0.8,col=cols,mar=c(0,3,3,2),main="(b) 视角：theta=pi/6")
```

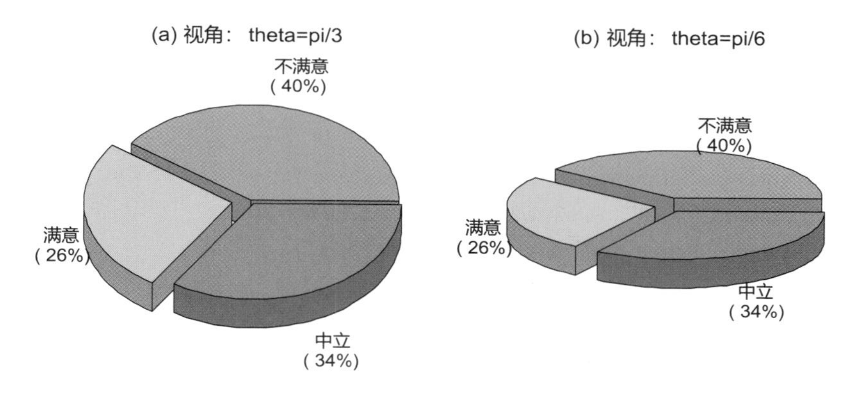

图3-39　不同视觉角度的3D饼图

3D 饼图看上去比二维饼图炫酷，但与二维图形相比，并未提供更多的信息，而且由于视角的不同，图中扇区的比例有可能被歪曲。比如，图 3-39（a）中满意人数的占比看上去要比图 3-39（b）中的占比大。通过比较可以发现，二维图形更清晰地反映了类别构成。因此，在可视化中，除非必要，否则不要使用 3D 图形。

2. 扇形图

扇形图（fan chart）是饼图的一个变种，它是将数值构成中百分比最大的一个绘制成一个扇形区域，其他各类百分比按大小使用不同的半径绘制出扇形，并叠加在这个最大的扇形上。

使用 plotrix 包中的 fan.plot 函数、DataVisualizations 包中的 Fanplot 函数均可绘制扇形图。以例 3-1 中的满意度为例，使用 plotrix 包中的 fan.plot 函数绘制的扇形图如图 3-40 所示。

```
# 图3-40的绘制代码
> library(plotrix)
> data3_1<-read.csv("C:/mydata/chap03/data3_1.csv")
> tab1<-table(data3_1$网购原因)                     # 生成频数表
> tab2<-table(data3_1$满意度)

# 图（a）网购原因
> par(mfrow=c(1,2),cex=0.7)
> percent<-prop.table(tab1)*100                     # 计算百分比
> labs<-paste(name=names(tab1),"\n(",percent,"%)")  # 设置标签向量

> fan.plot(tab1,labels=labs,
+  max.span=0.9*pi,                                 # 设置扇形图的最大跨度
+  shrink=0.07,radius=1.2,                          # 设置扇形错开的距离和半径
+  label.radius=1.5,ticks=200,                      # 设置标签与扇形的距离和刻度数
+  col=c("pink","deepskyblue","lightgreen"),        # 设置颜色向量
```

```
+  main="(a) 网购原因")

# 图（b）满意度
> fan.plot(tab2,labels=paste(name=names(tab2),"\n(",percent,"%)"),       # 设置标签向量
+  max.span=0.9*pi,shrink=0.07,radius=1.2,label.radius=1.5,ticks=200,
+  col=c("deepskyblue","lightgreen","pink"), main="(b) 满意度")
```

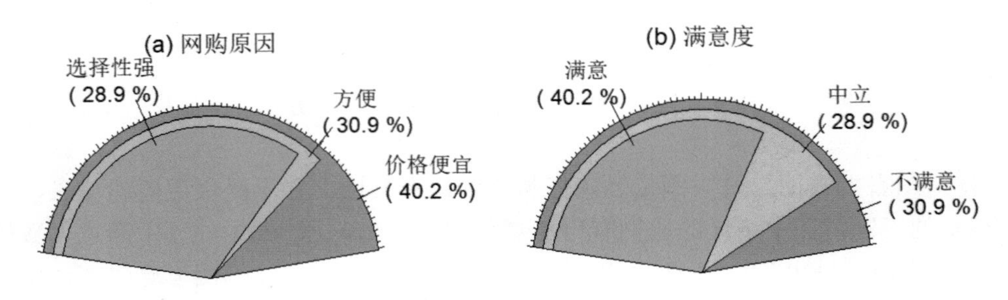

图3-40　不同网购原因和满意度人数构成的扇形图

与饼图相比，扇形图更易于比较各类别的构成，可作为饼图的一个替代图形。

3.9.2　环形图和弧形图

1. 环形图

环形图（donut chart）是将饼图的中间部分挖掉后剩下的圆环，也称为甜甜圈图。环形图可以看作饼图的变种，它是用圆环的各个分段来展示各部分的构成。使用 ggiraphExtra 包的 ggDonut 函数可以绘制环形图。以例 3-2 为例，绘制的北京和上海各项消费支出的环形图如图 3-41 所示。

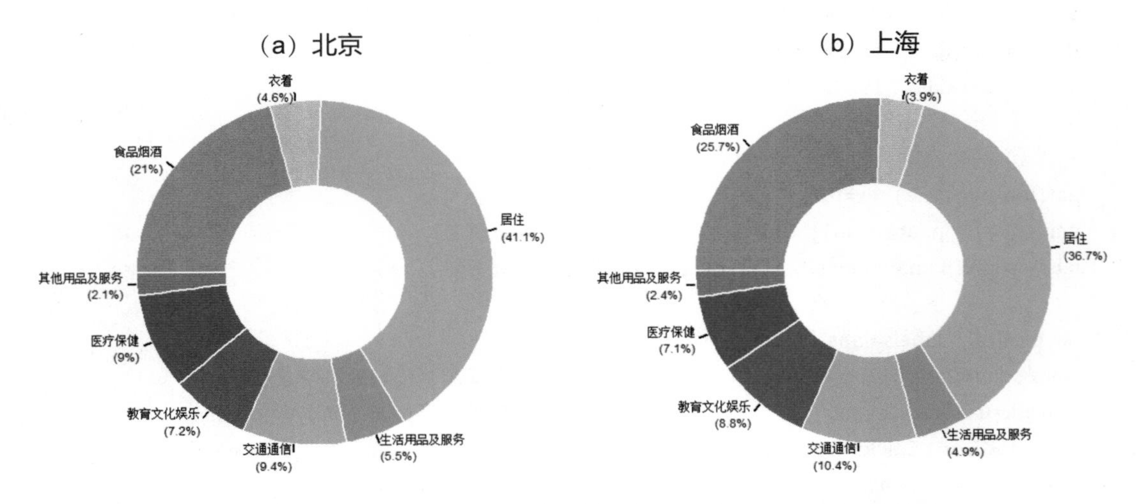

图3-41　2020年北京和上海城镇居民人均消费支出的环形图

```
# 图3-41的绘制代码
> library(ggiraphExtra);require(ggplot2);library(gridExtra)
> data3_2<-read.csv("C:/mydata/chap03/data3_2.csv")
> p1<-ggDonut(data3_2,aes(donuts=支出项目,count=北京),
+  labelposition=1,labelsize=2.5,                      # 设置标签位置和字体大小
+  xmin=2,xmax=4,                                      # 设置x的最小位置和最大位置
+  title="(a) 北京")                                   # 设置标题
> p2<-ggDonut(data3_2,aes(donuts=支出项目,count=上海),
+  labelposition=1,labelsize=2.5,xmin=2,xmax=4,title="(b) 上海")
> grid.arrange(p1,p2,ncol=2)                           # 组合图形
```

图 3-41 显示，北京和上海的各项支出中，居住支出的比例最大，其次是食品烟酒支出，其他用品及服务的支出比例最小。

对于只有两个类别变量的双层结构数据，可以使用饼环图展示；对于两个以上的多层结构数据，可以使用旭日图展示。

2. 弧形图

弧形图（arc chart）也称弧条图（arc bar chart），它是将各个部分绘制成跨度为 180 度（半圆）的圆弧形式，并用弧的分段表示各类别的数值。

使用 ggpol 包（需要同时加载 ggplot2 包）中的 geom_arcbar 函数可以绘制弧形图，绘图数据是由类别和相应数值构成的数据框。以例 3-1 中的网购原因和满意度为例，由 geom_arcbar 函数绘制的弧形图如图 3-42 所示。

```
# 图3-42的绘制代码
> library(ggpol);library(ggplot2);library(dplyr)
> data3_1<-read.csv("C:/mydata/chap03/data3_1.csv")

# 处理数据(选择绘图变量并生成数据框)
> df1<-data3_1%>%select(网购原因)%>%table()%>%as.data.frame()%>%rename(人数=Freq)
> df2<-data3_1%>%select(满意度)%>%table()%>%as.data.frame()%>%rename(人数=Freq)

# 图（a）网购原因
> theme<-theme(plot.title=element_text(size="8"))
> p1<-ggplot(df1)+geom_arcbar(aes(x=网购原因,shares=人数,fill=网购原因,r0=5,r1=10),
                                      # 设置弧形的内半径、外半径和填充变量
+  sep=0.05,                          # 设置弧形间的间隔
+  show.legend=TRUE)+                 # 显示图例
+  coord_fixed()+                     # 坐标固定
+  ggtitle("(a) 网购原因")+           # 添加标题
+  theme+theme_void()                 # 图形主题
```

```
# 图（b）满意度
> p2<-ggplot(df2)+geom_arcbar(aes(x=满意度,shares=人数,fill=满意度,r0=5,r1=10),
+  sep=0.05,show.legend=TRUE)+coord_fixed()+ggtitle("(b) 满意度")+theme+theme_void()

> gridExtra::grid.arrange(p1,p2,ncol=2)                    # 组合图形p1和p2
```

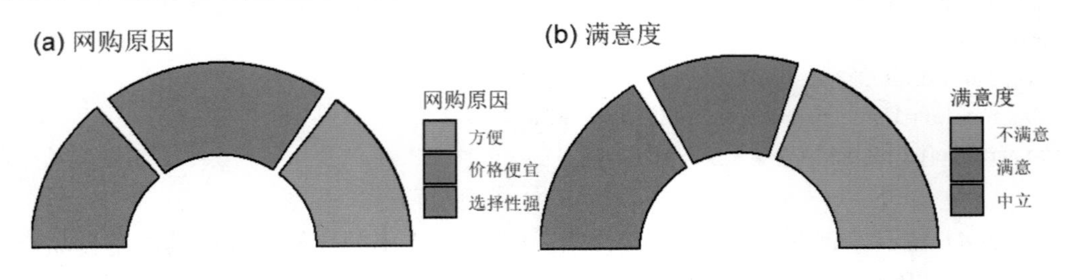

图3-42　网购原因和满意度的弧形图

图 3-42（a）显示，网购原因为价格便宜的人数比例最大，为方便的人数比例其次，为选择性强的人数比例最小；图 3-42（b）显示，表示不满意的人数比例最大，表示中立的其次，表示满意的最小。

3.9.3　饼环图

饼环图（pie and donut plot）是将饼图和环形图组合在一起的一种图形，它将一个类别变量绘制成饼图，在饼图分类的基础上，绘制出另一个类别变量的环形图。使用 ggiraphExtra 包的 ggPieDonut 函数可以绘制饼环图。以例 3-1 为例，由该函数绘制的饼环图如图 3-43 所示。

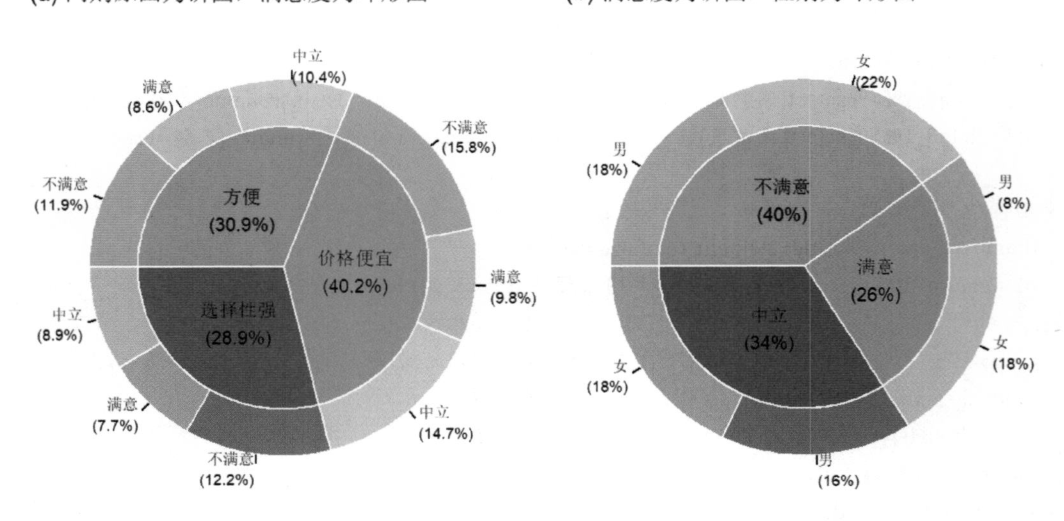

图3-43　网购原因与满意度、满意度与性别的饼环图

```
# 图3-43的绘制代码
> library(ggiraphExtra);require(ggplot2)
> data3_1<-read.csv("C:/mydata/chap03/data3_1.csv")
> p1<-ggPieDonut(data=data3_1,aes(pies=网购原因,donuts=满意度),
+  title="(a) 网购原因为饼图，满意度为环形图")
> p2<-ggPieDonut(data=data3_1,aes(pies=满意度,donuts=性别),
+  title="(b) 满意度为饼图，性别为环形图")
> gridExtra ::grid.arrange(p1,p2,ncol=2)
```

图 3-43（a）的里面是网购原因的饼图，属于一级分类；外面是在饼图分类基础上绘制的满意度的环形图，属于二级分类。图形显示，网购原因为方便时，不满意的人数占 11.9%，满意的人数占 8.6%，中立的人数占 10.4%，其余的解读以此类推。图 3-43（b）里面是满意度的饼图，外面是性别的环形图。将哪个变量绘制成饼图，哪个变量绘制成环形图，可根据分析需要确定。

习题

3.1　简要说明脊形图和马赛克图的应用场合。

3.2　树状图和旭日图有何异同？

3.3　说明误差条形图的应用场合。

3.4　关联图的主要用途是什么？

3.5　金字塔图的主要用途是什么？

3.6　使用 R 自带的数据集 Titanic，绘制以下图形。

（1）绘制 Sex 和 Survived 的并列条形图和堆叠条形图，并为条形图添加频数标签。

（2）绘制 Class 的帕累托图。

（3）绘制 Class 和 Survived 的脊形图。

（4）绘制 Class、Sex、Age 和 Survived 4 个变量的矩形树状图和旭日图。

（5）绘制 Class、Sex、Age 和 Survived 4 个变量的马赛克图，并在图中显示出观测频数。

（6）绘制 Class 和 Survived 的点阵图、热图和南丁格尔玫瑰图。

（7）绘制 Class 的瀑布图、漏斗图、饼图、扇形图、环形图和饼环图。

（8）绘制 Class 和 Sex 的饼环图。

3.7　根据例 3-4 的数据绘制各地区人口数的极坐标条形图。

第 4 章 Chapter 4 数据分布可视化

数据分布主要是指数值数据（变量）分布的形状是否对称、分布偏斜的方向和程度、分布中是否存在离群点等，其可视化图形主要有直方图、核密度图、箱线图、小提琴图、点图等。本章主要介绍数值数据或按因子分类的数值数据分布的可视化图形。

4.1 直方图与核密度图

直方图（histogram）与核密度图（kernel density plot）是观察数据分布特征的常用图形，它们可以直观地展示数据分布的形状是否对称、偏斜的方向和大致程度等。

4.1.1 直方图

将数据分组后，在 x 轴上用矩形的宽度表示每个组的组距，在 y 轴上用矩形的高度表示每个组的频数或密度，多个矩形并列在一起就是直方图。利用直方图可以直观地展示数据分布的形状。

1. 普通直方图

普通直方图通常不添加任何额外信息，函数默认绘制的直方图均属此类。R 软件中有多个函数可以绘制直方图，如 graphics 中的 hist 函数、ggplot2 包中的 geom_histogram 函数、lattice 包中的 histogram 函数、sjPlot 包中的 plot_frq 函数、epade 包中的 histogram.ade 函数，等等。下面利用实际例子说明用 ggplot2 包中的 geom_histogram 函数绘制直方图的方法。

【例 4-1】（数据：data4_1.csv）空气质量指数（Air Quality Index，AQI）用来描述空气质量状况，指数越大，说明空气污染越严重。空气质量评价中的主要污染物有细颗粒物（PM 2.5）、可吸入颗粒物（PM10）、二氧化硫（SO_2）、一氧化碳（CO）、二氧化氮（NO_2）、臭氧浓度（O_3）等 6 项。根据空气质量指数将空气质量分为 6 级：优（0 ～ 50）、良（51 ～ 100）、轻度污染（101 ～ 150）、中度污染（151 ～ 200）、重度污染（201 ～ 300）、严重污染（300 以上），分别用绿色（green）、黄色（yellow）、橙色（orange）、红色（red）、紫色（purple）、褐红色（maroon）表示。表 4-1 是 2023 年 1 月 1 日—12 月 31 日某地区的空气质量数据。[①]

---

① 此数据是为举例说明所编的虚拟数据，非真实数据。

表4-1 2023年1月1日—12月31日某地区的空气质量数据（前3天和后3天的数据）

日期	AQI	质量等级	PM2.5（μg/m³）	PM10（μg/m³）	二氧化硫SO_2（μg/m³）	一氧化碳CO（μg/m³）	二氧化氮NO_2（μg/m³）	臭氧浓度O_3（mg/m³）
2023/1/1	60	良	33	61	10	1.1	48	41
2023/1/2	49	优	27	49	7	0.9	35	50
2023/1/3	29	优	11	28	5	0.4	23	55
⋮	⋮	⋮	⋮	⋮	⋮	⋮	⋮	⋮
2023/12/29	33	优	10	28	5	0.5	26	52
2023/12/30	47	优	15	32	5	0.5	37	44
2023/12/31	70	良	38	58	10	1.0	56	20

以 AQI 为例，使用 ggplot2 包中的 geom_histogram 函数绘制的直方图如图 4-1 所示。

```
# 图4-1的绘制代码
> library(ggplot2);library(gridExtra)
> data4_1<-read.csv("C:/mydata/chap04/data4_1.csv")

# 绘制图形p1、p2和p3
> p<-ggplot(data=data4_1,aes(x=AQI))+xlim(0,300)           # 设置x轴和值域
> p1<-p+geom_histogram(fill="lightgreen",color="gray50")+  # 设置直方图的填充颜色和边框颜色
+  ggtitle("(a) 默认分组")                                  # 函数默认bins=30,即将数据分成30组
> p2<-p+geom_histogram(bins=15,fill="lightgreen",color="gray50")+       # 指定分成15组
+  ggtitle("(b) 分成15组")
> p3<-p+geom_histogram(binwidth=10,fill="lightgreen",color="gray50")+   # 指定箱宽（组距）为10
+  ggtitle("(c) 箱宽为10")
> grid.arrange(p1,p2,p3,ncol=3)                                         # 按3列组合图形
```

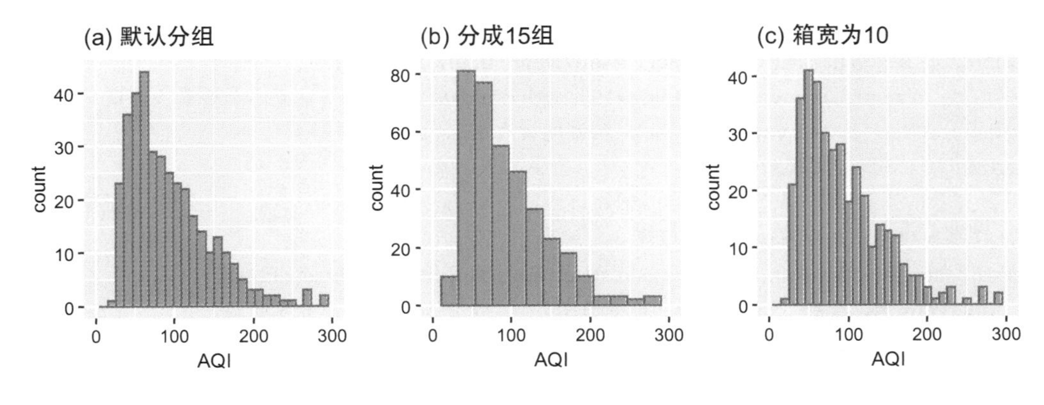

图4-1 AQI的直方图

函数 geom_histogram 默认 bins=30，即将数据分成 30 组，可根据需要自行确定组数，或根据 binwidth 来确定箱宽（组距）。图 4-1 显示，AQI 为右偏分布，且偏斜程度较大。

2. 为直方图添加信息

在用直方图观察数据分布特征时，也可以在直方图上添加地毯图、核密度曲线、理论正态分布曲线、描述统计量等，以便在一幅图中提供更多的数据分布信息。以 AQI 为例，添加不同信息的直方图如图 4-2 所示。

```
# 图4-2的绘制代码
> library(ggplot2)
> library(e1071)                    # 为使用其函数计算偏度系数和峰度系数
> df<-read.csv("C:/mydata/chap04/data4_1.csv")

# 图(a) 添加地毯图、偏度系数和峰度系数
> h1<-ggplot(df,aes(x=AQI))+geom_histogram(fill="lightgreen",color="gray50")    # 绘制直方图
> p1<-h1+geom_rug(size=0.2,color="blue3")+          # 添加地毯图,须线的宽度为0.2
+  annotate("text",x=210,y=37,label="偏度系数 =",size=3)+                    # 添加注释文本
+  annotate("text",x=265,y=37,label=round(skewness(df$AQI),4),size=3)+ # 添加偏度系数
+  annotate("text",x=210,y=33,label="峰度系数 =",size=3)+                    # 添加注释文本
+  annotate("text",x=265,y=33,label=round(kurtosis(df$AQI),4),size=3)+ # 添加峰度系数
+  ylab("count")+ggtitle("(a) 添加地毯图和偏度与峰度系数")

# 图(b) 添加频数多边形和中位数点
> p2<-h1+geom_freqpoly(color="red3")+
+  geom_point(x=median(df$AQI),y=0,shape=21,size=4,fill="yellow")+     # 添加中位数点
+  annotate("text",x=median(df$AQI),y=4.2,label="中位数",size=3,color="red3")+
+  ggtitle("(b) 添加频数多边形和中位数点")

# 图(c) 添加核密度曲线
> h2<-ggplot(data=df,aes(x=AQI))+geom_histogram(aes(y=..density..),    # 设置y轴为密度
+  fill="lightgreen",color="gray50")
> p3<-h2+geom_density(color="blue2",size=0.7)+                           # 添加核密度曲线
+  annotate("segment",x=130,xend=95,y=0.007,yend=0.007,color="blue",
           size=0.6,arrow=arrow(angle=15,length=unit(0.1,"inches")))+ # 添加带箭头的线
+  annotate("text",x=165,y=0.0071,label="核密度曲线",size=3)+
+  ggtitle("(c) 添加核密度曲线")

# 图(d) 添加理论正态分布曲线和均值线
> p4<-h2+stat_function(fun=dnorm,args=list(mean=mean(df$AQI),sd=sd(df$AQI)),
+     linetype="twodash",color="red2",size=0.8)+        # 添加理论正态分布曲线
+  geom_vline(xintercept=mean(df$AQI),linetype="twodash",size=0.4,color="red")+
                                                    # 添加均值垂线，并设置线形、线宽和颜色
+  annotate("text",x=118,y=0.01,label="均值线",size=3)+
+  annotate("text",x=200,y=0.0052,label="理论正态分布曲线",size=3)+
+  ggtitle("(d) 添加理论正态分布曲线和均值线")

> gridExtra::grid.arrange(p1,p2,p3,p4,ncol=2)            # 组合图形
```

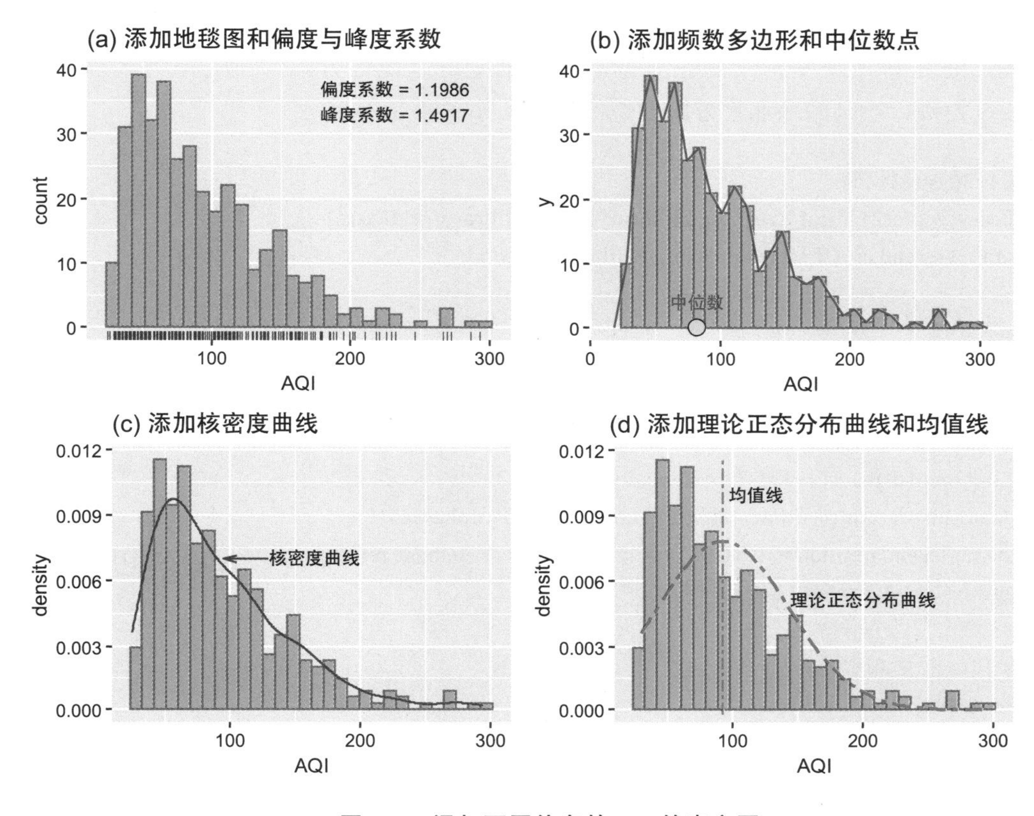

图4-2　添加不同信息的AQI的直方图

图 4-2（a）使用 geom_rug 函数在直方图的 x 轴上画出原始数据的位置，用线段表示，称为地毯图（rug plot）或轴须线，用于展示原始数据在坐标轴上的位置和分布，弥补直方图丢失的原始数据信息。同时，使用 e1071 包中的 skewness 函数和 kurtosis 函数计算出 AQI 的偏度系数和峰度系数，结果保留 4 位小数，使用 annotate 函数将结果添加在图中。由于偏度系数大于 1，表示 AQI 的分布严重右偏；峰度系数为正值，表示 AQI 为尖峰分布。

图 4-2（b）在直方图上添加了频数多边形。频数多边形实际上是直方图各条形的中间点（即各组的组中值位置）的连线。在直方图上添加频数多边形时，分组的宽度（bins）应与直方图一致；单独绘制时，可以根据需要确定分组的宽度。

图 4-2（c）为直方图添加了核密度曲线（见 4.1.2 节），该曲线是对实际数据分布形状的密度估计，可直观地展示数据分布的形状。

图 4-2（d）为直方图添加了理论正态分布曲线，并用垂线画出数据均值在直方图中的位置。理论正态分布曲线表示该数据的理论正态分布形状，将直方图的形状与理论正态分布曲线做比较，可以大致判断数据是否近似正态分布。图 4-2（d）显示，AQI 的分布与正态分布偏离较大。

3. 叠加直方图和镜像直方图

如果要比较不同变量的分布特征，可以将直方图叠加在一起，但叠加的变量不宜太多，否则会相互遮盖，难以比较。如果只对两个变量进行比较，也可绘制成镜像直方图，它是将一个变量绘制在上方，另一个变量以镜像方式绘制在下方。以 AQI 和 PM2.5 为例，绘制的叠加直方图和镜像直方图如图 4-3 所示。

```
# 图4-3的绘制代码
> library(ggplot2);library(reshape2);library(dplyr); library(gridExtra)
> data4_1<-read.csv("C:/mydata/chap04/data4_1.csv")

# 处理数据
> df<-data4_1%>%select(AQI,PM2.5)%>%melt(variable.name="指标",value.name="指标值")

# 图（a）叠加直方图
> p1<-ggplot(df)+aes(x=指标值,y=..density..,fill=指标)+
+  geom_histogram(position="identity",color="gray0",alpha=0.5)+
+  theme(legend.position=c(0.8,0.85),legend.background=element_rect(fill="grey90",color="grey")+
+  ggtitle("(a) AQI和PM2.5的叠加直方图")

# 图（b）镜像直方图
> p2<-ggplot(data4_1)+aes(x=x)+
+   geom_histogram(aes(x=AQI,y=..density..),color="grey50",fill="red",alpha=0.3)+
                                                    # 绘制AQI的直方图（上图）
+   geom_label(aes(x=160,y=0.0065),label="AQI",color="red")+  # 添加标签
+   geom_histogram(aes(x=PM2.5,y=-..density..),color="grey50",fill="blue",alpha=0.3)+
                                                    # 绘制PM2.5的直方图（下图）
+   geom_label(aes(x=120,y=-0.0075),label="PM2.5",color="blue")+
+   xlab("指标值")+ggtitle("(b) AQI和PM2.5的镜像直方图")

> gridExtra::grid.arrange(p1,p2,ncol=2)                     # 组合图形
```

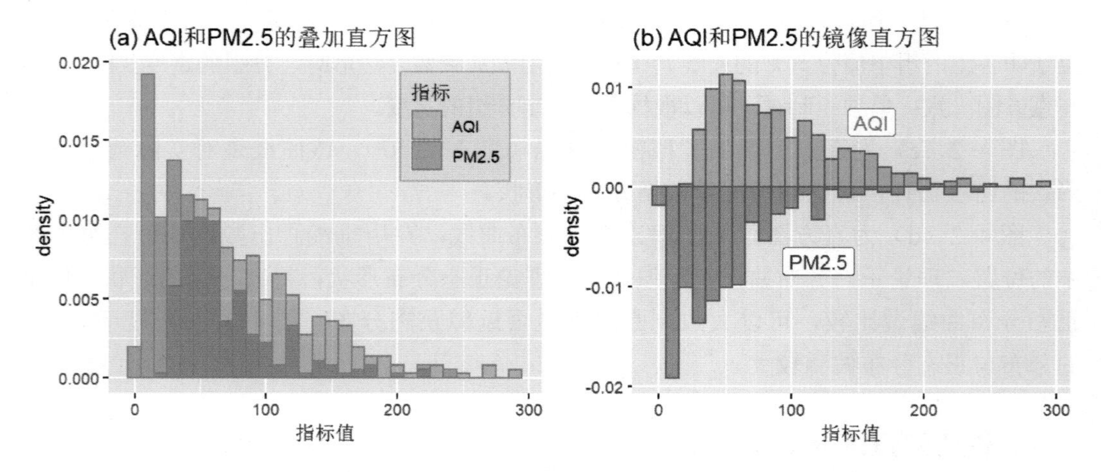

图4-3　AQI和PM2.5的叠加直方图和镜像直方图

图 4-3（a）将 PM2.5 的直方图叠加到 AQI 的直方图上。绘图代码中的参数 position="identity" 是为确保直方图叠加绘制，否则不同变量的直方图会堆叠绘制。图 4-3（b）是将 AQI 和 PM2.5 的直方图以镜像方式绘制，其中，下面的直方图只需设置 y 为负值即可。图 4-3（b）显示，虽然 AQI 和 PM2.5 均为右偏分布，但二者分布的峰值不同。与堆叠直方图相比，镜像直方图更便于比较两个变量分布的差异。

4. 分面直方图

当变量较多时，叠加直方图难以区分和解读，这时可以采用分面的方法单独绘制每个变量的直方图。根据例 4-1 中 6 项空气污染指标数据绘制的分面直方图如图 4-4 所示。

```
# 图4-4的绘制代码
> library(ggplot2);library(reshape2);library(dplyr);library(e1071)

# 处理数据
> data4_1<-read.csv("C:/mydata/chap04/data4_1.csv")
> df<-data4_1%>%select(-c(日期,AQI,质量等级))%>%          # 删除不需要的变量
+   melt(variable.name="指标",value.name="指标值")          # 融合为长格式

# 计算偏度系数
> labels<-df%>%group_by(指标)%>%
+   summarise(skewness=skewness(指标值))    # 按指标分组计算偏度系数并创建一个新数据框
> labels$skewness<-sprintf("skewness == %.3f",labels$skewness)
                                            # 返回包含文本和变量值的格式化组合的字符向量

# 绘制分面直方图
> ggplot(df)+aes(x=指标值,fill=指标)+
+   geom_histogram(color="gray50")+
+   geom_text(x=0,y=38,aes(label=skewness),data=labels,parse=T,hjust=-1,size=3,color="grey40")+
                                             # 为每个分面图添加偏度系数
+   scale_fill_brewer(palette="Set3")+       # 设置调色板
+   guides(fill="none")+                     # 移除图例
+   facet_wrap(~指标,ncol=3,scale="free")    # 按质量等级分面，自由设置坐标轴
```

由于 6 项指标的数量级差异较大，若采用相同尺度的 y 轴，数值小的指标的直方图会被压缩，因此在分面时设置参数 scale="free" 来单独设置各分面图的 y 轴刻度，这样更容易观察和比较分布特征。图 4-4 显示，各项指标均为右偏分布，除臭氧浓度和二氧化氮的偏斜程度较小外，其余指标的偏斜程度均较大。

由于直方图只能大致观察分布形状，无法给出确切的偏斜程度，可以在每个直方图中添加偏度系数。具体方法是，先使用 group_by 函数和 summarise 函数按指标分组计算偏度系数并返回一个新数据框，然后将标签格式化，结果保留 3 位小数，再使用 geom_text 函数将标签添加到每个独立的分面图。图 4-4 显示，PM2.5、PM10、二氧化

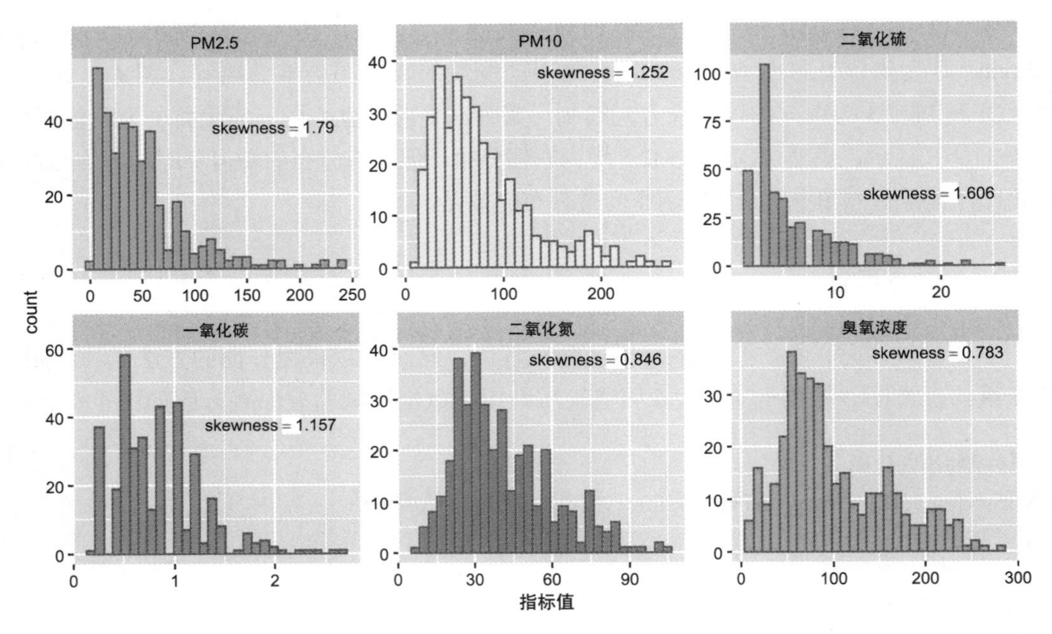

图4-4　按指标分面的6项空气污染指标的直方图

硫和一氧化碳的偏度系数均大于1，属于严重的右偏分布；二氧化氮和臭氧浓度的偏度系数小于1但大于0.5，属于中等程度的右偏分布。

5. 分组直方图

如果数据框中除数值变量外，还有其他类别变量（因子），则可以按因子分组绘制直方图。比如，在例4-1中，可以按质量等级分组绘制某个变量的分组直方图。以AQI为例，按质量等级分组的AQI的直方图如图4-5所示。

```
# 图4-5的绘制代码
> library(ggplot2);library(reshape2)
> data4_1<-read.csv("C:/mydata/chap04/data4_1.csv")

# 处理数据
> labels<-c("优","良","轻度污染","中度污染","重度污染")
> f<-factor(data4_1[,3],ordered=TRUE,levels=labels)    # 将质量等级转化成有序因子
> df<-data.frame(data4_1[,-3],质量等级=f)               # 构建新的数据框

# 绘制p1和p2
> p1<-ggplot(df)+aes(x=AQI,fill=质量等级)+
+   geom_histogram(position="identity",color="gray60",alpha=0.8)+
+   scale_fill_brewer(palette="Set3")+                 # 设置调色板
+   theme(legend.position=c(0.85,0.75),                # 设置图例位置
+         legend.background=element_blank())+          # 移除图例整体边框
```

```
+   guides(fill=guide_legend(ncol=1,title=NULL))+        #把图例排成1列，去掉标题
+   ggtitle("(a) 默认分组")

> p2<-ggplot(df)+aes(x=AQI,group=质量等级,fill=质量等级)+
+   geom_histogram(position="identity",binwidth=50,origin=0,color="gray60",alpha=0.8)+
                                                         #组距为50，分组原点从0开始
+   scale_fill_brewer(palette="Set3")+
+   theme(legend.position=c(0.85,0.75),legend.background=element_blank())+
+   guides(fill=guide_legend(ncol=1,title=NULL))+ggtitle("(b) 组距=50")

> gridExtra::grid.arrange(p1,p2,ncol=2)                  #组合图形p1和p2
```

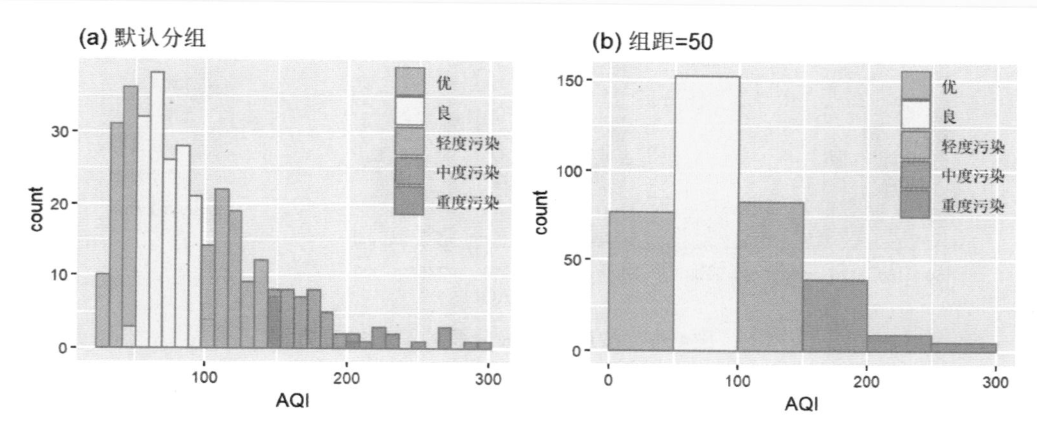

图4-5　按质量等级分组的AQI的直方图

图 4-5（a）是按质量等级分组默认绘制的直方图，图中各条的颜色代表某个质量等级。图形显示，AQI 整体上呈右偏分布，但 AQI 较小的天数较多，表示空气质量整体上偏好。图 4-5（b）是按质量等级的既定分组划分的组别，即组距为 50，因此每个条的颜色恰好代表某个质量等级。由于实际分组时，将 201 ～ 300 分为一个组，所以最后两组的条属于一组，即重度污染。图形显示，空气质量为良时的天数最多，其次是轻度污染、优和中度污染，重度污染天数最少。

当因子的类别（水平）较多时，按因子分组的直方图会出现叠加，不宜解读，这时可采用分面处理，单独绘制按因子分组的直方图。以 AQI 为例，按质量等级分面绘制的直方图如图 4-6 所示。

```
# 图4-6的绘制代码（使用图4-5构建的数据框df）
> library(ggplot2); library(reshape2)

# 绘制分面直方图
> ggplot(df)+aes(x=AQI,group=质量等级,fill=质量等级)+
+   geom_histogram(bins=15,color="gray50")+
+   scale_fill_brewer(palette="Set3")+                    #设置调色板
```

```
+ theme(legend.position=c(0.85,0.25),             # 设置图例的位置、背景颜色和边框颜色
+         legend.background=element_rect(fill="grey90",color="grey"))+
+ facet_wrap(~质量等级,ncol=3,scale="free")        # 按质量等级分面
```

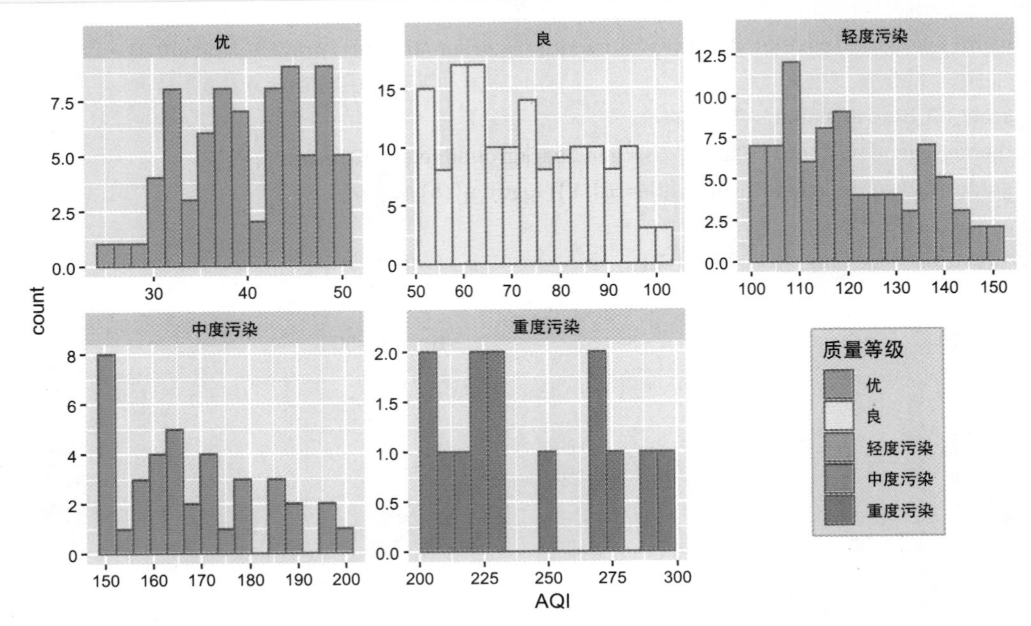

图4-6　按质量等级分面的AQI的直方图

使用 RcmdrMisc 包中的 Hist 函数也可以对一个数值变量按因子的水平绘制分组直方图。限于篇幅，这里不再举例。

4.1.2　核密度图

核密度图（kernel density plot）是用于核密度估计的一种图形，它使用一定的核函数（通常默认核函数为 gaussian）和带宽（bandwidth，bw）为数据的分布提供一种平滑曲线，从中可以看出数据分布的大致形状。实际上，直方图和频数多边形也是对数据分布密度的估计，只不过是一种粗略的估计，而核密度估计则给出较为平滑的估计，因此，核密度图可以替代直方图来观察数据的分布。

只有一个数值变量时，可以绘制一条核密度曲线，也可以在曲线下填充面积，增进视觉效果。对于多个数值变量或按因子分类的某个数值变量，可以将多个数值变量绘制成核密度比较图。根据因子分类时，可以绘制成按因子分组的核密度图。

1. 核密度曲线与带宽

核密度曲线的平滑程度取决于使用的带宽，带宽的值越大，曲线越平滑。以例 4-1 中的 AQI 为例，由 ggplot2 包中的 geom_density 函数绘制的不同带宽的核密度曲线如图 4-7 所示。

```
# 图4-7的绘制代码
> library(ggplot2)
> data4_1<-read.csv("C:/mydata/chap04/data4_1.csv")

> p<-ggplot(data4_1,aes(x=AQI))
> p1<-p+geom_density(bw=3,color="blue3",fill="blue",alpha=0.1)+ ggtitle("(a) bw=3")  # 带宽为3
> p2<-p+geom_density(bw=5,color="blue3",fill="blue",alpha=0.1)+ggtitle("(b) bw=5")  # 带宽为5
> p3<-p+geom_density(bw=10,color="blue3",fill="blue",alpha=0.1)+ggtitle("(c) bw=10")   # 带宽为10
> gridExtra::grid.arrange(p1,p2,p3,ncol=3)
```

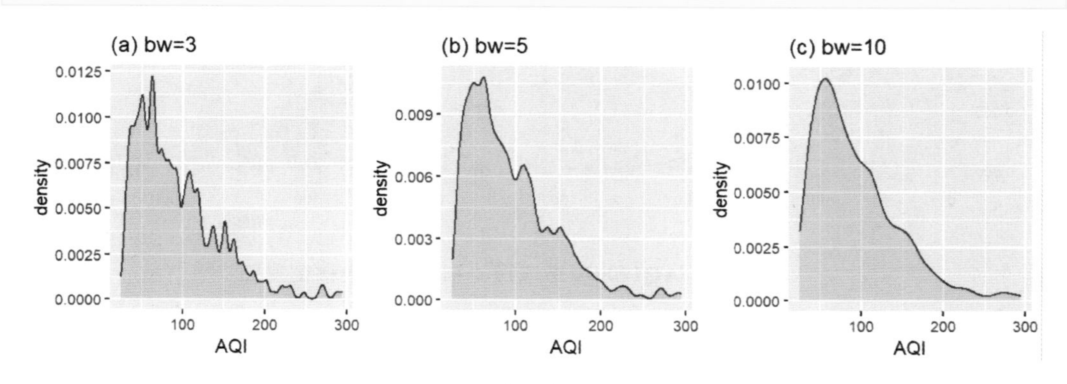

图4-7　不同带宽的AQI的核密度曲线

图 4-7 显示，带宽值越大，曲线越平滑，带宽值越小，曲线越不平滑。选择多大的带宽值，可根据实际数据和分析的需要而定。带宽值太大，曲线会被过度平滑，难以观察分布的一些细节；带宽值太小，可能会难以判断分布的整体形状。

2. 比较核密度图

当有多个变量时，可以将不同变量的核密度曲线绘制在同一个坐标中比较分析。为便于观察和比较，这里只绘制出 AQI、PM2.5、PM10、二氧化氮和臭氧浓度 5 个指标的比较核密度图。使用 ggplot2 包中的 geom_density 函数绘制的核密度图如图 4-8 所示。

```
# 图4-8（a）的绘制代码
> library(ggplot2);library(reshape2);library(dplyr)
> data4_1<-read.csv("C:/mydata/chap04/data4_1.csv")

# 选择绘图数据并融合成长格式
> df<-data4_1%>%select(-c(日期,二氧化硫,一氧化碳))%>%              # 删除不需要的变量
+  melt(id.vars="质量等级",variable.name="指标",value.name="指标值")

ggplot(df)+aes(x=指标值)+geom_density(aes(group=指标,color=指标),alpha=0)+
```

```
+  theme(legend.position=c(0.84,0.7), legend.background=element_blank())+ # 设置图例位置并移
                                                                            除整体边框
+  ggtitle("(a) 核密度比较曲线(alpha=0)")
```

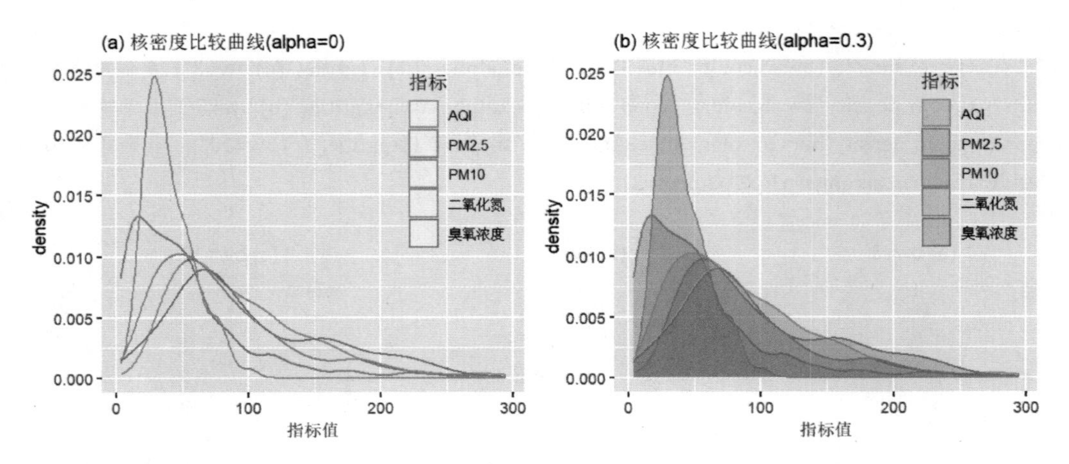

图4-8　AQI和4项空气污染指标的比较核密度图

将图4-8（a）绘制代码中的alpha=0替换成alpha=0.3即可得到图4-8（b）。设置alpha=0表示完全透明，即为曲线；设置不同的alpha值，可以用不同透明度的颜色填充曲线下的面积。图4-8显示，所有指标的分布均为右偏，其中，二氧化氮的分布相对集中，其他指标的分布形状十分相近，偏斜程度也较大。

核密度比较图不宜绘制过多的变量，一般不应多于4个变量，否则图形相互遮盖难以比较。如果只比较两个变量，可以将核密度图绘制成镜像的形式，绘制方法与图4-3（b）的镜像直方图相同，只需将geom_histogram替换成geom_density即可。以例4-1的AQI与PM2.5、PM10和臭氧浓度为例，绘制的镜像核密度图如图4-9所示。

```
# 图4-9（a）的绘制代码
> library(ggplot2);library(reshape2);library(dplyr)
> data4_1<-read.csv("C:/mydata/chap04/data4_1.csv")

# 图（a）AQI和PM2.5的镜像核密度图
> df<-data4_1%>%select(c(AQI,PM2.5,PM10,臭氧浓度))                 # 选择绘图变量
> p1<-ggplot(df)+aes(x=x)+
+  geom_density(aes(x=AQI,y=..density..),fill="red",alpha=0.3)+    # 绘制AQI的核密度图（上图）
+  geom_label(aes(x=160,y=0.0065),label="AQI",color="red")+        # 添加标签
+  geom_density(aes(x=PM2.5,y=-..density..),fill="blue",alpha=0.3)+ # 绘制PM2.5的核密度图（下图）
+  geom_label(aes(x=120,y=-0.0065),label="PM2.5",color="blue")+
+  xlab("指标值")+ggtitle("(a) AQI和PM2.5的镜像核密度图")
```

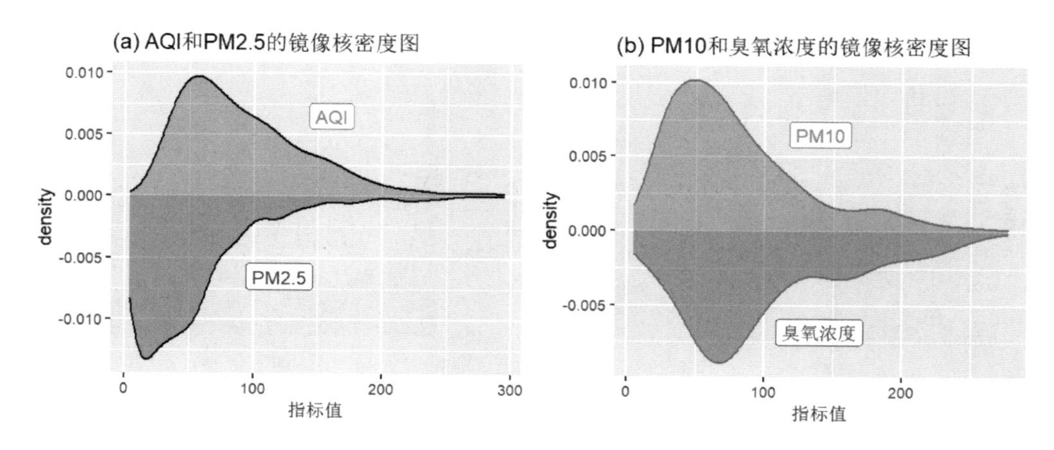

图4-9　AQI和PM2.5、PM10和臭氧浓度的镜像核密度图

将图4-9（a）的绘制变量替换成PM10和臭氧浓度即可得到图4-9（b）。根据图4-9很容易比较两个变量分布的差异。

3. 分组核密度图

当数值变量的观测数是在一个或多个因子的不同水平下获得的，可以将数值变量按因子的水平分类绘制分组核密度图。比如，想要比较不同空气质量等级下 PM2.5 的分布，可以按质量等级分组绘制核密度图。

以例 4-1 中的 AQI 和 PM2.5 为例，按空气质量等级分组的核密度图如图 4-10 所示。

```
# 图4-10（a）的绘制代码
> library(ggplot2);library(stringr)
> data4_1<-read.csv("C:/mydata/chap04/data4_1.csv")

# 处理数据
> labels<-c("优","良","轻度污染","中度污染","重度污染")
> f<-factor(data4_1[,3],ordered=TRUE,levels=labels)          # 将质量等级转化成有序因子
> df<-data.frame(data4_1[,-3],质量等级=f)                     # 构建新的数据框

> ggplot(df)+aes(x=AQI,fill=质量等级)+geom_density(color="gray50",alpha=0.5)+
+   scale_fill_brewer(palette="Set3")+theme(legend.position="bottom")+
+   guides(fill=guide_legend(title=NULL))+                    # 去掉图例标题
+   scale_fill_discrete(labels=function(x) str_wrap(x,width=4))+ # 设置图例标签宽度
+   ggtitle("(a) AQI")
```

将图 4-10（a）绘制代码中的 AQI 替换成 PM2.5 即可得到图 4-10（b）。如果有多个变量，可以在按因子分组的同时按变量分面。根据例 4-1 中的 6 项空气污染指标绘制的按质量等级分组、按指标分面的核密度图如图 4-11 所示。

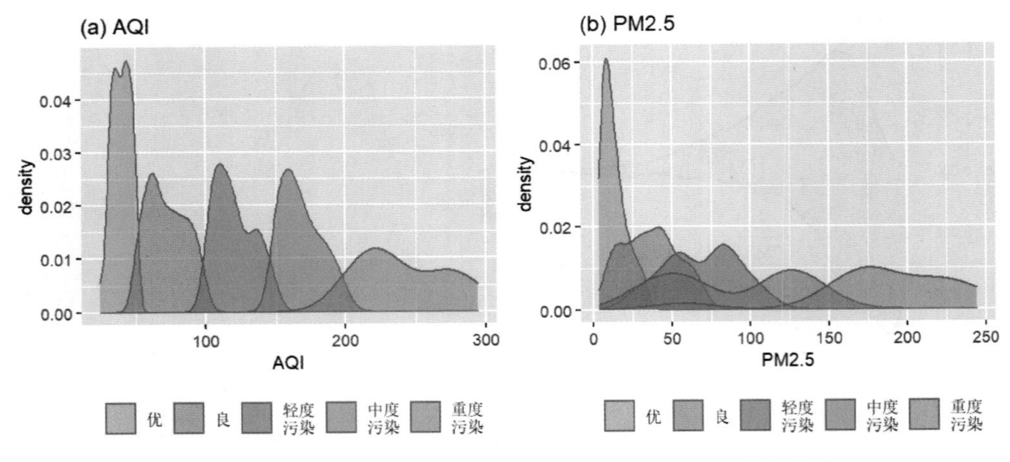

图4-10 按质量等级分组的AQI和PM2.5的核密度曲线

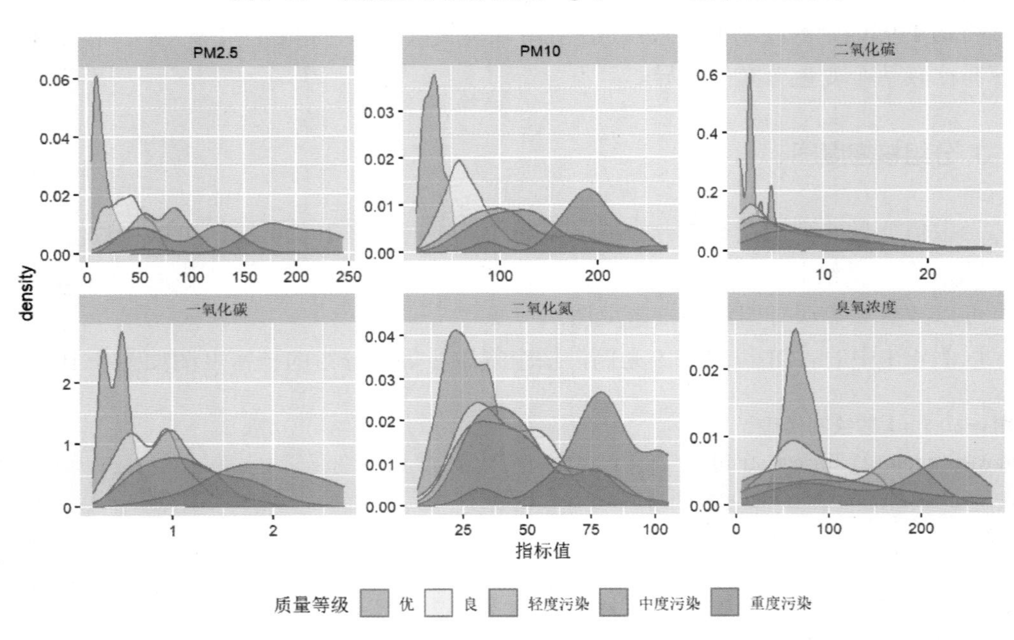

图4-11 按质量等级分组、按指标分面的核密度图

```
# 图4-11的绘制代码
> library(ggplot2); library(reshape2); library(dplyr)
> data4_1<-read.csv("C:/mydata/chap04/data4_1.csv")

# 处理数据
> d<-data4_1%>%select(-c(日期,AQI))%>%                # 删除不需要的变量
+  melt(id.vars="质量等级",variable.name="指标",value.name="指标值")  # 融合数据
> labels<-c("优","良","轻度污染","中度污染","重度污染")
> f<-factor(d[,1],ordered=TRUE,levels=labels)          # 将质量等级转换成有序因子
> df<-data.frame(质量等级=f,d[,-1])                    # 构建新的数据框
```

```
# 绘制按质量等级分组、按指标分面的核密度图
> ggplot(df)+aes(x=指标值,group=质量等级,fill=质量等级)+
+  geom_density(color="gray60",alpha=0.6)+
+  scale_fill_brewer(palette="Set3")+                # 设置调色板
+  facet_wrap(~指标,ncol=3,scale="free")+            # 按指标3列分面
+  theme(legend.position="bottom")                   # 设置图例位置
```

根据图 4-11 可以分析不同质量等级下各项指标的分布状况。

在按质量等级绘制分组核密度图的同时，还可以将各指标在同一天的数据连线，绘制平行坐标图，以观察同一天各指标的数值变化。使用 ggplot2 包并结合 ggmulti 包（高维数据可视化）中的 coord_serialaxes 函数，可将分组核密度图（或直方图）与平行坐标图结合在一起。为便于观察，仅以 AQI、PM2.5、PM10、二氧化氮和臭氧浓度 5 项指标为例，绘制出按质量等级分组的核密度图和相应的平行坐标图，如图 4-12 所示。

```
# 图4-12的绘制代码
> library(ggplot2);library(ggmulti)
> df<-read.csv("C:/mydata/chap04/data4_1.csv")

> p<-ggplot(df,mapping=aes(AQI=AQI,PM2.5=PM2.5,PM10=PM10,
+      二氧化氮=二氧化氮,臭氧浓度=臭氧浓度))+        # 设置绘图变量
+  geom_path(alpha=0.1)+                             # 按照观察值在数据中出现的顺序连接
+  coord_serialaxes()                                # 设置平行坐标
> p+geom_density(aes(fill =质量等级),alpha=0.5)+    # 按质量等级分组绘制核密度图
+  theme(legend.position="bottom")
```

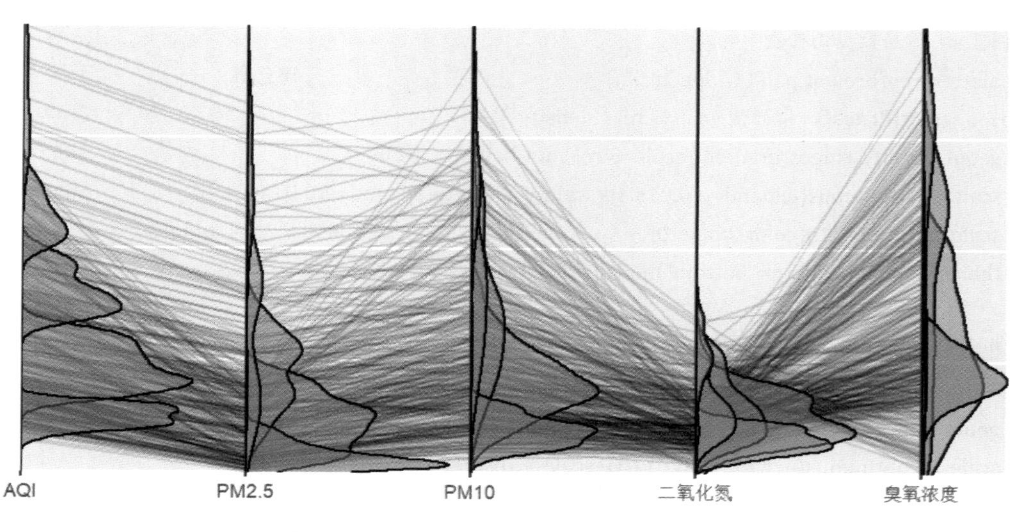

图4-12　按质量等级分组的5项指标的核密度图与平行坐标图

将 geom_density 替换成 geom_histgram 可以绘制出分组直方图。图 4-12 显示，除个别时间外，平行坐标图中的折线基本上没有交叉，表示这 5 项指标大致同向变动，它们之间具有很强的相关性。

4. 核密度山峦图

山峦图（ridgeline diagram）也称山脊线图，它是核密度估计图的一种表现形式，可用于多数据系列或按因子分类的核密度估计的可视化。山峦图绘制的数据通常是相同的 x 轴（如同一个变量）和不同的 y 轴（如不同的分类），它将多个分类下的同一个数据系列的核密度估计图以交错堆叠的方式绘制在一幅图中，看起来像山峦起伏，有利于比较不同数据系列的分布特征。

使用 ggplot2 包并结合 ggridges 包中的 geom_density_ridges 函数，可以绘制漂亮的山峦图。当数据集中各变量的数值差异较大时，为便于比较，可以先对数据做标准化处理，然后绘图。以例 4-1 中的 7 项空气污染指标为例绘制的原始数据和标准化数据的山峦图如图 4-13 所示。

```
# 图4-13的绘制代码
> library(ggplot2);library(RColorBrewer);library(ggridges)
> library(reshape2);library(plyr);library(dplyr)

# 处理数据
> data4_1<-read.csv("C:/mydata/chap04/data4_1.csv")
> df<-data4_1%>%select(-质量等级)%>%melt(variable.name="指标",value.name="指标值")%>%
+  ddply("指标",transform,标准化值=scale(指标值))                # 计算标准化值并返回数据框

# 图（a）原始数据山峦图
> palette<-rev(brewer.pal(11,"Spectral"))                      # 设置调色板
> p1<-ggplot(df,aes(x=指标值,y=指标,fill=..density..))+
+  geom_density_ridges_gradient(scale=3,rel_min_height=0.01)+
+  scale_x_continuous(expand=c(0.01,0))+scale_y_discrete(expand=c(0.01,0))+
+  scale_fill_gradientn(colors=palette)+                       # 使用梯度调色板
+  theme(legend.position="bottom")+labs(title="(a) 原始数据山峦图")

# 图（b）标准化山峦图
> p2<-ggplot(df,aes(x=标准化值,y=指标,fill=..density..))+
+  geom_density_ridges_gradient(scale=1.5,rel_min_height=0.01)+
+  scale_x_continuous(expand=c(0.01,0))+scale_y_discrete(expand=c(0.01,0))+
+  scale_fill_gradientn(colors=palette)+
+  theme(legend.position="bottom")+labs(title="(b) 标准化山峦图")

> gridExtra::grid.arrange(p1,p2,ncol=2)                        # 组合图形
```

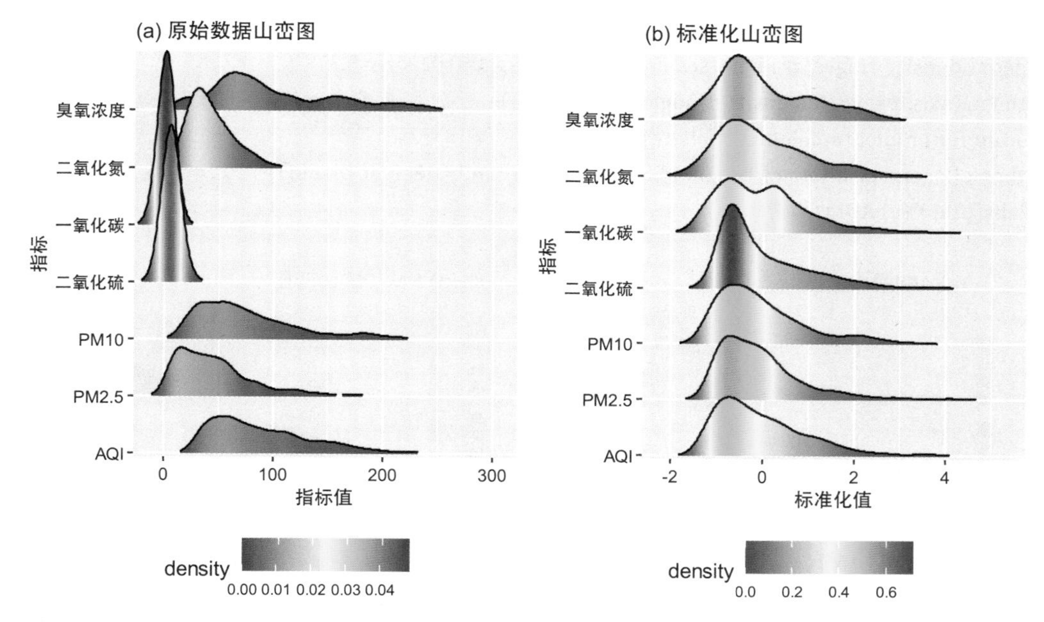

图4-13　原始数据和标准化数据的山峦图

图 4-13（a）是根据原始数据绘制的山峦图，下面的色键表示密度。由于各指标的数据差异较大，山峦图的位置会有较大错位，不便于比较分布特征。比如，一氧化碳和二氧化硫两个指标看上去似乎分布对称且较集中，离散程度也很小，实际上是由于两个指标的绝对数值很小，与其他数值较大的指标绘制在一起，造成了这种情况。

图 4-13（b）是先将数据做标准化处理（标准化后，只改变数据的水平，不改变数据的分布形状），以便保持相同的 *x* 轴，便于比较。处理数据时，可以先使用 scale 函数对数据框做标准化，再融合成长格式后绘图。也可以先将数据融合成长格式，然后使用 plyr 包中的 ddply 函数按指标分组进行标准化再绘图。图 4-13 显示，AQI 和 6 项空气污染指标均为右偏分布，一氧化碳呈双峰分布，且离散程度较大。

如果数据是按因子分类的，可以按因子分组绘制山峦图。以例 4-1 中的 AQI 和 PM10 为例，按质量等级分组绘制的山峦图如图 4-14 所示。

```
# 图4-14（a）的绘制代码
> library(ggridges);library(ggplot2);library(RColorBrewer)

# 处理数据
> data4_1<-read.csv("C:/mydata/chap04/data4_1.csv")
> labels<-c("优","良","轻度污染","中度污染","重度污染")
> f<-factor(data4_1[,3],ordered=TRUE,levels=labels)          # 将质量等级转换成有序因子
> df<-data.frame(质量等级=f,data4_1[,-3])                    # 构建新的数据框

# 图（a）AQI的山峦图
> palette<-rev(brewer.pal(11,"Spectral"))                    # 设置调色板
 ggplot(df,aes(x=AQI,y=质量等级,fill=..density..)) +
```

```
+   geom_density_ridges_gradient(scale=3,rel_min_height=0.01,size=0.3)+
+   theme(axis.text.y=element_text(angle=90,hjust=0))+            # 调整y轴标签角度
+   scale_fill_gradientn(colours = palette)+
+   theme(legend.position=c(0.86,0.22),legend.background=element_blank())+
+   labs(title="(a) AQI的山峦图")
```

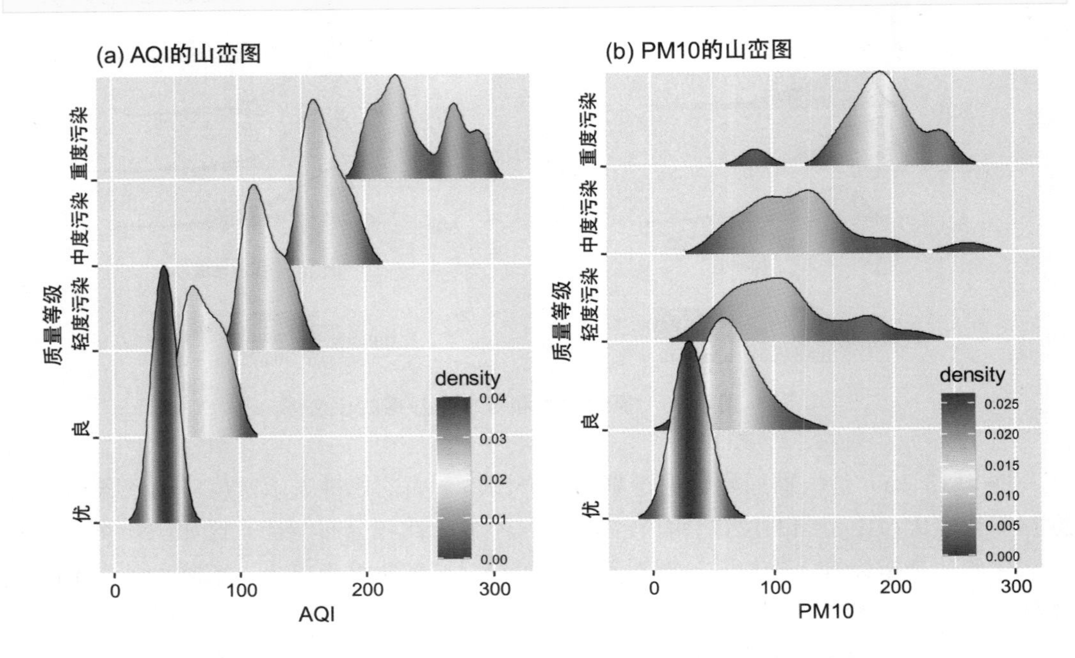

图4-14　按空气质量等级分组的AQI和PM10的山峦图

将图4-14（a）绘制代码中的AQI替换成PM10即可得到图4-14（b）。图4-14（a）显示，从不同质量等级AQI的分布看，空气质量为优时，AQI的分布较集中；空气质量为重度污染时，AQI的分布相对分散且呈双峰分布；空气质量为良、轻度污染和中度污染时，AQI的分布形态相差不大。从总体上看，不同空气质量等级下，AQI的分布都大致对称。图4-14（b）显示，空气质量为优时，PM10数据的分布最集中；其次是空气质量为良；空气质量为轻度污染、中度污染和重度污染时，PM10的分布较为分散。

对于例4-1的数据，由于是按一年的每一天采集的，因此，也可以将月份作为因子，绘制按月份分组的山峦图。绘图前要先给数据框加入月份因子。以各月份的AQI和臭氧浓度为例，绘制的山峦图如图4-15所示。

```
# 图4-15（a）的绘制代码
> library(ggridges);library(ggplot2);library(RColorBrewer)
> library(lubridate)                                        # 为使用函数month提取月份

# 处理数据
> data4_1<-read.csv("C:/mydata/chap04/data4_1.csv")
> d<-data.frame(日期=as.Date(data4_1$日期),data4_1[,-1])    # 将日期转化成日期变量date
```

```
> df<-data.frame(月份=factor(month(d$日期)),d)          # 在数据框中添加月份因子

# 绘制山峦图
> palette<-rev(brewer.pal(11,"Spectral"))               # 设置调色板
> ggplot(df,aes(x=AQI,y=月份,fill=..density..))+
+  geom_density_ridges_gradient(scale=2,rel_min_height=0.01)+
+  scale_x_continuous(expand=c(0.01,0))+scale_y_discrete(expand=c(0.01,0))+
+  scale_fill_gradientn(colors=palette)+                # 使用梯度颜色
+  theme(legend.position="bottom")+ggtitle("(a) AQI的山峦图")
```

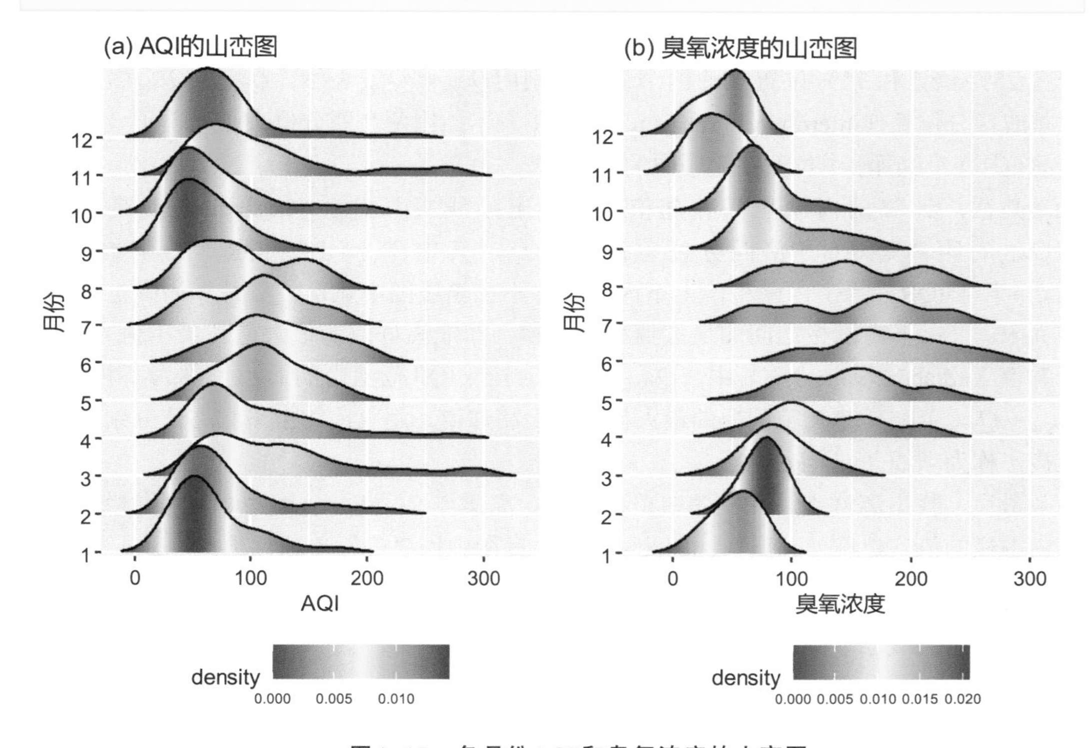

图4-15　各月份AQI和臭氧浓度的山峦图

将图4-15（a）绘制代码中的AQI替换成臭氧浓度即可得到图4-15（b）。图4-15（a）显示，3月、4月、11月、12月AQI的分布较为分散，且严重右偏；5—8月的分布较为集中，且大致对称分布。图4-15（b）显示，1月、2月、3月、10月、11月、12月的臭氧浓度较低，分布形态大致对称且较为集中；其他月份臭氧浓度的分布相对分散，并有多峰特征。从整体上看，气温越低，臭氧浓度越低；气温越高，臭氧浓度越高。

4.2　箱线图和小提琴图

箱线图和小提琴图是反映数据分布特征的另外两种图形，它们的主要用途是比较多个样本或多个变量的分布，也可以反映不同变量的水平和差异。

4.2.1 箱线图

1. 箱线图及其绘制原理

箱线图（box plot）是展示数据分布的另一种图形，其主要用途是比较多组数据的分布。与直方图和核密度图相比，箱线图可以在比较分布的同时比较各组数据的水平（在箱线图中，用中位数表示数据的水平。统计中常用的描述数据水平的统计量还有平均数等）。绘制箱线图的步骤大致如下。

首先，找出一组数据的中位数（median）和两个四分位数（quartiles），并画出箱子。中位数是一组数据排序后，处在 50% 位置上的数值。四分位数是一组数据排序后，处在 25% 位置和 75% 位置上的两个值，分别用$Q_{25\%}$和$Q_{75\%}$表示。$Q_{75\%}-Q_{25\%}$称为四分位差或四分位距（interquartile range），用 IQR 表示。用两个四分位数画出箱子（四分位差的范围），并画出中位数在箱子中的位置。

其次，计算出内围栏和相邻值，并画出须线。内围栏（inner fence）是与$Q_{25\%}$和$Q_{75\%}$的距离等于 1.5 倍四分位差的两个点，其中$Q_{25\%}-1.5\times \text{IQR}$称为下内围栏，$Q_{75\%}+1.5\times \text{IQR}$称为上内围栏。上下内围栏并不在箱线图中显示，只是作为确定离群点的界限。[①] 上下内围栏之间的最大值和最小值（即非离群点的最大值和最小值），称为相邻值（adjacent value），其中，$Q_{25\%}\sim Q_{25\%}-1.5\times \text{IQR}$范围内的最小值称为下相邻值，$Q_{75\%}\sim Q_{75\%}+1.5\times \text{IQR}$范围内的最大值称为上相邻值。用直线将上下相邻值分别与箱子连接，称为须线（whiskers）。

最后，找出离群点，并在图中单独标出。离群点（outlier）是大于上内围栏或小于下内围栏的值，也称外部点（outside value），在图中用“○”单独标出。

箱线图的示意图如图 4-16 所示。

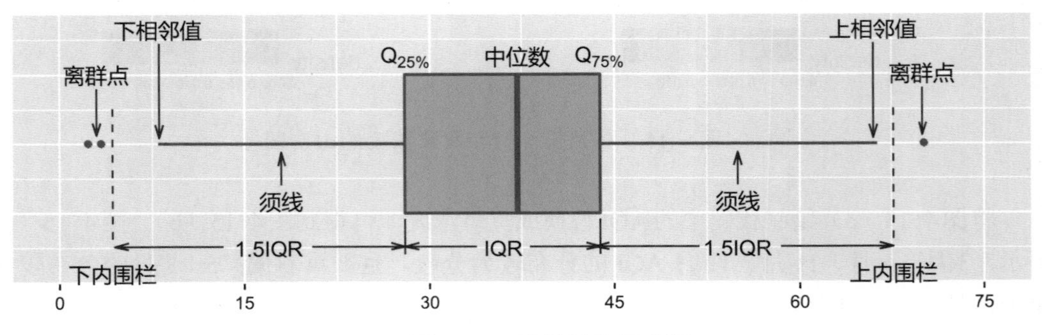

图4-16　箱线图的示意图

图 4-16 是根据实际数据绘制的箱线图，并使用不同函数计算出各点的精确位置，添加上线段和相应的注释。

---

① 也可以设定3倍的四分位差作为围栏，称为外围栏（outer fence），其中$Q_{25\%}-3\times \text{IQR}$称为下外围栏，$Q_{75\%}+3\times \text{IQR}$称为上外围栏。外围栏也不在箱线图中显示。在外围栏之外的数据也称为极值（extreme），在有些软件（如SPSS）中用“*”单独标出。R并不区分离群点和极值，统称为离群点，在图中用“O”标出。

为解读箱线图所反映的数据分布信息，图4-17展示了不同分布的直方图所对应的箱线图。

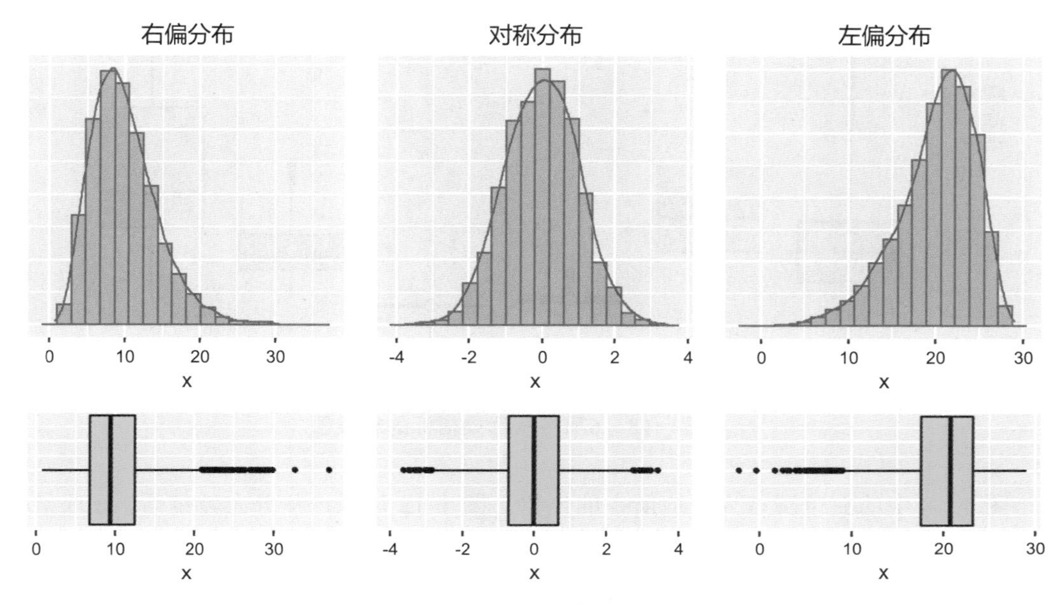

图4-17　不同分布的直方图对应的箱线图

图4-17显示，数据对称分布时，中位数在箱子中间，上下相邻值到箱子的距离等长，离群点在上下内围栏外的分布也大致相同。数据右偏分布时，中位数更靠近$Q_{25\%}$（下四分位数）的位置，下相邻值到箱子的距离比上相邻值到箱子的距离短，离群点多数在上内围栏之外。数据左偏分布时，中位数更靠近$Q_{75\%}$（上四分位数）的位置，下相邻值到箱子的距离比上相邻值到箱子的距离长，离群点多数在下内围栏之外。

2. 箱线图及其变换

如果数据集中多个变量的数值差异不大，可以使用原始数据绘制箱线图，当数值差异较大时，则需要对数据做变换，以便于比较。R中有多个函数可以绘制箱线图。如graphics包中的boxplot函数、gplots包中的boxplot2函数、ggplot2包中的geom_boxplot函数等。以例4-1为例，使用geom_boxplot函数绘制的6项空气污染指标的箱线图如图4-18所示。

```
# 图4-18的绘制代码
> library(ggplot2);library(reshape2)
> data4_1<-read.csv("C:/mydata/chap04/data4_1.csv")
> df<-melt(data4_1[,-c(1,2)],variable.name="指标",value.name="指标值")    # 融合数据为长格式
> palette<-RColorBrewer::brewer.pal(6,"Set2")                              # 设置调色板
> ggplot(df,aes(x=指标,y=指标值))+geom_boxplot(fill=palette)+              # 绘制箱线图并设置填充颜色
+  stat_summary(fun="mean",geom="point",shape=21,size=2.5,fill="white") # 添加均值点
```

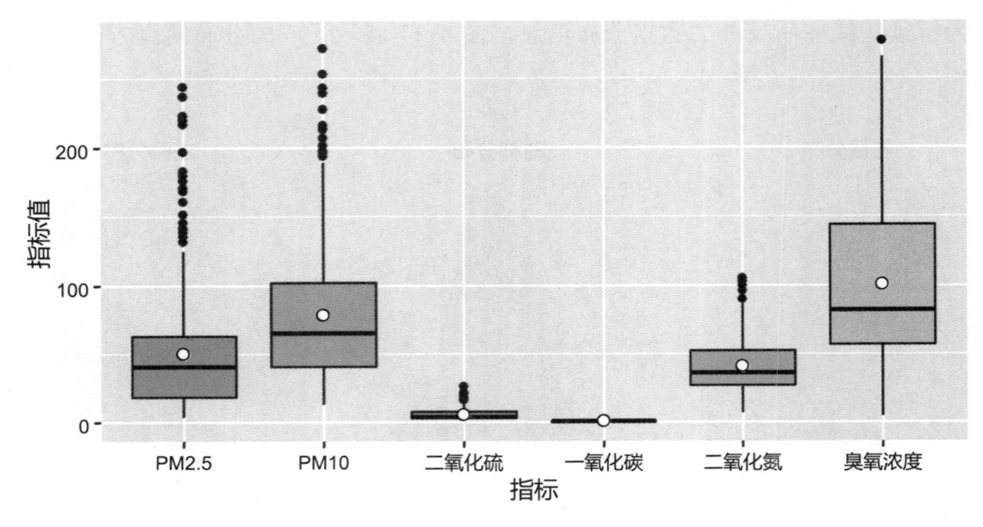

图4-18　6项空气污染指标的箱线图

图 4-18 中的白色圆点为均值所在的位置。图 4-18 显示，从分布特征看，6 项指标均为右偏分布，离群点均出现在分布的右侧。中位数和均值显示，6 个指标数值的量级差异较大，在同一坐标中绘制箱线图，数值小的箱线图会受到挤压，难以观察出数据分布的形状和离散程度。比如，一氧化碳和二氧化硫两个指标的箱线图被大大压缩，几乎无法观察其分布形状和离散程度。这时，可以先对数据做变换（如对数变换或标准化变换），再绘制箱线图。设置 coord_flip( ) 或 aes(x= 指标值 ,y= 指标) 可互换坐标轴，使箱线图水平摆放。

需要注意，对数变换对数据的压缩比不同，对大数据的压缩程度远大于对小数据的压缩程度，因此通常会改变数据分布的形状，但对数据的离散程度改变不大，因此，对数变换不宜观察数据分布的形状，但有利于比较数据的离散程度。标准化变换仅仅改变数据的水平，它既不会改变数据分布的形状，也不会改变数据的离散程度，因此更适合比较数据的分布形状和离散程度，但不宜比较数据的水平。图 4-19 是原始数据（$y=x/10$）与对数变换和标准化变换效果的比较。

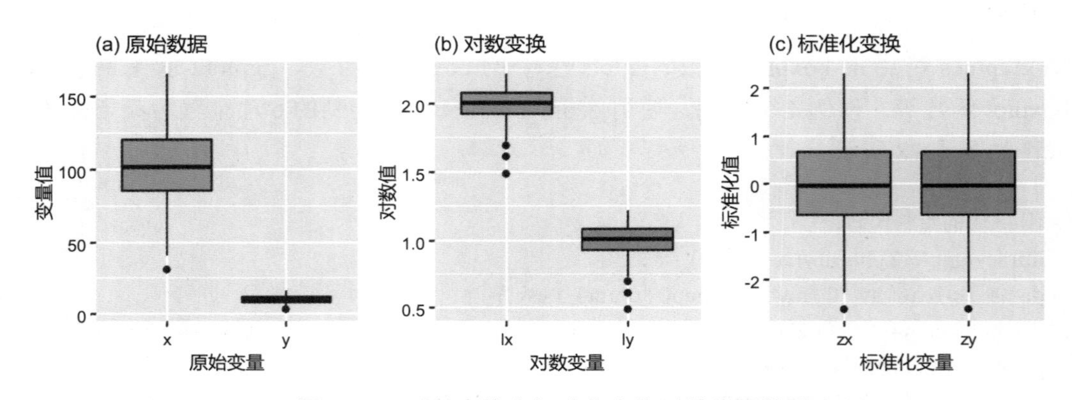

图4-19　对数变换和标准化变换对箱线图的影响

图 4-19（a）是水平不同（均值 mean(x)=102.712 2，mean(y)= 10.271 22），但离散程度相同（离散系数 cv(x)=0.266 6，cv(y)=0.266 6）的两个变量的箱线图。图 4-19（b）和图 4-19（c）是对数变换和标准化变换后的箱线图。图形显示，变换前的箱线图难以比较 x 和 y 的离散程度，对数变换后的箱线图显示二者的离散程度相同；标准化变换后的箱线图的分布形状和离散程度都相同。但标准化变换改变了数据的水平，因此不宜比较数据的水平。

图 4-20 分别是 6 项空气污染指标对数变换和标准化变换后的箱线图。

```
# 图4-20的绘制代码
> library(ggplot2);library(reshape2);library(plyr);library(dplyr)
> data4_1<-read.csv("C:/mydata/chap04/data4_1.csv")

# 数据处理
> df<-data4_1%>%select(-c(日期,AQI))%>%                        # 删除不需要的变量
+  melt(variable.name="指标",value.name="指标值")%>%           # 融合数据
+  ddply("指标",transform,标准化值=scale(指标值))               # 计算标准化值

# 绘制箱线图
> palette<-RColorBrewer::brewer.pal(6,"Set2")                  # 设置调色板
> p1<-ggplot(df,aes(x=指标,y=log10(指标值)))+                   # y值取对数
+  geom_boxplot(fill=palette,outlier.size=0.8)+                # 设置填充颜色和离群点大小
+  scale_x_discrete(guide=guide_axis(n.dodge=2))+              # x轴标签为2行
+  ylab("对数值")+ggtitle("(a) 对数变换")

> p2<-ggplot(df,aes(x=指标,y=标准化值))+geom_boxplot(fill=palette,outlier.size=0.8)+
+  scale_x_discrete(guide=guide_axis(n.dodge=2))+ggtitle("(b) 标准化变换")

> gridExtra::grid.arrange(p1,p2,ncol=2)                        # 组合图形
```

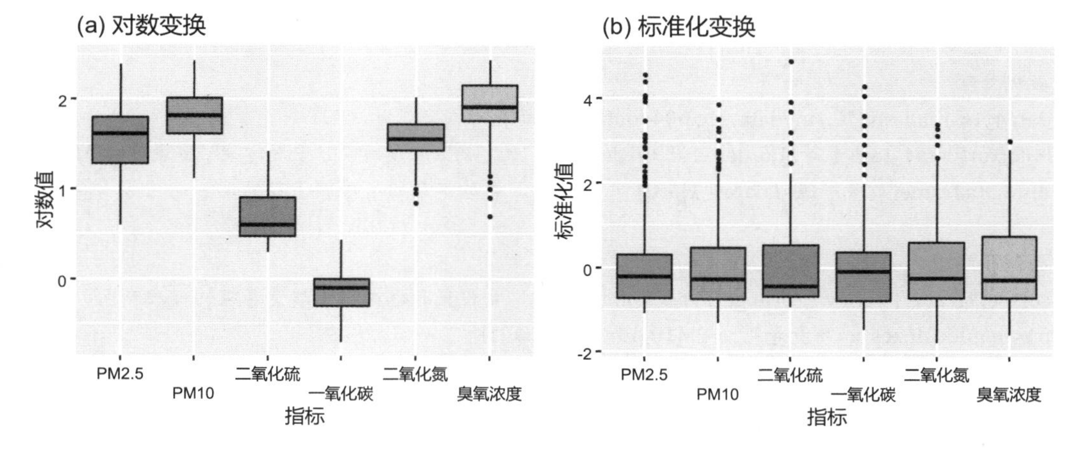

图4-20　6项指标对数变换和标准化变换后的箱线图

图4-20（a）显示，PM2.5的离散程度最大（箱子最长），其次是臭氧浓度，其他指标的离散程度差异不大。图4-20（b）显示，离散程度较大的是PM2.5、二氧化硫、一氧化碳，其他指标的离散程度相差不大。从分布形状看，6项指标均为右偏分布，除臭氧浓度偏斜程度相对较小外，其他指标都有较大的右偏。比较图4-18和图4-20不难发现变换的效果。

3. 分组箱线图

如果要分析因子不同水平条件下某项指标的分布，可以绘制按因子分组的箱线图。当样本量不同时，为在箱线图中反映出样本量信息，可以绘制不等宽箱线图。在绘制箱线图时，设置参数varwidth=TRUE，可以使得箱子的宽度与样本量的平方根成正比。

使用graphics包中的boxplot函数、gplots包中的boxplot2函数、ggplot2包中的geom_boxplot函数均可绘制不等宽箱线图。由geom_boxplot函数绘制的不同空气质量等级下PM10和臭氧浓度的不等宽箱线图如图4-21所示。

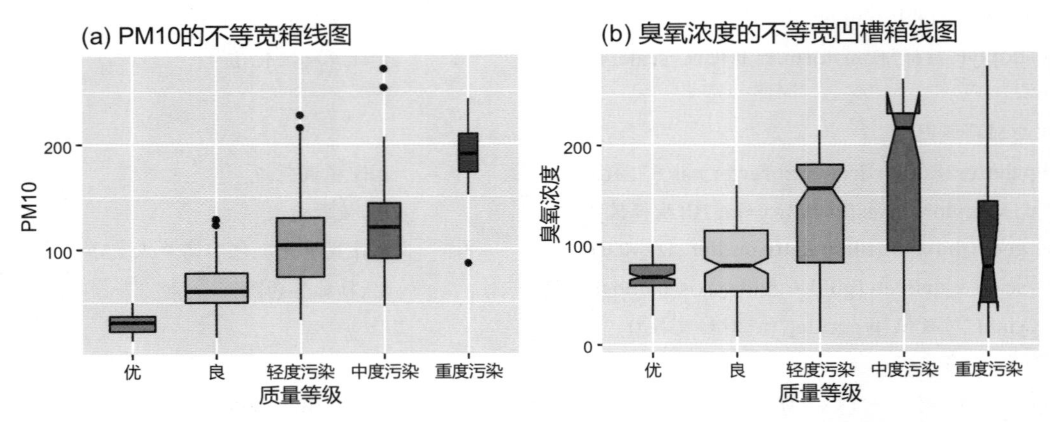

图4-21　按空气质量等级分组的PM10和臭氧浓度的不等宽箱线图

```
# 图4-21的绘制代码
> library(ggplot2);library(reshape2)

# 数据处理
> data4_1<-read.csv("C:/mydata/chap04/data4_1.csv")
> f<-factor(data4_1$质量等级,ordered=TRUE,levels=c("优","良","轻度污染","中度污染","重度污染"))
> df<-data.frame(质量等级=f,data4_1[,-3])              # 构建新的有序因子数据框

# 绘制箱线图
> cols=c("green","yellow","orange","red","purple")      # 设置颜色向量（质量等级的标准颜色）
> p1<-ggplot(df,aes(x=质量等级,y=PM10,fill=质量等级))+
+  geom_boxplot(varwidth=TRUE,fill=cols)+ggtitle("(a) PM10的不等宽箱线图")

> p2<-ggplot(df,aes(x=质量等级,y=臭氧浓度,fill=质量等级))+
+  geom_boxplot(varwidth=TRUE, notch=TRUE,notchwidth=0.5,fill=cols)+ # 绘制不等宽凹槽箱线图
```

```
+  ggtitle("(b) 臭氧浓度的不等宽凹槽箱线图")

> gridExtra::grid.arrange(p1,p2,ncol=2)                    # 组合图形
```

图 4-21 中的箱子宽度越宽，表示数据个数越多，箱子的宽度与每组数据个数的平方根成正比。比如，图 4-21（a）中，空气质量为良时箱子最宽，表示天数最多；重度污染时箱子最窄，表示天数最少。图 4-21（b）设置参数 notch=TRUE 绘制凹槽箱线图，notchwidth 设置凹槽的深度，数值越小，凹槽越深，凹槽延伸的位置为$\pm 1.58\ \mathrm{IQR}/\sqrt{n}$。凹槽处即中位数所在的位置，利用凹槽更容易比较各组的中位数（数据水平）。图 4-21（b）中度污染和重度污染的箱线图中，延伸出去的小三角是凹槽延伸位置超出箱子的部分。

如果想绘制按因子分组的多个数值变量的箱线图，可以使用 ggiraphExtra 中的 ggBoxplot 函数，该函数不仅能绘制普通的箱线图，还可以绘制按因子分组的多个数值变量的箱线图，设置参数 rescale=TRUE 可以绘制数据标准化后的箱线图；设置参数 interactive=TRUE 可以绘制动态交互箱线图。限于篇幅，这里不再举例，请读者自己练习。

以 PM2.5、二氧化氮和臭氧浓度为例，由 ggplot2 绘制的按因子分组的箱线图如图 4-22 所示。

```
# 图4-22的绘制代码
> library(ggplot2);library(reshape2);library(plyr);library(dplyr)
> data4_1<-read.csv("C:/mydata/chap04/data4_1.csv")

# 数据处理
> d<-data4_1%>%select(质量等级,PM10,二氧化氮,臭氧浓度)%>%
+  melt(variable.name="指标",value.name="指标值")%>%
+  ddply("指标",transform,标准化值=scale(指标值))    # 计算标准化值并返回数据框
> f<-factor(d$质量等级,ordered=TRUE,levels=c("优","良","轻度污染","中度污染","重度污染"))
> df<-data.frame(质量等级=f,d[,-1])                   # 构建新的有序因子数据框

# 绘制箱线图
> p1<-ggplot(df)+aes(x=指标,y=指标值,fill=质量等级)+geom_boxplot(outlier.size=1)+
+  scale_fill_brewer(palette="Blues")+ggtitle("(a) 原始数据")

> p2<-ggplot(df)+aes(x=指标,y=标准化值,fill=质量等级)+geom_boxplot(outlier.size=1)+
+  scale_fill_brewer(palette="Blues")+ggtitle("(b) 标准化变换")

> gridExtra ::grid.arrange(p1,p2,ncol=1)                  # 组合图形
```

图 4-22 展示了不同空气质量等级下 PM10 二氧化氮和臭氧浓度的分布状况。

当有两个以上因子时，在绘图时可以对分类轴进行交互分类，从而在一幅图中展示多因子分类的图形。假定有多个数值变量和两个因子 f1 和 f2，绘制箱线图时设置

x=interaction(f1,f2) 即可。

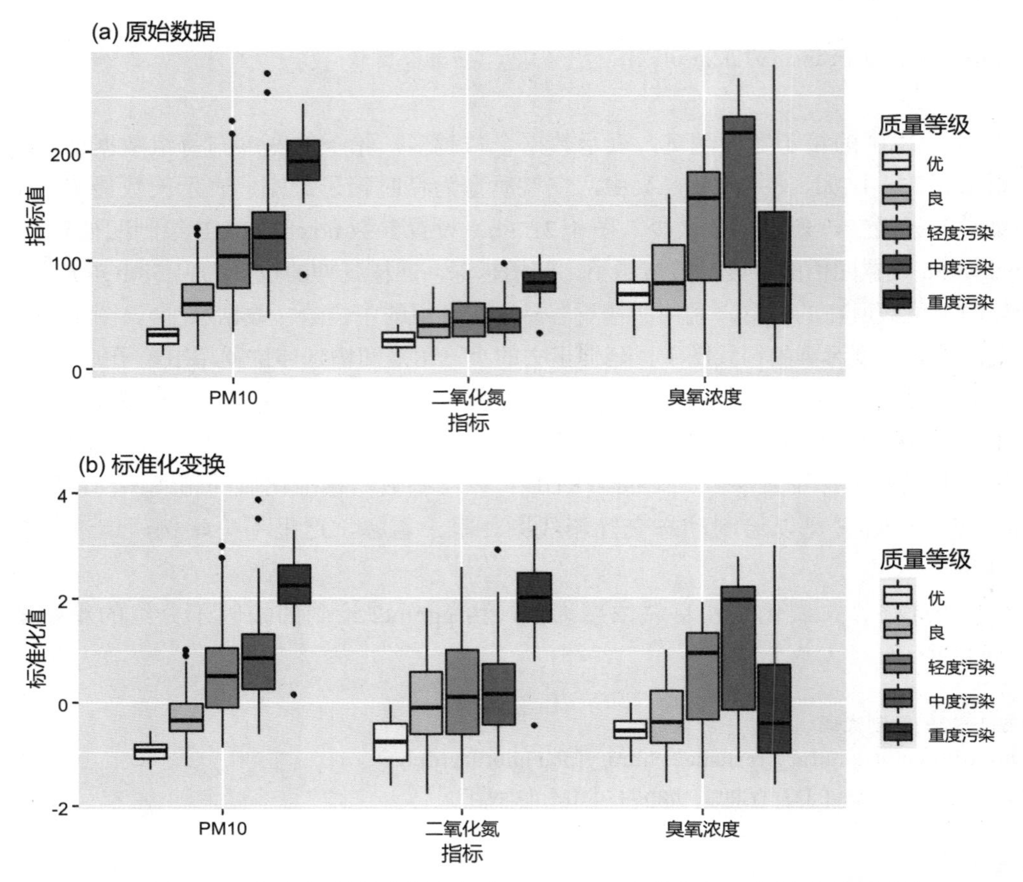

图4-22　按空气质量等级分组的PM10、二氧化氮和臭氧浓度的箱线图

4.2.2　小提琴图

小提琴图（violin plot）是将分布的核密度图以镜像方式绘制的，与箱线图的用途相同，也是用于展示多个变量的分布。小提琴图可以与箱线图结合在一起绘制，但它更容易观察数据分布的大致形状，因此可作为箱线图的替代图形。

1. 小提琴图及其变换

与箱线图类似，当多个变量的数值差异较大时，小提琴图难以观察分布形状，此时，可以先对数据做对数变换或标准化变换，再绘制小提琴图。

R 中绘制小提琴图的函数有多个，如 vioplot 包中的 vioplot 函数、plotrix 包中的 violin_plot 函数、psych 包中的 violinBy 函数、lattice 包中的 bwplot 函数、ggplot2 包中的 geom_violin 函数等。以例 4-1 为例，由 ggplot2 中的 geom_violin 函数绘制的 6 项空气污染指标的小提琴图如图 4-23 所示。

```
# 图4-23的绘制代码
> library(ggplot2);library(reshape2);library(plyr);library(dplyr)
> data4_1<-read.csv("C:/mydata/chap04/data4_1.csv")

# 数据处理
> df<-data4_1%>%select(-c(日期,AQI))%>%                          # 删除不需要的变量
+   melt(variable.name="指标",value.name="指标值")%>%             # 融合数据
+   ddply("指标",transform,标准化值=scale(指标值))                # 计算标准化值

# 图（a）原始数据的小提琴图
> p1<-ggplot(df,aes(x=指标,y=指标值,fill=指标))+geom_violin(scale="width",trim=FALSE)+
+   geom_point(color="black",size=0.8)+                           # 添加点
+   geom_boxplot(outlier.size=0.7,outlier.color="white",size=0.3,width=0.2,fill="white")+
                                                                  # 设置离群点参数
+   scale_fill_brewer(palette="Set2")+
+   stat_summary(fun=mean,geom="point",shape=21,size=2)+          # 添加均值点
+   guides(fill="none")+                                          # 删除图例
+   ggtitle("(a) 原始数据小提琴图")

# 图（b）数据标准化后的小提琴图
> p2<-ggplot(df,aes(x=指标,y=标准化值,fill=指标))+geom_violin(scale="width")+
+   geom_point(color="black",size=1)+
+   geom_boxplot(outlier.size=0.7,outlier.color="black",size=0.3,width=0.2,fill="white")+
+   scale_fill_brewer(palette="Set2")+
+   guides(fill="none")+ggtitle("(b) 标准化小提琴图")

> gridExtra::grid.arrange(p1,p2,ncol=1)                           # 组合图形
```

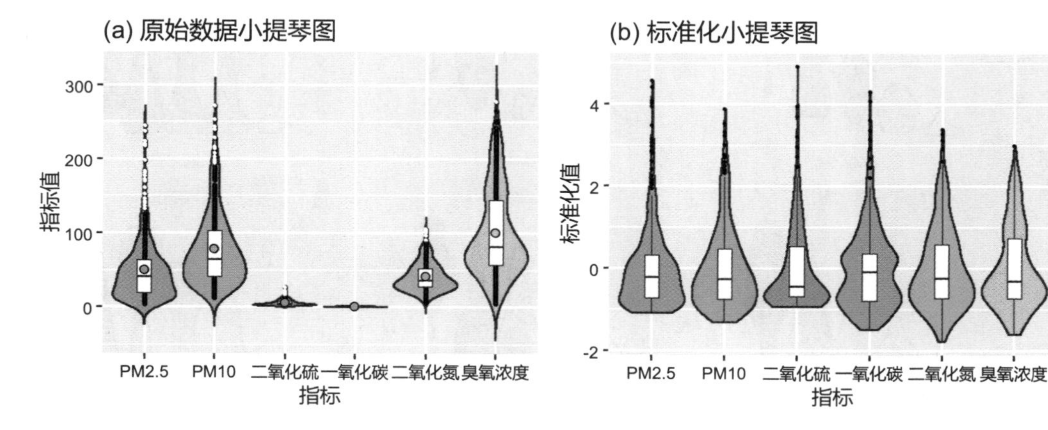

图4-23　6项空气污染指标的小提琴图

图 4-23 的绘制参数 scale="width" 表示所有的小提琴都使用相同的最大宽度；函数默认 scale="aera"，即所有的小提琴的面积都相同；scale="count" 表示按比例缩放面积和

观测次数。图 4-23（a）是根据原始数据绘制的，小提琴图中间是箱线图，圆点是均值点的位置。图 4-23（b）是数据标准化后绘制的，可以更清晰地观察分布的形状和特征。

2. 分组小提琴图

对于按因子分类的数据，可以绘制分组小提琴图；对于多个数值变量，可以绘制按因子分组、按变量分面的小提琴图。以例 4-1 的 6 项空气污染指标为例，绘制的按质量等级分组、按指标分面的小提琴图如图 4-24 所示。

```
# 图4-24的绘制代码
> library(ggplot2);library(reshape2);library(dplyr)
> data4_1<-read.csv("C:/mydata/chap04/data4_1.csv")

# 处理数据
> d<-data4_1%>%select(-c(日期,AQI))%>%
+  melt(id.vars="质量等级",variable.name="指标",value.name="指标值")
> labels<-c("优","良","轻度污染","中度污染","重度污染")
> f<-factor(d[,1],ordered=TRUE,levels=labels)            # 将质量等级转换成有序因子
> df<-data.frame(质量等级=f,d[,-1])                        # 构建新的数据框

# 绘制按质量等级分组、按指标分面的小提琴图
> ggplot(df,aes(x=指标,y=指标值,fill=质量等级))+geom_violin(scale="width")+
+  scale_fill_brewer(palette="Reds")+theme(legend.position="bottom")+
+  facet_wrap(~指标,ncol=3,scale="free")                   # 按指标3列分面
```

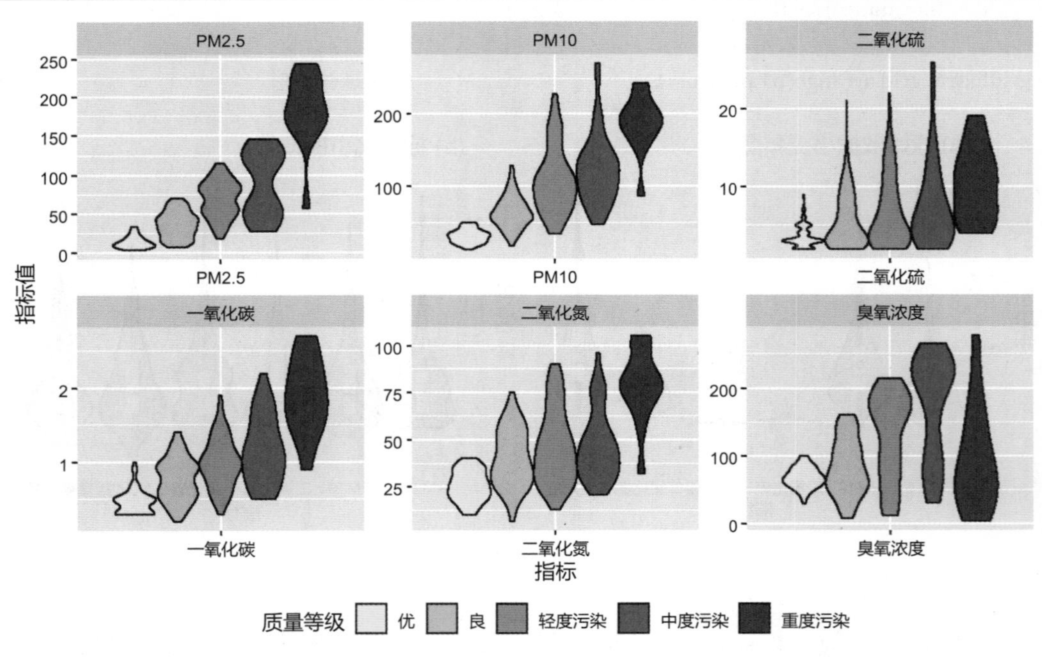

图4-24　按质量等级分组、按指标分面的小提琴图

图 4-24 展示了不同空气质量等级下各指标的分布状况。

由于小提琴图是以镜像方式绘制的核密度图，因此只需观察一半就可以识别数据分布的特征，另一半是冗余的。为简洁起见，也可以将小提琴图绘制成一半，称为半小提琴图（half-violin plot）。使用 see 包中的 geom_violinhalf 函数，结合 ggplot2 包很容易绘制半小提琴图，并将其与点图结合使用（见 4.3.3 节）。设置 coord_flip( ) 可以互换坐标轴，将小提琴图水平摆放。

4.2.3　展示检验信息

在数据分析中，如果某个数值变量的观测值是在因子的多个水平下获得的，可以检验不同因子水平（组）下的均值是否有显著差异。当因子只有两个水平（组）时，可以做 *t* 检验（*t* test）或威尔科克森检验（Wilcox test）。当因子有两个以上水平时，可以做方差分析（ANOVA）或克鲁斯卡尔检验（Kruskal test）。箱线图或小提琴图是展示这类检验信息的有效工具，在利用箱线图或小提琴图比较各组分布特征时，将检验的信息添加在图形上，可以得出更多的分析结论。

在例 4-1 的数据中，假定某项空气污染指标是在不同质量等级（组）下获得的一个随机样本，我们就可以比较不同空气质量等级下某项污染指标的均值是否有显著差异，并在箱线图或小提琴图上画出方差分析中 F 检验和各样本配对检验的 P 值。

使用 ggpubr 包中的 ggboxplot 函数和 ggviolin 函数可以画出因子不同水平的箱线图和小提琴图，使用 stat_compare_means 函数可以添加 F 检验和配对检验的 P 值。以臭氧浓度和二氧化氮为例，绘制的带有方差分析检验信息的箱线图和小提琴图如图 4-25 所示。

```
# 图4-25的绘制代码
> library(ggpubr)
> data4_1<-read.csv("C:/mydata/chap04/data4_1.csv")
> a<-c("优","良","轻度污染","中度污染","重度污染")      # 设置因子向量
> f<-factor(data4_1[,3],ordered=TRUE,levels=a)           # 将质量等级变为有序因子
> df<-data.frame(质量等级=f,data4_1[,-3])                # 构建新的有序因子数据框

# 列出比较组（可根据需要选择）
> compared<-list(c("优","良"),c("良","轻度污染"),c("良","中度污染"),c("良","重度污染"),
+  c("轻度污染","中度污染"),c("轻度污染","重度污染"),c("中度污染","重度污染"))

# 绘制图形p1和p2
> p1<-ggboxplot(df,x="质量等级",y="臭氧浓度",title="(a) 臭氧浓度的箱线图", # 绘制箱线图
+  fill="质量等级",palette="Set2")+
+  theme_grey()+guides(fill="none")                                      # 去掉图例
> p1_1<-p1+stat_compare_means(comparisons=compared,method="t.test")+
                     # 使用t.test做均值比较（可选方法有wilcox.test,anova,kruskal.test）
+  stat_compare_means(method="anova",label.y=500)                        #设置方差分析P值的位置
```

```
> p2<-ggviolin(data=df,x="质量等级",y="二氧化氮", width=1,size=0.5, # 绘制小提琴图
+  fill="质量等级",palette="Set2", title="(b) 二氧化氮的小提琴图",
+  add="boxplot",add.params=list(fill="white",size=0.2))+        # 添加箱线图并设置填充颜色
+  theme_grey()+guides(fill="none")
> p2_1<-p2+stat_compare_means(comparisons=compared,method="t.test")+
+  stat_compare_means(method="anova",label.y=200)

> gridExtra::grid.arrange(p1_1,p2_1,ncol=2)                       # 组合图形p1_1和p2_1
```

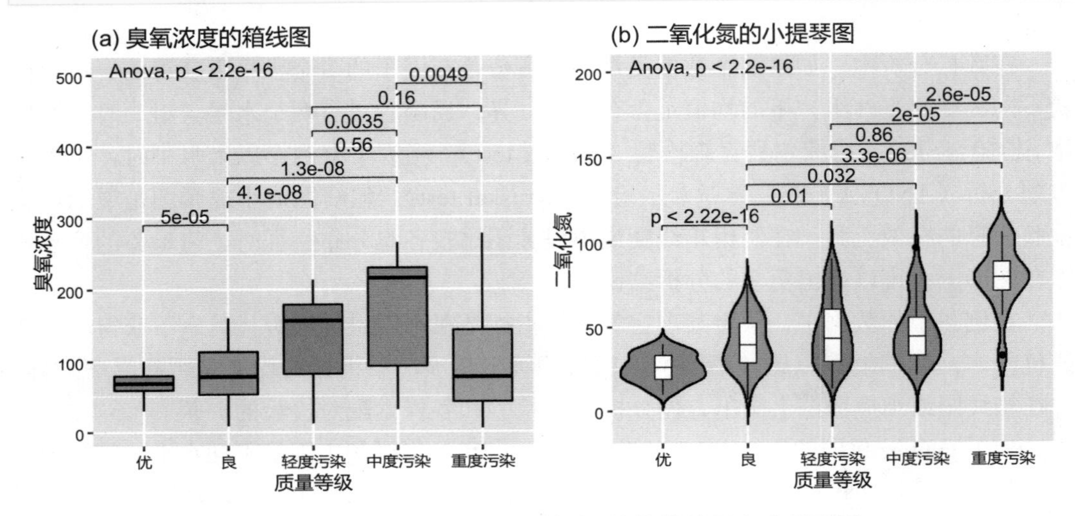

图4-25　带有方差分析检验*P*值的箱线图和小提琴图

图4-25的上方列出了方差分析（*F*检验）的*P*值以及各组均值配对比较检验的*P*值。

图4-25（a）方差分析的*P*值（2.2e-16）显示，不同空气质量等级下，臭氧浓度的均值差异显著。所选择的配对检验的*P*值显示，良和重度污染、轻度污染和重度污染之间差异性检验的*P*值均较大，表示它们之间的均值差异不显著，而其他配对检验的*P*值均较小，表示其他配对臭氧浓度的均值之间均有显著差异。

图4-25（b）方差分析的*P*值（2.2e-16）显示，不同空气质量等级下，二氧化氮的均值差异显著。所选择的配对检验的*P*值显示，轻度污染和中度污染之间差异性检验的*P*值较大，表示二者之间的均值差异不显著，而其余配对检验的*P*值均较小，表示其余配对二氧化氮的均值之间均有显著差异。

使用ggstatsplot包中的ggbetweenstats函数可以绘制带有更多统计信息的箱线图和小提琴图。以臭氧浓度为例，绘制的箱线图和小提琴图如图4-26所示。

```
# 图4-26的绘制代码
> library(ggstatsplot);library(ggplot2)
> data4_1<-read.csv("C:/mydata/chap04/data4_1.csv")

# 处理数据（做方差分析不必做因子水平排序，本例为展示图形）
```

```
> f<-c("优","良","轻度污染","中度污染","重度污染")        # 设置因子向量
> f<-factor(data4_1[,3],ordered=TRUE,levels=f)        # 将质量等级变为有序因子
> df<-data.frame(质量等级=f,data4_1[,-3])              # 构建新的有序因子数据框

# 绘制箱线图和小提琴图
> set.seed(2025)
> ggbetweenstats(df,x=质量等级,y=臭氧浓度,
+  plot.type="boxviolin",                             # 同时绘制箱线图和小提琴图（默认）
+  type="parametric",                                 # 采用参数检验方法（默认）
+  centrality.point.args=list(size=4,color="darkred"), # 设置均值点的大小和颜色
+  centrality.label.args=list(size=3,nudge_x=0.2),    # 设置均值标签的大小和位置偏移量
+  ggtheme=theme_grey(),                              # 设置图形主题
+  ggsignif.args=list(textsize=3,tip_length=0.01))    # 设置配对P值标签的大小
```

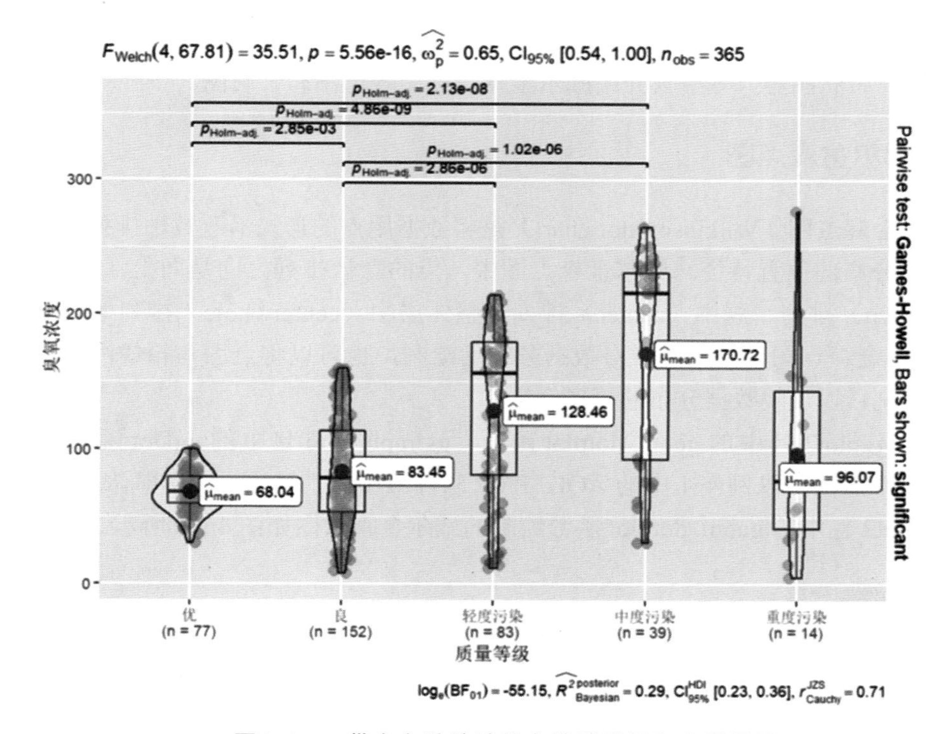

图4-26　带有多种统计信息的箱线图和小提琴图

函数 ggbetweenstats 默认同时绘制箱线图和小提琴图，可选 plot.type="box" 或 plot.type="violin"，只绘制箱线图或小提琴图。默认检验方法为 parametric（参数检验），可选方法有 nonparametric（非参数）、robust（稳健或称鲁棒性）、Bayes（贝叶斯）。图 4-26 给出了多种统计信息，最上方给出了 Welch 检验[①] 的统计量和 P 值，图中给出了多重比较的

① Welch检验是采用Welch(韦尔奇)分布的统计量进行各组均值是否相等的检验。Welch分布近似于F分布，采用Welch检验对方差齐性没有要求，所以当因变量的分布不满足方差齐性时，采用Welch检验更稳妥。

Holm 调整①后的 P 值，只列出差异显著的组的 P 值，未列出的表示差异不显著，比如图 4-26 中只列出 5 组差异显著的组的 P 值。箱线图和小提琴图中的点表示各组均值，矩形中标出了均值，并画出了置信区间。图的右侧表示多重比较采用 Games-Howell 方法（该方法适用于各组样本量不等、各组方差不等的情形）。图的最下方给出了支持原假设的贝叶斯因子（设置 bf.message=FALSE 可去掉该部分信息）。

图 4-25 和图 4-26 给出的检验 P 值不同，这是因为采用的检验方法不同。读者可以运行代码 model=summary(aov(臭氧浓度～质量等级 ,data=data4_1))，查看方差分析（F 检验）结果；运行 TukeyHSD(model)，查看 Tukey 多重比较的 P 值。

4.3 点图

点图（dot chart）是将数据用点的形式绘制在图中，主要用于展示数据在数轴上分布的位置，而不是分布的形状。点图有多种形式，如克利夫兰点图（见第 3 章）、威尔金森点图、带状图等。本节只介绍威尔金森点图、蜂群图和云雨图。

4.3.1 威尔金森点图

威尔金森点图（Wilkinson dot chart）是将数据用点的形式沿着数轴排列，主要用于反映数据分布的位置特征。威尔金森点图中，点的默认排列方向是向上（up），也可以向下（down）排列、居中（center）排列、整体居中（centerwhole）排列（居中但点对齐）。威尔金森点图可以按因子对数据分组后绘制，也可以将点图与箱线图和小提琴图等结合绘制，以反映数据分布的更多信息。

使用 ggplot2 包中的 geom_dotplot 函数、ggiraphExtra 包中的 ggDot 函数等均可绘制威尔金森点图。以例 4-1 中的 AQI、PM2.5、PM10、二氧化氮和臭氧浓度数据为例，使用 ggplot2 包中的 geom_dotplot 函数绘制的威尔金森点图如图 4-27 所示。

```
# 图4-27的绘制代码
> require(ggplot2) ; library(reshape2);library(dplyr)
> data4_1<-read.csv("C:/mydata/chap04/data4_1.csv")

# 处理数据
> df<-data4_1%>%select(AQI,PM2.5,PM10,二氧化氮,臭氧浓度)%>%
+  melt(variable.name="指标",value.name="指标值")            # 选择变量并转化成长格式

# 绘制图形
> mytheme<-theme_bw()+theme(legend.position="none")
```

① Holm调整是对m次检验对应的P值由小到大排序，并根据排序结果调整每次检验的显著性水平。$\alpha_{(1)}=\dfrac{\alpha}{m}$，$\alpha_{(2)}=\dfrac{\alpha}{m-1}$，$\cdots,\alpha_{(m)}=\alpha$。从最小的$P_{(1)}$ 开始，如果检验结果未拒绝原假设，则检验次小的$P_{(2)}$，依此类推，直至出现拒绝原假设的$P_{(i)}$为止。

```
> p<-ggplot(df,aes(x=指标,y=指标值,fill=指标))
> p1<-p+geom_dotplot(binaxis="y",binwidth=3,stackdir="center")+ # 绘制点图
+  mytheme+ggtitle("(a) 居中堆叠")

> p2<-p+geom_dotplot(binaxis="y",binwidth=3)+mytheme+ggtitle("(b) 向上堆叠")

> p3<-p+geom_violin ()+                                          # 绘制小提琴图
+  geom_dotplot(binaxis="y",binwidth=3.5,stackdir="center")+
+  mytheme+ggtitle("(c) 小提琴图+居中堆叠")

> p4<-p+geom_boxplot(aes(x=as.numeric(指标)+0.08,group=指标),width=0.25,notch=TRUE)+
                                                                 # 绘制凹槽箱线图
+  geom_dotplot(aes(x=as.numeric(指标)-0.08,group=指标),
+                  width=0.5,binaxis="y",binwidth=2.5,stackdir="down")+
+  scale_x_continuous(breaks=1:nlevels(df$指标),labels=levels(df$指标))+
+  mytheme+ggtitle("(d) 凹槽箱线图+向下堆叠")

> gridExtra::grid.arrange(p1,p2,p3,p4,ncol=2)                    # 组合图形
```

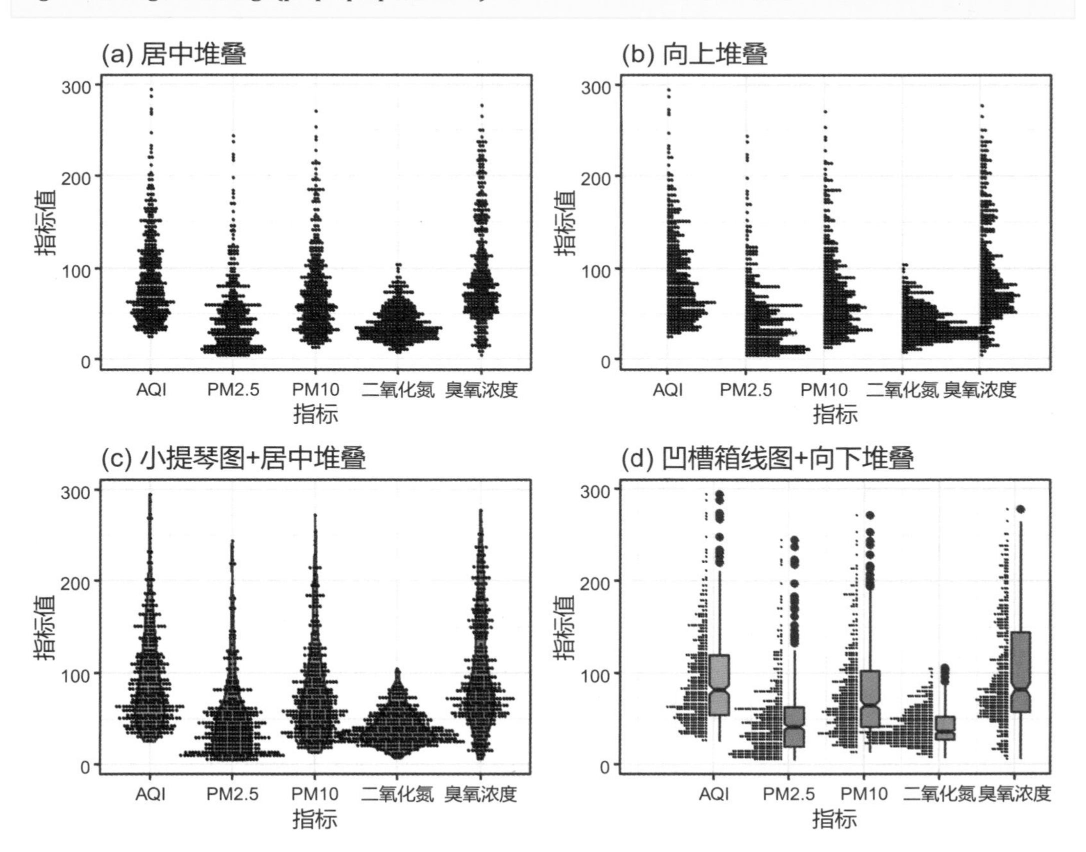

图4-27　AQI和4项空气污染指标的威尔金森点图

图 4-27（a）是将点从中间向两侧堆叠排列，这种排列方式绘制的点图类似小提琴图，观察中间的一侧就可以大致看出数据分布的形状。图 4-27（b）是向上（右）堆叠的点图，其形状类似茎叶图（本书未介绍），只是用点代替了数字，更容易观察数据分布的形状。图 4-27（c）是将居中堆叠的点图叠加在小提琴图上，可以结合两种图形来分析数据的分布特征。图 4-27（d）是将向下（左）堆叠的点图放在箱线图的一侧，并对 x 轴标签的位置做了调整，这样可以在利用箱线图观察数据分布形状的同时观察数据点的分布。

除了按每个变量绘制点图外，也可以将某个变量按因子分组绘制点图。以 AQI 为例，按质量等级和按月份分组，用 ggplot2 包中的 geom_dotplot 函数绘制的威尔金森点图如图 4-28 所示。

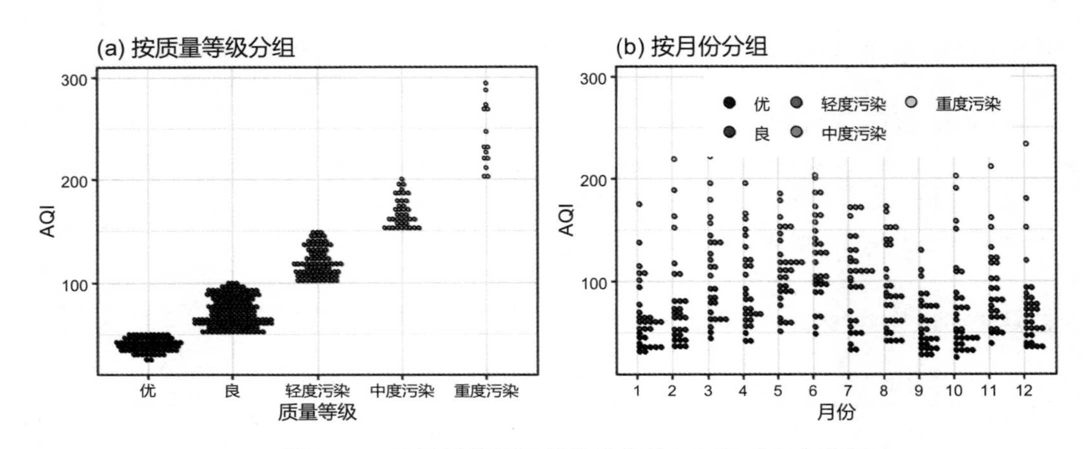

图4-28　按质量等级和月份分组的AQI的威尔金森图

```
# 图4-28的绘制代码（以AQI为例）
> library(ggplot2)
> library(lubridate)                                          # 为使用函数month提取月份

# 处理数据
> data4_1<-read.csv("C:/mydata/chap04/data4_1.csv")
> d<-data.frame(日期=as.Date(data4_1$日期),data4_1[,-1])      # 将日期转化成日期变量
> dd<-data.frame(d,月份=factor(month(d$日期)))                # 在数据框中添加月份因子
> labels<-c("优","良","轻度污染","中度污染","重度污染")
> f<-factor(dd[,3],ordered=TRUE,levels=labels)               # 将质量等级转换成有序因子
> df<-data.frame(dd[,-3],质量等级=f)                          # 构建新的数据框

# 图（a）按质量等级分组
> p1<-ggplot(df,aes(x=质量等级,y=AQI,fill=质量等级))+
+  geom_dotplot(binaxis="y",binwidth=4,stackdir="center")+   # 绘制点图
+  theme_bw()+theme(legend.position="none")+ggtitle("(a) 按质量等级分组")

# 图（b）按月份分组
> p2<-ggplot(df,aes(x=月份,y=AQI,fill=质量等级))+
```

```
+  geom_dotplot(binaxis="y",binwidth=5)+theme_bw()+
+  theme(legend.position=c(0.55,0.85), legend.background=element_rect(size=0.15))+  # 设置图例
+  guides(fill=guide_legend(nrow=2,title=NULL))+                    # 图例排成2行，去掉图例标题
+  ggtitle("(b) 按月份分组")

> gridExtra::grid.arrange(p1,p2,ncol=2)                             # 组合图形
```

图 4-28（a）是按质量等级分组的 AQI 的点图，同时用不同颜色做了区分。图中显示，空气质量为优和良时的点较多，分布也相对集中；空气质量较差时点较少，分布相对分散。图 4-28（b）是按月份分组的 AQI 的点图，同时按质量等级做了颜色区分。图形显示，3 月份、4 月份、11 月份和 12 月份的空气质量较差，点的分布也相对分散。

4.3.2　蜂群图

蜂群图（beeswarm chart）也是一种点图，它与威尔金森点图类似，只是先将数据轻微扰动（jitter）后，再将各个点在垂线两侧向上展开排列成蜂群的形式，扰动的目的是避免各个点重叠。如果想展示单个数据点而不是分布的形状，则可以使用蜂群图。蜂群图也可以与箱线图、小提琴图等结合使用，利用箱线图或小提琴图展示数据分布的形状，用蜂群图展示各数据点。蜂群图也可以用于展示时间序列数据。

使用 beeswarm 包中的 beeswarm 函数、ggbeeswarm 包中的 ggbeeswarm 函数和 geom_quasirandom 函数等均可绘制蜂群图。以例 4-1 中的 AQI、PM2.5、PM10、二氧化氮和臭氧浓度数据为例，使用 ggplot2 并结合 ggbeeswarm 函数绘制的蜂群图如图 4-29 所示。

```
# 图4-29的绘制代码
> library(ggplot2); library(reshape2);library(dplyr);library(ggbeeswarm);library(lubridate)
> data4_1<-read.csv("C:/mydata/chap04/data4_1.csv")

# 处理数据
> df1<-data4_1%>%select(AQI,PM2.5,PM10,二氧化氮,臭氧浓度)%>%
+  melt(variable.name="指标",value.name="指标值")

# 图（a）5项指标的蜂群图
> mytheme<-theme_bw()+theme(legend.position="none")
> p<-ggplot(df1,aes(x=指标,y=指标值))
> p1<-p+geom_beeswarm(cex=0.8,shape=21,fill="black",size=0.7,aes(color=指标))+
                                          # 设置蜂群的宽度、点的形状、大小和填充颜色
+  mytheme+ggtitle("(a) 蜂群图")

# 图（b）箱线图+蜂群图
> p2<-p+geom_boxplot(size=0.5,outlier.size=0.8,aes(color=指标))+
+  geom_beeswarm(shape=21,cex=0.8,size=0.8,aes(color=指标))+
```

```
+  mytheme+ggtitle("(b) 箱线图+蜂群图")

# 图（c）各月份AQI的蜂群图（使用图4-28构建的数据框df）
> p3<-ggplot(df,aes(x=月份,y=AQI))+
+  geom_beeswarm(cex=1.5,shape=21,size=1.5,color="black",aes(fill=质量等级))+
+  theme_bw()+coord_flip()+
+  theme(legend.position=c(0.85,0.6), legend.background=element_blank())+
                                                        # 设置图例位置并移除边框
+  ggtitle("(c) 各月份AQI的蜂群图")

> gridExtra::grid.arrange(p1,p2,p3,heights=c(1,1), layout_matrix=rbind(c(1,3),c(2,3)))   # 图形布局
```

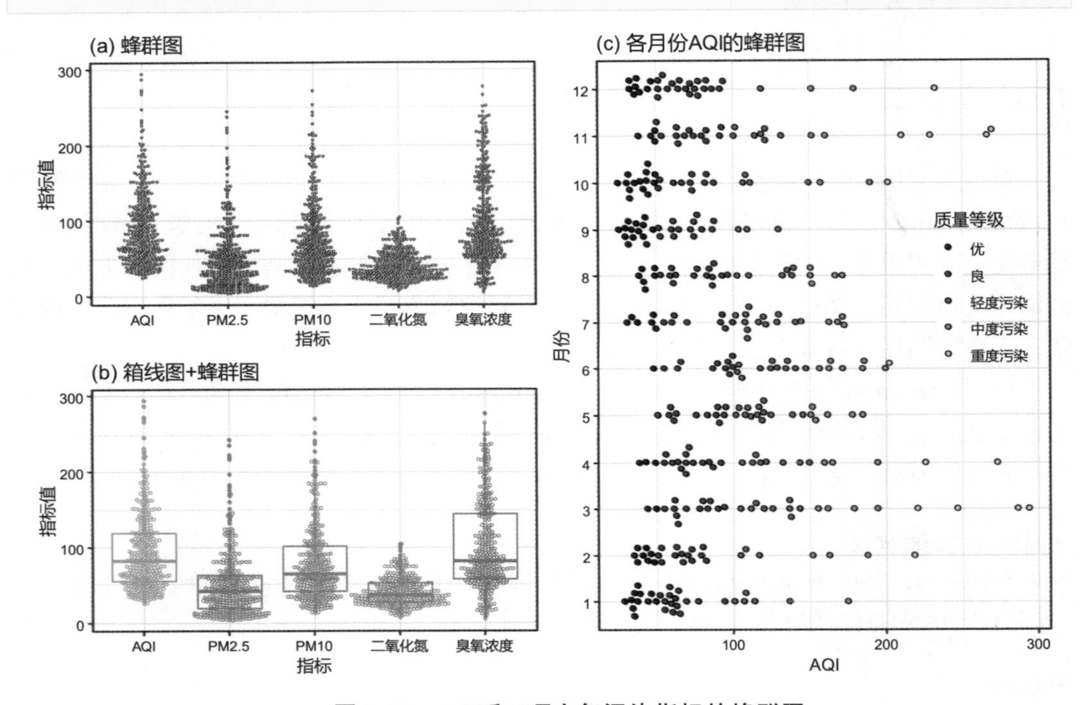

图4-29　AQI和4项空气污染指标的蜂群图

图 4-29（b）是在箱线图上叠加蜂群图。图 4-29（c）是按月份绘制的 AQI 的蜂群图，并用空气质量等级因子对各点做了分类，可用于分析不同空气质量等级下各点的分布。

除了可以将威尔金森点图和蜂群图与箱线图（或小提琴图）结合使用外，也可以使用 geom_point( ) 函数将点图叠加在箱线图（或小提琴图）上，使用 geom_jitter( ) 函数将扰动点（niose）叠加在箱线图（或小提琴图）上。限于篇幅，这里不再举例。

4.3.3　云雨图

云雨图（raincloud plot）是绘制一半的小提琴图，在小提琴图的一侧或下方绘制出点图，其形状类似云和雨，由于它是将半个小提琴图和向下堆叠的点图结合在一起绘制

的，因此也称为**半小提琴半点图**（half-violin half-dot plot）。云雨图同时提供了小提琴图和点图的信息，它用小提琴图展示数据分布的形状，用点图展示数据点的分布位置。

使用 ggplot2 并结合 see 包中的 geom_violindot 函数可以绘制云雨图。以例 4-1 中的 AQI、PM2.5、PM10、二氧化氮和臭氧浓度数据为例，绘制的云雨图如图 4-30 所示。

```
# 图4-30的绘制代码
> library(ggplot2); library(see) ;library(dplyr);library(reshape2)
> data4_1<-read.csv("C:/mydata/chap04/data4_1.csv")

# 处理数据
> df<-data4_1%>%select(AQI,PM2.5,PM10,二氧化氮,臭氧浓度)%>%
+  melt(variable.name="指标",value.name="指标值")          # 选择变量并转化成长格式

# 绘制云雨图
> mytheme<-theme_modern()+                                  # 选择主题
+ theme(legend.position="none",                            # 删除图例
+         plot.title=element_text(size=14,hjust=0.5))       # 调整标题位置（居中）
> p1<-ggplot(df,aes(x=指标,y=指标值,fill=指标))+
+  geom_violindot(dots_size=55,binwidth=0.07)+           # 绘制云雨图并设置点的大小和箱宽
+  mytheme+ggtitle("(a) 垂直排列(默认)")

> p2<-ggplot(df,aes(x=指标,y=指标值,fill=指标))+geom_violindot(dots_size=60,binwidth=0.06)+
+  coord_flip()+mytheme+ggtitle("(b) 水平排列")

> gridExtra ::grid.arrange(p1,p2,ncol=2)                    # 组合图形
```

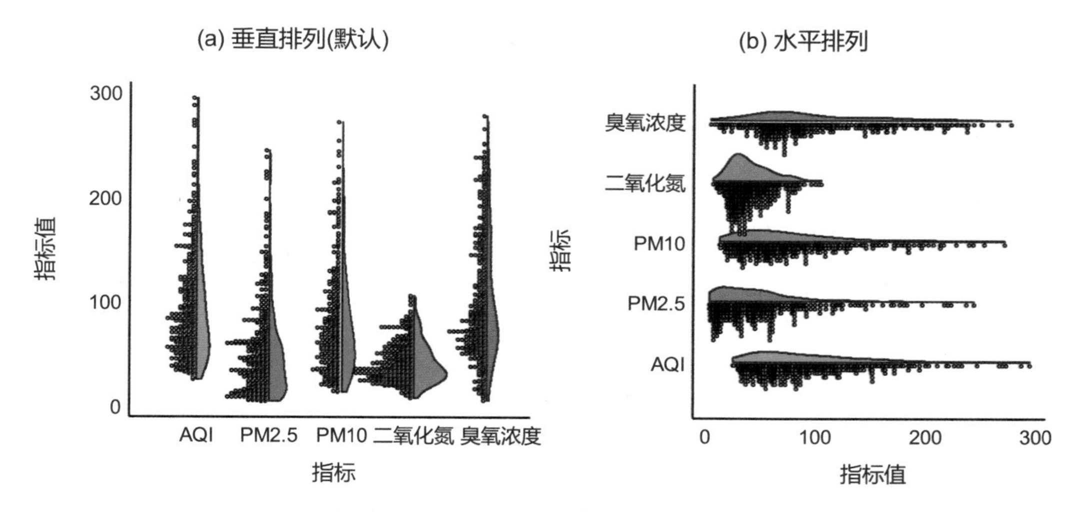

图4-30　AQI和4项空气污染指标的云雨图

图 4-30 用小提琴图展示了数据的分布形状，用点图展示了数据点在数轴上的分布位置。

4.4　海盗图和分布概要图

除上面介绍的常见分布图形外，还有一些提供多种分布信息的综合类图形，主要有海盗图、分布概要图等。

4.4.1　海盗图

海盗图（pirate plot）是一种展示数据多种特征的图形，它提供了原始数据、描述统计和推断统计等多方面的信息，通常用于展示 1 ～ 3 个分类变量和一个连续数值变量之间的关系。海盗图集多种信息于一体，是一种展示数据分布特征的优秀图形。

海盗图中含有 4 个主要元素：一是用于表示原始数据的水平扰动点（points）；二是用于表示中心趋势（如平均数）的水平条（bar）；三是表示平滑密度的豆（bean）；四是表示推断（inf）信息（如置信区间）的矩形（rectangle）。

使用 yarrr 包中的 pirateplot 函数可以绘制海盗图，设置不同主题（theme）可以绘制不同式样的海盗图，也可以修改图形主题绘制出需要的图形。以 AQI、PM2.5、PM10、二氧化氮和臭氧浓度 5 项指标为例，绘制的海盗图如图 4-31 所示。

```
# 图4-31的绘制代码
> library(yarrr);library(reshape2) ;library(dplyr)
> data4_1<-read.csv("C:/mydata/chap04/data4_1.csv")

# 处理数据
> df<-data4_1%>%select(AQI,PM2.5,PM10,二氧化氮,臭氧浓度)%>%
+  melt(variable.name="指标",value.name="指标值")            # 选择数据并转化成长格式

# 图（a）主题theme=1
> par(mfrow=c(1,2),mai=c(0.8,0.8,0.4,0.1),cex.lab=0.6,cex.axis=0.8,font.main=1)
> pirateplot(formula=指标值~指标,data=df,xlab="指标",
+  gl.col="grey90",                          # 设置背景网格线的颜色
+  theme=1,main="(a) 主题theme=1")           # 设置图形主题theme=1

# 图（b）修改初始主题theme=2
> pirateplot(formula=指标值~指标,data=df,xlab="指标",
+  gl.col="white",                           # 设置背景网格颜色
+  theme=2,                                  # 修改初始主题theme=2
+  inf.lwd=0.9,inf.f.o=0.5,                  # 设置置信矩形的线宽和填充的透明度
+  inf.b.col="black",                        # 设置置信矩形边框的颜色
+  avg.line.lwd=3,avg.line.o=0.8,            # 设置平均线线宽和填充的透明度
+  point.o=0.2,bar.f.o=0.6,                  # 设置点和条形填充的透明度
+  bean.b.o=0.3,bean.f.o=0.5,                # 设置豆的透明度和填充的透明度
+  point.pch=21,point.col="black",           # 设置点型和颜色
```

```
+    point.cex=0.7,point.bg="white",            #设置点的大小和背景色
+    main="(b) 修改初始主题theme=2")
```

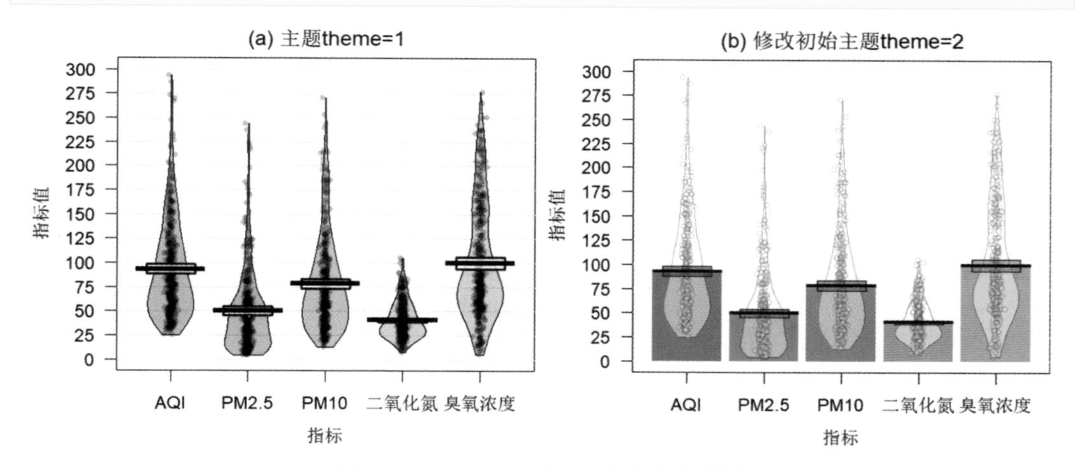

图4-31　AQI和4项空气污染指标的海盗图

在 pirateplot 函数中，图形主题 theme 的可选值有 0，1，2，3，4，其中 0 表示什么也不画。使用者可根据需要修改图形主题以绘制不同的图形。图 4-31（a）使用的主题是 theme=1，图中类似于小提琴图的形状称为豆，它是该项指标的核密度图，利用豆的形状可以观察数据分布的特征和形态。豆中间是原始数据经过扰动（jitter）后的点，用于观察数据点在坐标轴上的分布。豆中间的直线是表示数据中心趋势（如平均数）的条形，用于反映数据水平。图中的矩形是该组数据的置信区间（比如，均值的 95% 的置信区间），用于推断该组数据水平。图 4-31（b）选择的初始主题是 theme=2，并根据需要做了修改，在图形上添加了条形图，条形的高度是各指标的均值，并添加了 95% 的置信区间（误差条）。

4.4.2　分布概要图

如果想用一幅图对数据的分布特征做概括性描述，可以使用 aplpack 包中的 plotsummary 函数和 DescTools 包中的 PlotFdist 函数绘制描述数据多种特征的分布概要图。

1. 单变量分布概要图

只分析一个变量时，可以使用 DescTools 包中的 PlotFdist 函数绘制单变量概要图。该函数将直方图、核密度曲线、箱线图、地毯图、置信区间和经验累积分布函数（ecdf）等组合在一幅图中。根据例 4-1 中的 AQI 和 PM2.5 数据，由 PlotFdist 函数绘制的分布概要图如图 4-32 所示。

```
# 图4-32（a）的绘制代码（将AQI替换为PM2.5即可得到图4-32（b））
> library(DescTools)
```

```
> data4_1<-read.csv("C:/mydata/chap04/data4_1.csv")
> attach(data4_1)
> PlotFdist(AQI,mar=c(0,0,2,0),main="(a) AQI",
+   args.hist=list(breaks=20,col=5),              # 设置直方图的分组数和颜色
+   args.rug=TRUE,                                # 绘制地毯图
+   args.dens=list(bw=6,col=4),                   # 设置核密度图的带宽和颜色
+   args.ecdf=list(cex=1.2,pch=16,lwd=2),         # 绘制经验累积分布函数曲线
+   args.curve=list(expr="dnorm(x,mean=mean(AQI),sd=sd(AQI))",lty=6,col="grey60"),
                                                  # 绘制理论正态分布曲线
+   args.curve.ecdf=list(expr="pnorm(x,mean=mean(AQI),sd=sd(AQI))",lty=6,lwd=2,col="grey60"))
                                                  # 绘制理论正态分布的累积分布函数曲线
```

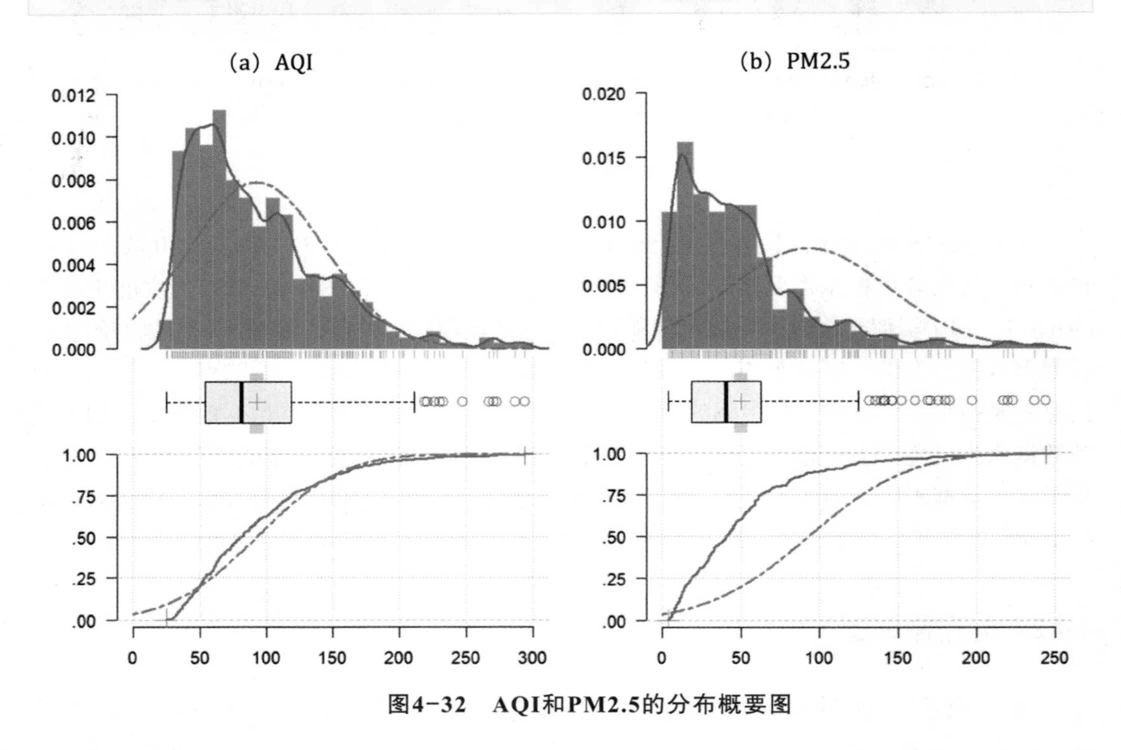

图4-32　AQI和PM2.5的分布概要图

图 4-32 依次画出了直方图、核密度曲线、理论正态分布曲线、地毯图、带有均值点和置信区间的箱线图、经验累积分布函数（ecdf）和理论累积分布函数（cdf）曲线。利用该图可以从不同角度观察 AQI 和 PM2.5 的分布特征。

2. 多变量分布概要图

如果有多个变量，想要绘制出每个变量的图形概要，可以使用 aplpack 包中的 plotsummary 函数。该函数可以对数据集中的每个变量绘制一个图集来展示变量的主要特征。图集中包括条纹图（条形图）、经验累积分布函数、核密度图和箱线图等。由 plotsummary 函数绘制的 6 项空气污染指标的分布概要图如图 4-33 所示。

```
# 图4-33的绘制代码
> library(aplpack)
> data4_1<-read.csv("C:/mydata/chap04/data4_1.csv")
> plotsummary(data4_1[,4:9],
+  types=c("stripes","ecdf","density","boxplot"),      # 选择要绘制的图形
+  y.sizes=4:1,                                         # 定义图的相对大小
+  design="chessboard",                                 # 绘图页面分割成不同行数和列数的矩阵
+  mycols="RB",                                         # 设置图形颜色（红色和黑色）
+  main="")
```

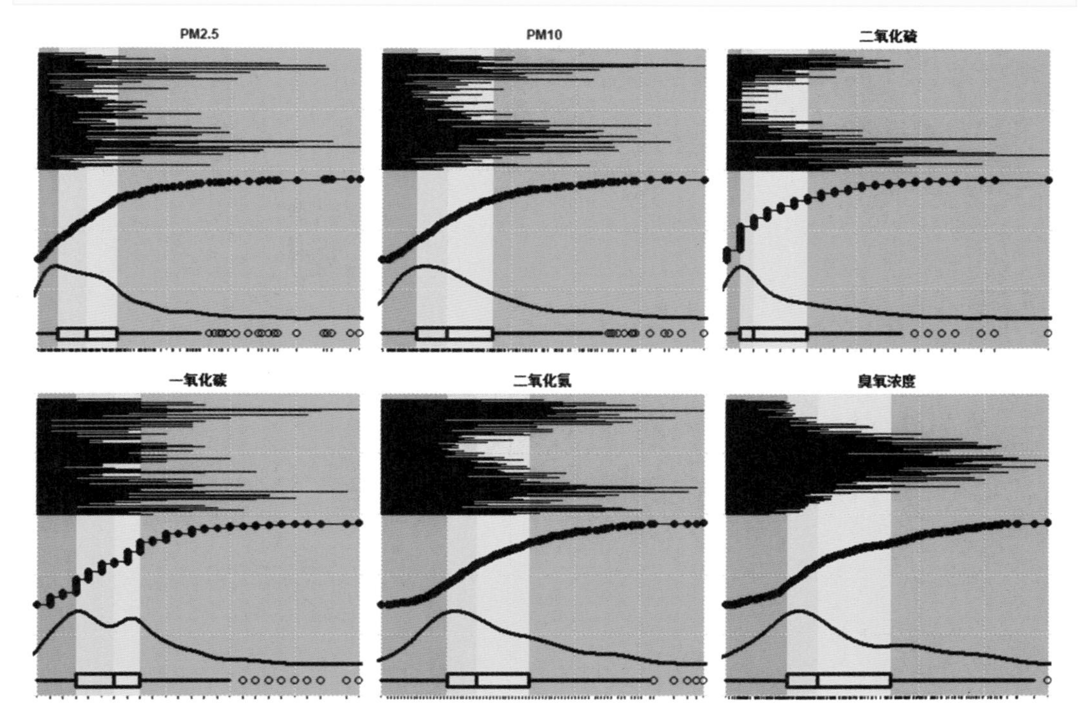

图4-33　6项空气污染指标的分布概要图

图 4-33 中分别绘制出了条纹图（stripes）、经验累积分布函数（ecdf）、核密度曲线（density）、箱线图（boxplot）、地毯图（rug）。图 4-33 显示，6 项指标均为右偏分布，其中二氧化氮和臭氧浓度的偏斜程度相对较小，其他指标的偏斜程度均较大。条纹图反映每个指标的数据点在整个观察期（本例为一年）内的分布状况，其中线条的长度表示数据的大小。

习题

4.1　直方图与核密度图有何不同？

4.2　说明箱线图和小提琴图的主要用途。

4.3 绘制箱线图或小提琴图时，在何种条件下需要对数据进行变换？

4.4 使用R自带的数据集faithful绘制以下图形，分析数据的分布特征。

（1）绘制eruptions的直方图，并为直方图添加扰动点及核密度曲线。

（2）绘制eruptions和waiting两个变量的叠加直方图和镜像直方图。

（3）绘制eruptions和waiting两个变量的分组核密度图、分面核密度图和镜像核密度图。

（4）根据实际数据和标准化后的数据绘制eruptions和waiting两个变量的箱线图和小提琴图。

（5）绘制eruptions和waiting两个变量的威尔金森点图、蜂群图和云雨图。

（6）绘制eruptions和waiting两个变量的分布概要图。

第 5 章

Chapter 5

变量间关系可视化

对于多个数值变量，我们通常关心这些变量之间是否有关系、关系的形态以及关系的强度等。本章主要介绍如何用图形来展示数值变量之间的关系。

5.1 散点图和分组散点图

散点图是分析数值变量间关系的常用工具。只分析两个数值变量时，可以绘制普通散点图；当数值变量是按一个或多个因子（类别变量）分类时，可以按因子分组绘制两个数值变量的散点图，称为分组散点图。

5.1.1 散点图

1. 散点图及其解读

散点图（scatter plot）将两个变量的各对观测点绘制在二维坐标中，并利用各观测点的分布来展示变量间的关系。设两个变量分别为x和y，每对观测值（x_i，y_i）在二维坐标中用一个点表示，n对观测值在坐标中形成的n个点图称为散点图。利用散点图可以观察两个变量间是否有关系、关系的形态以及关系强度等。为解读散点图表达的相关信息，我们首先观察图 5-1。

图 5-1（a）和图 5-1（b）显示，各观测点在直线周围随机分布，因此称为线性相关关系。图 5-1（a）中直线的斜率为正，称为正线性相关；图 5-1（b）中直线的斜率为负，称为负线性相关。图 5-1（c）和图 5-1（d）显示，所有观测点都落在直线上，称为完全线性关系。其中图 5-1（c）称为完全正相关（相关系数为 +1）；图 5-1（d）称为完全负相关（相关系数为-1）。图 5-1（e）显示各观测点围绕一条曲线周围分布，因此称为非线性相关。图 5-1（f）显示各观测点围绕y的均值在一条水平带中随机分布，表示没有相关关系。

具有线性关系的两个变量的散点图大致在一条直线周围随机分布，其分布的形状通常为一个椭圆，其形状越扁平，表示线性关系越强，如图 5-2 所示。

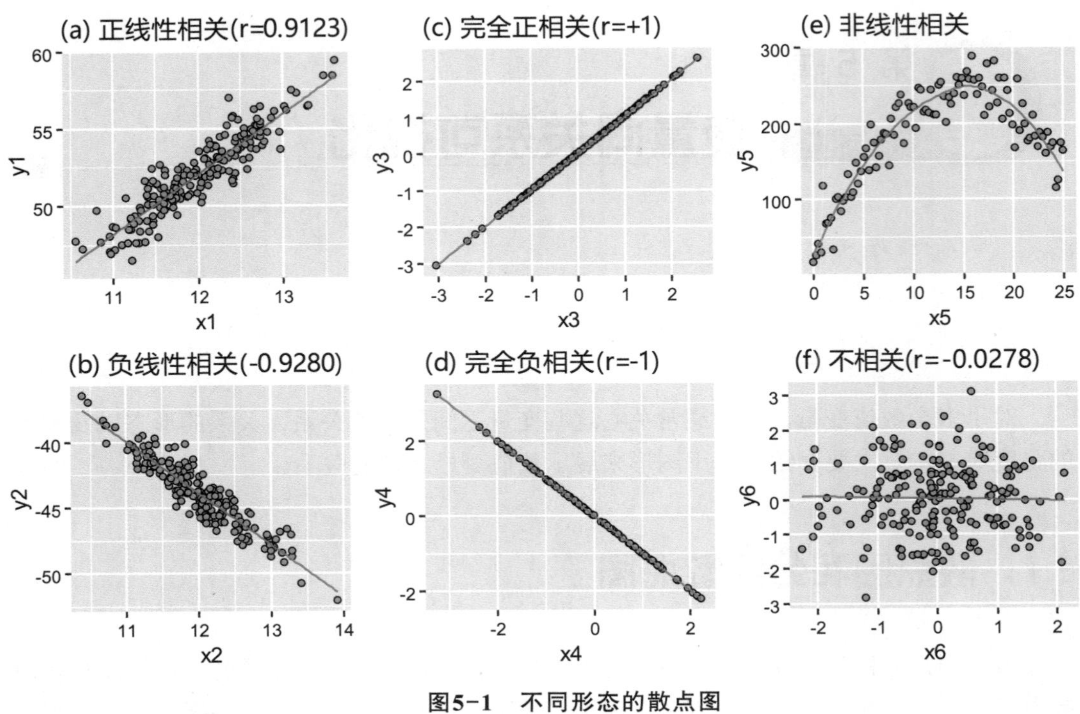

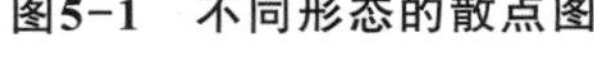

图5-1　不同形态的散点图

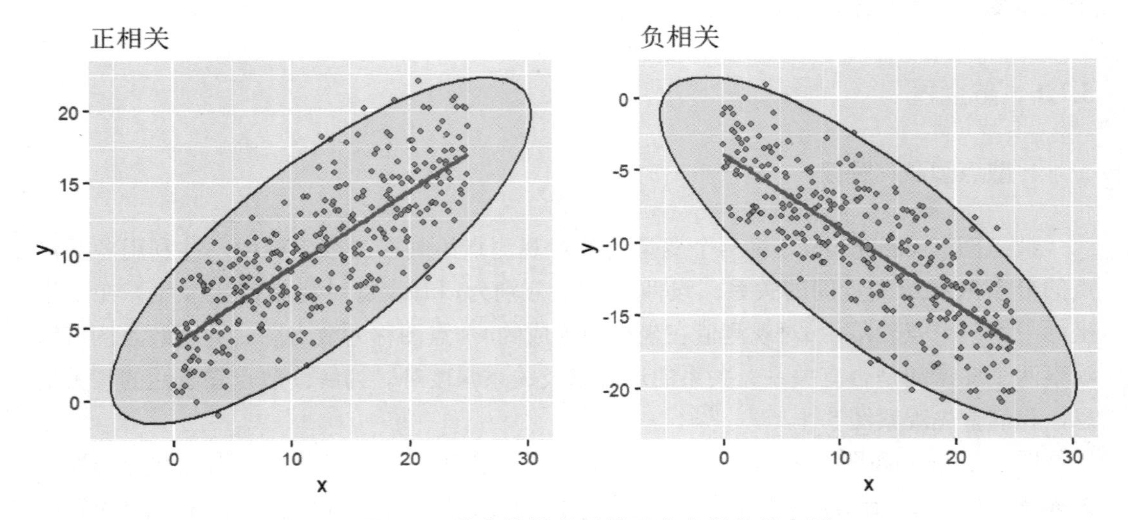

图5-2　具有线性关系的两个变量的散点图

2. 散点图和置信带

下面通过一个例子说明散点图的绘制方法和相关关系的分析思路。

【例 5-1】（数据：data5_1.csv）为分析上市公司的总股本与各项财务指标间的关系，在创业板、科创板和主板中随机抽取汽车类、家电类、医药类和食品类的股票共 200 只，得到的总股本和有关财务数据如表 5-1 所示。

表5-1　200家上市公司的总股本和有关财务数据（前3行和后3行）

股票类型	上市板块	总股本（万股）	每股收益（元）	每股净资产（元）	净资产收益率（%）	资本公积金（元/股）	现金流量（元/股）
医药类	创业板	32 062	1.82	11.21	8.11	2.98	3.42
汽车类	科创板	53 697	0.7	3.96	4.76	0.48	2.99
汽车类	科创板	81 757	0.94	7.85	6.32	2.19	3.05
⋮	⋮	⋮	⋮	⋮	⋮	⋮	⋮
医药类	创业板	34 230	2	11.69	9.23	3.74	3.38
食品类	主板	32 864	1.77	8.41	8.71	3.48	3.54
医药类	创业板	35 072	1.91	9.68	10.74	4.29	3.7

表 5-1 中涉及股票类型和上市板块 2 个类别变量（因子）和 6 个数值变量。如果要分析 2 个数值变量之间的关系，可以绘制普通的散点图。比如，要观察总股本与每股收益、每股净资产与每股收益之间的关系，由 ggplot2 包中的 geom_point 函数绘制的散点图如图 5-3 所示。

```
# 图5-3的绘制代码
> library(ggplot2);library(gridExtra)
> df<-read.csv("C:/mydata/chap05/data5_1.csv")

> p1<-ggplot(data=df,aes(x=总股本,y=每股收益))+
+  geom_point(shape=21,size=1.5,fill="deepskyblue")+          # 设置点的形状、大小和填充颜色
+  geom_rug(color="steelblue")+                              # 添加地毯图
+  stat_smooth(method=lm,color="red",fill="blue",size=0.8)+
                                       # 添加线性拟合线、设置线的颜色和置信带的颜色
+  geom_point(aes(x=mean(总股本),y=mean(每股收益)),shape=21,fill="yellow",size=4)+ # 绘制均值点
+  ggtitle("(a) 散点图+地毯图+线性拟合")

> p2<-ggplot(data=df,aes(x=每股净资产,y=每股收益))+
+  geom_point(shape=21,size=1.5,fill="deepskyblue")+
+  geom_rug(position="jitter",size=0.5,color="deepskyblue")+          # 添加数据扰动后的地毯图
+  stat_smooth(method=loess,color="red",fill="deepskyblue",size=0.8)+  # 添加局部加权回归拟合线
+  geom_point(aes(x=mean(每股净资产),y=mean(每股收益)),shape=21,fill="yellow",size=4)+
+  ggtitle("(b) 散点图+地毯图+loess拟合")
+  grid.arrange(p1,p2,ncol=2)
```

图 5-3（a）在散点图中添加了均值点（较大的黄色点）、线性回归拟合线及置信带，在观察两个变量线性关系形态的同时，可用回归线及其置信带分析用总股本预测每股收益均值时的可信范围。图形显示，总股本与每股收益之间为负的线性关系，从散点图中各个点的分布和回归直线看，二者有较强的负线性相关关系。图 5-3（b）在散点图中添加了均值点、局部加权回归（LOESS）拟合线及置信带，以便分析两个变量之间

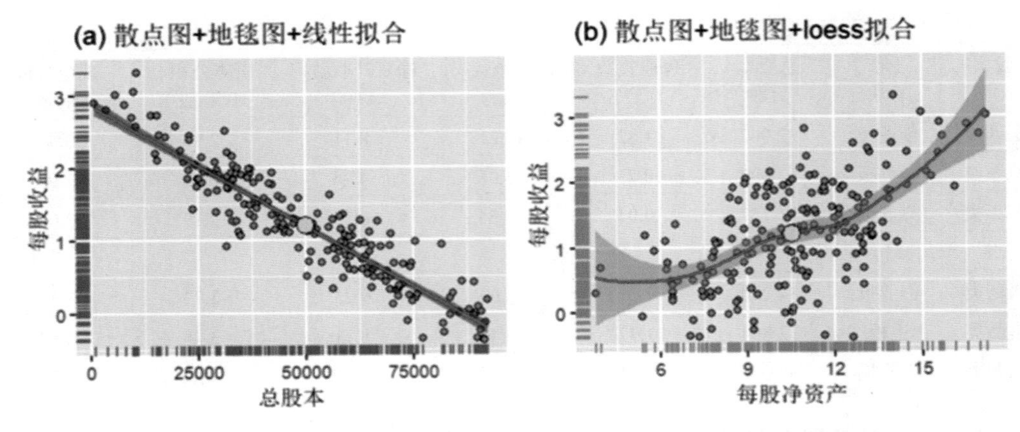

图5-3　总股本与每股收益、每股净资产与每股收益的散点图

的非线性关系程度。图形显示，每股净资产与每股收益之间的非线性关系不是很强，仍可以将二者视为线性关系。

图 5-3 中添加的置信带是用总股本预测每股收益均值时的可信范围。要针对某个上市公司每股收益做出区间预测，可以在散点图中添加预测带。使用 investr 包中的 plotFit 函数、HH 包中的 ci.plot 函数等均可绘制出带有两个变量线性回归的置信带（confidence band）和预测带（prediction band）的散点图。以总股本和每股收益为例，由 investr 包中的 plotFit 函数绘制的带有置信带和预测带的散点图如图 5-4 所示。

```
# 图5-4的绘制代码
> library(investr)
> data5_1<-read.csv("C:/mydata/chap05/data5_1.csv")
> fit<-lm(每股收益~总股本,data=data5_1)                # 拟合线性模型
> par(mfrow=c(1,3),mai=c(0.7,0.7,0.3,0.1),cex=0.8,font.main=1)
> plotFit(fit,interval="confidence",level=0.95,
+  shade=TRUE,col.conf="lightskyblue2",col.fit="red",main="(a) 95%的置信带")
> plotFit(fit,interval="prediction",level=0.95,
+  shade=TRUE,col.pred="lightskyblue2",col.fit="red",main="(b) 95%的预测带")
> plotFit(fit,interval="both",level=0.95,
+  shade=TRUE,col.conf="skyblue4", col.pred="lightskyblue2",col.fit="red",
+  main="(c) 95%的置信带和预测带")
```

如果要在散点图上添加更多信息，比如，相关系数、回归方程等，在使用 ggplot2 包绘制散点图时，需要先计算出模型的拟合结果，然后使用 annotate 函数或 geom_text 函数以文本形式添加，相对来说较为麻烦。使用 ggpubr 包中的 ggscatter 函数，不仅可以在散点图中添加回归线及其置信带，还可以画出两个变量的回归方程、相关系数及其检验的 P 值等，也可以画出拟合的 LOESS 曲线及其置信带等。由该函数绘制的总股本与每股收益、每股净资产与每股收益的散点图如图 5-5 所示。

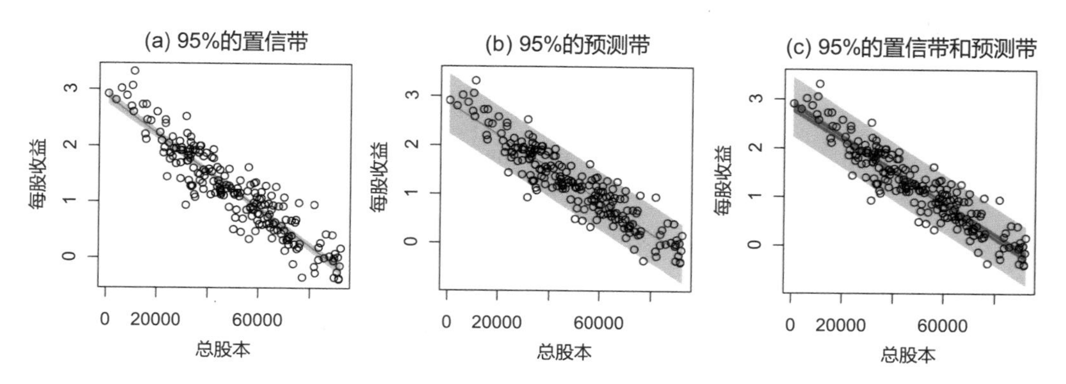

图5-4　带有线性拟合及置信带和预测带的总股本与每股收益的散点图

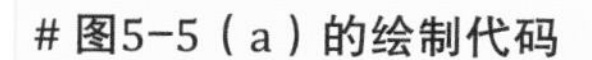

```
# 图5-5（a）的绘制代码
> library(ggpubr)
> data5_1<-read.csv("C:/mydata/chap05/data5_1.csv")

> ggscatter(data=data5_1,x="总股本",y="每股收益",                        # 绘制散点图
+  title="(a) 总股本与每股收益的散点图与线性拟合",                          # 添加标题
+  size=1.5,shape=21,fill="deepskyblue",                                  # 设置点的大小和颜色
+  add ="reg.line",conf.int=TRUE,                                         # 添加回归线和置信带
+  add.params=list(color="red",fill="deepskyblue"))+                      # 设置回归线和置信带的颜色
+  stat_regline_equation(label.x=58000,label.y=3.3,size=3)+               # 设置回归方程的位置坐标
+  stat_cor(label.x=58000,label.y=3,size=3)+                              # 设置相关系数的位置坐标
+  theme_grey()                                                           # 使用灰底色主题
```

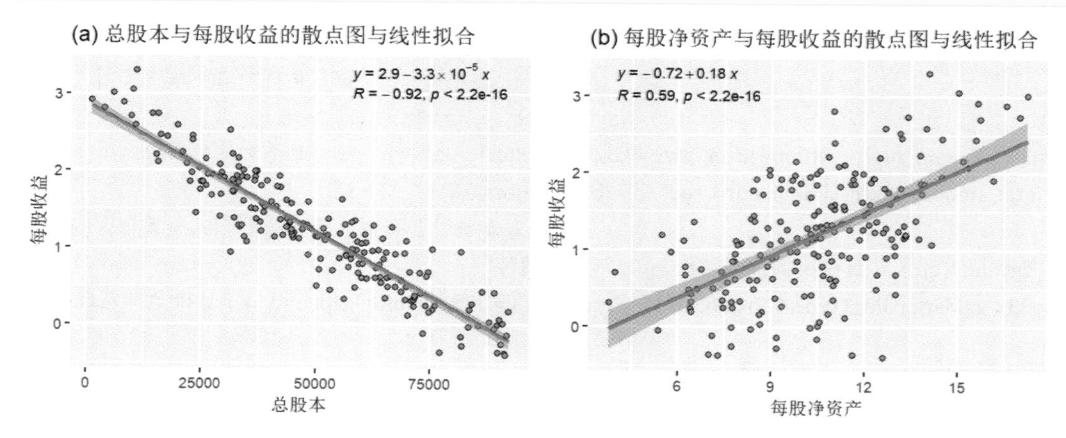

图5-5　带有线性拟合方程、相关系数及检验信息的散点图

将图5-5（a）绘制代码中的x="总股本"替换成x="每股净资产"即可得到图5-5（b）。图5-5（a）中列出了每股收益为因变量、总股本为自变量的线性回归拟合方程、两个变量的相关系数（−0.92）及其检验的 P 值（2.2e−16）。结果显示，两个变量之间的线性关系显著。图5-5（b）中列出了每股净资产与每股收益的线性回归拟合方程、相关系数（0.59）及其检验的 P 值（2.2e−16）。结果显示，两个变量之间的线性关系显著。

3. 添加边际图

在分析两个变量关系的同时，还想了解每个变量的分布形态，可以在散点图上添加每个变量分布的边际图（marginal plot），包括直方图、核密度图、箱线图、小提琴图等，以便为进一步建模提供有用信息。使用 car 包中的 scatterplot 函数、ggpubr 包中的 ggscatterhist 函数、DescTools 包中的 PlotMarDens 等均可绘制带有边际图的散点图。

以例 5-1 的总股本和每股收益为例，使用 ggplot2 包并结合 ggExtra 包中的 ggMarginal 函数，添加不同边际图的散点图如图 5-6 所示。

```
# 图5-6的绘制代码
> library(ggplot2);ibrary(ggExtra)
> df<-read.csv("C:/mydata/chap05/data5_1.csv")

# 绘制散点图
> p<-ggplot(data=df,aes(x=总股本,y=每股收益))+theme_grey(base_size=10)+
+  geom_point(shape=21,size=2,fill="deepskyblue",alpha=0.5)+   #设置点的形状、大小和填充颜色
+  theme(plot.title=element_text(size=10))

# 添加边际图
> p1<-p+ggtitle("(a) 散点图+边际密度直方图")
> p11<-ggMarginal(p1,type="densigram",color="grey50",fill="lightskyblue",alpha=0.5)
                                     # 添加边际密度直方图，设置边际图的边线颜色和填充颜色

> p2<-p+ggtitle("(b) 散点图+边际核密度图")
> p22<-ggMarginal(p2,type="density",color="grey50",fill="lightskyblue",alpha=0.5)
                                                           # 添加边际核密度图

> p3<-p+geom_rug(position="jitter",size=0.5,color="steelblue")+          # 添加地毯图
+  stat_smooth(method=lm,color="red",fill="blue4",size=0.8)+
                                           # 添加线性拟合线、设置线的颜色和置信带颜色
+  ggtitle("(c) 散点图+地毯图+线性拟合+边际箱线图")
> p33<-ggMarginal(p3,type="boxplot",color="grey50",fill="lightskyblue",alpha=0.5) # 添加边际箱线图

> p4<-p+geom_rug(color="steelblue")+
+  stat_smooth(method=loess,color="red",fill="blue4",size=0.8)+    # 添加局部加权回归拟合线
+  ggtitle("(d) 散点图+地毯图+loess拟合+边际小提琴图")
> p44<-ggMarginal(p4,type="violin",color="grey50",fill="lightskyblue",alpha=0.5) # 添加边际小提琴图

> gridExtra::grid.arrange(p11,p22,p33,p44,ncol=2)                      # 组合图形
```

图 5-6 的边际图均显示，总股本和每股收益大致为对称分布，这一信息对模型建模很有价值。

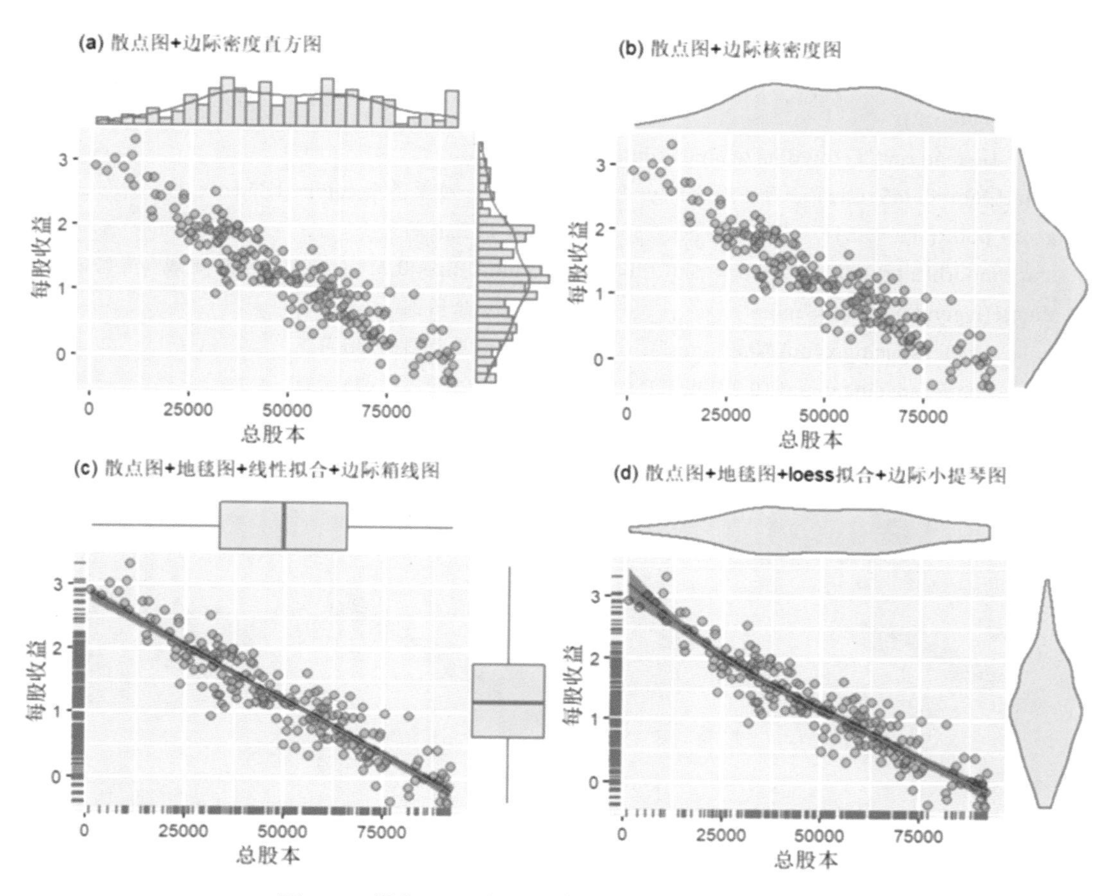

图5-6　添加不同边际图的总股本与每股收益的散点图

5.1.2　分组散点图

如果数值数据是在一个或多个因子（类别变量）的不同水平下获得的，即观测值是按因子水平分组的，则可以按因子水平分组绘制散点图，这种散点图也称为条件图（conditioning plot）或分组散点图。比如，按股票类型或上市板块分组绘制的散点图就是分组散点图。利用分组散点图可以观察按因子水平分组条件下两个数值变量的关系。

分组散点图有不同的绘制方式，绘制一幅图形时，可以使用颜色、点的大小和形状等区分不同的组别，也可以将每个组别以分面的方式绘制成多幅独立的散点图。

R 软件中有多个包提供了绘制分组散点图的函数，如基础安装包 graphics 中的 coplot 函数、epade 包中的 scatter.ade 函数、ggiraphExtra 包中的 ggPoints 函数、ggpubr 包中的 ggscatter 函数、car 包中的 scatterplotMatrix 函数等。

按因子分组绘制多幅独立图形。以例 5-1 中的每股净资产和每股收益为例，使用 ggplot2 中的 geom_point 函数绘制的按股票类型和上市板块两个因子分组的独立散点图如图 5-7 所示。

```
# 图5-7的绘制代码
> library(ggplot2)
> data5_1<-read.csv("C:/mydata/chap05/data5_1.csv")
> ggplot(data=data5_1,aes(x=每股净资产,y=每股收益,group=股票类型,color=上市板块))+
+  geom_point(size=1.5)+                                  # 设置点的大小
+  stat_smooth(method="lm",color="red",fill="deepskyblue",size=0.7)+   #添加拟合直线和置信带
+  theme(legend.position="none",                          # 移除图例
+          panel.spacing.x=unit(0.2,"lines"),             # 设置子图的x轴间距
+          panel.spacing.y=unit(0.2,"lines"))+            # 设置子图的y轴间距
+  facet_grid(上市板块~股票类型,scale="free_x")             # 按股票类型分组、按上市板块分面
```

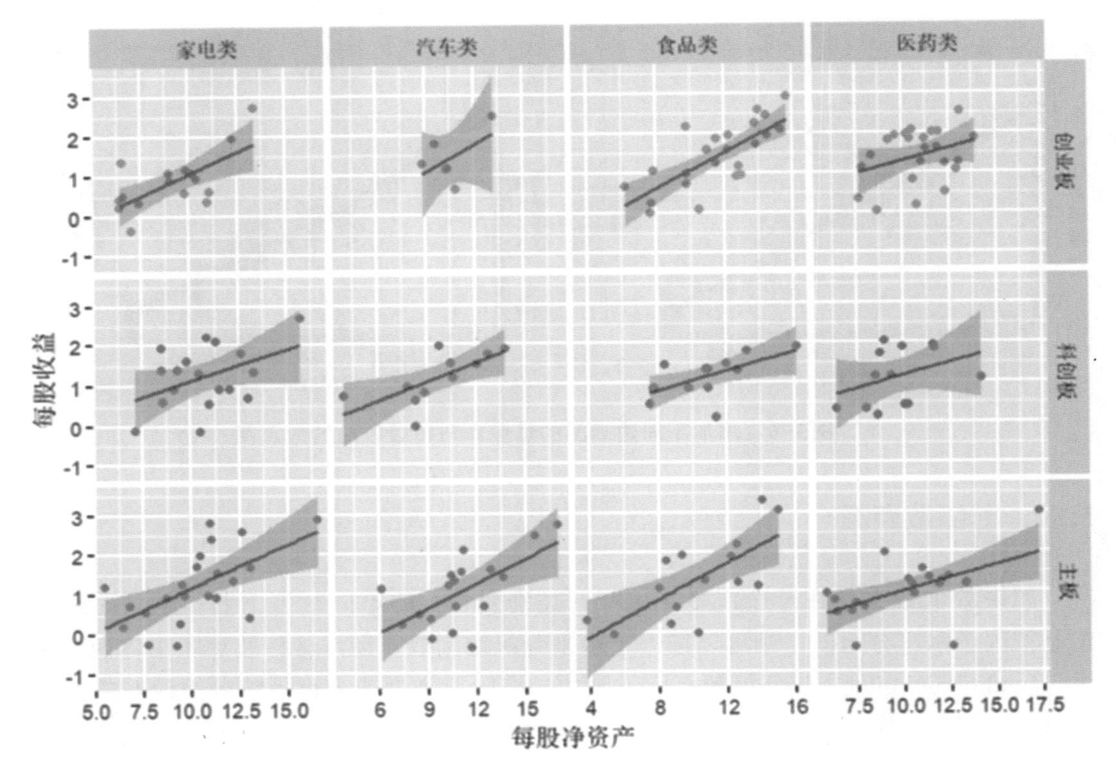

图5-7　按股票类型和上市板块交叉分组的散点图

图 5-7 是按股票类型和上市板块交叉分组的 12 幅独立的散点图，可用于分析交叉分类条件下每股净资产与每股收益的关系。根据需要，可灵活设置分面参数。

用点的大小、形状和颜色分组。如果要绘制按因子分组的散点图，可以使用不同颜色、点的大小和形状等区分因子的不同组别，或者将颜色和点的形状结合使用。以例 5-1 的每股净资产和每股收益为例，使用 ggplot2 包绘制的结合点的颜色、大小和形状分组的散点图如图 5-8 所示。

```
# 图5-8的绘制代码
> library(ggplot2)
> data5_1<-read.csv("C:/mydata/chap05/data5_1.csv")

# 图（a）用点的大小和颜色分组
> p1<-ggplot(data=data5_1,aes(x=每股净资产,y=每股收益,size=上市板块,color=上市板块,alpha=0.5))+
+  geom_point()+scale_color_brewer(palette="Set1")+
+  theme(legend.position="bottom")+                    # 设置图例位置
+  scale_alpha(guide="none")+                          # 删除alpha的图例
+  ggtitle("(a) 用点的大小和颜色分组")

# 图（b）用点的形状和颜色分组
> p2<-ggplot(data=data5_1,aes(x=每股净资产,y=每股收益,shape=股票类型,color=股票类型))+
+  geom_point(size=2.5)+                               # 设置点的大小
+  scale_shape_manual(values=c(1,10,16,17))+           # 设置点的形状
+  scale_color_brewer(palette="Set1")+
+  theme(legend.position="bottom")+
+  scale_alpha(guide="none")+ggtitle("(b) 用点的形状和颜色分组")

> gridExtra::grid.arrange(p1,p2,ncol=2)                # 组合图形
```

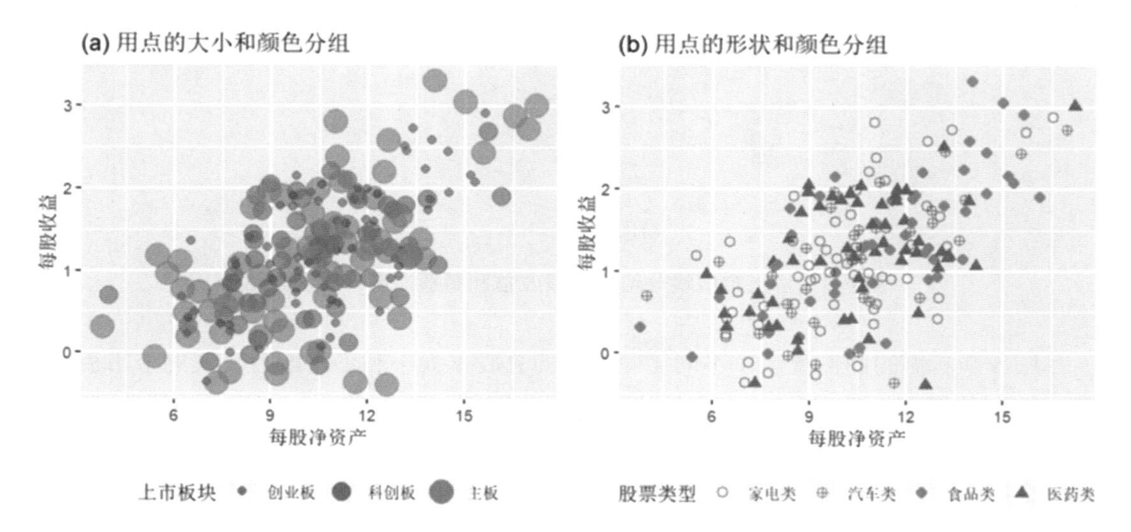

图5-8　根据点的大小、形状和颜色分组的散点图

图 5-8 是按上市板块和股票类型分组绘制的散点图，图中使用点的大小和颜色、点的形状和颜色区分各组。此外，也可以按两个因子分组绘制成一幅图，这要根据点的可识别程度确定。一般情况下，绘制的因子水平（类别）不宜过多，否则难以区分不同组别的点。

除普通点形外，也可以将点绘制成笑脸的形状，以增强散点图的趣味性。使用 ggplot2 包并结合 ggChernoff 包中的 geom_chernoff 函数，可以绘制出用笑脸表示的按因子分组的散点图，如图 5-9 所示。

```
# 图5-9的绘制代码
> library(ggChernoff);library(ggplot2)
> data5_1<-read.csv("C:/mydata/chap05/data5_1.csv")
> p<- ggplot(data5_1,aes(x=每股收益,y=每股净资产,smile=总股本,fill=上市板块))+
+  geom_chernoff(size=4,alpha=0.5)
> p+guides(smile=guide_legend(order=1),fill=guide_legend(order=2))     # 更改图例顺序
```

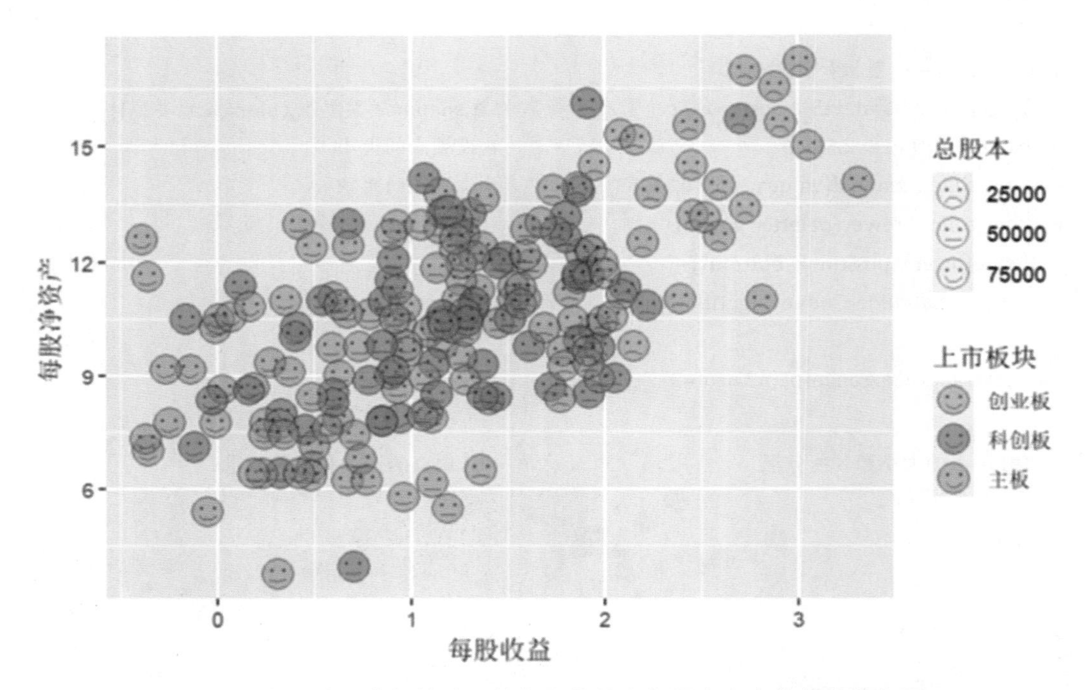

图5-9　按上市板块分组的每股收益和每股净资产的笑脸散点图

图 5-9 右侧的图例展示了不同笑脸代表的总股本大小和不同颜色代表的上市板块。默认绘制的图例顺序是 fill= 上市板块为第 1 个图例，排在前面，smile= 总股本为第 2 个图例，排在后面。本图使用 guides 函数更改了图例的顺序，即 smile= 总股本更改为第 1 个图例，排在前面，fill= 上市板块为第 2 个图例，排在后面。图 5-9 的图形显示，每股收益与每股净资产为正的线性相关，笑脸的形状显示，总股本与每股收益和每股净资产之间为负的线性相关。

动态交互分组散点图。除静态散点图外，也可以绘制动态交互分组散点图。使用 ggiraphExtra 包中的 ggPoints 函数不仅可以绘制按因子分类的静态散点图，还可以设置参数 interactive=TRUE 绘制动态交互散点图。由该函数绘制的按上市板块分组的每股净资产与每股收益的静态散点图如图 5-10 所示。其中，图 5-10（a）设置参数 method="lm"，为

散点图添加线性回归拟合线及置信带；图 5-10（b）设置参数 method="loess"，为散点图添加 loess 曲线及置信带。

```
# 图5-10的绘制代码（设置interactive=TRUE即为动态交互散点图）
> library(ggiraphExtra);library(ggplot2);library(gridExtra)
> data5_1<-read.csv("C:/mydata/chap05/data5_1.csv");

> p1<-ggPoints(data=data5_1,aes(x=每股净资产,y=每股收益,fill=上市板块),
+  method="lm",title="(a) 线性拟合",interactive=FALSE)+
+  theme(legend.position="bottom")
> p2<-ggPoints(data=data5_1,aes(x=每股净资产,y=每股收益,fill=上市板块),
+  method="loess",title="(b) loess拟合")+theme(legend.position="bottom")

> grid.arrange(p1,p2,ncol=2)                          # 组合图形
```

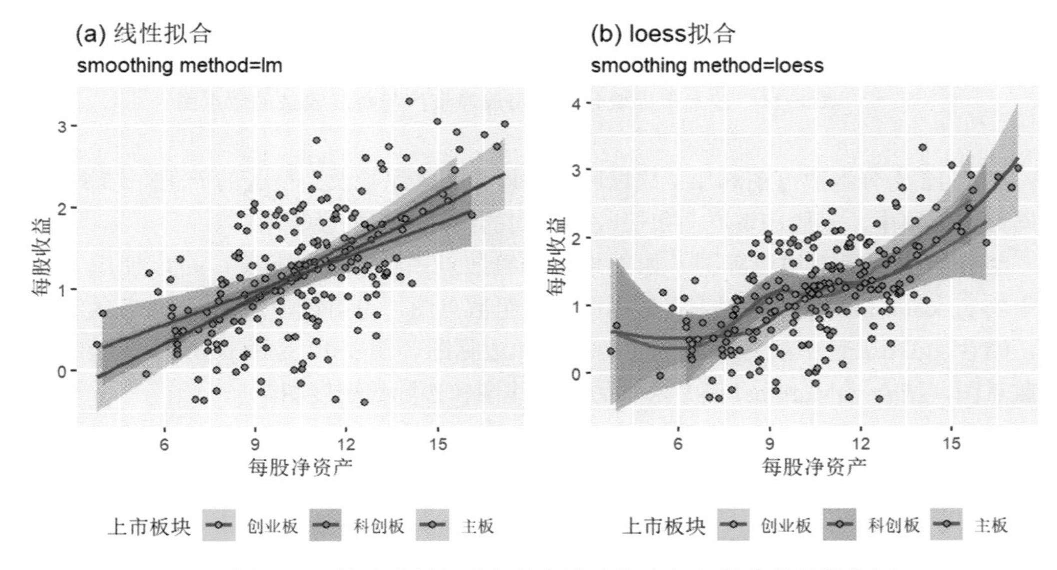

图5-10　按上市板块分组的每股净资产与每股收益的散点图

为分组散点图添加回归信息。为满足分析需要，可以在分组散点图上添加回归方程、相关系数等信息。使用 ggpubr 包中的 ggscatter 函数可以绘制按因子分组的散点图，并在图中添加回归方程、相关系数及其检验的 P 值等信息。由该函数绘制的按上市板块分组的每股净资产与每股收益的散点图如图 5-11 所示。

```
# 图5-11的绘制代码
> library(ggpubr)
> ggscatter(data=data5_1,x="每股净资产",y="每股收益",size=1,  # 绘制散点图
+  color="上市板块",palette="lancet",                         # 设置按颜色分类的因子和调色板
+  add="reg.line",conf.int=TRUE)+                             # 添加回归线及其置信区间
```

```
+  facet_wrap(~上市板块)+                                          # 按上市板块分面
+  stat_regline_equation(label.x=4,label.y=3.3,size=2.5)+          # 设置回归方程的位置坐标
+  stat_cor(label.x=4,label.y=3,size=2.5)+                         # 设置相关系数的位置坐标
+  theme_grey()+ theme(legend.position="none")                     # 使用灰底色主题，删除图例
```

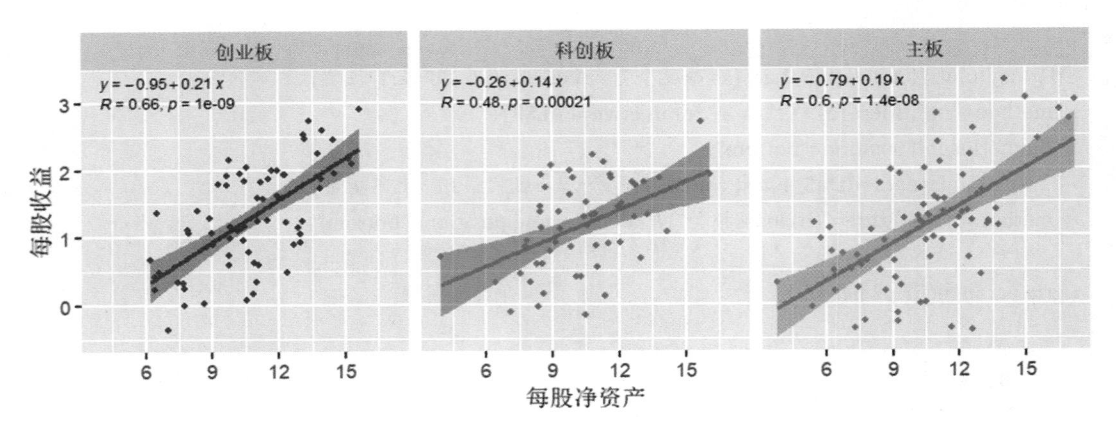

图5-11　按上市板块分组的每股净资产与每股收益的散点图

图 5-12 为分组散点图添加了线性回归方程和相关系数及其检验的 *P* 值。结果显示，不同上市板块中，每股净资产与每股收益之间的线性关系均显著。

为分组散点图添加边际图。如果想在分组散点图上添加边际图，可以使用 ggpubr 包中的 ggscatterhist 函数绘制带有边际图的分组散点图，也可以使用 ggplot2 包绘制散点图，结合 ggExtra 包中的 ggMarginal 函数添加边际图。图 5-12 是由 ggplot2 包绘制的分组散点图，结合 ggMarginal 函数添加边际箱线图和边际核密度图。

```
# 图5-12的绘制代码
> library(ggplot2);library(ggExtra)
> df<-read.csv("C:/mydata/chap05/data5_1.csv")

# 绘制散点图
> p<-ggplot(data=df,aes(x=每股净资产,y=每股收益,color=上市板块))+
+  geom_point(size=2)+theme(legend.position="bottom")

# 添加边际图
> p1<-p+ggtitle("(a) 边际图为箱线图的分组散点图")
> p11<-ggMarginal(p1,type="boxplot",groupColour=TRUE)      # 边际图为箱线图，边线颜色为分组
                                                            变量的颜色

> p2<-p+ggtitle("(b) 边际图为核密度图的分组散点图")
> p22<-ggMarginal(p2,type="density",groupColour=TRUE)
```

```
> gridExtra::grid.arrange(p11,p22,ncol=2)                    # 组合图形
```

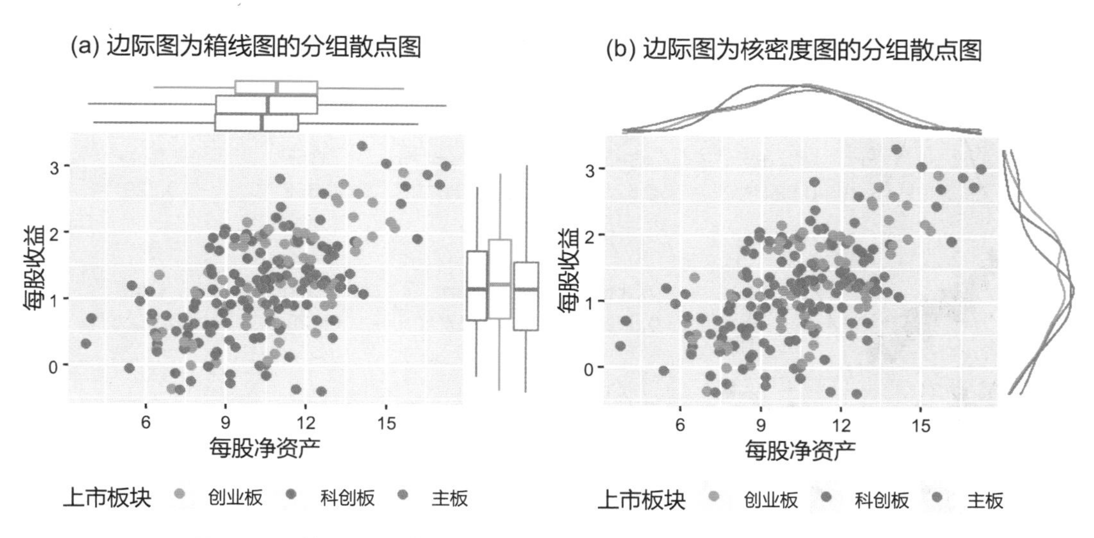

图5-12　按上市板块分组的带有边际箱线图与边际核密度图的散点图

参数 groupColour=TRUE 设置分组边际图的边线颜色，groupFill=TRUE 设置边际图的填充颜色。图 5-12 的边际箱线图和边际核密度图显示，按上市板块分组的每股净资产和每股收益均接近对称分布。

5.2　散点图矩阵和相关系数矩阵

如果要同时分析多个变量两两之间的关系，可以绘制散点图矩阵（matrix scatter），或称矩阵散点图。当有类别变量时，也可以按因子分组绘制散点图矩阵。如果分析的变量较多，则可以绘制相关系数矩阵。

5.2.1　散点图矩阵

散点图矩阵是将多个变量的散点图排列成矩阵的形式，以便于观察和比较分析。当多个数值变量按因子分类时，可以绘制按因子分组的散点图矩阵。

R 中有多个包都有绘制散点图矩阵的函数，如 graphics 包中的 plot 函数和 pairs 函数、corrgram 包中的 corrgram 函数、car 包中的 scatterplotMatrix 函数、GGally 包中的 ggpairs 函数等。以例 5-1 为例，由 GGally 包中的 ggpairs 函数绘制的 6 个变量的散点图矩阵如图 5-13 所示。

```
# 图5-13的绘制代码
> library(GGally)
```

```
> data5_1<-read.csv("C:/mydata/chap05/data5_1.csv")
> ggpairs(data5_1,columns=3:8)                    # 选择3~8列绘图
```

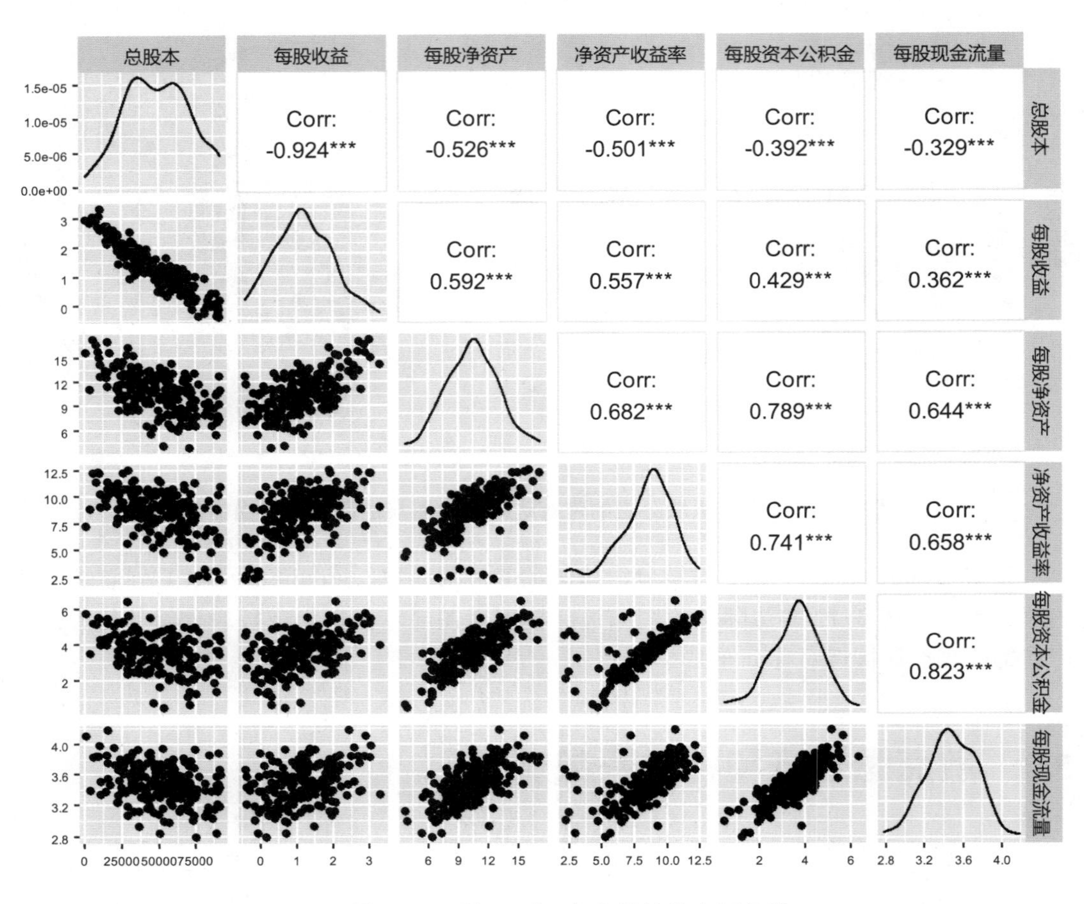

图5-13　例5-1中6个变量的散点图矩阵

图 5-13 中，对角线下方绘制出了散点图，对角线上方绘制出了相关系数及其显著性检验信息（*** 表示在 0.001 的水平上显著，** 表示在 0.01 的水平上显著，* 表示在 0.05 的水平上显著，· 表示在 0.1 的水平上显著），对角线上绘制出了每个变量的核密度图。图 5-13 显示，总股本与其他几个变量之间为负线性相关，其他变量之间均为正线性相关；对角线上的核密度图显示 6 个变量均大致为对称分布；对角线上方的相关系数检验结果显示，6 个变量之间均显著相关。

在 ggpairs 函数中，设置参数 upper=list(continuous="density")，可以在对角线上方绘制出二维核密度图，如图 5-14 所示。

```
# 图5-14的绘制代码
> GGally::ggpairs(data5_1,columns=3:8,          # 选择绘图变量
```

```
+  lower=list(continuous="points"),          # 在对角线下方绘制点
+  upper=list(continuous="density"))         # 在对角线上方绘制二维核密度图
```

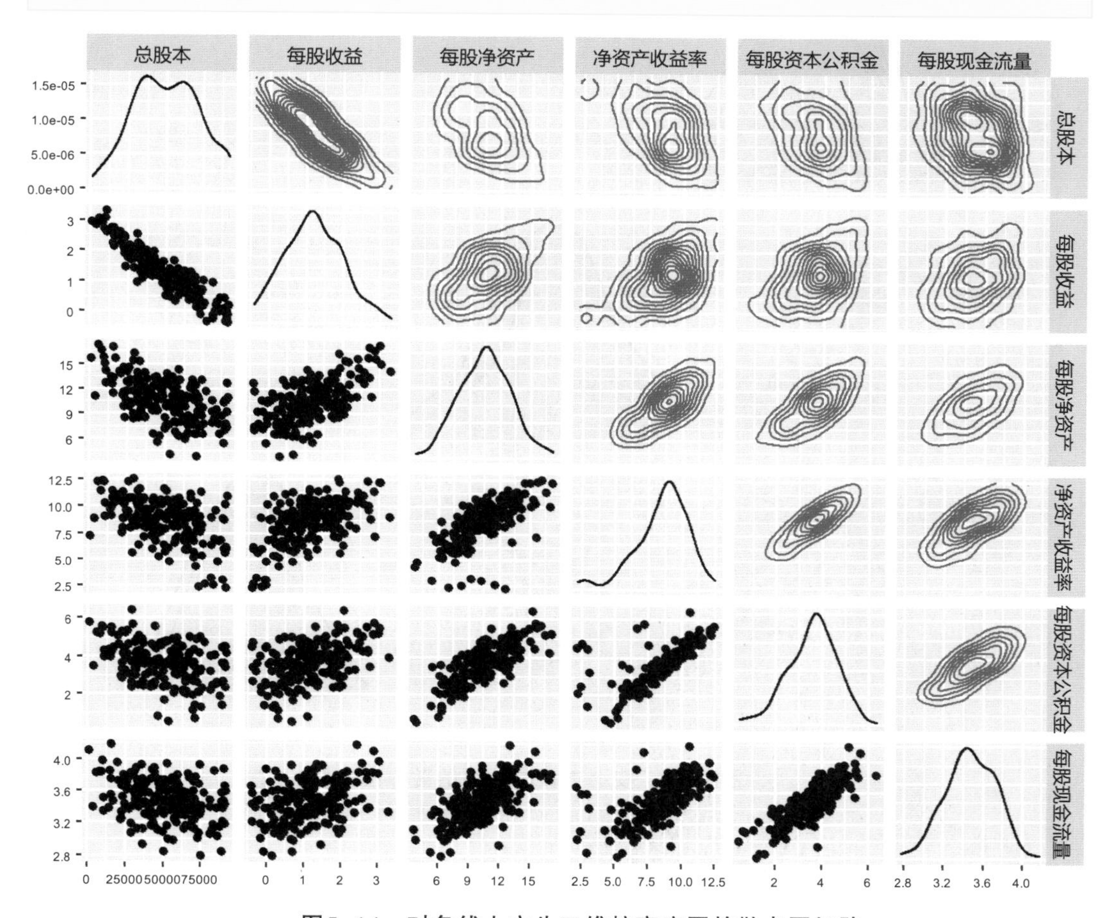

图5-14　对角线上方为二维核密度图的散点图矩阵

若要绘制按因子分组的多个数值变量的散点图矩阵，可以使用 car 包中的 scatterplotMatrix 函数、GGally 包中的 ggpairs 函数。为便于观察和分析，这里只绘制出按上市板块分组的总股本、每股收益、每股净资产 3 个变量的散点图矩阵。由 GGally 包中的 ggpairs 函数绘制的分组散点图矩阵如图 5-15 所示。

```
# 图5-15的绘制代码
> library(GGally)
> data5_1<-read.csv("C:/mydata/chap05/data5_1.csv")
> ggpairs(data5_1,columns=3:5,ggplot2::aes(color=上市板块,alpha=0.3))
```

图 5-15 的对角线上绘制出了按上市板块分组的核密度图，上方绘制出了相关系数及其显著性检验信息。除科创板中总股本与每股净资产在 0.01 的水平上显著外，其余相关系数均在 0.001 的水平上显著。

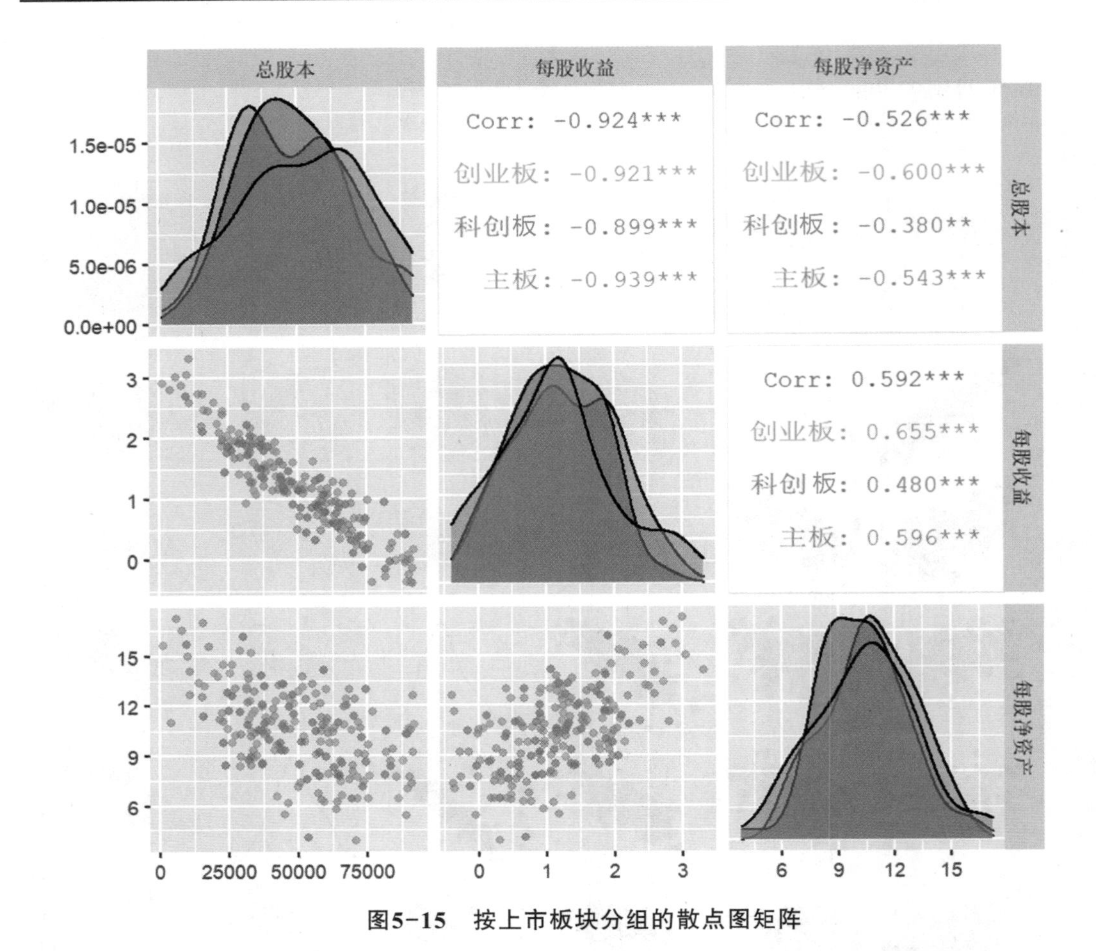

图5-15 按上市板块分组的散点图矩阵

5.2.2 相关系数矩阵

当变量较多时，散点图矩阵中的各散点图就会变得很小，难以观察和分析。这时，可以计算出变量间的相关系数矩阵，再将其画成图像，这就是相关系数矩阵图。

R 中有多个绘制相关系数矩阵的函数，如 corrgram 包中的 corrgram 函数、corrplot 包中的 corrplot 函数、sjPlot 包中的 sjp.corr 函数、ggiraphExtra 包中的 ggCor 函数、gcorrplot 包中的 ggcorrplot 函数等。图 5-16（a）是由 corrgram 包中的 corrgram 函数绘制的 6 个变量的相关系数矩阵。设置参数 upper.panel=panel.conf，即可绘制出图 5-16（b）。

```
# 图5-16（a）的绘制代码
> library(corrgram)
> data5_1<-read.csv("C:/mydata/chap05/data5_1.csv")
> corrgram(data5_1[3:8],order=TRUE,          # 按相关系数排列变量
+   lower.panel=panel.shade,                 # 在对角线下方绘制阴影线
+   upper.panel=panel.pie,                   # 在对角线上方绘制饼图
+   main="(a) 在对角线下方画出阴影线，上方画出饼图")
```

(a) 在对角线下方画出阴影线，上方画出饼图

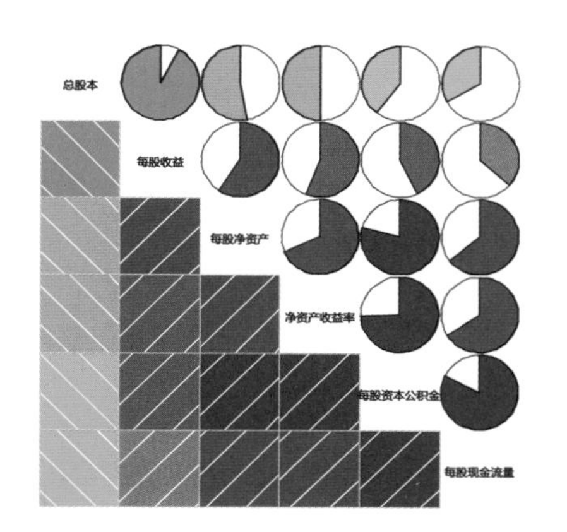

(b) 在对角线上方画出相关系数及置信区间

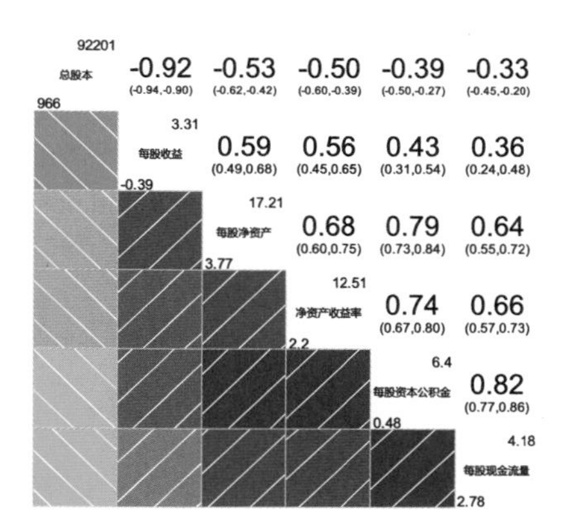

图5-16　6个变量的相关系数矩阵

图 5-16（a）的对角线下方是阴影矩形图，图中从左下角到右上角的 45° 线表示正相关，矩形用蓝色表示，相关系数越大，表示相关性越强，矩形的颜色也越深。从左上角到右下角的 45° 线表示负相关，矩形用红色表示，相关系数绝对值越大，表示相关性越强，矩形的颜色也越深。对角线上方为饼图，图中的阴影部分由相关系数填充，正相关从正午 12 点开始，顺时针方向填充，并用蓝色表示，相关系数越大，填充的面积越大，颜色也越深；负相关从正午 12 点按逆时针方向填充，并用红色表示，相关系数绝对值越大，填充的面积越大，颜色也越深。图 5-16（b）的对角线上方绘制出了相关系数及其 95% 的置信区间（相关系数下方括号内的数值），对角线上绘制出了每个变量的最小值和最大值。

corrplot 包中的 corrplot 函数提供了形式多样的可视化相关矩阵方法。函数中的参数 corr 是要可视化的相关系数矩阵；method 是相关系数矩阵的可视化方法，目前，它支持 7 种方法，分别为圆（默认）、方形、椭圆、数字、饼、阴影和颜色；type 用于设置显示完整矩阵（默认）、上三角形或下三角形；order 设置相关系数矩阵的排序方法，original 为原始顺序（默认），aoe 为特征向量的角度顺序，FPC 为第 1 主成分顺序，hclust 为层次聚类顺序。

图 5-17 是由 corrplot 函数绘制的几种不同设置的相关系数矩阵。

```
# 图5-17的绘制代码
> library(corrplot)
> data5_1<-read.csv("C:/mydata/chap05/data5_1.csv")
> mat<-as.matrix(data5_1[,3:8]);rownames(mat)=data5_1[,1]     # 将data5_1转化成矩阵
> par(mfrow=c(2,2),cex=0.6,cex.main=1.2,font.main=1)

> r<-cor(mat)                                                  # 计算相关系数矩阵
> corrplot(r,method="number",mar=c(0.5,0,2,0),title="(a) 相关系数矩阵")
> corrplot(r,order="AOE",addCoef.col="grey20",mar=c(0,0,1,0),title="(b) 圆形叠加相关系数")
> corrplot(r,order="AOE",type="upper",method="number",
+          cl.pos="b",tl.pos="d",mar=c(0.5,0,2,1),title="(c) 上半角相关系数,下半角椭圆")
```

```
> corrplot(r,add=TRUE,type="lower",method="ellipse",
+          order="AOE",diag=FALSE,tl.pos="n",cl.pos="n")
> corrplot(r,order="AOE",type="upper",method="pie",
+          cl.pos="b",tl.pos="d",mar=c(0.5,0,2,1),title="(d) 上半角圆,下半角相关系数")
> corrplot(r,add=TRUE,type="lower",method="number",
+          order="AOE",diag=FALSE,tl.pos="n",cl.pos="n")
```

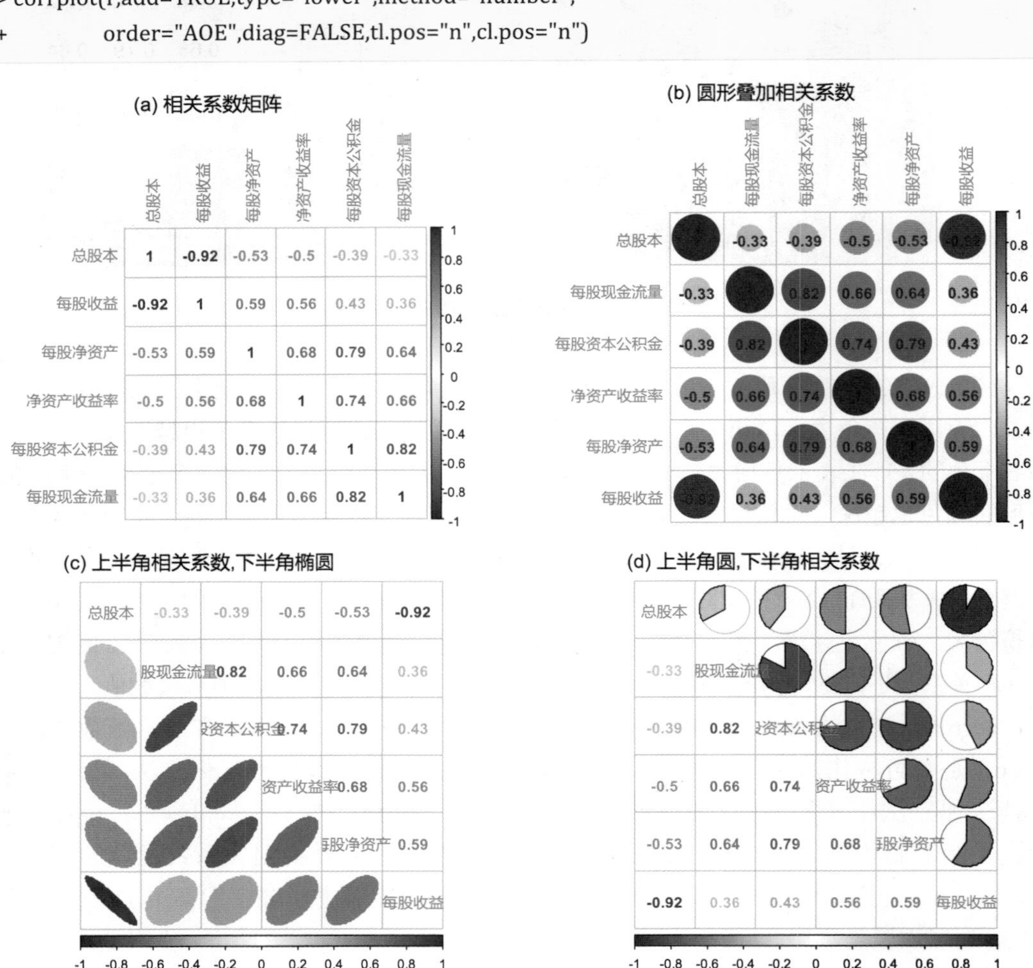

图5-17　6个变量的相关系数矩阵

图 5-17 中的蓝色表示正相关，红色表示负相关，颜色越深，表示关系越强。图 5-17（b）中圆的大小与相关系数的绝对值成正比。图 5-17（c）中矩阵的下半角是椭圆，上半角是相关系数，椭圆越窄，表示相关系数越大，关系越强；椭圆越接近于圆，表示相关系数越小，关系越弱。图 5-17（d）中下半角是相关系数，上半角是饼图，相关系数绝对值越大，饼图被填充的面积越大。

如果在分析变量间关系时，需要检验相关系数是否显著，可以在绘制相关系数矩阵的同时，绘制出检验的 P 值。

使用 sjPlot 包中的 sjp.corr 函数不仅可以绘制多个数值变量的相关系数矩阵，而且可以检验相关系数的显著性。使用 ggiraphExtra 包中的 ggCor 函数也可以绘制相关系数及其检验的矩阵，设置参数 interactive=TRUE 还可以绘制动态交互相关系数检验图。由 sjp.corr 函数绘制的相关系数矩阵如图 5-18（a）所示，由 ggCor 函数绘制的相关系数矩阵如图 5-18（b）所示。

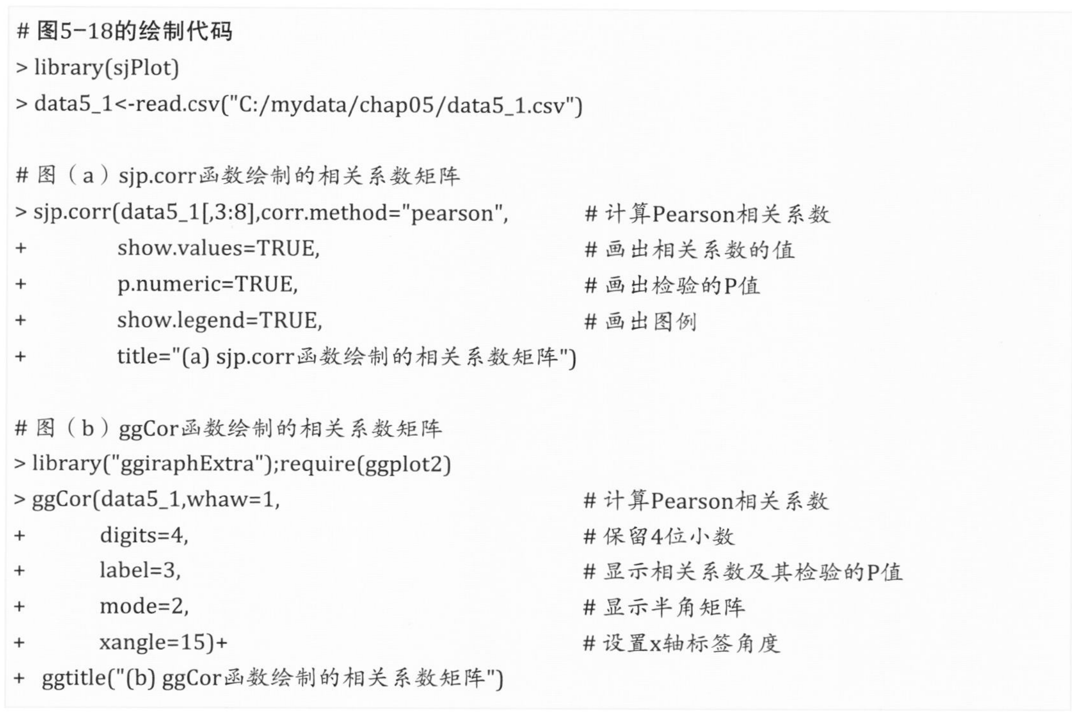

```
# 图5-18的绘制代码
> library(sjPlot)
> data5_1<-read.csv("C:/mydata/chap05/data5_1.csv")

# 图（a）sjp.corr函数绘制的相关系数矩阵
> sjp.corr(data5_1[,3:8],corr.method="pearson",        # 计算Pearson相关系数
+          show.values=TRUE,                            # 画出相关系数的值
+          p.numeric=TRUE,                              # 画出检验的P值
+          show.legend=TRUE,                            # 画出图例
+          title="(a) sjp.corr函数绘制的相关系数矩阵")

# 图（b）ggCor函数绘制的相关系数矩阵
> library("ggiraphExtra");require(ggplot2)
> ggCor(data5_1,whaw=1,                                 # 计算Pearson相关系数
+        digits=4,                                      # 保留4位小数
+        label=3,                                       # 显示相关系数及其检验的P值
+        mode=2,                                        # 显示半角矩阵
+        xangle=15)+                                    # 设置x轴标签角度
+   ggtitle("(b) ggCor函数绘制的相关系数矩阵")
```

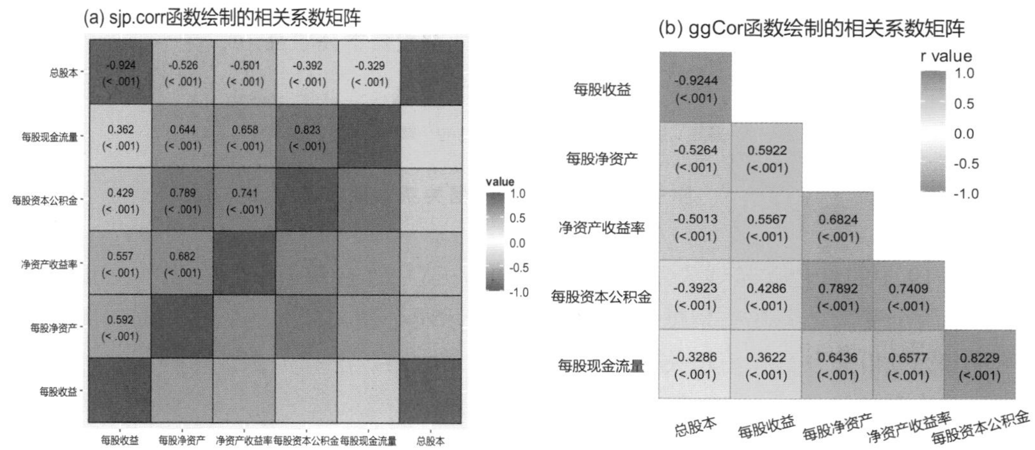

图5-18　6个变量的相关系数矩阵

在图 5-18 中，图例蓝色表示正相关，红色表示负相关，颜色越深，表示关系越强。格子上的数字是相关系数，相关系数越大，颜色越深；括号中的数字是检验的 P 值，结果均小于 0.001，表示 6 个变量之间均显著相关。

5.2.3　相关系数网状图

相关系数网状图（web）是用网络连线展示相关系数矩阵的一种图形。它将多个变量均匀地放置在一个圆周围，并在各变量节点之间绘制连接线，线的宽度与两个变量之间的相关系数绝对值成正比，正相关的连接线用蓝色表示，负相关的连接线用红色表示。

使用 DescTools 包中的 PlotWeb 函数可以绘制相关系数网状图。根据例 5-1 的数据绘制的相关系数网状图如图 5-19 所示。

```
# 图5-19的绘制代码
> library(DescTools)
> data5_1<-read.csv("C:/mydata/chap05/data5_1.csv")
> mr<-cor(data5_1[,3:8])                              # 计算相关系数矩阵
> PlotWeb(m=mr,col=c(hred, hblue),                    # 设置连接线的颜色
+           cex.lab=0.8,las=1,                        # 设置标签字体大小和坐标轴式样
+           args.legend=list(x=-4,y=-4.5,ncol=4,cex=0.6,box.col="grey80"),
                                                      # 设置图例的摆放位置和排列方式
+           main="")                                  # 不显示标题
```

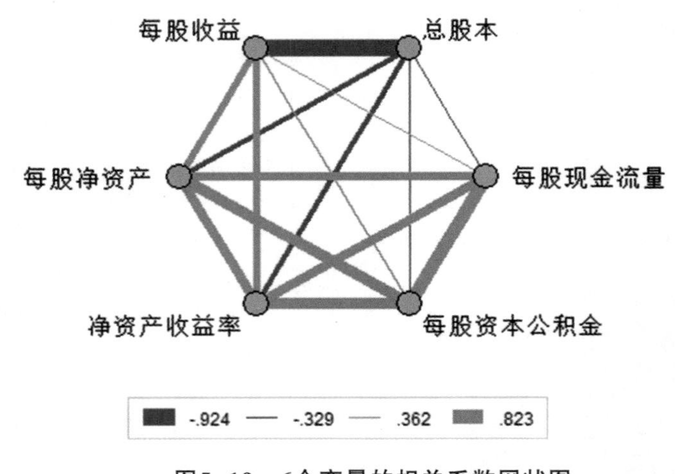

图5-19　6个变量的相关系数网状图

图 5-19 中的红色连接线表示相关系数为负，蓝色连接线表示相关系数为正。线越宽，表示两个变量之间的关系越强；线越细，表示两个变量之间的关系越弱。图下方的图例标出了负相关系数和正相关系数的最小值和最大值。与相关系数矩阵相比，网状图可以更清楚地展示多个变量之间的关系方向和强度。

5.3　大数据集的散点图

当观测的数据量很大时，图中的数据点会有大量的重叠，难以观察数据点的分布。这时，可以使用颜色对散点图进行平滑，也可以对点进行分箱处理并绘制分箱散点

图，还可以绘制二维密度散点图。使用 graphics 包中的 smoothScatter 函数、openair 包中的 scatterPlot 函数、ggplot2 包中的 geom_density2d 函数、ggpointdensity 包中的 geom_pointdensity 函数等，均可处理大数据集的高密度散点图。

图 5-20 是随机模拟的 15 000 个数据对的普通散点图和由 smoothScatter 函数绘制的平滑散点图。

```
# 图5-20的绘制代码
# 构建数据框df
> set.seed(1234)
> n=5000
> df<-data.frame(x=c(rnorm(n,10,5),rnorm(n,20,6),rnorm(n,30,5)),
+                y=c(rnorm(n,20,5),rnorm(n,8,5),rnorm(n,30,5)))

# 绘制散点图
> par(mfrow=c(1,2),mai=c(0.65,0.65,0.3,0.2),cex=0.8,cex.main=1,font.main=1)
> plot(df,main="(a) 普通散点图")
> abline(v=mean(df$x),h=mean(df$y),lty=2,col="gray30")        # 添加x和y的均值线
> smoothScatter(df,main="(b) 平滑散点图")
> abline(v=mean(df$x),h=mean(df$y),lty=2,col="gray30")
```

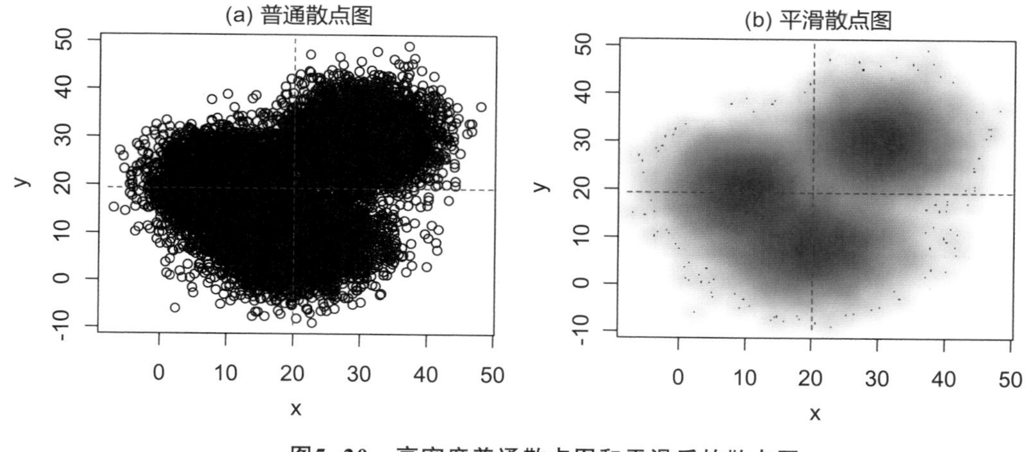

图5-20　高密度普通散点图和平滑后的散点图

图 5-20（a）中有大量的点重叠，难以观察各点的分布。图 5-20（b）是经过平滑后的散点图，图中的颜色饱和度表示点的分布密度，颜色越深，点的分布越密集，颜色越浅，点的分布越少。

除用颜色平滑外，对多个数据点也可以做分箱处理，将多个点分组并用箱子表示，从而减少点的数量。此外，也可以绘制二维密度散点图，用密度表示点的多少。使用 ggplot2 包中的 geom_bin_2d 函数、geom_hex 函数和 geom_density_2d 函数等均可绘制分箱散点图和二维密度图。使用图 5-20 构建的数据框，绘制的六边形分箱散点图和二维密度估计散点图如图 5-21 所示。

```
# 图5-21的绘制代码（使用图5-20构建的数据框df）
> library(ggplot2)
> library(viridis)                                        # 色盲友好的配色包

> p<-ggplot(df,aes(x=x,y=y))+ theme_bw()+                 # 绘制散点图，使用黑白主题
+  theme(panel.grid=element_blank())                      # 移除网格线
> p1<-p+geom_hex(bins=20,size=0.3,color="black")+         # 六边形分箱
+  scale_fill_viridis_c(option="H")+                      # 选择配色方案
+  ggtitle("(a) 六边形分箱散点图")
> p2<-p+stat_density_2d(geom="raster",aes(fill=..density..),contour=FALSE)+ # 绘制二维核密度图
+  scale_fill_viridis_c(option="H")+ggtitle("(b) 二维核密度图")
> p3<-p+geom_point(color="grey20")+geom_density_2d()+      # 添加密度等高线
+  ggtitle("(c) 散点图+密度等高线")
> p4<-p+geom_point(color="grey20")+geom_density_2d_filled(alpha=0.8)+   #绘制散点图和等高线
+  geom_density_2d(size=0.25,colour="black")+             # 设置等高线宽度和颜色
+  guides(fill="none")+ggtitle("(d) 散点图+密度等高线带")

> gridExtra ::grid.arrange(p1,p3,p2,p4,ncol=2)            # 组合图形
```

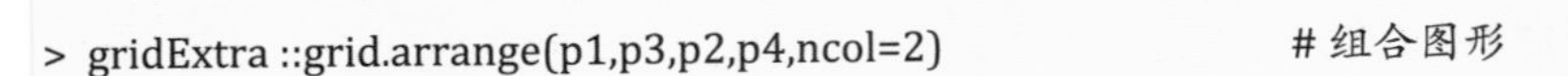

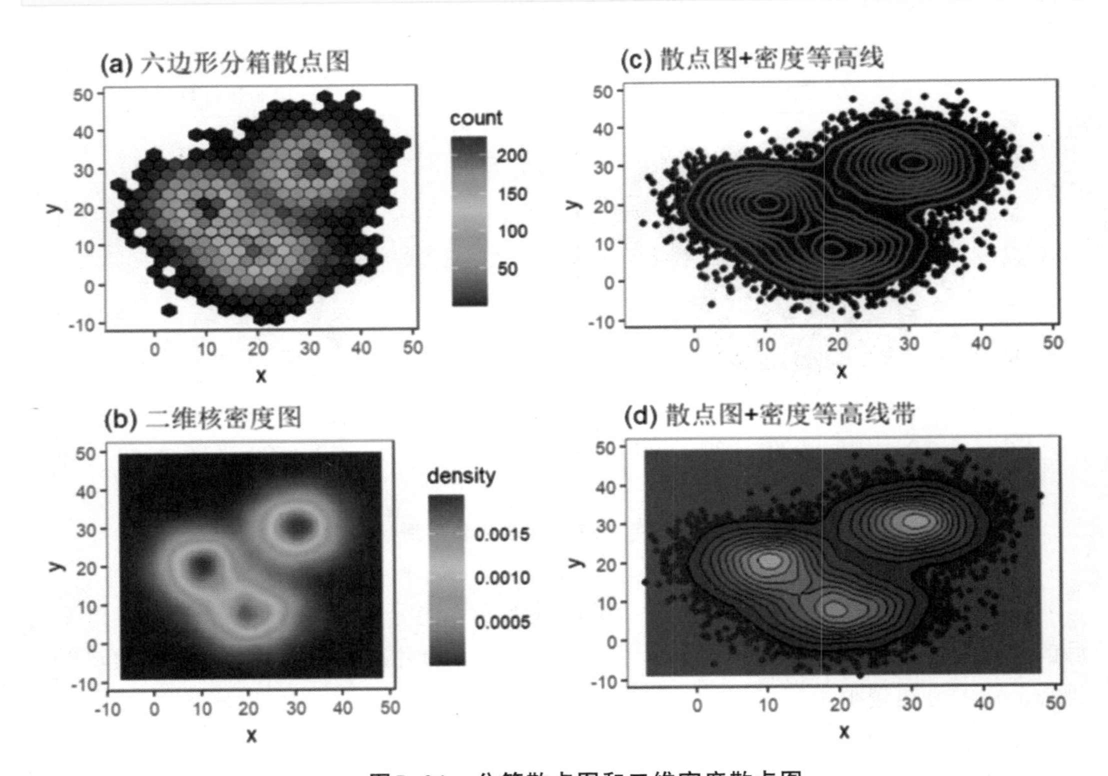

图5-21　分箱散点图和二维密度散点图

图 5-21（a）是六边形分箱散点图，参数 bins 是水平和垂直方向的分箱数（默认为 30），size 表示箱子边线宽度，color 为箱子边线颜色。配色方案是 viridis 包中的“H”

（该包提供了 A ～ H 共 8 种配色方案）。右侧的色键（图例）表示不同颜色箱子里的点数。图 5-21（b）是二维核密度散点图，未绘制等高线。图 5-21（c）是在散点图上绘制出等高线，相同点的连线闭合（不相交），等高线越密集，表示此处的数据点越多。图 5-21（d）是在等高线之间填充颜色，显示图例（这里去掉了图例），可以观察不同色带表示的密度值范围。

对于高密度分箱散点图，使用 3D 展示的效果可能会更好。使用 rayshader 包中的 plot_gg 函数，可以将 ggplot2 包绘制的二维图形转换成 3D 图形。比如，将图 5-21（a）转换成 3D 分箱散点图，如图 5-22 所示。

```
# 图5-22（a）的绘制代码（使用图5-20构建的数据df），将H替换成C即可得到图5-22（b）
> library(ggplot2);library(viridis)
> library(rayshader)                                    # 将ggplot2图形转换成3D图形的包
> p <- ggplot(df, aes(x=x, y=y)) +geom_hex(bins=20, size =0.5, color="black") + # 绘制六边形分箱散点图
+  scale_fill_viridis_c(option = "H")
> plot_gg(p, width=5, height=5, scale=300, multicore=FALSE)          # 转换成3D图形
```

图5-22　不同配色方案的3D六边形分箱散点图

图形参数 width 和 height 用于设置图形的宽度和高度。scale 默认为“150”，表示垂直缩放的乘数，较大的数字会增加 3D 变换的高度。multicor 默认为 FALSE，使用所有可用的内核来计算阴影矩阵。图 5-22 中箱子的高度和颜色表示数据的密集程度，箱子越高表示数据越密集，3D 图例表示不同颜色代表的数据密集程度。将鼠标指针放在图形上，可以任意改变视角。

图 5-22 在形式上是 3D，但它展示的还是两个变量，因此不是真正意义上的 3D 图形，它与 5.4.1 节介绍的 3D 散点图（3 个维度的变量）是不同的。

当有多个变量时，使用 IDPmisc 包中的 ipairs 函数可以绘制大数据集的散点图矩阵。以例 5-1 为例，由该函数绘制的 6 个变量的散点图矩阵如图 5-23 所示。

```
# 图5-23的绘制代码
> library(IDPmisc)
> data5_1<-read.csv("C:/mydata/chap05/data5_1.csv")
> ipairs(data5_1[3:8],pixs=1.2,cex=0.8)
```

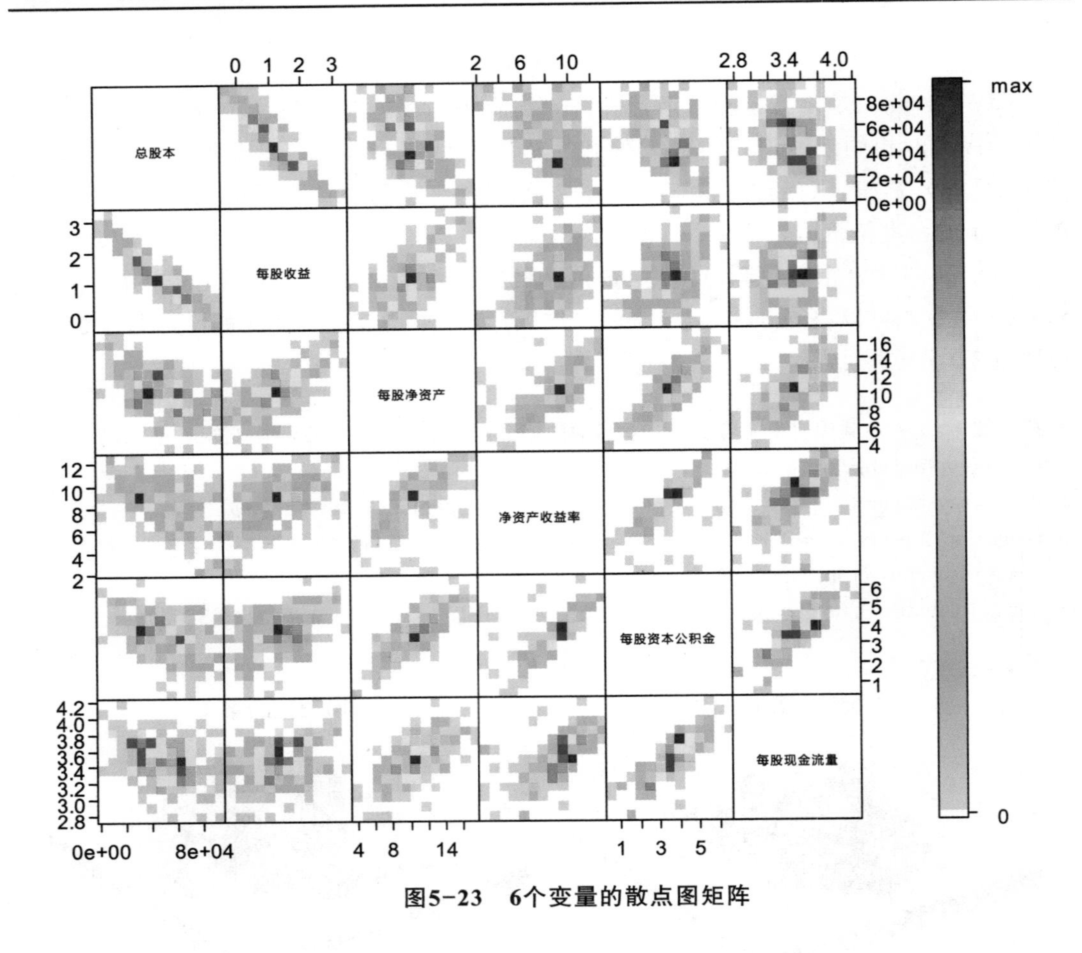

图5-23　6个变量的散点图矩阵

从图 5-23 不仅能看出变量间的关系形态，而且能观察出点的分布状况。当数据量较大时，分箱后的散点图矩阵显然更易于分析。

5.4　3D 散点图和气泡图

如果只分析 3 个变量之间的关系，可以绘制 3D 散点图和气泡图。

5.4.1　3D 散点图

R 软件中有多个包可以绘制 3D 散点图，如 plot3D 包中的 scatter3D 函数、scatterplot3d 包中的 scatterplot3d 函数、vcd 包中的 scatter3d 函数、lattice 包中的 cloud 函数等。

图 5-24 是使用 scatterplot3d 函数绘制的每股收益、每股净资产和净资产收益率的 3D 散点图。

```
# 图5-24的绘制代码
> library(scatterplot3d)
```

```
> data5_1<-read.csv("C:/mydata/chap05/data5_1.csv")
> attach(data5_1)
> par(mfrow=c(2,2),cex=0.6,cex.axis=0.6,font.main=1)

> s3d<-scatterplot3d(x=每股净资产,y=净资产收益率,z=每股收益,
+  col.axis="blue",col.grid="lightblue",pch=10,type="p",
+  highlight.3d=TRUE,cex.lab=0.7,main="(a) type=p")

> s3d<-scatterplot3d(x=每股净资产,y=净资产收益率,z=每股收益,
+  col.axis="blue",col.grid="lightblue",pch=16,
+  highlight.3d=TRUE,type="h",cex.lab=0.7,main="(b) type=h")

> s3d<-scatterplot3d(x=每股净资产,y=净资产收益率,z=每股收益,
+  col.axis="blue",col.grid="lightblue",pch=6,highlight.3d=TRUE,
+  type="h",box=FALSE,cex.lab=0.7,main="(c) box=FALSE")

> s3d<-scatterplot3d(x=每股净资产,y=净资产收益率,z=每股收益,
+  col.axis="blue",col.grid="lightblue",pch=16,highlight.3d=TRUE,
+  type="h",box=TRUE,cex.lab=0.7,main="(d) 添加二元回归面")
> fit<-lm(每股收益~每股净资产+净资产收益率)
> s3d$plane3d(fit,col="grey30")
```

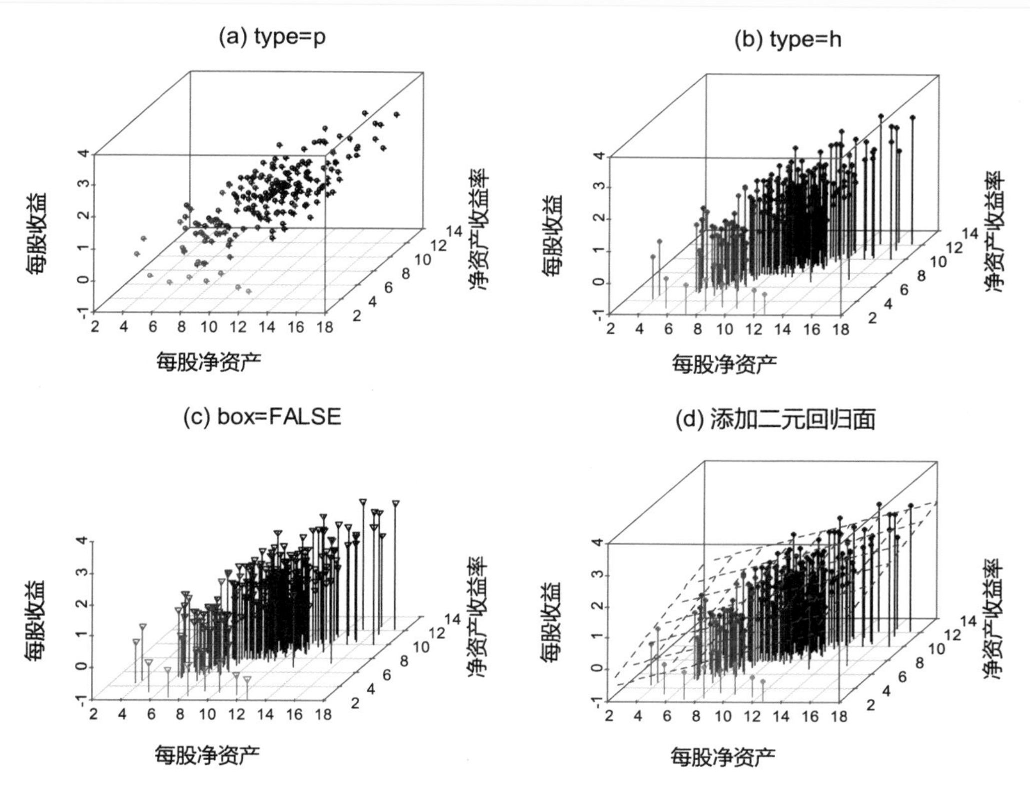

图5-24　每股收益、每股净资产、净资产收益率的3D散点图

在图5-24（a）的绘制代码中，type="p"表示绘制点；图5-24（b）设置type="h"，表示绘制与点连接的垂线；图5-24（c）设置box=FALSE，表示去掉图形的边框；图5-24（d）用lm函数拟合每股收益与每股净资产和净资产收益率的二元线性回归方程，并将二元回归面添加到3D散点图上。

使用lattice包中的cloud函数可以绘制按因子分组的面板3D散点图。限于篇幅，这里不再举例。

5.4.2　气泡图

对于3个变量之间的关系，除了可以绘制3D散点图外，还可以绘制气泡图（bubble plot），它可以看作散点图的一个变种。其中，第3个变量数值的大小用气泡的大小表示。为理解气泡图的含义，由ggplot2包绘制出随机模拟的3个变量的气泡图，如图5-25所示。

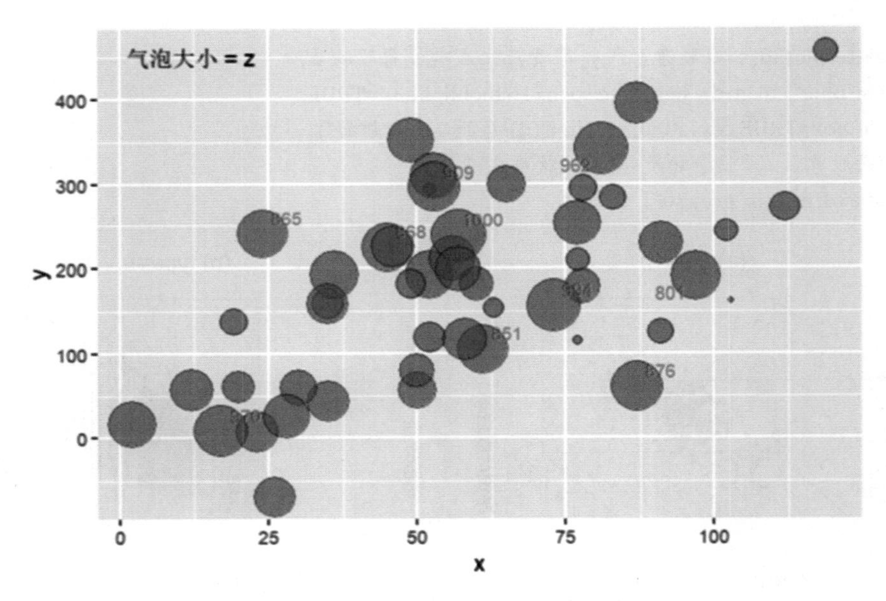

图5-25　随机模拟的3个变量的气泡图

图5-25中气泡的大小表示变量z的大小，红色数字标签是z值大于800的点。图5-26显示，x与y为正的线性关系，但气泡大小的分布是随机的，表示z与x和y无任何关系。如果气泡的大小随着x和y的变大而变大，表示z与x和y之间为正的线性关系；如果气泡的大小随着x和y的变大而变小，则表示z与x和y之间为负的线性关系。

R语言中有多个函数可以绘制气泡图，如graphics包中的plot函数和symbols函数、DescTools包中的PlotBubble函数、GGally包中的ggally_points函数、ggplot2包中的geom_point函数等。

根据例5-1中总股本、每股收益和每股净资产数据，使用ggplot2包绘制的气泡图如图5-26所示。

```
# 图5-26的绘制代码
> library(ggplot2);library(RColorBrewer)
> df<-read.csv("C:/mydata/chap05/data5_1.csv")

> ggplot(df,aes(x=每股收益,y=每股净资产,color=总股本))+
+  geom_point(aes(size=总股本),alpha=0.5)+                      # 气泡大小=总股本
+  scale_size(range=c(1,7))+                                     # 设置点的大小
+  theme(panel.grid.minor=element_blank())+                      # 移除次网格线
+  theme(plot.title=element_text(size=12))+                      # 设置标题字体大小
+  theme(legend.text=element_text(size=9,color="blue"))+         # 设置图例字体大小和颜色
+  scale_color_binned()+                                         # 设置连续分级色键
+  annotate("text",x=0.2,y=16.5,label="气泡大小 = 总股本",size=4) # 添加注释文本
```

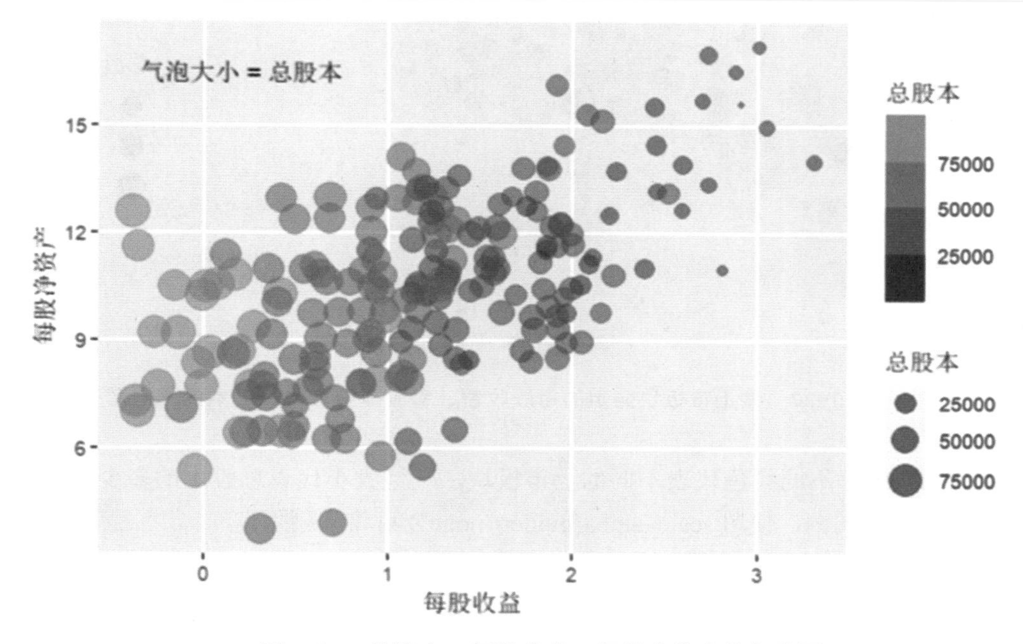

图5-26　总股本、每股收益、每股净资产的气泡图

图 5-26 显示，每股收益与每股净资产的气泡大致在一条直线周围分布，表示二者之间为线性关系，而表示总股本多少的气泡则随着每股收益和每股净资产的增加而变小，表示总股本与这两个变量之间为负的线性关系。右侧的色键展示了圆的大小和颜色饱和度代表的总股本多少。

使用 GGally 包中的 ggally_points 函数，结合 ggplot2 包，可以绘制出按因子分组的气泡图。由该函数绘制的总股本、每股收益、每股净资产的气泡图如图 5-27 所示。

```
# 图5-27的绘制代码
> library(GGally)
> data5_1<-read.csv("C:/mydata/chap05/data5_1.csv")
> p<- ggally_points(data5_1,
```

```
+  mapping=ggplot2::aes_string(x="每股收益",y="每股净资产",size="总股本",
+    color="上市板块",alpha=0.5))+  # 按上市板块分组
+    theme_grey()                   # 使用灰色主题
> p+scale_alpha(guide="none")       # 删除alpha的图例
```

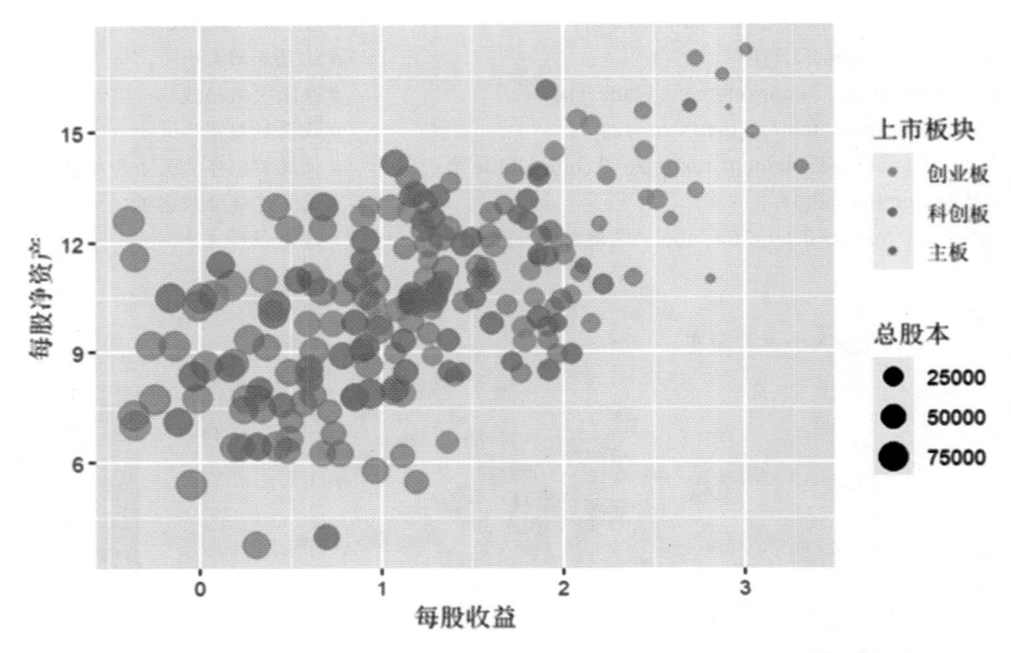

图5-27　按上市板块分组的每股收益、每股净资产和总股本的气泡图

图 5-27 中，不同颜色代表不同的上市板块，气泡大小代表总股本的多少。函数默认绘制 alpha 的图例，使用 scale_alpha(guide="none") 可将其删除。

为便于比较和分析，也可以按因子分面绘制气泡图。以例 5-1 中的每股收益、每股净资产、净资产收益率为例，由 ggplot2 包绘制的按上市板块和股票类型分面的气泡图如图 5-28 所示。

```
# 图5-28的绘制代码
> library(ggplot2);library(RColorBrewer);library(ggrepel);library(gridExtra)
> df<-read.csv("C:/mydata/chap05/data5_1.csv")

# 图（a）按上市板块分面
> p1<-ggplot(df,aes(x=每股收益,y=净资产收益率))+
+  geom_point(aes(size=每股净资产,color=上市板块),alpha=0.5)+
+  scale_size(range=c(1,6))+
+  scale_color_brewer(palette="Set2",guide="none")+          # 设置颜色并删除颜色图例
+  theme(panel.grid.minor=element_blank())+                   # 去掉次网格线
+  facet_grid(.~上市板块)+ggtitle("(a) 按上市板块分面")
```

```
# 图（b）按股票类型分面
> p2<-ggplot(df,aes(x=每股收益,y=净资产收益率))+
+  geom_point(aes(size=每股净资产,color=股票类型),alpha=0.5)+
+  scale_size(range=c(1,6))+
+  scale_color_brewer(palette="Set2",guide="none")+
+  theme(panel.grid.minor=element_blank())+
+  facet_grid(.~股票类型)+ggtitle("(b) 按股票类型分面")

> grid.arrange(p1,p2,ncol=1)                        # 按2行组合图形p1和p2
```

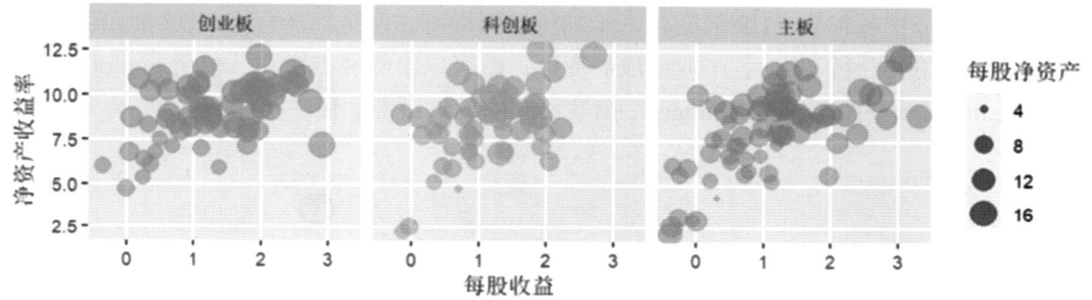

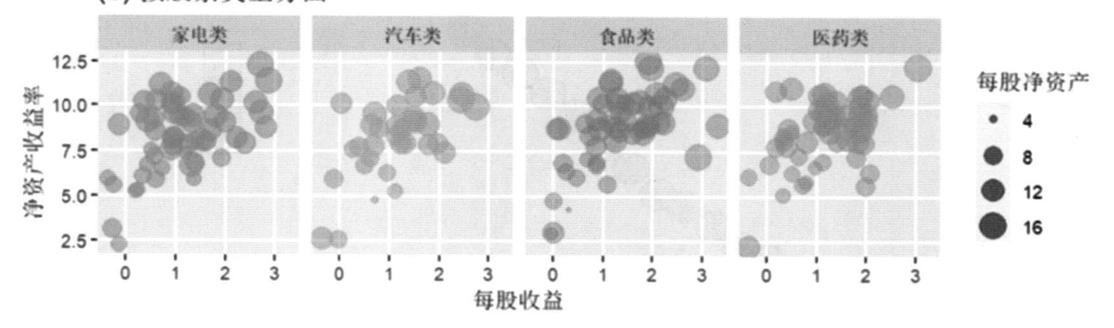

图5-28　按上市板块和股票类型分面的气泡图

图 5-28 中，右侧图例点的大小代表每股净资产的数值大小。

5.5　散点饼图

散点饼图（scatter pie plot）是将散点图中的各个点绘制成饼图的一种图形，它可以在反映两个变量相关关系的同时，利用饼图分析其他数值的构成。下面通过一个例子说明散点饼图的应用。

【例 5-2】（数据：data5_2.csv）表 5-2 是我国 2000—2021 年的 GDP 及其产业构成数据。

表5-2　2000—2021年我国的GDP及其产业构成（前3行和后3行）　　单位：亿元

年份	GDP	第一产业	第二产业	第三产业
2000	100 280.1	14 717.4	45 663.7	39 899.1
2001	110 863.1	15 502.5	49 659.4	45 701.2
2002	121 717.4	16 190.2	54 104.1	51 423.1
⋮	⋮	⋮	⋮	⋮
2019	986 515.2	70 473.6	380 670.6	535 371.0
2020	1 013 567.0	78 030.9	383 562.4	551 973.7
2021	1 143 669.7	83 085.5	450 904.5	609 679.7

假定要分析各年度 GDP 的变化，绘制折线图即可。但是，在分析 GDP 随时间变化的同时，还想要分析 GDP 各产业构成的变化，就可以绘制散点饼图。使用 ggplot2 包并结合 scatterpie 包中的 geom_scatterpie 函数绘制的散点饼图如图 5-29 所示。

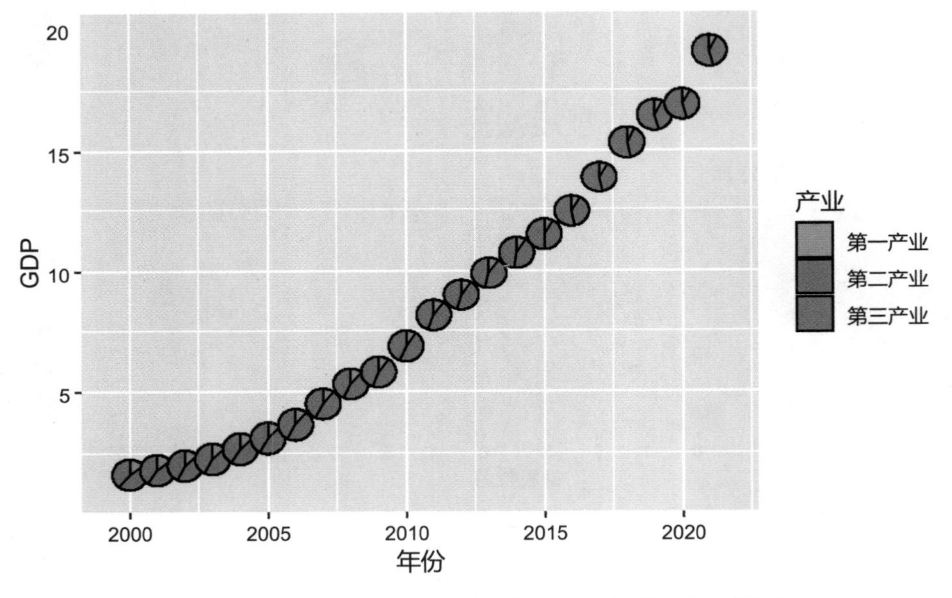

图5-29　2000—2021年我国GDP构成的散点饼图

```
# 图5-29的绘制代码
> library(scatterpie);library(ggplot2)
> data5_2<-read.csv("C:/mydata/chap05/data5_2.csv")
> df<-data.frame(年份=data5_2$年份,GDP=data5_2$GDP/60000) # 构建绘制散点图的数据框
> f<-c("第一产业","第二产业","第三产业")
> labels<-factor(f,ordered=T,levels=f)                   # 构建有序标签
> df$第一产业<-data5_2$第一产业                          # 确定饼图的构成
> df$第二产业<-data5_2$第二产业
> df$第三产业<-data5_2$第三产业
```

```
> ggplot()+geom_scatterpie(aes(x=年份,y=GDP),data=df,        # 绘制散点饼图
+   cols=labels,                                              # 设置饼图填充颜色
+   pie_scale=1.5,legend_name="产业")                         # 设置饼的大小和图例名称
```

图 5-29 是以 x 轴为时间、y 轴为 GDP 绘制的散点图，其中的点是由三个产业 GDP 构成的饼图。为增强饼图的效果，对 GDP 原始数据进行了缩小，但这并不影响点的位置和顺序，也不影响散点图的形态和饼图构成。

图 5-29 提供了两方面的信息。一是散点图的排列形态反映了 GDP 总量随时间变化的趋势（类似于 GDP 的折线图），图形显示，2000—2021 年我国的 GDP 呈现上升趋势（接近于指数增长）。二是饼图展示了各年度 GDP 产业构成的变化，图形显示，2000—2021 年 GDP 的三次产业构成中，第一产业比例逐年缩小，第三产业比例逐年增加，第二产业构成的变化不大。

习题

5.1　用 R 生成变量 x 和变量 y 的各 100 个数据，模拟出正线性相关、负线性相关、完全正相关、完全负相关、非线性相关和不相关的散点图。

5.2　六边形分箱散点图与核密度估计散点图的应用场合是什么？

5.3　什么是分组散点图？绘制分组散点图对数据集有何要求？

5.4　使用 R 自带的数据集 anscombe。

（1）分别绘制 x_1 和 y_1、x_2 和 y_2、x_3 和 y_3、x_4 和 y_4 的散点图，并为散点图添加回归直线和回归方程。

（2）从散点图中你能得到哪些启示？

5.5　mtcars 是 R 自带的数据集，该数据集摘自 1974 年《美国汽车趋势》杂志，包括 32 款汽车（1973 ～ 74 款）的油耗、汽车设计和性能等共 11 个指标。根据该数据集绘制以下图形。

（1）绘制每加仑油行驶的英里数（mpg）和汽车自重（wt）两个变量的散点图。

（2）绘制该数据集的散点图矩阵和相关系数矩阵图。

（3）绘制该数据集的相关系数网状图。

（4）绘制每加仑油行驶的英里数（mpg）、总马力（hp）和汽车自重（wt）3 个变量的 3D 散点图和气泡图。

（5）以气缸数（cyl）为因子，绘制每加仑油行驶的英里数（mpg）和汽车自重（wt）的分组散点图。

第 6 章 样本相似性可视化

Chapter 6

想要比较北京、上海、天津 3 个地区在食品烟酒、衣着、居住、生活用品及服务、交通通信、教育文化娱乐、医疗保健、其他用品及服务等 8 项支出方面是否有相似性，这里的 3 个地区就是样本，8 项消费支出就是 8 个变量，这就是多样本在多个变量上取值的相似性问题。如果关心的是 3 个地区间是否相似，就是样本的相似性问题；如果关心的是 8 个变量之间是否相似，就是变量的相似性问题。变量间的相似性可以使用散点图和相关系数进行分析，本章主要介绍样本相似性的可视化。比较样本相似性的图形主要有平行坐标图、雷达图、星图、脸谱图、聚类图、热图等。

6.1 平行坐标图和雷达图

6.1.1 平行坐标图

平行坐标图（parallel coordinate plot）也称多线图或轮廓图（outline plot），用 x 轴表示各变量，用 y 轴表示变量的数值（x 轴和 y 轴可以互换），将同一样本在不同变量上的观测值用折线连接起来就是平行坐标图。观察平行坐标图中各折线的形状及其排列方式，可以比较各样本在多个变量上取值的相似性及差异。我们首先看下面的例子。

【例 6-1】（数据：data6_1.csv）表 6-1 是 2020 年全国 31 个地区的 8 项人均消费支出数据。

表6-1　2020年全国31个地区的人均消费支出（前3行和后3行）　单位：元

地区	区域划分	地带划分	食品烟酒	衣着	居住	生活用品及服务	交通通信	教育文化娱乐	医疗保健	其他用品及服务
北京	华北	东部地带	8 751.4	1 924.0	17 163.1	2 306.7	3 925.2	3 020.7	3 755.0	880.0
天津	华北	东部地带	9 122.2	1 860.4	7 770.0	1 804.1	4 045.7	2 530.6	2 811.0	950.7
河北	华北	东部地带	6 234.6	1 667.4	5 996.0	1 540.6	2 798.3	2 412.2	1 988.8	529.6
⋮	⋮	⋮	⋮	⋮	⋮	⋮	⋮	⋮	⋮	⋮
青海	西北	西部地带	6 754.1	1 770.5	5 053.7	1 509.6	4 076.4	2 043.1	2 524.6	583.1
宁夏	西北	西部地带	6 068.3	1 776.3	4 319.2	1 383.5	3 680.3	2 250.3	2 267.3	634.0
新疆	西北	西部地带	7 194.3	1 616.8	4 483.1	1 500.8	3 413.5	1 778.2	2 349.1	615.9

资料来源：国家统计局. 中国统计年鉴（2021）. 北京：中国统计出版社，2021.

表 6-1 中涉及地区、区域划分、地带划分 3 个因子（类别变量）和 8 个数值变量。如果想要分析 31 个地区在 8 项消费支出上的差异或相似性，则可以绘制平行坐标图。

R 软件中有多个函数可以绘制平行坐标图，如 graphics 包中的 matplot 函数、plotrix 包中的 ladderplot 函数、DescTools 包中的 PlotLinesA 函数、ggiraphExtra 包中的 ggPair 函数（该函数还可以绘制动态交互平行坐标图）、GGally 包中的 ggparcoord 函数、ggplot2 包中的 geom_line 函数等。使用 ggplot2 中的 geom_line 函数绘制的 31 个地区 8 项消费支出的平行坐标图如图 6-1 所示。

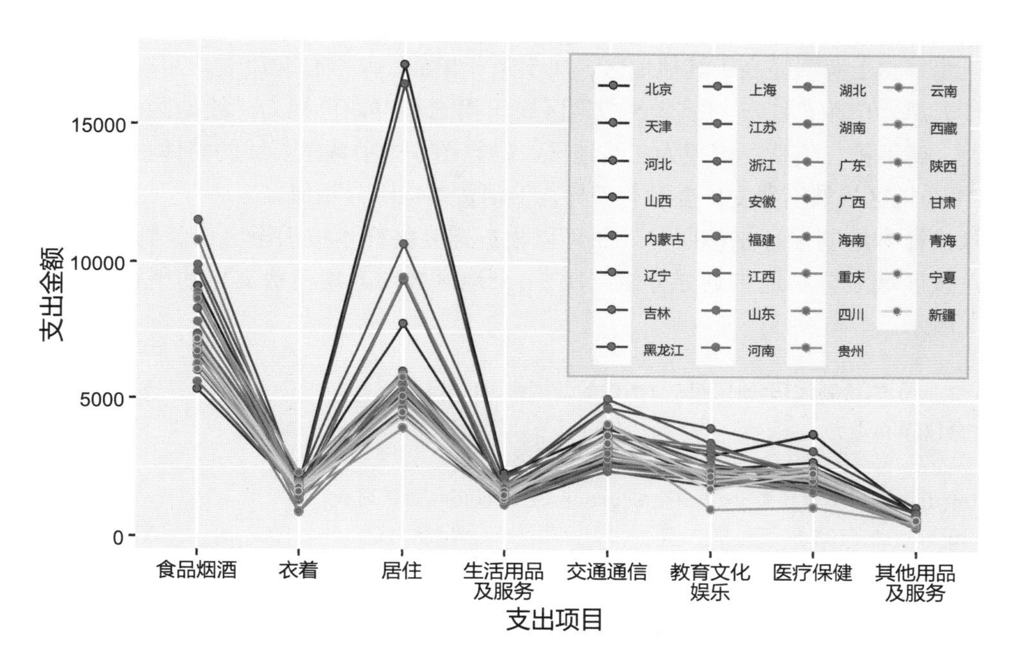

图6-1　2020年全国31个地区人均消费支出的平行坐标图

```
# 图6-1的绘制代码
> library(ggplot2);library(reshape2); library(dplyr);library(stringr)
> data6_1<-read.csv("C:/mydata/chap06/data6_1.csv")

# 处理数据
> f<-factor(data6_1$地区,ordered=TRUE,levels=data6_1$地区) # 将地区设置为有序因子
> df<-data.frame(地区=f,data6_1[,-1])%>%
+  melt(id.vars=c("地区","区域划分","地带划分"),variable.name="支出项目",value.name="支出金额")

# 绘制平行坐标图
> ggplot(df,aes(x=支出项目,y=支出金额,group=地区,color=地区))+
+  geom_line(size=0.5)+                         # 绘制折线并设置线的宽度
+  geom_point(shape=21,size=1.5,fill="gray50")+  # 绘制点并设置点的形状、大小和填充颜色
+  theme(legend.position=c(0.75,0.66),legend.text=element_text(size=5.5,color="blue4"),
+  legend.direction="horizontal",               # 设置图例位置和摆放方向
```

```
+  legend.background=element_rect(fill="grey90",color="grey"))+ #设置图例背景和边线颜色
+  guides(color=guide_legend(nrow=8,title=NULL))+ #设置图例摆放成8行，去掉图例标题
+  scale_x_discrete(labels=function(x) str_wrap(x,width=8))         #设置x轴标签宽度
```

图 6-1 显示，除北京和上海的居住支出明显偏高外，31 个地区有以下几个共同特征。（1）在 8 项消费支出中，食品支出在各项支出中占比最高，接下来依次是居住、交通通信、教育文化娱乐、医疗保健、衣着、生活用品及服务，其他用品及服务排在最后，而衣着、生活用品及服务、其他用品及服务的支出相差不大。（2）各地区的居住支出差异较大。北京和上海明显高于其他地区，属于第一集群，从居住角度看，可视为一线地区；浙江、天津、广东、江苏、福建 5 个地区属于第二集群，可视为二线地区；其他地区差异不大，属于第三集群，可视为三线地区。（3）图 6-1 中各条折线的整体形状极其相似，说明 31 个地区虽然消费支出金额有差异，但消费结构十分相似。

除按样本绘制平行坐标图外，还可以根据需要将样本按因子分组绘制平行坐标图。比如，按区域划分和地带划分分组绘制 31 个地区 8 项人均消费支出的平行坐标图，如图 6-2 所示。

```
# 图6-2（a）的绘制代码(使用图6-1构建的数据框df)
> library(ggplot2)

> ggplot(df,aes(x=支出项目,y=支出金额,group=地区,color=区域划分))+
+  geom_line(size=0.5)+                               #绘制线
+  geom_point(shape=21,size=1.5,fill="gray50")+       #绘制点
+  scale_x_discrete(guide=guide_axis(n.dodge=2))+     #设置x轴标签为2行
+  theme(legend.position=c(0.8,0.8), legend.background=element_blank())+
+  guides(color=guide_legend(nrow=3,title=NULL))+     #图例排成3行,去掉图例标题
+  ggtitle("(a) 按区域划分分组")                       #添加标题
```

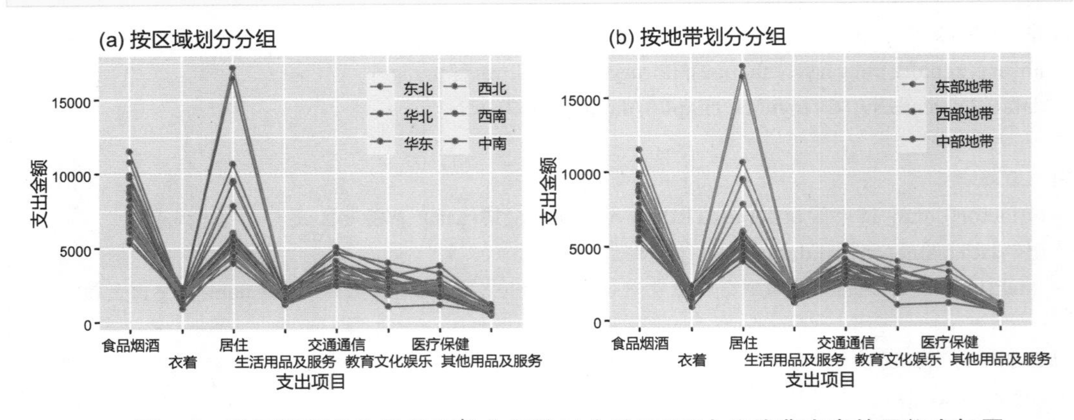

图6-2　按区域划分和地带划分分组的31个地区8项人均消费支出的平行坐标图

将图 6-2（a）绘制代码中的区域划分替换成地带划分即可得到图 6-2（b）。图 6-2 中图例的颜色代表不同的区域划分和地带划分，通过折线的颜色可以比较不同区域和地

带平行坐标图的相似性和差异。图 6-2（a）显示，除华北和华东地区的居住支出相对较高外，六大区域的消费结构十分相似。图 6-2（b）显示，东部地带的各项消费支出明显高于中部地带和西部地带，但整体上看，三大地带的消费结构十分相似。

图 6-1 和图 6-2 是根据原始数据绘制的轮廓折线图。当数值变量的数量级差异较大时，可以先对数据做标准化处理，比如，将每个变量的数值都缩放到 [0，1] 范围内，再绘制平行坐标图；如果要对折线进行平滑，可以使用样条函数。由 GGally 包中的 ggparcoord 函数绘制的按地带划分分组的平行坐标图如图 6-3 所示。其中，图（a）是设置参数 splineFactor=10 绘制的平滑平行坐标图；图（b）是设置参数 scale="uniminmax" 将数据缩放到 [0，1] 范围内绘制的平行坐标图。

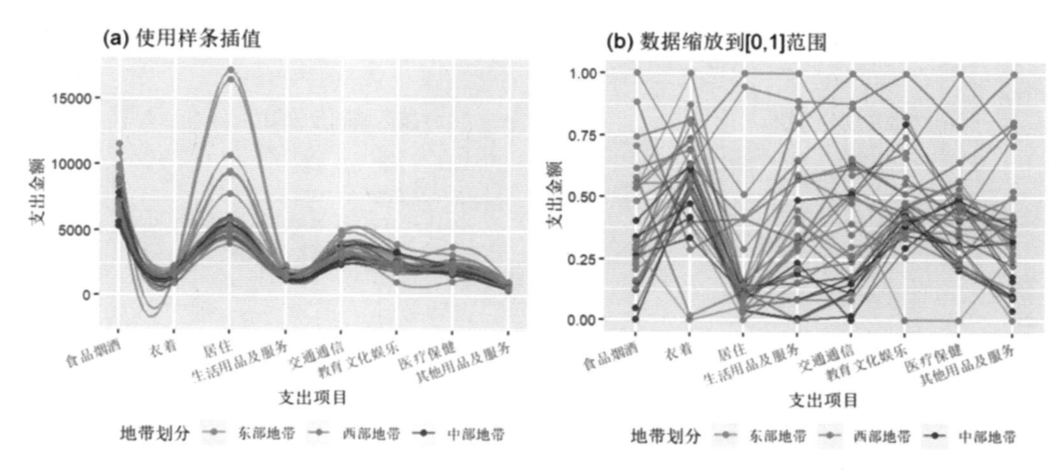

图6-3　按地带划分分组的31个地区8项人均消费支出的样条平滑和归一化平行坐标图

```
# 图6-3的绘制代码（按地带划分分组）
> library(GGally)
> data6_1<-read.csv("C:/mydata/chap06/data6_1.csv")

# 图（a）使用样条插值
> mytheme<-theme(axis.text.x=element_text(size=9,angle=20,hjust=1,vjust=1))+
+     theme(legend.position="bottom",legend.background=element_blank())
> p1<-ggparcoord(data6_1,columns=4:11,                # 选择第4~11列
+   groupColumn=3,                                    # 选择第3列（地带划分）作为分组变量
+   scale="globalminmax",                             # 不进行缩放，使用原始数据绘图
+   splineFactor=10,                                  # 使用样条插值
+   showPoints=TRUE,alphaLines=0.5)+                  # 绘制点
+   scale_color_manual(values=rainbow(3))+            # 设置线的颜色
+   xlab("支出项目")+ylab("支出金额")+                # 设置x轴和y轴标签
+   mytheme+ggtitle("(a) 使用样条插值")

# 图（b）将数据缩放到[0，1]范围
> p2<-ggparcoord(data6_1,columns=4:11,groupColumn=3,
```

```
+  scale="uniminmax",                              # 将数据缩放到[0, 1]的范围
+  showPoints=TRUE,alphaLines=0.5)+
+  scale_color_manual(values=rainbow(3))+xlab("支出项目")+ylab("支出金额")+
+  mytheme+ggtitle("(b) 数据缩放到[0,1]范围")

> gridExtra ::grid.arrange(p1,p2,ncol=2)            # 组合图形
```

根据分析的需要，可以只选择部分地区或选择特定因子组别的样本绘制平行坐标图，比如，选择华北地区、西南地区等。也可以选择特定的变量进行分析，比如选择食品烟酒和居住两个消费项目做比较。图 6-4 是使用 ggiraphExtra 包中的 ggPair 函数绘制的按地带划分和区域划分分组的食品烟酒和居住支出的平行坐标图。

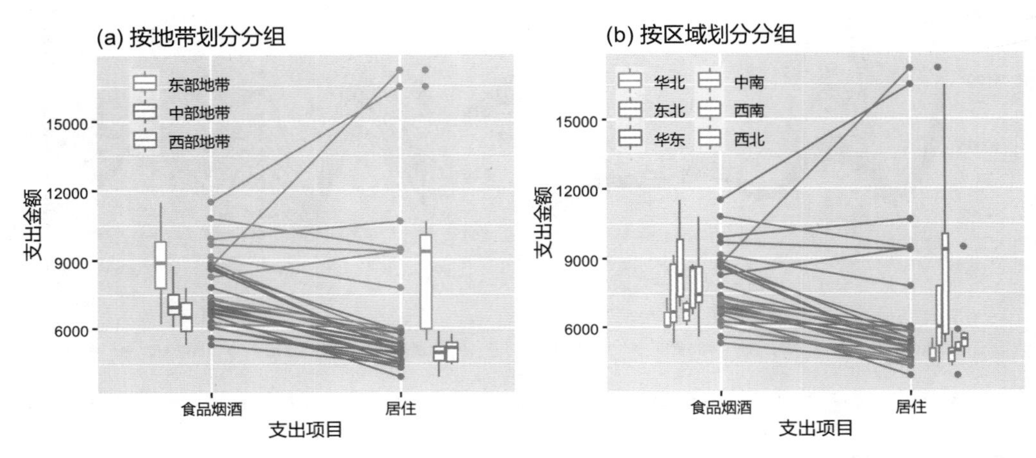

图6-4　按地带划分和区域划分分组的31个地区食品烟酒支出和居住支出的平行坐标图

```
# 图6-4的绘制代码（按地带划分和区域划分分组的食品烟酒和居住支出的比较）
> library("ggiraphExtra");require(ggplot2)
> data6_1<-read.csv("C:/mydata/chap06/data6_1.csv")

> mytheme<-theme_grey()+
+       theme(legend.position=c(0.2,0.85),
+               legend.background=element_blank())          # 移除图例整体边框
# 图（a）按地带划分分组
> p1<-ggPair(data6_1,aes(x=c(食品烟酒,居住),color=地带划分))+ # 按地带划分分组
+  mytheme+
+  guides(color=guide_legend(nrow=3,title=NULL))+            # 图例排成3行,去掉图例标题
+  xlab("支出项目")+ylab("支出金额")+                        # 设置x轴和y轴标签
+  ggtitle("(a) 按地带划分分组")

# 图（b）按区域划分分组
> p2<-ggPair(data6_1,aes(x=c(食品烟酒,居住),color=区域划分))+ # 按区域划分分组
```

```
+  mytheme+guides(color=guide_legend(nrow=3,title=NULL))+
+  xlab("支出项目")+ylab("支出金额")+ggtitle("(b) 按区域划分分组")

> gridExtra::grid.arrange(p1,p2,ncol=2)              # 组合图形
```

图 6-4（a）的箱线图显示，从食品烟酒支出水平看，东部地区最高，中部地区其次，西部地区最低；从居住支出水平看，东部地区最高，而且出现了两个离群点（北京和上海），西部地区其次，中部地区最低。从 31 个地区看，除东部少数几个地区的居住支出高于食品烟酒支出外，其余地区的食品烟酒支出均高于居住支出。图 6-4（b）是按区域划分分组，可仿照图 6-4（a）进行分析。

如果在利用平行坐标图比较各样本相似性时，还要分析按因子分组的各指标的分布，可以在平行坐标图中画出分组的直方图或核密度图。使用 ggplot2 包并结合 ggmulti 包中的 coord_serialaxes 函数，可在平行坐标图中绘制分组直方图或核密度图。为便于观察，仅以食品烟酒、衣着、居住和交通通信 4 项指标为例，绘制的按地带划分分组的平行坐标图如图 6-5 所示。

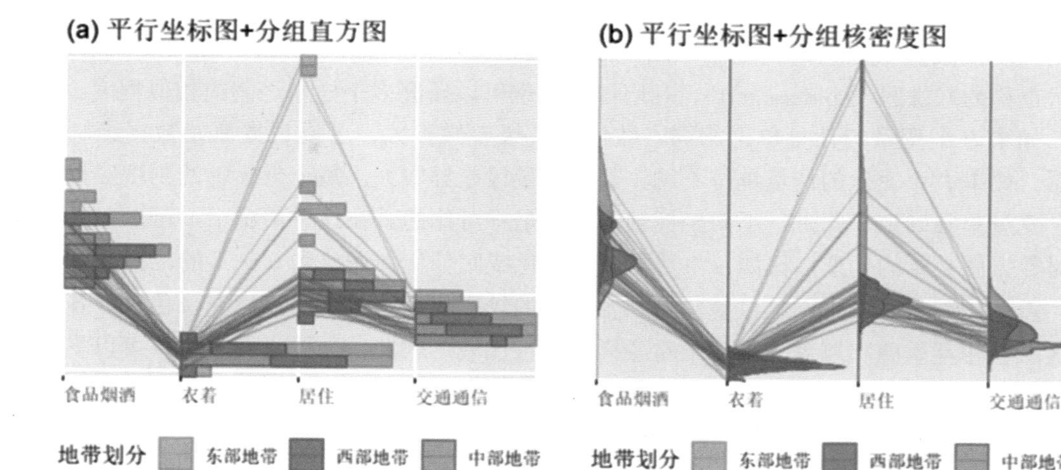

图6-5　带有分组直方图与核密度图的31个地区4项支出的平行坐标图

```
# 图6-5的绘制代码（按地带划分分组4项指标的比较）
> library(ggmulti);library(ggplot2)
> data6_1<-read.csv("C:/mydata/chap06/data6_1.csv")

> p<-ggplot(data6_1,aes(食品烟酒=食品烟酒,衣着=衣着,居住=居住,
+            交通通信=交通通信,colour=地带划分))+     # 设置绘图变量
+  geom_path(alpha=0.3)+                              # 按观察值在数据中出现的顺序连接
+  coord_serialaxes()                                 # 设置平行坐标

> p1<-p+ggtitle("(a) 平行坐标图+分组直方图")+
```

```
+  theme(legend.position="bottom",                       # 设置图例位置
+           axis.text.x = element_text(hjust =0))+       # 调整x轴标签位置
+  geom_histogram(alpha=0.5,aes(fill=地带划分))          # 按地带划分分组绘制直方图

> p2<-p+ggtitle("(b) 平行坐标图+分组核密度图")+
+  theme(legend.position="bottom",axis.text.x = element_text(hjust =0))+
+  geom_density(alpha= 0.5,aes(fill=地带划分))

> gridExtra::grid.arrange(p1,p2,ncol=2)                   # 组合图形
```

图 6-5 中的平行坐标图用于比较 31 个地区 4 项指标的相似性，分组直方图或核密度图用于比较按地带划分分组的组内 4 项指标分布的相似性。

6.1.2　雷达图

假定有 P 个变量，我们可以从一个点出发，每个变量用一条射线表示，P 个变量形成 P 条射线（P 个坐标轴），每个样本在 P 个变量上的取值连接成线，即围成一个区域，多个样本围成多个区域，就是雷达图（radar chart）。雷达图由于形状与蜘蛛网很相似，有时也称为蜘蛛图（spider chart）。利用雷达图也可以研究多个样本之间的相似程度。

如果 P 个变量的计量单位相同，数值的量级差异不大，可以根据原始数据绘制雷达图。如果 P 个变量的计量单位不同，数值的量级差异较大，每个坐标轴的刻度应根据每个变量单独确定，此时，不同坐标轴的刻度是不可比的。在这种情况下，可以在绘图前对数据做必要的处理，比如，将数据做标准化或归一化（缩放到 0 ～ 1 的范围）。

雷达图展示的样本不宜过多，否则各样本的轮廓线会产生交叉，填充颜色时，各样本区域会相互重叠和遮盖，不便于对各样本进行比较。因此，当样本较多时，可以将一个样本绘制一个雷达图；当数据框中有类别变量时，也可以按因子分组绘制雷达图。

使用 ggiraphExtra 包中的 ggRadar 函数、see 包中的 coord_radar 函数、fmsb 包中的 radarchart 函数、plotrix 包中的 radial.plot 函数等均可以绘制雷达图。这里推荐使用 ggiraphExtra 包中的 ggRadar 函数，该函数可以绘制出灵活多样的静态雷达图和动态交互雷达图。函数默认 interactive=FALSE，即绘制静态图，设置 interactive=TRUE，可以绘制动态交互雷达图。函数提供了两种数据尺度，默认 rescale=TRUE，对数据框中的每个数值变量进行同一尺度的缩放，即对数据做归一化处理，采用公式 $(x_i-\min(x))/(\max(x)-\min(x))$将数据缩放到 0 ～ 1 的范围，当各变量的计量单位不同或数量级差异较大时，需要变换。设置 rescale=FALSE 则不对数据进行缩放，使用原始数据绘图。

为便于观察和理解，首先绘制出北京、天津、上海 3 个地区 8 项人均消费支出的雷达图（读者可以绘制 31 个地区的雷达图进行观察）。使用 ggRadar 函数绘制的雷达图如图 6-6 所示。

```
# 图6-6的绘制代码（北京、天津、上海的比较）
> library(ggiraphExtra);library(ggplot2);library(dplyr)
> data6_1<-read.csv("C:/mydata/chap06/data6_1.csv")

# 选出北京、天津和上海3个地区（%in%表示选出向量为c("北京","天津","上海")的地区）
> df<-filter(data6_1,地区%in%c("北京","天津","上海"))

# 设置图形主题
> myangle<-seq(-20,-340,length.out=8)          # 设置标签角度，使之垂直于坐标轴
> mytheme<-theme_bw()+                         # 使用黑白主题
+   theme(legend.position="bottom",            # 设置图例位置
+   axis.text.x=element_text(size=9,color="blue4",angle=myangle))

# 图（a）使用原始数据
> p1<-ggRadar(data=df,aes(group=地区),         # 按地区分组
+   rescale=FALSE,                             # 数据不归一化
+   ylim=c(-200,20000),                        # 设置y轴范围
+   alpha=0,                                   # 设置颜色透明度
+   size=2)+                                   # 设置点的大小
+   mytheme+xlab("支出项目")+ylab("支出金额)+              # 设置x轴和y轴标签
+   ggtitle("(a) 原始数据雷达图")

# 图（b）使用归一化数据
> p2<-ggRadar(data=df,aes(group=地区),rescale=TRUE,          # 数据标准化(缩放到[0,1]范围)
+   ylim=c(-0.3,1),alpha=0.3, size=2)+mytheme+xlab("支出项目")+ylab("归一化值")+
+   ggtitle("(b) 归一化雷达图")                               # 添加标题

> gridExtra::grid.arrange(p1,p2,ncol=2)                     # 组合图形
```

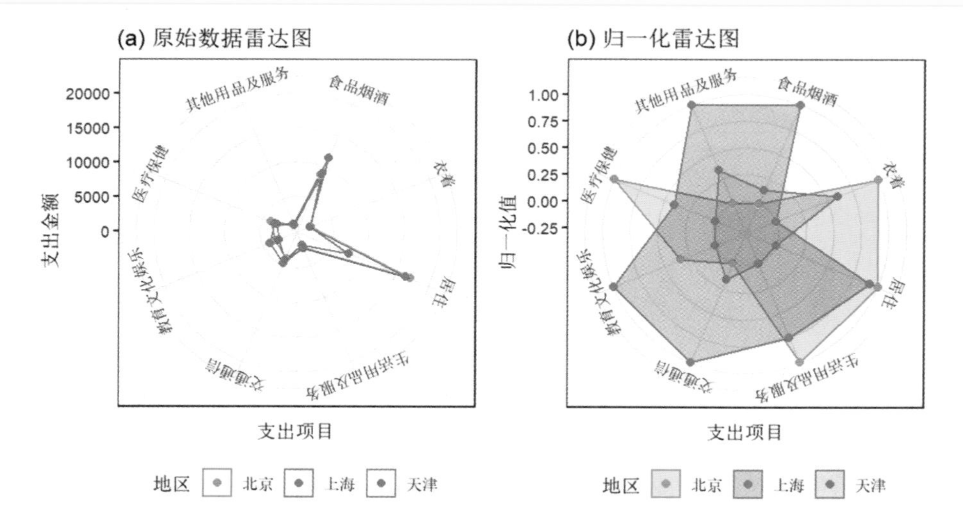

图6-6　2020年北京、天津和上海8项人均消费支出的雷达图

图 6-6（a）是根据原始数据绘制的，未填充颜色，每个 x 轴代表一个支出项目，坐标轴刻度是根据各自的数值大小确定的。由于雷达图的 x 轴起点为 0，当各变量的数值差异较大时，可以设置 y 轴的范围，使最小值远离圆心，雷达图的形状容易识别。图 6-6（a）显示，3 个地区雷达图围成的形状十分相近，虽然 3 个地区在各项消费金额上有差异，但消费结构很相似。图 6-6（b）是将数据归一化到 [0，1] 范围绘制的雷达图，每个 x 轴都相同，并填充颜色以展示各自的区域。数据归一化统一了数据的尺度，但改变了数据的水平，因此归一化后的雷达图不宜从整体上比较各样本的相似性，但可以分析各变量的变化和差异。

为避免样本较多时轮廓线交叉或区域覆盖的情况，可以使用 facet 参数做分面处理，即将每个样本绘制成一个单独的雷达图。比如，选出中南地区的所有省和自治区，分面绘制的雷达图如图 6-7 所示。

```
# 图6-7的绘制代码（使用图6-6的角度设置myangle）
> data6_1<-read.csv("C:/mydata/chap06/data6_1.csv")
> df<-dplyr::filter(data6_1,区域划分=="中南")          # 选出中南地区的省份

> ggRadar(data=df,aes(group=地区,facet=地区),           # 按地区分面
+   rescale=TRUE,alpha=0.3,size=2)+
>   theme_light()+theme(legend.position="none",          # 使用light主题，删除图例
+     axis.text.x=element_text(size=7,color="blue4",angle=myangle))
```

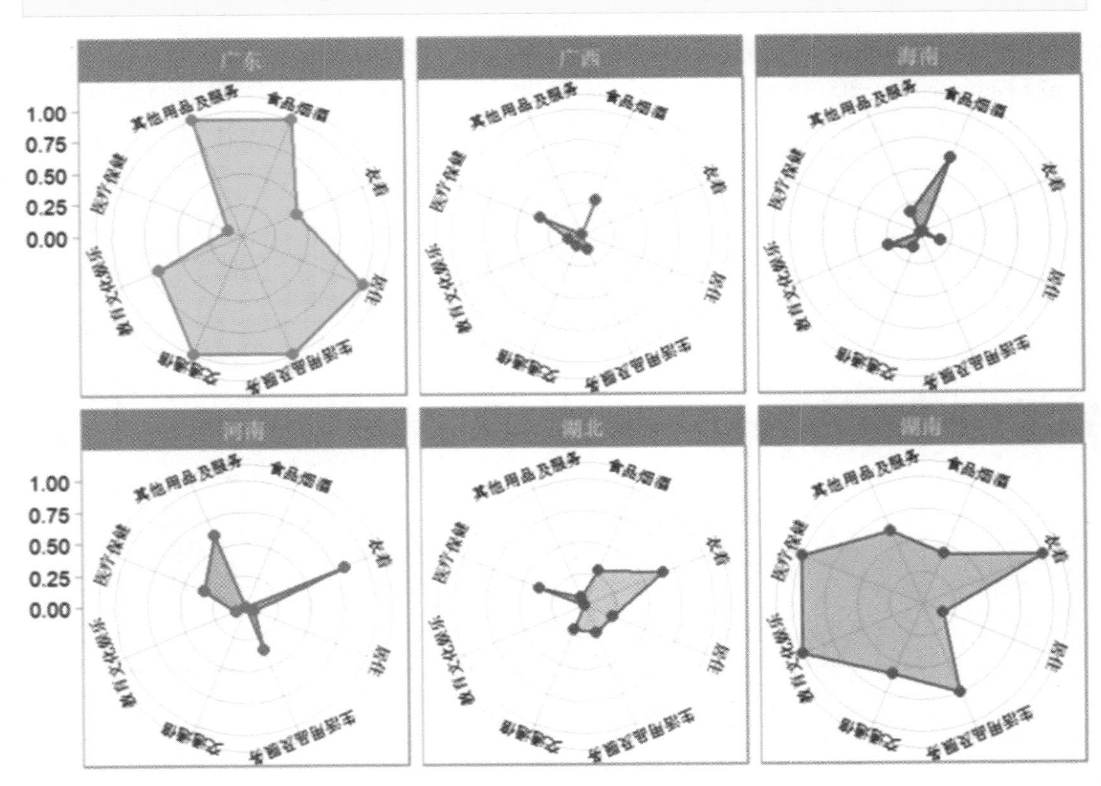

图6-7　中南地区8项人均消费支出的分面雷达图

除按地区分面外，也可以将区域划分或地带划分作为因子分组绘制雷达图，以比较各组别的相似性。按因子分组绘制雷达图时，函数会使用组内样本均值作为绘图数据。图 6-8 是按区域划分和地带划分分组的雷达图，图中使用的是原始数据尺度（读者可设置 rescale=TRUE 比较尺度变换后的雷达图）。

```
# 图6-8（a）的绘制代码
> library(ggiraphExtra);library(ggplot2)
> data6_1<-read.csv("C:/mydata/chap06/data6_1.csv")

# 设置图形主题
> myangle<-seq(-20,-340,length.out=8)
> mytheme<-theme(legend.position="bottom",legend.text=element_text(size=8),
+  axis.text.x=element_text(size=9,color="blue4",angle=myangle))

> ggRadar(data=data6_1,rescale=FALSE,aes(group=区域划分),
+  alpha=0.1,size=2.5,ylim=c(-0.2,1))+                 # 按区域划分分组
+  mytheme+xlab("支出项目")+ylab("支出金额")+          # 设置x轴和y轴标签
+  guides(color=guide_legend(nrow=2))+                 # 图例排成2行
+  ggtitle("(a) 按区域划分分组")
```

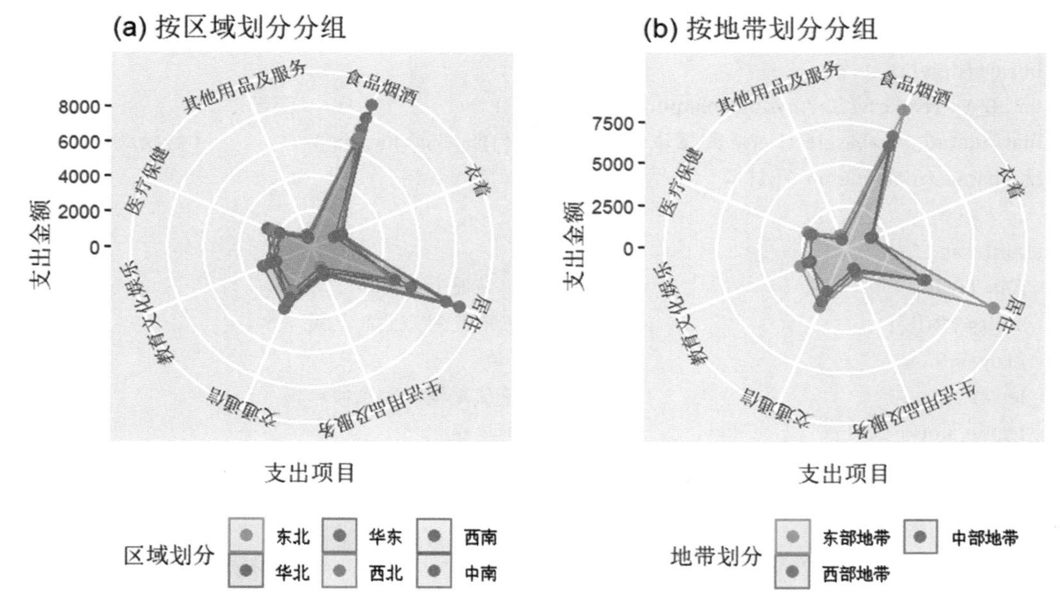

图6-8　按区域划分和地带划分分组的8项人均消费支出的雷达图

将图 6-8（a）绘制代码中的区域划分替换成地带划分即可得到图 6-8（b）。图 6-8 中的 y 轴是组内各项支出的均值。图 6-8（a）显示，华东地区的消费水平高于其他地区，从整体上看，六大区域的消费结构具有相似性。图 6-8（b）显示，东部地带的各项支出高于中部地带和西部地带，而中部地带和西部地带的消费支出差异不大，从雷达图的形状看，不同地带的消费结构十分相似。

6.2 星图和脸谱图

当样本较多时，平行坐标图和雷达图不易观察和比较，这时可以使用星图或脸谱图。星图和脸谱图是将每个样本画成一颗星或一个脸谱，通过比较星或脸谱来比较各样本间的差异或相似性。

6.2.1 星图

星图（star plot）有时也称为雷达图。它用 P 个变量将圆 P 等分，并将 P 个半径与圆心连接，再将一个样本的 P 个变量的取值连接成一个 P 边形，n 个样本形成 n 个独立的 P 边形，即为星图。利用星图可根据 n 个 P 边形比较 n 个样本的相似性。

绘制星图时，各样本的计量单位可能不同，或不同变量的数值差异可能很大，因此需要先对变量做归一化处理，再绘制星图。

使用 graphics 包中的 stars 函数可以绘制多元数据集的星图或分段图，也可以绘制蜘蛛图（或称雷达图）。图 6–9（a）是由 stars 函数绘制的 31 个地区 8 项人均消费支出的星图（设置参数 full=FALSE，可绘制半圆的星图）。图 6–9（b）是设置参数 draw.segments=FALSE 和 col.stars=rainbow(31) 绘制的星图，该图实际上是将每个（样本）地区绘制成一个小的雷达图。

```
# 图6-9（a）的绘制代码
> library(dplyr)
> data6_1<-read.csv("C:/mydata/chap06/data6_1.csv")
> mat<-data6_1%>%select(-c(地区,区域划分,地带划分))%>%as.matrix()           # 转换成矩阵
> rownames(mat)=data6_1[,1]                  # 设置矩阵行名称

> stars(mat,
+   full=TRUE,                               # 绘制出满圆
+   scale=TRUE,                              # 将数据缩放到[0,1]的范围
+   nrow = 5,                                # 5行布局
+   len=1,                                   # 设置半径或线段长度的比例
+   frame.plot=FALSE,                        # 不添加边框
+   draw.segments=TRUE,key.loc=c(13.5,2,5), # 绘制线段图，并设置位置
+   mar=c(0.5,0.1,0.1,0.1),                  # 设置图形边界
+   cex=0.6)                                 # 设置标签字体大小
```

图 6–9（a）右下角的星图称为标准星图，类似于图例的功能，其中，每个不同颜色的扇形代表不同的变量。如果某个样本在各变量上的数值都是最大的，则星图就是满圆。图 6–9（a）显示，星图最大的是上海、北京和浙江，这也是我国较大的消费型城市，可以看作一类消费地区；其次是天津、广东、江苏、山东、重庆，可以看作二类消费地区；其他地域属于一类，可以看作三类消费地区。当然，这只是根据星图的大小做的大概划分，读者可根据星图各部分的构成详细分析各地区消费结构的差异。与图 6–9（a）相比，图 6–9（b）更容易比较各地区的差异和相似性。

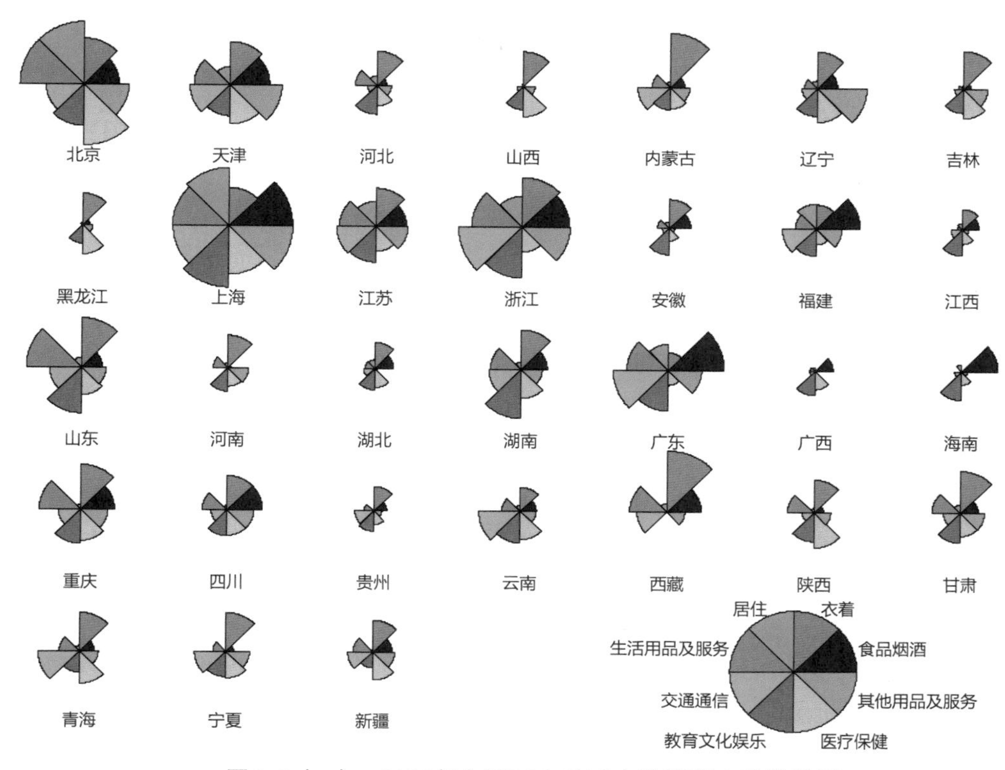

图6-9（a）　2020年全国31个地区人均消费支出的星图

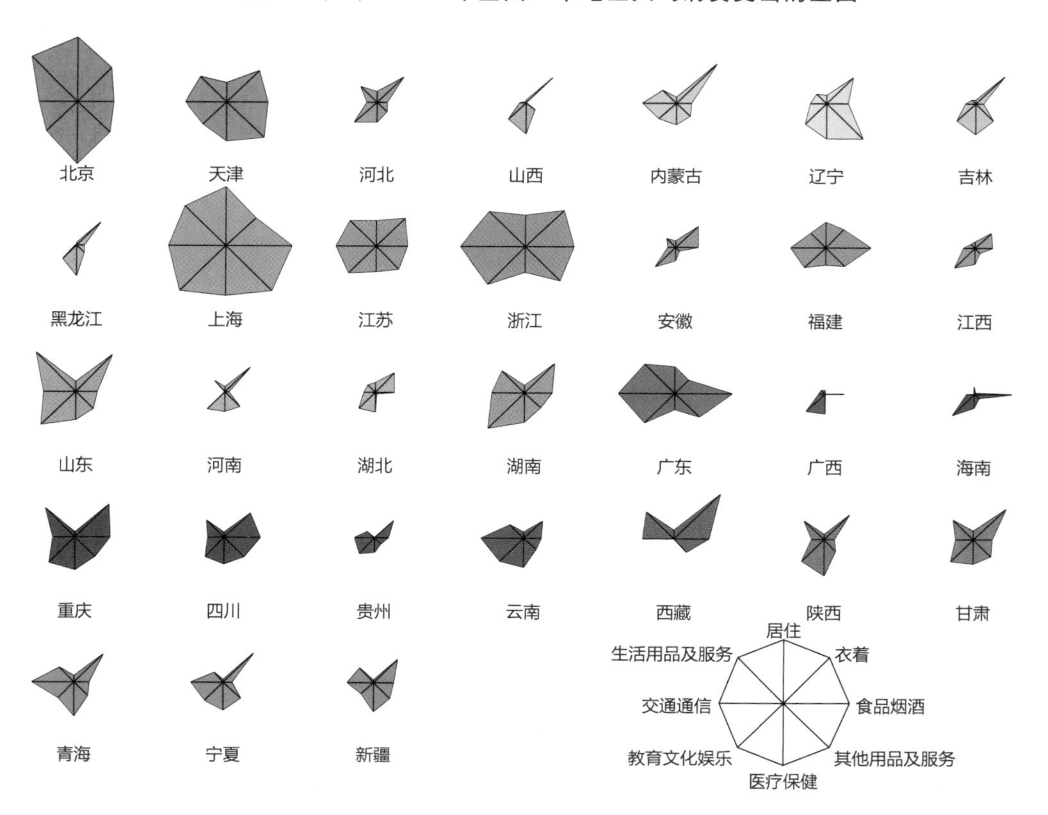

图6-9（b）　2020年全国31个地区人均消费支出的线条星图

使用 symbols 包中的 symbol 函数可以绘制式样更多的反映样本相似性的图形，如星图、脸谱图、太阳图、条形图、断面图等。比如，设置参数 type="star"，可以绘制星图；设置参数 type="sun"，可以绘制太阳图；设置参数 type="bar"，可以绘制条形图；设置参数 type="profile"，可以绘制断面图；等等。更多信息请查看函数帮助，这里不再举例。

6.2.2　脸谱图

脸谱图（faces plot）由美国统计学家 Chernoff（1973）首先提出，也称为 Chernoff 脸谱（Chernoff faces）。脸谱图将 P 个变量（P 个维度的数据）用人脸部位的形状或大小来表征。通过对脸谱的分析，可根据 P 个变量对样本进行归类或比较研究。

按照 Chernoff 提出的画法，由 15 个变量决定脸部的特征，若实际变量更多，多出的将被忽略；若实际变量较少，变量将被重复使用，这时，某个变量可能同时描述脸部的几个特征。按照各变量的取值，根据一定的数学函数关系来确定脸的轮廓及五官的部位、形状和大小等，每一个样本用一张脸谱来表示。脸谱图有不同的画法，对于同一种画法，若变量次序重新排列，得到的脸谱的形状也会有很大不同。15 个变量代表的面部特征如表 6-2 所示。

表6-2　15个变量代表的面部特征

变量	面部特征	变量	面部特征	变量	面部特征
1	脸的高度 (height of face)	6	笑容曲线 (curve of smile)	11	发型 (styling of hair)
2	脸的宽度 (width of face)	7	眼睛高度 (height of eyes)	12	鼻子高度 (height of nose)
3	脸的形状 (shape of face)	8	眼睛宽度 (width of eyes)	13	鼻子宽度 (width of nose)
4	嘴的高度 (height of mouth)	9	头发高度 (height of hair)	14	耳朵宽度 (width of ears)
5	嘴的宽度 (width of mouth)	10	头发宽度 (width of hair)	15	耳朵高度 (height of ears)

绘制脸谱图的 R 包有 aplpack、symbols、DescTools、TeachingDemos、ggChernoff 等，其中 aplpack 包中的 faces 函数可以绘制不同形式的脸谱图。图 6-10 是由 faces 函数绘制的 31 个地区 8 项消费支出的脸谱图（设置参数 type=0，可以绘制黑白线条脸谱图，设置 type=2，可以绘制圣诞老人脸谱图）。

```
# 图6-10的绘制代码（使用图6-9构建的矩阵mat）
> library(aplpack)
> faces(mat,face.type=1, scale=TRUE,          # 设置脸谱图的类型，数据标准化
+   ncol.plot=8, cex=1)                       # 绘制成8列，设置脸谱图标签字体的大小
```

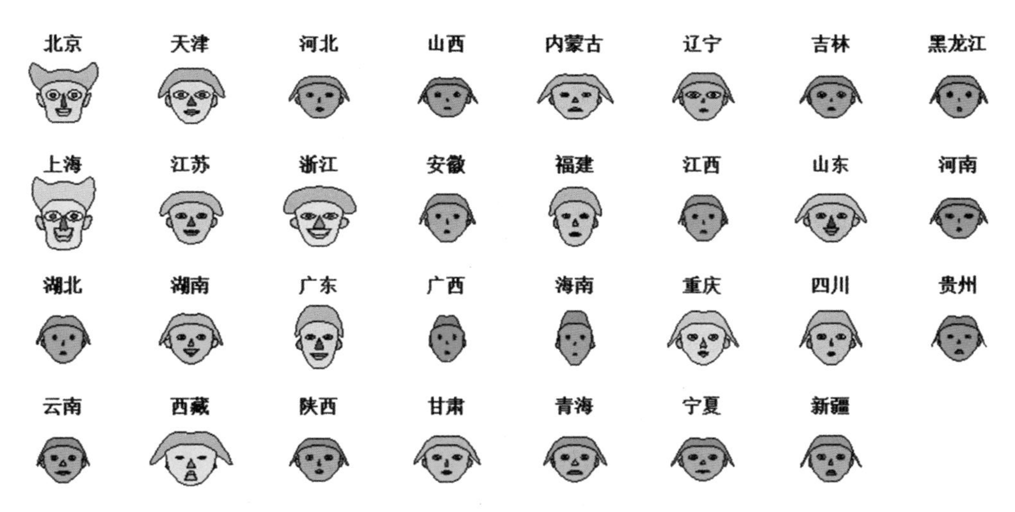

图6-10　2020年全国31个地区人均消费支出的脸谱图

图 6-10 中各项指标代表的面部特征如下。

effect of variables:			
modified item	Var	modified item	Var
"height of face "	"食品烟酒"	"height of hair "	"食品烟酒"
"width of face "	"衣着"	"width of hair "	"衣着"
"structure of face "	"居住"	"style of hair "	"居住"
"height of mouth "	"生活用品及服务"	"height of nose "	"生活用品及服务"
"width of mouth "	"交通通信"	"width of nose "	"交通通信"
"smiling "	"教育文化娱乐"	"width of ear "	"教育文化娱乐"
"height of eyes "	"医疗保健"	"height of ear "	"医疗保健"
"width of eyes "	"其他用品及服务"		

由于只有 8 个指标，因此指标被重复使用。以食品烟酒支出为例，该指标分别表示脸的高度和头发的高度。观察脸谱图发现，上海、北京、浙江的脸谱较大，表示各项支出明显高于其他地区；广西、海南、贵州等的脸谱较小，属于消费水平较低的地区。如果按脸谱大小粗略划分，上海、北京和浙江属于一类；广西、海南、贵州属于一类；其他地区属于一类。

我们也可以用脸谱表示散点图中的各个点，将散点图绘制成脸谱散点图。首先绘制出两个变量的散点图，然后用所有变量将各个点绘制成脸谱图。这样，就可以在分析所关注的两个变量之间关系的同时，比较各样本在多个变量上的相似性。以例 6-1 为例，首先绘制食品烟酒和医疗保健两个变量（可根据需要选择其他变量）的散点图，然后用所有变量绘制出脸谱图，并替换散点图中的各个点，就成了脸谱散点图，如图 6-11 所示。

```
# 图6-11的绘制代码（使用图6-9构建的矩阵mat）
> library(aplpack)
> plot(mat[1:31,c(1,7)],xlim=c(5000,12000),ylim=c(900,4000),
+  bty="n",type="n")                       # 绘制食品烟酒和医疗保健的散点图空图
> f<-faces(mat[1:31,],plot=FALSE)          # 绘制脸谱图的空图
```

```
> plot.faces(f,mat[1:31,1],mat[1:31,7],        # 绘制脸谱散点图
+  width=600,height=400 )                       # 设置脸谱图的宽度和高度
```

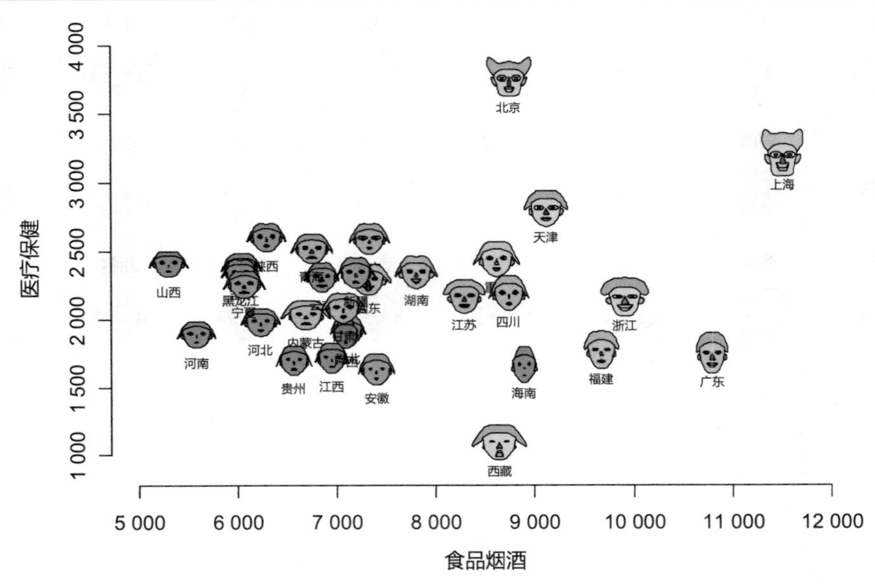

图6-11　食品烟酒支出和医疗保健支出的脸谱散点图

图 6-11 显示，食品烟酒和医疗保健为正的线性相关。脸谱图显示，上海的食品烟酒支出最多，山西的食品烟酒支出最少，北京的医疗保健支出最多，西藏的医疗保健支出最少。

6.3　聚类图和热图

上面介绍的图形只能对样本的相似性做大致比较，很难做出明确的分类。实际上，可以采用统计中的聚类分析方法将多个样本按相似性分类。比如，按照 8 项消费支出将 31 个地区分类，并将分类的结果用图形展示出来。

6.3.1　聚类图

统计中的聚类方法有多种，这里不详细介绍聚类分析方法，只根据**层次聚类**（hierarchical cluster）和 **K- 均值聚类**（K-means cluster）的结果绘制聚类图（也称聚类树状图或谱系图），并对聚类结果做简单分析。

使用层次聚类时，事先不确定要分多少类，而是先把每一个样本作为一类，然后按照某种方法度量样本之间的距离，并将距离最近的两个样本合并为一个类别，从而形成 k-1 个类别，然后计算出新产生的类别与其他各类别之间的距离，并将距离最近的两个类别合并为一类。这时，如果类别的个数仍然大于 1，则重复上述步骤，直到所有的类别都合并

成一类为止。至于最后要将样本分成多少类，使用者可根据实际情况和分析需要而定。

使用 plot 函数可以绘制聚类图，但可选参数不多，图形也不够美观。使用 ggfortify 包中的 autoplot 函数、ggdendro 包中的 ggdendrogram 函数、ggraph 包中的 ggraph 函数、networkD3 包中的 dendroNetwork 函数、factoextra 包中的 fviz_dend 函数，结合 ggplot2 包均可绘制聚类图，而且可修改性强，绘制出的图形形式多样且美观。以例 6-1 的数据为例，使用 factoextra 包中的 fviz_dend 函数绘制层次聚类图，如图 6-12 所示。

```
# 图6-12的绘制代码（使用图6-9构建的矩阵mat）
> library(factoextra);library(ggplot2);library(dplyr);library(RColorBrewer)

# 处理数据
> d<-dist(scale(mat),method="euclidean")  # 采用euclidean距离计算样本的点间距离
> hc<-hclust(d,method="ward.D2")           # 采用ward.D法计算类间距离并用层次聚类法进行聚类
> cols=brewer.pal(4,"Set1")

# 绘制聚类图
> fviz_dend(hc,k=4,                        # 设置分类数
+   cex=0.6,                               # 设置数据标签的字体大小
+   horiz=FALSE,                           # 垂直摆放图形
+   k_colors=brewer.pal(4,"Set1") ,        # 设置聚类集群的线条颜色
+   color_labels_by_k=TRUE,                # 自动设置数据标签颜色
+   lwd=0.6,                               # 设置分支和矩形的线宽
+   type="rectangle",                      # 设置绘图类型为矩形
+   rect=TRUE,                             # 绘制聚类集群矩形
+   rect_border=brewer.pal(4,"Set1"),      # 使用不同的颜色矩形标记类别
+   rect_fill=TRUE,                        # 设置标记框的填充颜色
+   main="")
```

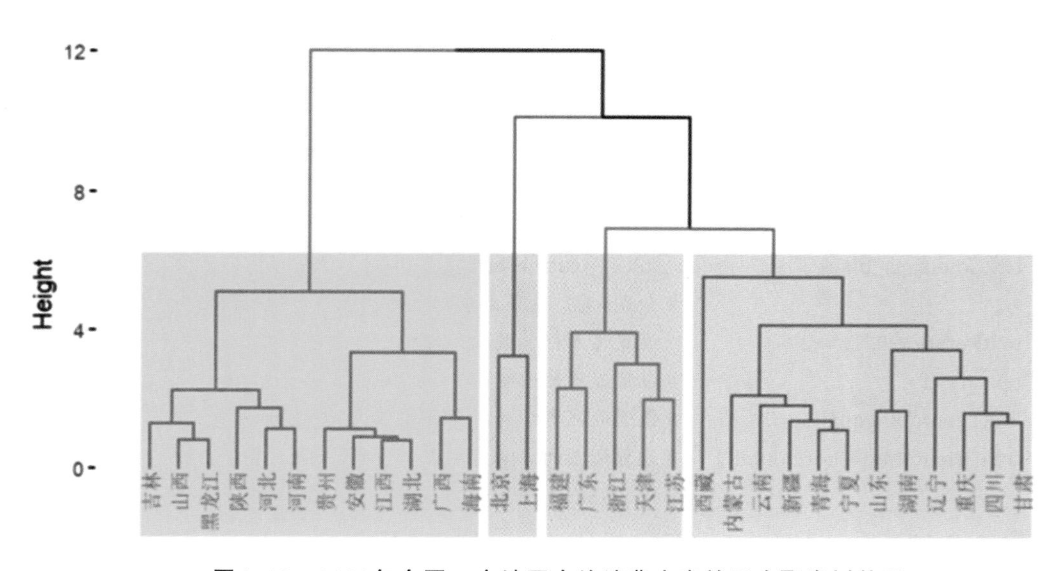

图6-12　2020年全国31个地区人均消费支出的层次聚类树状图

图 6-12 中的 y 轴是类别合并的相对距离，这里是把类别间的最大距离作为相对距离 12，其余的距离都换算成与之相比的相对距离大小。在图 6-12 的代码中，设置参数 horiz=TRUE，可以将聚类图水平摆放。设置参数 type="circular"，可以绘制出圆形聚类图，如图 6-13（a）所示；设置参数 type="phylogenic"，可以绘制出植物形聚类图，如图 6-13（b）所示。

（a）圆形树状图

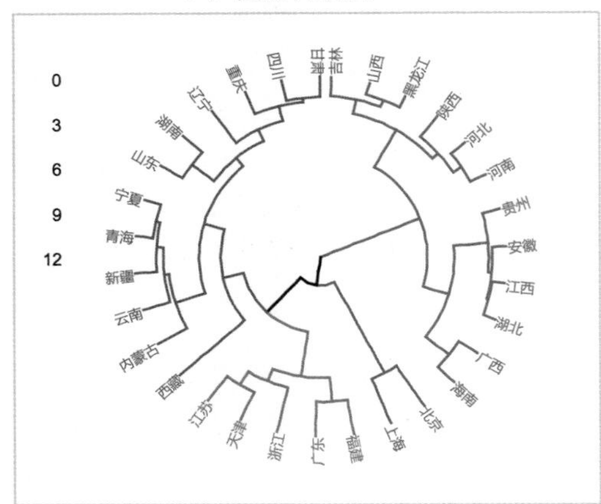

（b）植物形树状图

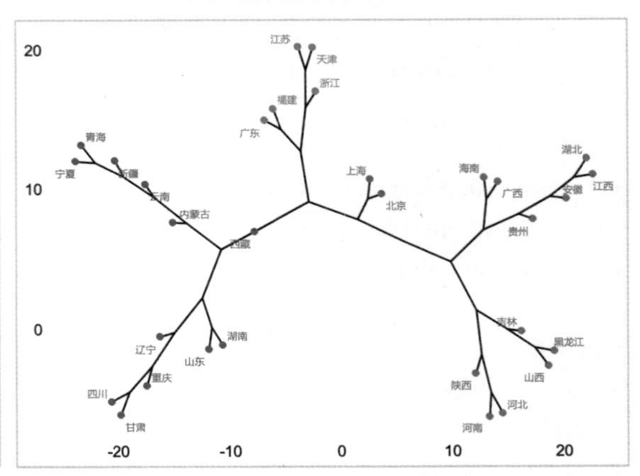

图6-13　31个地区的层次聚类图

图 6-13（a）和图 6-13（b）中不同颜色的分支代表不同的类。

使用 networkD3 包中的 dendroNetwork 函数，可以创建以网络图形式呈现的动态交互层次聚类树状图。以例 6-1 的数据为例，由该函数创建的层次聚类树状图如图 6-14 所示。设置参数 treeOrientation="vertical" 可以将树状图垂直摆放。

```
# 图6-14的绘制代码（使用图6-12的层次聚类结果hc）
> library(networkD3)
> dendroNetwork(hc,
+   height=500,width=600,            # 设置网络图框架区域的高度和宽度（以像素为单位）
+   fontSize=10,                     # 设置节点文本标签的字体大小（以像素为单位）
+   nodeColour="lightgreen",         # 设置节点圆的填充颜色
+   textColour=c("black","red","green","blue")[cutree(hc,4)],
                                     # 分成4类，设置文本标签的颜色与类别匹配
+   textRotate=90,                   # 设置文本标签旋转的度数
+   opacity=1,                       # 设置节点的透明度
+   linkType="diagonal",             # 设置连线类型为对角线（可选肘型elbow）
+   treeOrientation="horizontal")    # 设置树图的方向为水平（设置vertical为垂直）
```

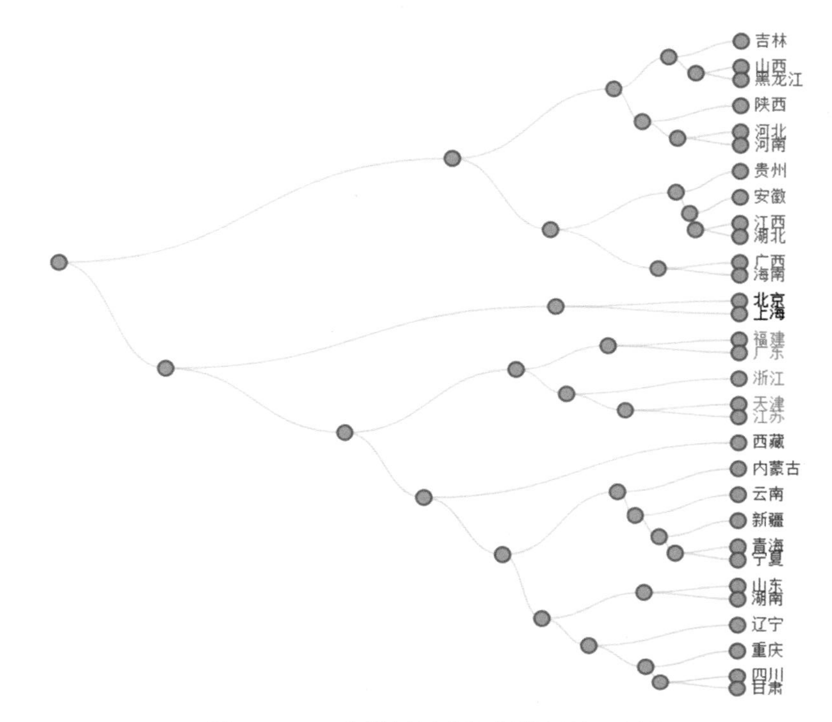

图6-14　31个地区层次聚类的网络形树状图

根据上述层次聚类图，将 31 个地区分成 4 类后的类别如表 6-3 所示。

表6-3　31个地区分成4类的层次聚类结果

类别	地区	地区数
第1类	吉林，山西，黑龙江，陕西，河北，河南，贵州，安徽，江西，湖北，广西，海南	12
第2类	北京，上海	2
第3类	福建，广东，浙江，天津，江苏	5
第4类	西藏，内蒙古，云南，新疆，青海，宁夏，山东，湖南，辽宁，重庆，四川，甘肃	12

这 4 个类别基本上反映了 31 个地区在类别内的相似性和类别间的差异性。当然，使用者也可根据聚类图将 31 个地区分成不同的类。比如，根据图 6-13（b），可采用剪树枝的方法分成不同的类别，分多少类合适可根据研究的需要而定。

K- 均值聚类不是把所有可能的聚类结果都列出来，使用者需要先指定要划分的类别数，然后确定各聚类中心，再计算出各样本到聚类中心的距离，最后按距离的远近进行分类。K- 均值聚类中的“K”就是事先指定要分的类别数，而“均值”则是指聚类的中心。

使用 ggfortify 包中的 autoplot 函数、factoextra 包中的 fviz_cluster 函数均可绘制 K- 均值聚类的聚类图。采用 K- 均值聚类将 31 个地区分成 4 类，使用 fviz_cluster 函数绘制的聚类图如图 6-15 所示。

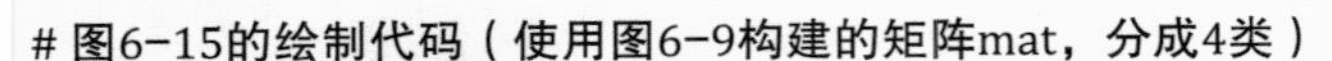

```
# 图6-15的绘制代码（使用图6-9构建的矩阵mat，分成4类）
> library(factoextra);library(ggplot2)
> km<-kmeans(mat,centers=4)                  # 分成4类
> fviz_cluster(km,mat[,-1],
+   repel=TRUE,                              # 避免图中的文本标签重叠
+   ellipse.type="norm",                     # 画出正态置信椭圆
+   labelsize=8,                             # 设置文本字体的大小
+   pointsize=2,                             # 设置中心点的大小
+   main = "K-means聚类（分成4类）")
```

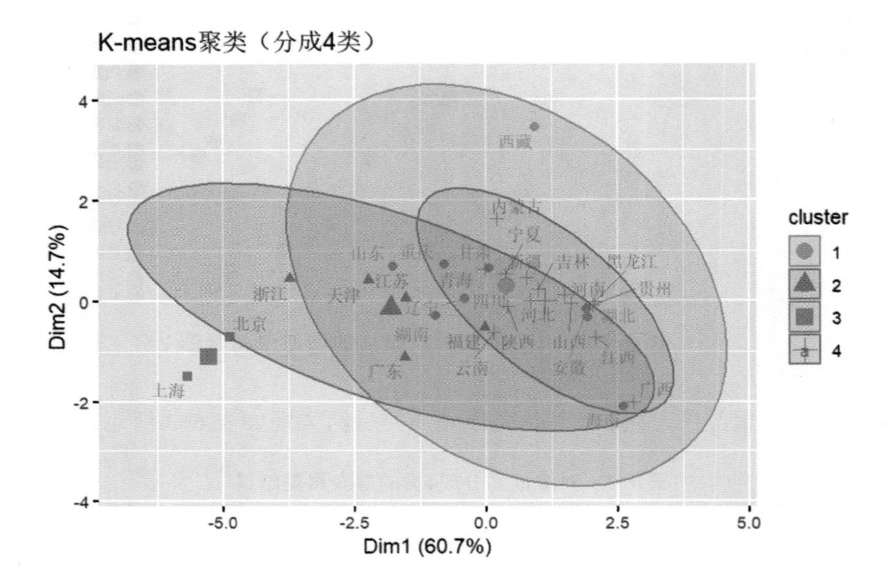

图6-15　31个地区分成4类的K-均值聚类图

图 6-15 中较大的点表示聚类中心；x 轴绘制的是第 1 个主成分，括号内的数字 60.7% 表示第 1 个主成分的方差贡献率；y 轴绘制的是第 2 个主成分，括号内的数字 14.7% 表示第 2 个主成分的方差贡献率。两个主成分的方差贡献率合计为 75.4%。

根据图 6-15 的 K- 均值聚类结果，将 31 个地区分成 4 类后的各类别如表 6-4 所示。

表6-4　31个地区分成4类的K-均值聚类结果

类别	地区	地区数
第1类	辽宁，重庆，山东，甘肃，湖北，四川，安徽，湖南，海南	9
第2类	天津，浙江，江苏，广东，福建	5
第3类	北京，上海	2
第4类	内蒙古，河北，吉林，黑龙江，宁夏，青海，新疆，陕西，山西，河南，江西，贵州，西藏，广西，云南	15

比较表 6-3 和表 6-4 发现，层次聚类和 K- 均值聚类的结果略有差异。

根据需要，可以将 31 个地区分成不同的类别数，比如，使用 fviz_cluster 函数绘制的分成 3 类的 K- 均值聚类图如图 6-16 所示。

```
# 图6-16的绘制代码（使用图6-9构建的矩阵mat）
> km<-kmeans(mat,centers=3)                          # 分成3类
> fviz_cluster(km,mat[,-1],repel=TRUE,ellipse.type="convex",labelsize=8,main="K-means聚类（分成3类")
```

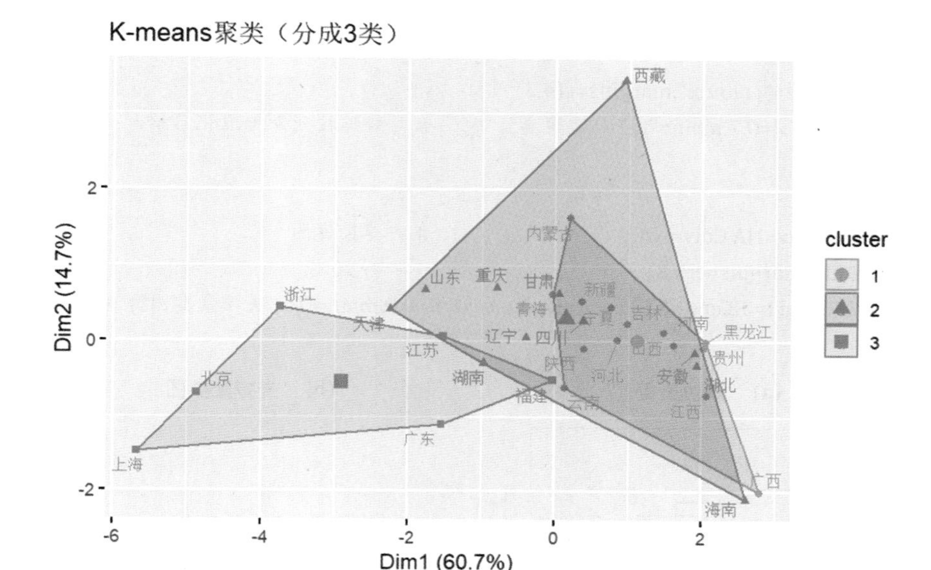

图6-16　31个地区分成3类的K-均值聚类图

根据图 6-16 的 K- 均值聚类结果，将 31 个地区分成 3 类后的各类别如表 6-5 所示。

表6-5　31个地区分成3类的K-均值聚类结果

类别	地区	地区数
第1类	内蒙古，吉林，黑龙江，河北，宁夏，青海，新疆，陕西，西藏，广西，云南，江西，贵州，山西，河南	15
第2类	天津，山东，重庆，甘肃，辽宁，四川，湖南，安徽，湖北，海南	10
第3类	北京，上海，浙江，江苏，广东，福建	6

6.3.2　热图

热图（heat map）是将矩阵中的每个数值转化成一种颜色，用颜色表示数值的近似大小或强度。比如，可以用深红色表示非常小的数值，浅红色、橙色、黄色等对应的数值不断增大。当然，也可以使用其他颜色集，如 rainbow( )、cm.colors( ) 等。

热图在多个领域都有应用，如基因组数据的可视化。热图可以在聚类的基础上用颜色表示数据的大小。stats 包中的 heatmap 函数、gplots 包中的 heatmap.2 函数、pheatmap 包中的 pheatmap 函数等均可绘制热图。

绘制热图时，要求数据必须是矩阵。由于各变量间的数值差异，一般需要做中心化或标准化处理。当数据量很大时，通常会将数据归类后再绘制热图。

图 6-17 是由 heatmap 函数绘制的 31 个地区 8 项消费支出的热图。

```
# 图6-17的绘制代码（使用图6-9构建的矩阵mat）
> par(cex.main=0.7,font.main=1)

# 图（a）双边聚类
> heatmap(mat,scale="column",margins=c(4,3),
+  cexRow=0.6,cexCol=0.7,main="(a) 双边聚类")          # 对矩阵按列做标准化后绘制热图

# 图（b）去掉聚类图
> heatmap(mat,Rowv=NA,Colv=NA,                        # 去掉聚类图
+  scale="column",margins=c(5,3),
+  cm.colors(256,start=02,end=0.5),cexRow=0.8,cexCol=0.9,main="(b) 去掉聚类图")
```

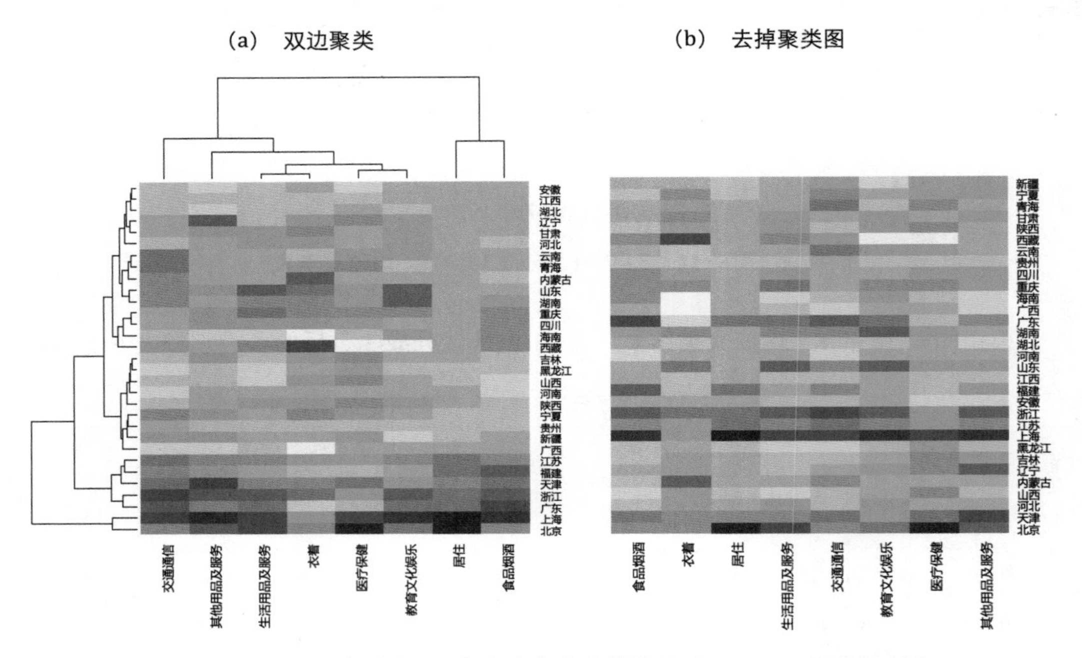

图6-17　31个地区8项人均消费支出的热图（heatmap函数绘制）

图 6-17 的色调是由红到黄再到白变化，颜色越深，表示数据越大，颜色越浅，表示数据越小。仔细观察会发现，颜色矩形的数量就是 31 个地区（行数）与 8 项消费支出（列数）的乘积，即 248。通过观察每个矩形颜色的深浅，就可以发现不同地区各项消费支出的差异或相似程度。

图 6-17（a）的左侧是按层次聚类法对 31 个地区聚类得到的聚类图，该图与图 6-12 的聚类结果一致，即可以将 31 个地区分成 4 类。图的右侧列出的地区是按聚类结果排序的，上方画出的是 8 项消费指标的聚类结果。由于 8 项消费指标本身就已经是分类，

因此这个聚类图仅供参考（如果是其他指标聚类，就可能是有意义的）。如果想按照 31 个地区的原始顺序排列，则可以去掉聚类图，如图 6-17（b）所示，图右侧地区是按矩阵中的原始顺序排列的。

heatmap 函数绘制的热图不太容易用颜色区分数据的大小。使用 gplots 包中的 heatmap.2 函数也可以绘制热图，它扩展了 heatmap 的许多功能。该函数绘制的热图可以单独列出一个色键和颜色分布的直方图来标示图中颜色矩形的分布。因此，heatmap.2 函数绘制的热图比 heatmap 函数绘制的热图更易于解读，提供的信息也更多。图 6-18 是由该函数绘制的 31 个地区 8 项消费支出的热图。

```
# 图6-18的绘制代码（使用图6-9构建的矩阵mat）
> library(gplots)
> heatmap.2(mat,scale="none",col=rainbow(256),tracecol="grey50",
+  dendrogram="both",cexRow=0.6,cexCol=0.7,
+  srtCol=30,adjCol = c(0.6,1),          # 设置列标签角度和位置调整
+  margins=c(5,3),keysize=2, key.title="色键与直方图")
```

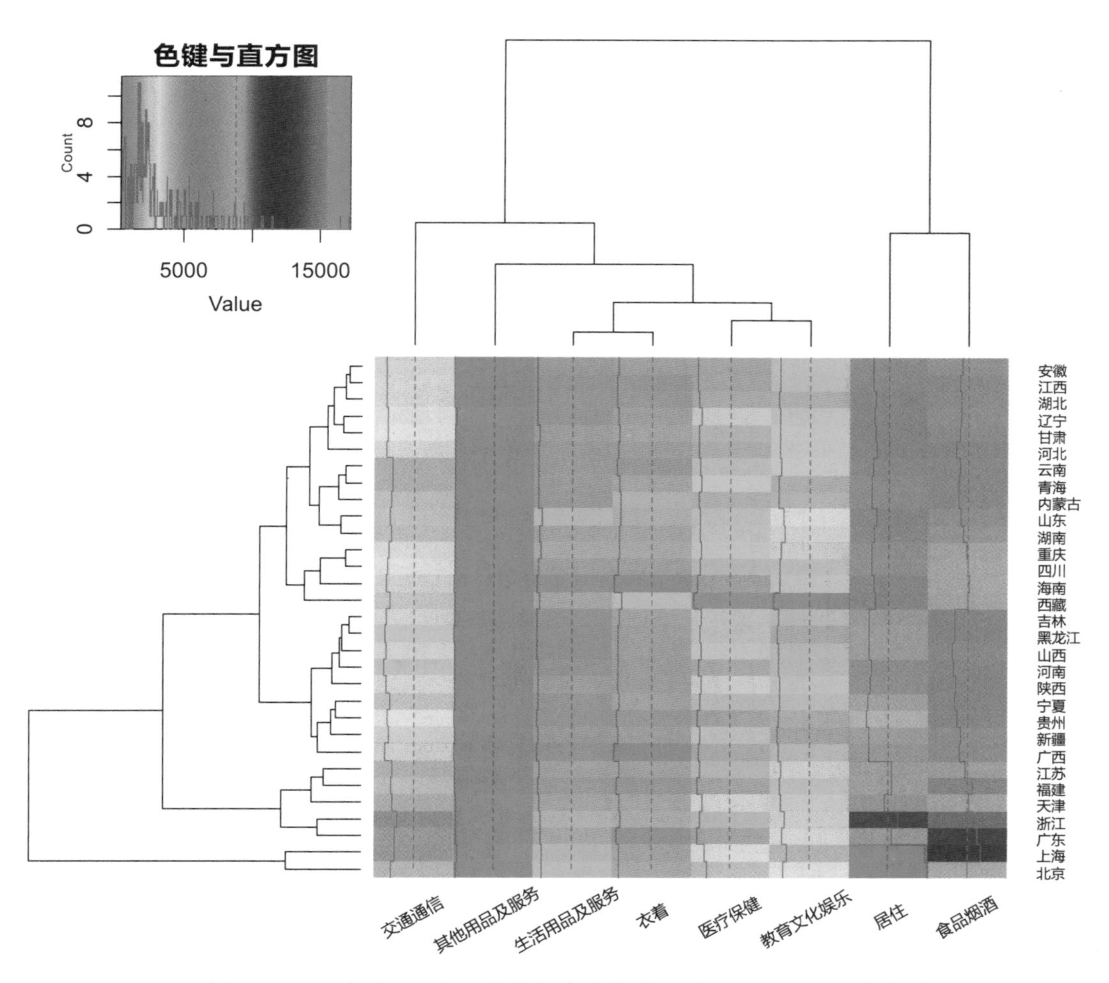

图6-18　31个地区8项人均消费支出的热图（heatmap.2函数绘制）

在图 6-18 的绘制代码中，scale="none" 表示不做标准化处理；tracecol="grey50" 用于设置跟踪线的颜色；dendrogram="both" 表示要画出行和列的聚类图；cexRow=0.6 和 cexCol=0.7 用于设置行标签和列标签的字体大小；margins=c(5,3) 用于设置图形的边界；keysize=2 用于设置色键和直方图的大小；key.title=" 色键与直方图 " 用于设置色键的标题。

图 6-18 左上角画出了色键和热图中颜色分布的直方图，该图的功能类似于图例。色键中的颜色代表热图中出现的颜色，直方图代表热图中出现的颜色矩形的频数，x 轴表示不同颜色代表的数值大小，y 轴是颜色矩形出现的频数。根据色键中的颜色和直方图，可以大概判断热图中哪些颜色矩形出现得多，哪些出现得少。色键与直方图显示，热图的颜色矩形中，红黄色出现得最多，紫色和蓝色出现得最少，红色和黄色代表较小的数值，蓝色和紫色代表较大的数值。图 6-18 画出了一组垂直于 x 轴的线，其中的虚线表示 0，实线表示单元格的数值与 0 的差异。

图 6-19 是对 8 项消费支出做标准化处理后绘制的热图。

```
# 图6-19的绘制代码（使用图6-9构建的矩阵mat）
> gplots::heatmap.2(mat,col=bluered,tracecol="gray50",scale="column",
+  dendrogram="both",cexRow=0.6,cexCol=0.7,srtCol=30,adjCol = c(0.6,1),
+  margins=c(5,3),keysize=2,key.title="色键与直方图")
```

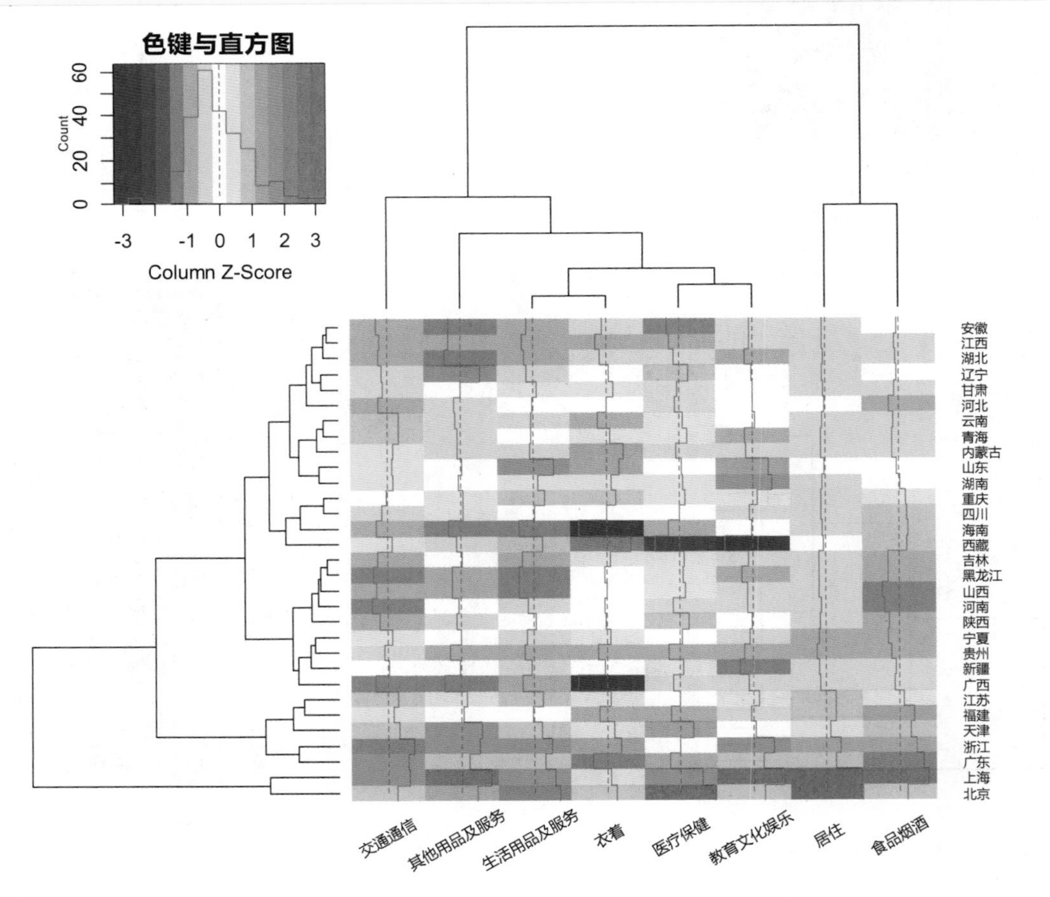

图6-19　31个地区8项人均消费支出的标准化热图

图 6-19 使用蓝红色调（bluered）填充图中的颜色矩形，并对 8 项消费支出做了标准化处理。图 6-19 中的色键与直方图显示，热图中颜色矩形出现较多的是浅蓝色和白色，而代表小数值的深蓝色和代表大数值的深红色则相对较少。

使用 pheatmap 包中的 pheatmap 函数也可以绘制热图。该函数有多个参数可以对热图进行修改和美化，而且易于阅读和理解，因此推荐使用该包绘制的热图。由 pheatmap 函数绘制的 31 个地区 8 项消费支出的热图如图 6-20 所示。

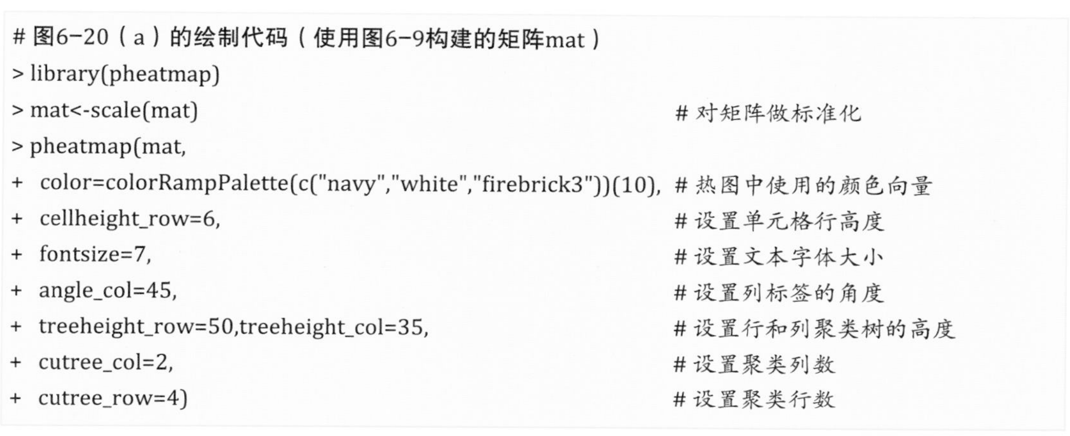

```
# 图6-20（a）的绘制代码（使用图6-9构建的矩阵mat）
> library(pheatmap)
> mat<-scale(mat)                                                    # 对矩阵做标准化
> pheatmap(mat,
+  color=colorRampPalette(c("navy","white","firebrick3"))(10),  # 热图中使用的颜色向量
+  cellheight_row=6,                                                 # 设置单元格行高度
+  fontsize=7,                                                       # 设置文本字体大小
+  angle_col=45,                                                     # 设置列标签的角度
+  treeheight_row=50,treeheight_col=35,                              # 设置行和列聚类树的高度
+  cutree_col=2,                                                     # 设置聚类列数
+  cutree_row=4)                                                     # 设置聚类行数
```

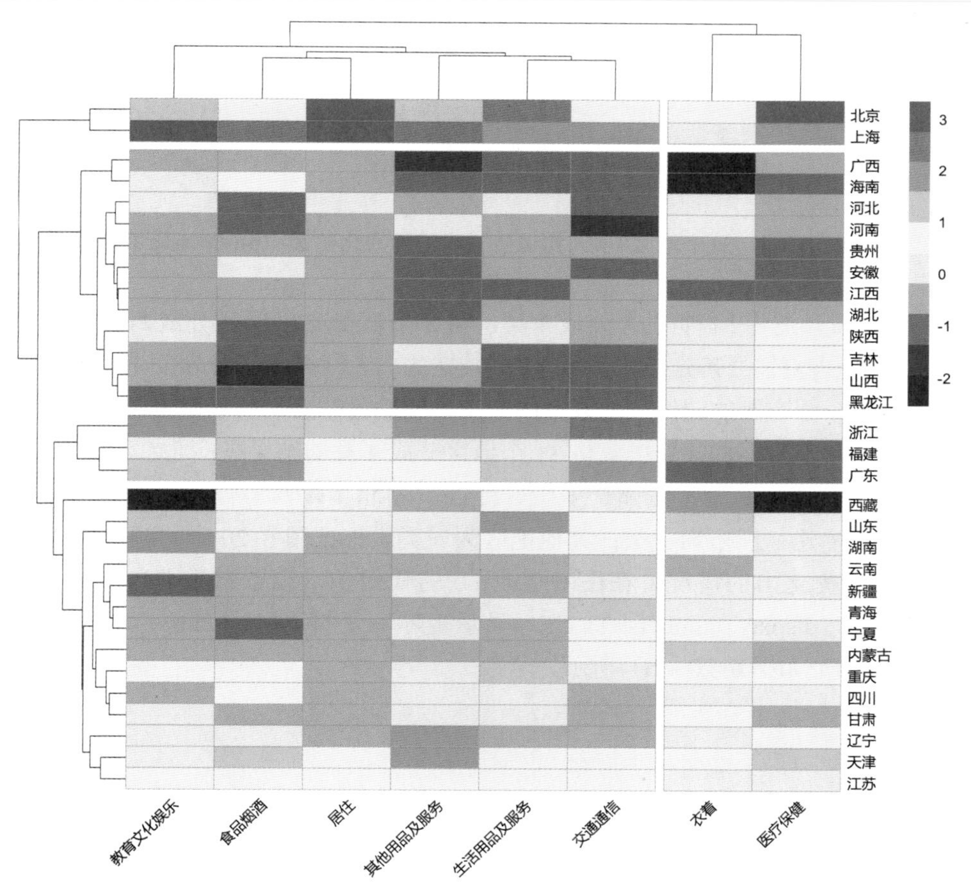

图6-20（a）　31个地区8项人均消费支出的热图（pheatmap函数绘制）

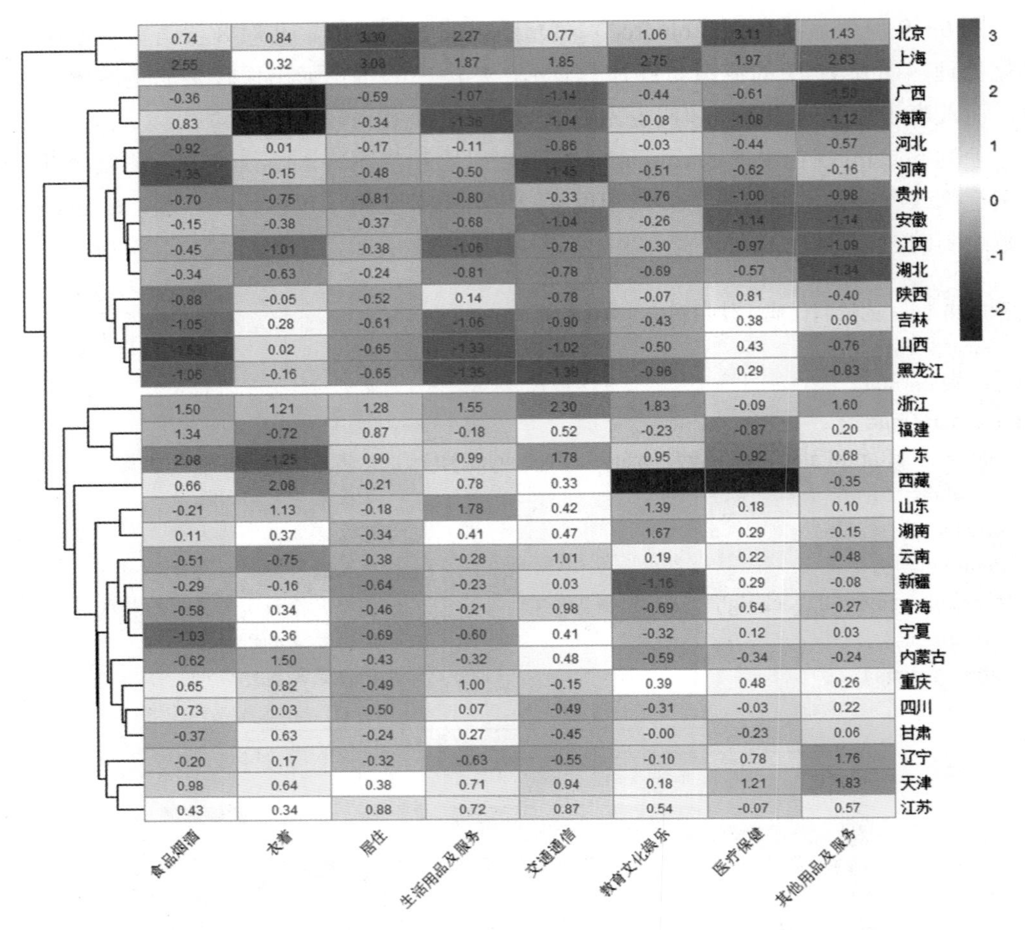

图6-20（b）　31个地区8项人均消费支出的标准化热图（pheatmap函数绘制）

图 6-20（a）是将 31 个地区分成 4 类，将 8 个消费支出项目分成两类绘制的热图（读者可以根据自身需要确定类别数），图中较宽的白色线是根据行聚类个数和列聚类个数划分的区域。图右侧的图例表示数据的大小，红颜色越深，表示数据越大，蓝颜色越深，表示数据越小。根据行聚类数将 31 个地区分成 4 类的结果是：北京和上海为一类；广西、海南、河北、河南、贵州、安徽、江西、湖北、陕西、吉林、山西、黑龙江为一类；浙江、福建、广东为一类；其他地区为一类。根据图 6-20 中的颜色可以分析 31 个地区 8 项消费支出的情况。在图 6-20（a）的代码中，设置参数 cluster_col=FALSE（不对列聚类），display_numbers=TRUE（显示矩阵单元的数据），cutree_row=3（分成 3 类），绘制的图形如图 6-20（b）所示。

习题

6.1　聚类图的主要用途是什么？

6.2　星图和脸谱图的应用场合是什么？

6.3　R 自带的数据集 iris 列出了 3 个物种（species）的萼片长（sepal.length）、萼片宽（epal.width）、花瓣长（petal.length）、花瓣宽（petal.width）4 个变量的各 50 个样本数据。根据该数据集绘制以下图形。

（1）绘制按 species 分组的平行坐标图和雷达图。

（2）绘制星图和脸谱图。

（3）绘制聚类图和热图。

6.4　根据表 6-1 中的食品烟酒支出数据，绘制矩形树状图比较各地区的相似性。

第 7 章 时间序列可视化

Chapter 7

时间序列（time series）是一种常见的数据形式，它是在不同时间点上记录的一组数据，其中观察的时间可以是年份、季度、月份或其他任何时间形式。经济、金融、管理领域的很多数据均以时间序列的形式记录，如各年份的 GDP 数据、各月份的 CPI 数据、一个月中每天的销售额数据、一年中各交易日的股票价格指数收盘数据等。对于时间序列，主要关心两方面的问题：一是根据以往的观测值探索时间序列的变化模式，以便为建立预测模型奠定基础；二是预测未来会发生怎样的变化。本章主要介绍时间序列变化模式和特征的可视化图形。

7.1 折线图和面积图

时间序列的变化模式是指序列随时间变化的形态特征，可视化图形有多种，其中最基本的图形是折线图和面积图。

7.1.1 折线图

折线图（line chart）是描述时间序列最基本的图形，它主要用于展示时间序列随时间变化的形态和模式。折线图的 x 轴是时间，y 轴是变量的观测值。当绘制的变量较少时，可以将折线图绘制在一幅图里，以便于比较分析。当绘制的变量较多时，可以做分面处理，将每个变量绘制成一幅独立的图形。

使用 graphics 包中的 plot 函数、ggplot2 包中的 geom_line 函数、openair 包中的 timePlot 函数等均可绘制折线图。以例 5-2 我国 2000—2021 年的 GDP 及其产业构成数据为例，由 ggplot2 绘制的折线图如图 7-1 所示。

```
# 图7-1的绘制代码（数据：data5_2）
> library(ggplot2);library(reshape2);library(dplyr)

# 处理数据
> data5_2<-read.csv("C:/mydata/chap05/data5_2.csv")
> df1<-data5_2%>%select(年份,GDP,第三产业)%>%
```

```
+     melt(id.vars="年份",variable.name="指标",value.name="指标值")
> df2<-data5_2%>%select(-GDP)%>%melt(id.vars="年份",variable.name="指标",value.name="指标值")

# 绘制折线图
> mytheme<-theme(legend.position=c(0.2,0.8),legend.background=element_blank()) # 设置主题
> p1<-ggplot(df1,aes(x=年份,y=指标值,color=指标))+            # 设置x轴、y轴和线的颜色
+  geom_line(size=0.8)+                                      # 绘制折线图并设置线宽
+  geom_point(aes(shape=指标),size=2)+                        # 设置点的形状和大小
+  mytheme+ggtitle("(a) GDP与第三产业的折线图")
> p2<-p1 %+% df2+ggtitle("(b) 三次产业的折线图")

> gridExtra::grid.arrange(p1,p2,ncol=2)
```

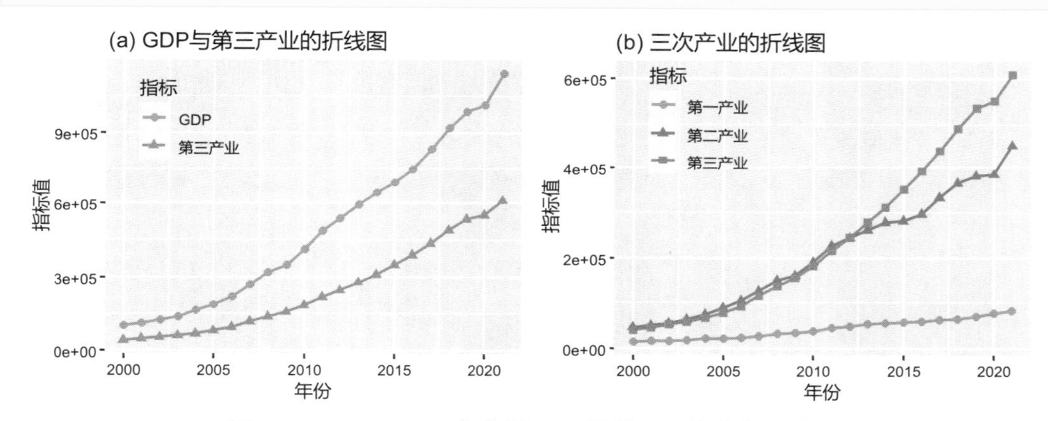

图7-1　2000—2021年我国GDP及其产业构成数据的折线图

图 7-1（a）显示，GDP 与第三产业均为上升趋势，GDP 的增速略高于第三产业。图 7-1（b）显示，三次产业中，第一产业的增速最慢，2000—2012 年第二产业和第三产业基本上保持同步增长，之后第三产业的增速高于第二产业。图 7-1 展示了 2000—2021 年我国各产业经济发展的特点。

当绘制的变量较多时，将多个变量绘制在一幅图中，可能会产生多线的交叉或叠加，不便于比较和分析。这时可以采用分面处理，将每个变量绘制成一幅独立的图形。以例 4-1 的空气质量数据为例，由 ggplot2 绘制的某地区 2023 年 6 项空气污染指标的折线图如图 7-2 所示。

```
# 图7-2的绘制代码（数据：data4_1）
> library(ggplot2) ;library(reshape2); library(dplyr)
> data4_1<-read.csv("C:/mydata/chap04/data4_1.csv")

# 处理数据
> df<-data.frame(日期=as.Date(data4_1$日期),data4_1[,4:9])%>%
melt(id.vars="日期",variable.name="指标",value.name="指标值") # 融合成长格式
```

```
# 绘制折线图
> ggplot(df,aes(x=日期,y=指标值,color=指标))+            # 设置x轴、y轴和线的颜色
+  geom_line(size=0.45)+                                  # 绘制折线图
+  theme(legend.position="none",                          # 删除图例
+        axis.text.x=element_text(size=7,angle=90,hjust=1,vjust=1))+     # 设置x轴标签角度
+  theme(panel.grid.minor.x=element_blank(),              # 去掉x轴次网格线
+        panel.grid.minor.y=element_blank())+             # 去掉y轴次网格线
+  scale_x_date(expand=c(0,0),date_breaks="1 month",date_labels="%b")+ # 设置x轴间隔为1个月
+  facet_wrap(~指标,ncol=3,scale="free")                  # 按指标分面,并单独设置各分面图的y轴刻度
```

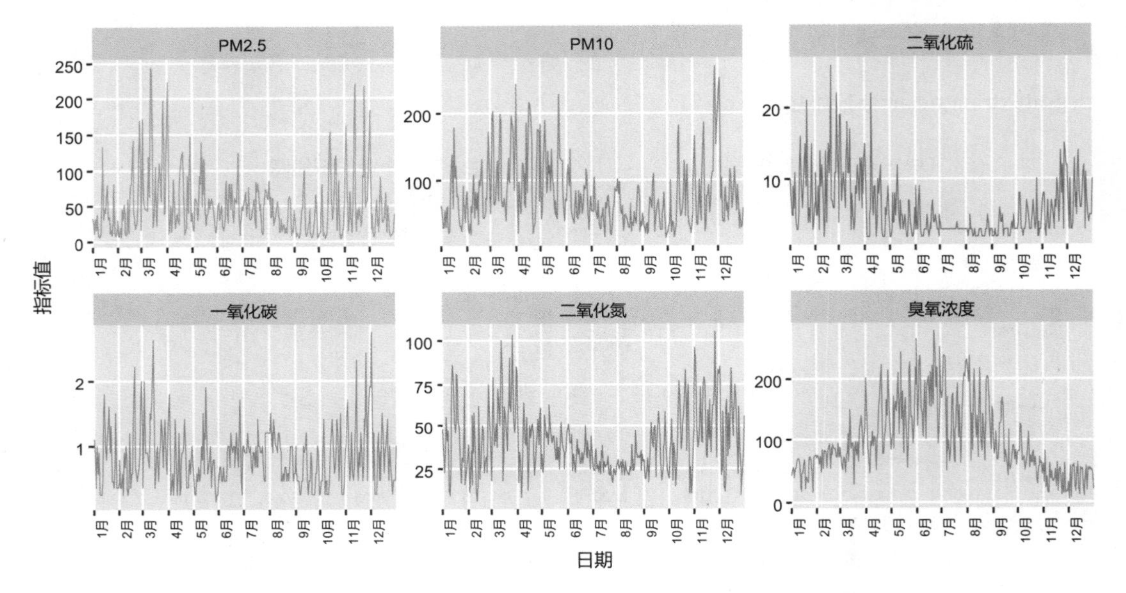

图7-2　某地区2023年6项空气污染指标的折线图

为避免 6 个指标的折线图之间相互纠缠造成视觉上的混乱，图 7-2 采用分面绘制。图 7-2 显示，除臭氧浓度外，其他几个指标全年的变化特征十分相似，均有一个共同特点，即有两个峰值，也就是在 3—4 月有一个波峰，11 月左右也有一个波峰，而 7—10 月处于波谷。这说明气温较低时，各指标值都较高，空气质量也较差，而气温较高时，空气质量较好。臭氧浓度的变化则相反，在 7 月左右有一个波峰，表明气温较高时，臭氧浓度也相对较高，空气质量相对较好，而气温较低时，臭氧浓度也较低，空气质量相对较差。

如果特别关注某个时间段的数据变化，可以对该时间段的折线进行高亮（突出）显示（highlighting）。使用 ggplo2 包并结合 ggpol 包中的 geom_tshighlight 函数，可以在要高亮显示的时间段上绘制出矩形阴影区域，以示重点关注。比如，要高亮显示 2023 年第 3 季度（7 月 1 日—9 月 30 日）6 项空气污染指标的变化，绘制的折线图如图 7-3 所示。

```
# 图7-3的绘制代码（使用图7-2构建的数据框df）
> library(ggplot2);library(ggpol)
> p<-ggplot(df,aes(x=日期,y=指标值,color=指标))+
```

```
+  geom_line(size=0.4)+
+  scale_x_date(expand=c(0,0),date_breaks="3 month",date_labels="%b")+   # 设置x轴间隔为3个月
+  guides(color="none")+                                                   # 删除图例
+  facet_wrap(~指标,ncol=3,scale="free")                                  # 图形按3列分面
> p+geom_tshighlight(aes(xmin=as.Date("01/07/2023",format="%d/%m/%Y"),
+  xmax=as.Date("30/09/2023",format="%d/%m/%Y")),          # 设置x轴的最小值和最大值
+  color="skyblue",fill="lightblue",alpha=0.02)
```

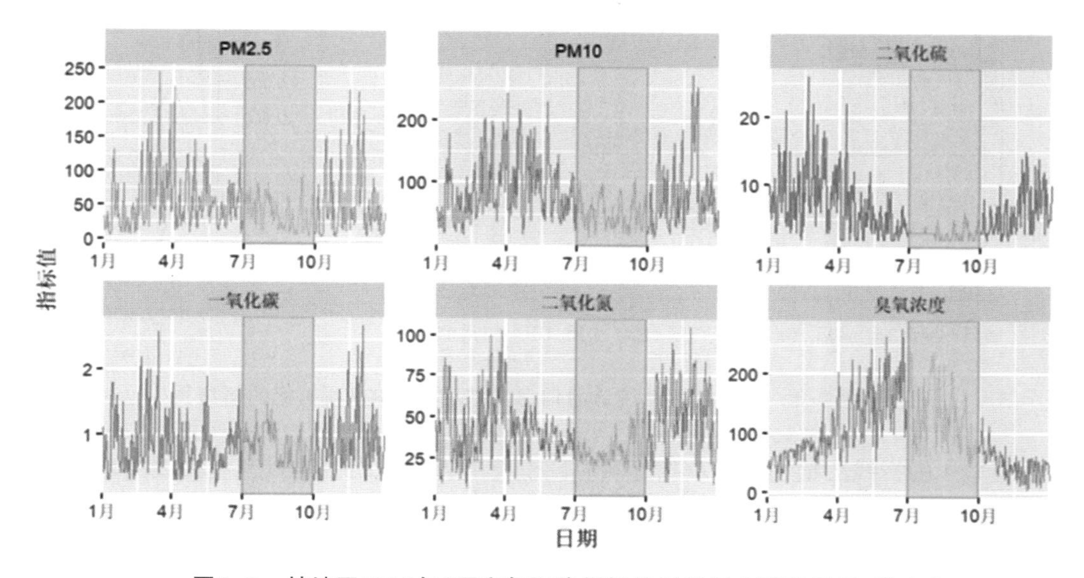

图7-3 某地区2023年6项空气污染指标的折线图（高亮显示3季度）

使用 openair 包可以绘制式样更多的折线图。openair 包是空气污染数据分析的一个工具包，其中提供了空气污染数据的多种可视化图形。使用该包中的 timePlot 函数，不仅可以绘制多个时间序列的分面折线图或分组折线图，也可以为时间序列添加平滑曲线，还可以绘制移动平均线及其置信带等。使用该包中的 summaryPlot 函数绘制折线图时，还可以为每个序列添加缺失值、最小值、最大值、均值、中位数、第 95 个百分位数等概括性统计量信息。同时，设置参数 type="histogram"（默认）或 type= "density"，还可以绘制出每个序列的直方图或密度图，以观察相应的分布特征。以 AQI、PM2.5、PM10 和臭氧浓度 4 项指标为例，绘制的折线图如图 7-4 所示。

```
# 图7-4的绘制代码
> library(openair)
> data4_1<-read.csv("C:/mydata/chap04/data4_1.csv")
> df<-data.frame(date=as.Date(data4_1$日期),data4_1[,c(2,4,5,9)])
                                           # 将data4_1中的日期转换成日期格式并选择绘图变量
> summaryPlot(df,clip=FALSE,date.breaks=12, # 不剔除离群值
+  type="density",col.hist="red3",xlab="",ylab="")
```

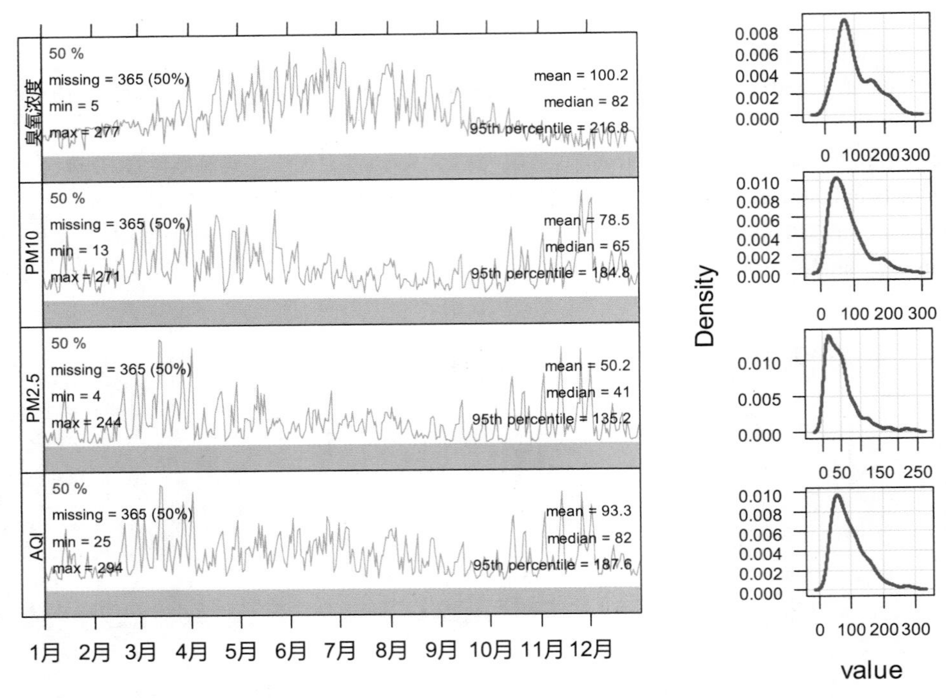

图7-4　带有概括性统计量信息与核密度图的4项指标的折线图

图 7-4 的折线图描述了 4 项指标随时间变化的特征，右侧的核密度曲线描述了 4 项指标的分布特征。

7.1.2　面积图

面积图（area graph）是在折线图的基础上绘制的，它将折线与 x 轴之间的区域用颜色填充，填充的区域即为面积。面积图不仅美观，而且能更好地展示时间序列变化的特征和模式。将多个时间序列绘制在一幅图中时，序列数不宜太多，否则图形之间会相互遮盖，看起来凌乱。当序列较多时，可以采用分面方式将每个序列单独绘制一幅图。

使用 DescTools 包中的 PlotArea 函数、plotrix 包中的 stackpoly 函数、ggplo2 包中的 geom_area 函数等均可绘制面积图。使用 ggiraphExtra 包中的 ggArea 函数不仅可以绘制静态面积图，还可以绘制动态交互面积图。

当绘制的变量较多时，可以采取分面的方法将每个变量绘制成独立的图形。沿用例 4-1 的空气污染数据，绘制 2023 年某地区各空气污染指标的面积图。使用 ggplot2 包绘制面积图时，只需将图 7-1 绘制代码中的 geom_line 修改为 geom_area 即可，如图 7-5 所示。

```
# 图7-5的绘制代码（使用图7-2构建的数据框df）
> library(ggplot2)
> ggplot(df,aes(x=日期,y=指标值,fill=指标))+geom_area()+                    # 绘制面积图
+  scale_x_date(expand=c(0,0),date_breaks="3 month",date_labels="%b")+
+  guides(fill="none")+facet_wrap(~指标,ncol=3,scale="free")
```

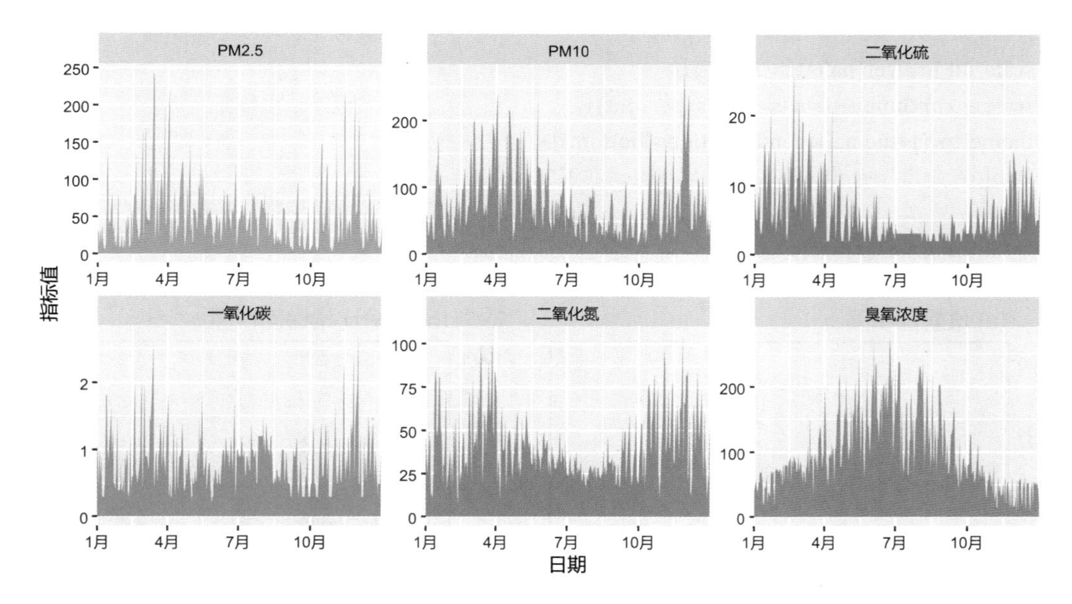

图7-5　某地区2023年6项空气质量指标的面积图

图 7-5 显示的数据变化特征与图 7-2 相同。与折线图相比，面积图既美观，又能清晰观察时间序列变化的模式。

当绘制的变量较少时，为便于比较，也可以将多个变量绘制成堆叠面积图；为分析各变量的数值百分比，也可以绘制堆叠百分比面积图。以例 4-1 中 1 月份的 6 项空气污染指标为例，由 ggplot2 包中的 geom_area 函数绘制的堆叠面积图和百分比堆叠面积图如图 7-6 所示。读者可以采用相同的方法将图 7-1（b）绘制成面积图进行分析。

```
# 图7-6的绘制代码（数据：data4_1）
> library(ggplot2);library(reshape2); library(dplyr)
> data4_1<-read.csv("C:/mydata/chap04/data4_1.csv")

# 处理数据
> d<-data.frame(日期=as.Date(data4_1$日期),data4_1)
> df<-subset(d,日期>="2023/1/1" & 日期<="2023/1/31")[,c(1,5:10)]%>%  # 筛选出1月份的绘图数据
+   melt(id.vars="日期",variable.name="指标",value.name="指标值")

# 图（a）堆叠面积图
> p1<-ggplot(df,aes(x=日期,y=指标值,fill=指标))+ geom_area()+        # 按指标分组绘制面积图
+   geom_line(position="stack",color="grey")+                          # 绘制折线图
+   scale_fill_brewer(palette="Blues")+                                # 设置配色方案（蓝色）
+   theme_bw()+theme(legend.position="bottom")+ggtitle("(a) 堆叠面积图")

# 图（b）百分比堆叠面积图
> p2<-ggplot(df,aes(x=日期,y=指标值,fill=指标))+
```

```
+  geom_area(position="fill",color="grey")+                    #绘制百分比堆叠面积图
+  scale_fill_brewer(palette="Reds")+
+  scale_y_continuous(labels=scales::percent)+                  #显示百分比标签
+  theme_bw()+theme(legend.position="bottom")+
+  ylab("百分比")+ggtitle("(b) 百分比堆叠面积图")

> gridExtra::grid.arrange(p1,p2,ncol=2)
```

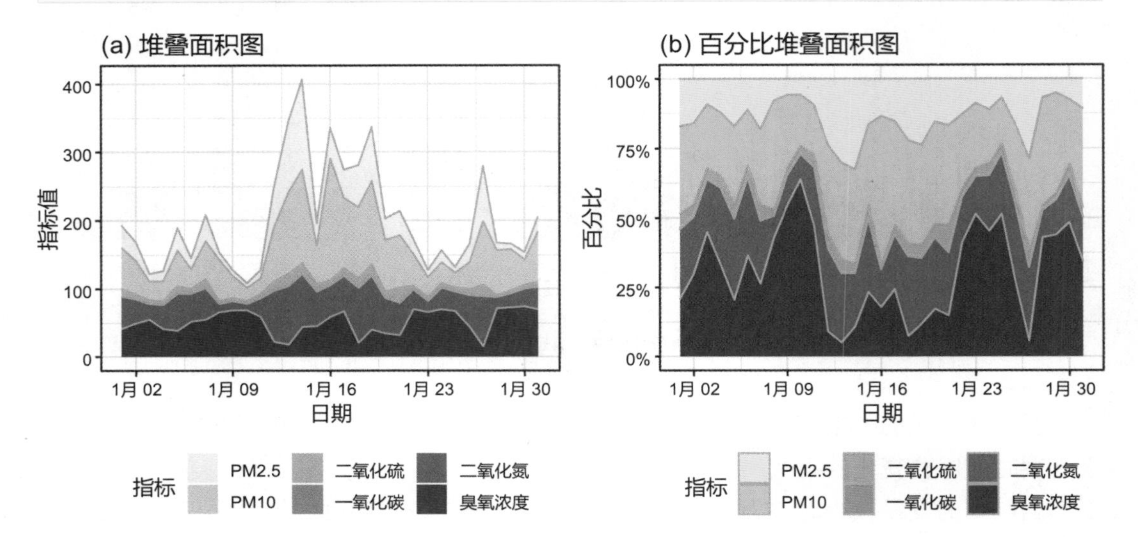

图7-6　某地区2023年1月6项空气污染指标的面积图

图 7-6（a）是将各个序列的面积图依次堆叠在一起，堆叠的总面积代表数据的总和，表示全部数据的整体变化模式。堆叠的每一部分的面积是在前一个面积图的基础上绘制的，表示每一个数据系列的变化。图 7-6（b）是在绘制面积图的参数中设置 position="fill" 绘制的百分比堆叠面积图，设置 scale_y_continuous(labels=scales::percent) 来显示百分比标签，否则显示比例。百分比堆叠面积图是将 y 轴的数值范围按比例调整为 0～1 后绘制的，它可以反映每个序列数值所占百分比随时间的变化特征。

7.2　风筝图和流线图

风筝图和流线图也是展示时间序列变化模式的两种图形，它们可以看作面积图的变种，只是绘制方式有所不同。

7.2.1　风筝图

风筝图（kite chart）是将每个序列用宽度展示，也就是将一个序列的面积图以镜像的方式绘制在同一个时间轴上，多个序列的风筝图以分面的方式摆放在同一幅图里。

风筝图适合展示多变量、大数据集的时间序列，通过观察各数据系列的风筝宽度随时间的变化来发现序列的变化趋势和模式，进而分析各序列与时间维度之间的关系。

使用 plotrix 包中的 kiteChart 函数可以绘制风筝图。沿用例 4-1 中的数据，用该函数绘制的某地区 2023 年 6 项空气污染指标的风筝图如图 7-7 所示。

```
# 图7-7的绘制代码（数据：data4_1）
> library(plotrix)
> data4_1<-read.csv("C:/mydata/chap04/data4_1.csv")
> mat<-as.matrix(data4_1[,c(4:9)]);rownames(mat)=data4_1[,1]          # 将数据框转换成矩阵

# 图（a）原始数据
> par(mfrow=c(1,2),cex=0.7,font.main=1)
>   kiteChart(t(mat),varscale=FALSE,                     # 不显示每个"风筝线"的最大值
+   xlab="时间",ylab="指标",main="(a) 原始数据",
+   mar=c(4,4,2,1))                                       # 设置边距

# 图（b）归一化数据
> kiteChart(t(mat),timex=TRUE,normalize=TRUE,           # 将每行值缩放为最大宽度为1
+  shownorm=FALSE,                                       # 不显示归一化乘数
+  xlab="时间",ylab="指标",main="(b) 归一化数据",mar=c(4,4,2,1))
```

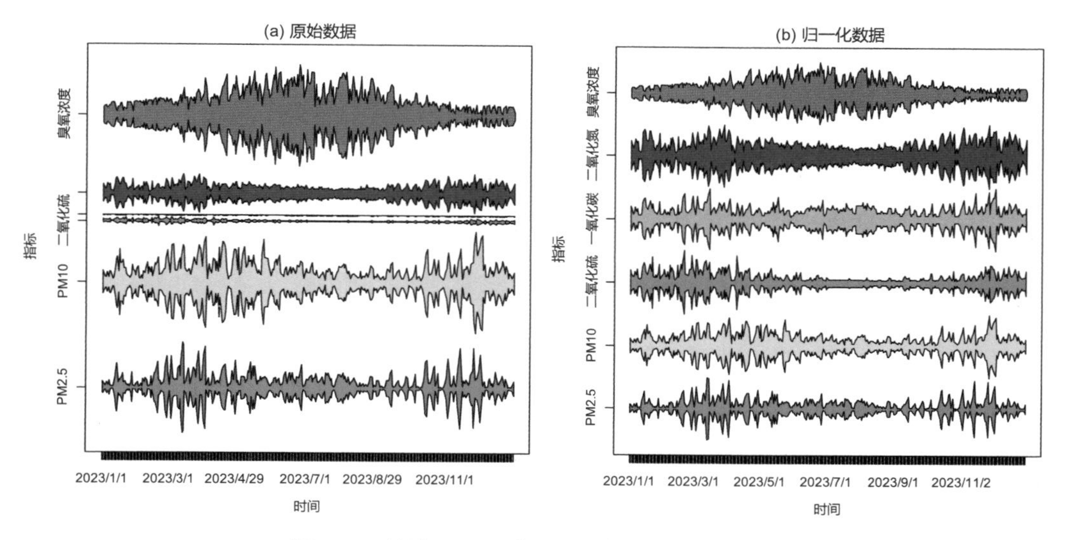

图7-7　某地区2023年6项空气污染指标的风筝图

图 7-7（a）是根据原始数据绘制的风筝图，由于 6 项指标的数值差异较大，数值较小的二氧化硫和一氧化碳的风筝图被压缩得难以分辨。图 7-7（b）是设置参数 normalize=TRUE，将各序列归一化后绘制的，也就是将数据缩放成最大多边形宽度为 1 的风筝图，以避免多边形重叠造成的识别困难。图 7-7 显示，除臭氧浓度外，其他 5 项指标的变换形态差异不大。

7.2.2　流线图

流线图（steam graph）因形状像河流也称河流图，有时也称为量化波图。流线图可以看作堆叠面积图的一种变形，不同的是，堆叠面积图是以 x 轴为基准线绘制的，而流线图是将每个数据系列堆叠绘制在中心基准线（零轴）的上下两侧。流线图适合展示多变量、大数据集的时间序列，通过观察各数据系列随时间推移的波峰和波谷来发现序列的变化趋势和模式。

使用 ggplot2 包并结合 ggstream 包中的 geom_stream 函数、ggTimeSeries 包中的 stat_steamgraph 函数均可绘制流线图。沿用例 4–1，使用 ggplot2 包并结合 ggstream 包中的 geom_stream 函数绘制的某地区 2023 年 6 项空气污染指标的流线图如图 7–8 所示。为便于观察和理解，图 7–8（a）仅绘制出 1—3 月数据。

```
# 图7-8（a）的绘制代码（数据：data4_1）
> library(ggplot2);library(ggstream); library(reshape2); library(dplyr)

# 处理数据
> data4_1<-read.csv("C:/mydata/chap04/data4_1.csv")
> d<-data.frame(日期=as.Date(data4_1$日期),data4_1[,-c(1,2,3)])
> df1<-subset(d,日期>="2023/1/1" & 日期<="2023/3/31")%>%  # 筛选出1—3月份的绘图数据
+  melt(id.vars="日期",variable.name="指标",value.name="指标值")
> df2<-melt(d,id.vars="日期",variable.name="指标",value.name="指标值")

# 绘制流线图
> ggplot(df1,aes(x=日期,y=指标值,group=指标,fill=指标))+
+  geom_stream(bw = 0.3) +                                    # 绘制流线图，设置带宽=0.3
+  theme(legend.position="bottom")+
+  scale_x_date(expand=c(0,1),date_breaks="1 month",date_labels="%b")+
+  guides(fill=guide_legend(nrow=2,title=NULL))+               # 图例排成2行,去掉图例标题
+  ylab("")+ggtitle("(a) 1—3月份数据的流线图")                  # 去掉y轴标签
```

将图 7–8（a）绘制代码中的 df1 替换成 df2 即可得到图 7–8（b）。函数 geom_stream 中的参数 bw 设置核密度估计的带宽，数值越大则流线图越平滑。绘制流线图时，函数自动将波动最大的序列放在中心基准线的最外侧，将波动最小的序列放在最内侧。图 7–8（a）显示，1—3 月的数据中，波动最大的是 PM2.5 和 PM10，其次是臭氧浓度和一氧化碳，二氧化硫和二氧化氮波动最小。图 7–8（b）显示，全年数据中，波动最大的是臭氧浓度和 PM10，其次是 PM2.5 和一氧化碳，二氧化硫和二氧化氮波动最小。由于二氧化硫和二氧化氮的数值本身就小，在图中很难显示出来，再加上数据量较大，图形显得有些凌乱。当序列较多时，不宜区分和观察，这也是流线图的缺点。

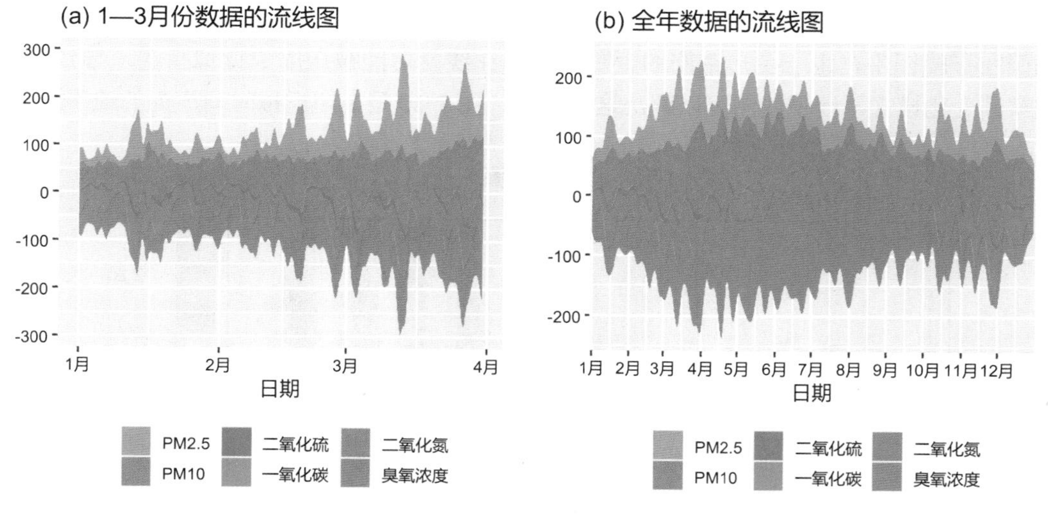

图7-8　某地区2023年6项空气污染指标的流线图

7.3　地平线图

假定要比较 30 只股票一年中每个交易日收盘价的变化模式，将 30 只股票的折线图绘制在一幅图中，即使某些股票价格有较大的波动，由于一幅图的空间有限，也可能会将折线压缩成近似直线，难以比较其变化。

地平线图（horizon plots）是将多个时间序列并行绘制在一幅图中，用于比较多个时间序列的变化模式。当可视化多个时间序列且观测值的波动较大时，或想要突出显示异常值而不丢失其余数据时，地平线图的优势十分明显。它可以通过降低每个序列图形的高度将多个序列的图形绘制在一幅图中，以便于观察和比较序列的异常变化和主要变化模式。

为了解地平线图及其绘制方法，首先画出一个虚拟时间序列的折线图和面积图，如图 7-9 所示。

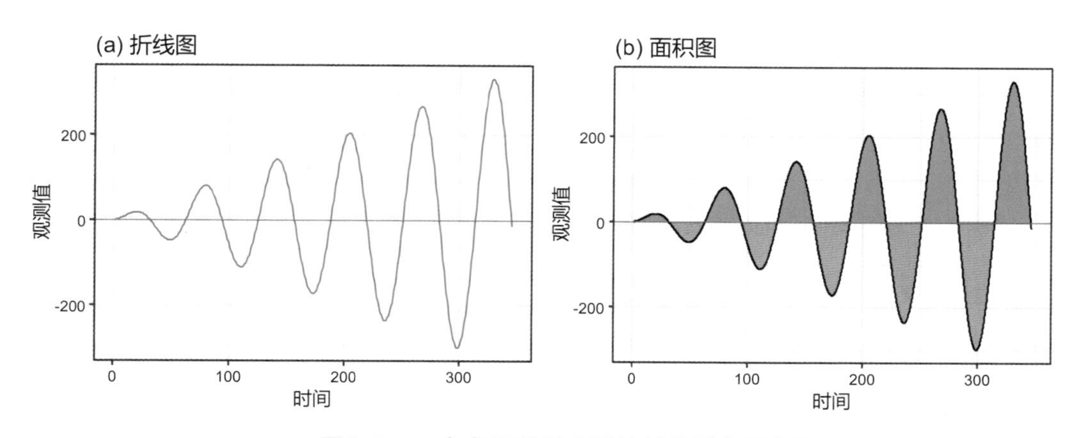

图7-9　一个虚拟时间序列的折线图和面积图

图 7-9 显示，这是一个波动较大的序列。可以想象，如果有多个类似的序列，将它们画在一幅图中，由于图形空间的限制，波动曲线就可能被压缩成近似直线，导致难以观察其变化模式。地平线图可以解决这一问题。图 7-10 是上述虚拟时间序列的地平线图。

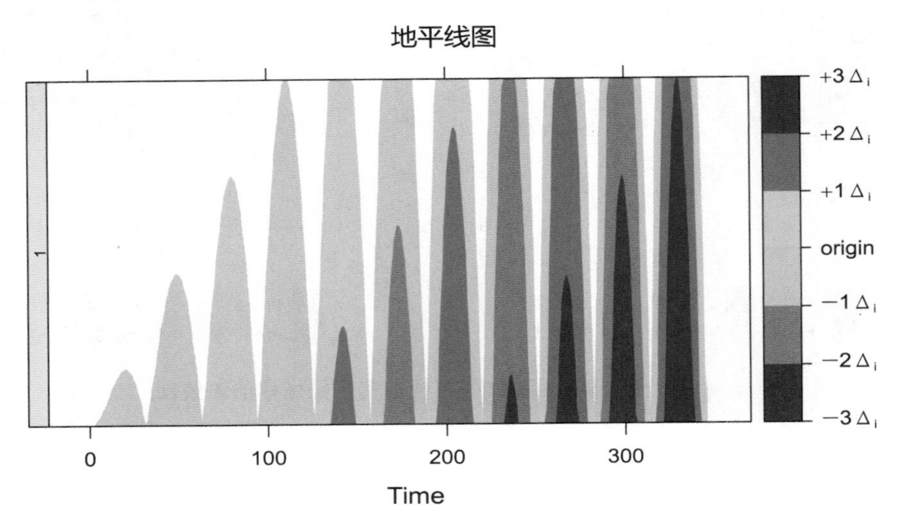

图7-10　一个虚拟时间序列的地平线图

图 7-10 是使用 latticeExtra 包中的 horizonplot 函数绘制的地平线图。右侧色键（图例）中的 origin 是绘图的原点（该原点可以自定义，否则函数使用默认原点），当不指定原点时，每个面板将使用不同的比例绘制（当多个序列的数量级差异较大时，使用不同的比例绘制就十分必要），颜色代表与面板中原点的最大偏差。图 7-10 显示，无论数值是上升还是下降，其图形都绘制在一侧（这样虽然观察下降趋势不够直观，但可以对更多的时间序列在垂直向上的方向上进行比较）。图中蓝色的部分表示序列上升，颜色越深表示上升的幅度越大；红色表示序列下降，颜色越深表示下降的幅度越大。其中，堆叠起来的不同颜色的图块，就是从图的上面切割下来的块（如果将这些块移至顶部，就是完整的面积图）。

观察图 7-10 还会发现，地平线图实际上是将序列的 y 轴进行分割，也就是先将一个面积图沿水平方向分成多个等高的块，并用不同颜色来区分各个块，然后将从图形顶部切割下来的块从图形底部重新绘制，即叠加在相应的图块下面，并使用较深的颜色，这样就可以降低图的高度，进而在更小的空间内平行绘制出多个时间序列来比较其变化的模式。用于区分图块的颜色可以自己设定，比如，上升的部分用蓝色表示，下降的部分用红色表示，颜色越深表示变化的幅度越大。

以例 4-1 为例，使用 latticeExtra 包中的 horizonplot 函数绘制的地平线图如图 7-11 所示。

```
# 图7-11的绘制代码（数据：data4_1）
> library(latticeExtra); library(dplyr)
> data4_1<-read.csv("C:/mydata/chap04/data4_1.csv")
> dt<-data4_1%>%select(-c(日期,质量等级))%>%ts()  # 选择绘图数据并生成时间序列对象
> horizonplot(dt,main="latticeExtra 包绘制的地平线图",
```

```
+ layout=c(1,7),                                      # 1列7行的页面布局
+ colorkey=TRUE,                                      # 显示色键
+ par.settings=list(par.main.text=list(cex=1,font=1))) # 设置主标题字体大小
```

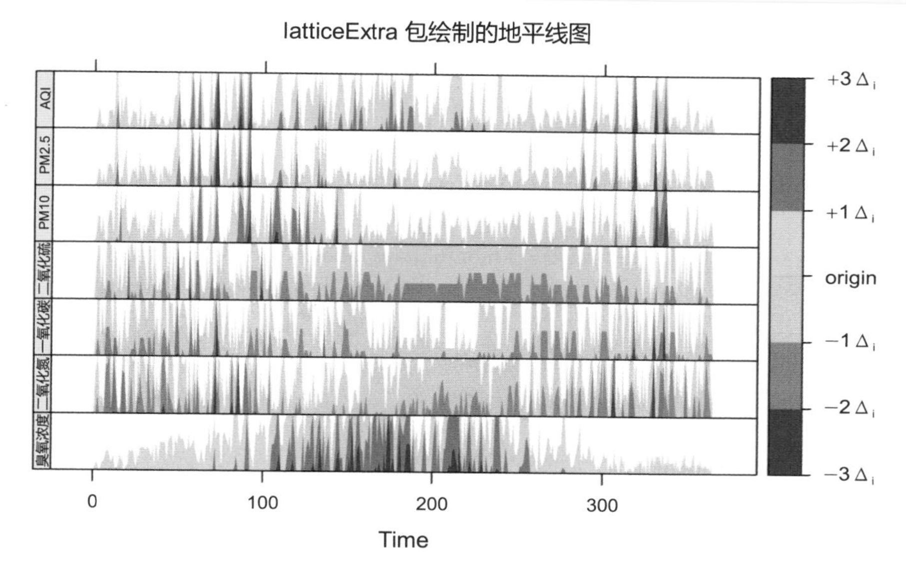

图7-11　某地区2023年7项空气污染指标的地平线图

根据图 7-11 的图块堆叠情况可以分析序列的变化模式。以臭氧浓度为例，表示上升的蓝色图块主要出现在 4 月—8 月这个区间，表示这段时间内臭氧浓度较高，表示下降的红色图块主要出现在 12 月，表示此时的臭氧浓度较低。

使用 ggplot2 包并结合 ggHoriPlot 包中的 geom_horizon 函数或 ggTimeSeries 包中的 stat_horizon 函数均可绘制地平线图，绘图数据是数据框。以例 4-1 为例，由 ggplot2 包结合 geom_horizon 函数绘制的地平线图如图 7-12 所示。为便于观察和解读，分别绘制出了 1—3 月份数据和全年数据的地平线图。

```
# 图7-12的绘制代码（数据：data4_1）
> library(ggplot2);library(ggHoriPlot);library(reshape2) ;library(dplyr)
> library(ggthemes)                                     # 为了使用theme_few主题

# 处理数据
> data4_1<-read.csv("C:/mydata/chap04/data4_1.csv")
> d<-data.frame(日期=as.Date(data4_1$日期),data4_1[,-c(1,3)])      # 选择绘图变量
> df1<-subset(d,日期>="2023/1/1" & 日期<="2023/3/31")%>%     # 筛选出1—3月份的绘图数据
+  melt(id.vars="日期",variable.name="指标",value.name="指标值")
> df2<-melt(d,id.vars="日期",variable.name="指标",value.name="指标值")

# 设置图形主题
> mytheme<-theme_few()+
+  theme(panel.spacing.y=unit(0,"lines"),                 # 设置y轴间隔为0
```

```
+     strip.text.y = element_text(angle=0),           # 设置y轴标签角度
+     axis.text.y = element_blank(),                  # 删除y轴标签
+     axis.title.y = element_blank(),                 # 删除y轴标题
+     axis.ticks.y = element_blank(),                 # 删除y轴刻度线
+     panel.border = element_blank())                 # 删除网格线

# 图（a） 1—3月份数据的地平线图
> p1<-ggplot(df1)+aes(x=日期,y=指标值,fill=指标)+
+  geom_horizon(origin='min',horizonscale=10,show.legend=FALSE) +
                      # 绘制地平线图,原点为最小值，地平线图的切割点为10，不显示图例
+  scale_x_date(expand=c(0,1),date_breaks="1 month",date_labels="%b")+
                                                      # 设置x轴间隔为1个月（向后扩展1期）
+  facet_grid(指标~.)+                                # 按指标分面
+  scale_fill_hcl(palette='RdYlBu',reverse=FALSE)+    # 设置调色板（颜色不反转）
+  mytheme+ggtitle("(a) 1—3月份数据的地平线图")

# 图（b） 全年数据的地平线图
> p2<-ggplot(df2)+aes(x=日期,y=指标值,fill=指标)+
+  geom_horizon(origin='min',horizonscale=10,show.legend=FALSE)+
+  scale_x_date(expand=c(0,0),date_breaks="1 month",date_labels="%b")+
+  facet_grid(指标~.)+scale_fill_hcl(palette='RdYlBu',reverse=FALSE)+
+  mytheme+ggtitle("(b) 全年数据的地平线图")

> gridExtra::grid.arrange(p1,p2,ncol=1)              # 组合图形
```

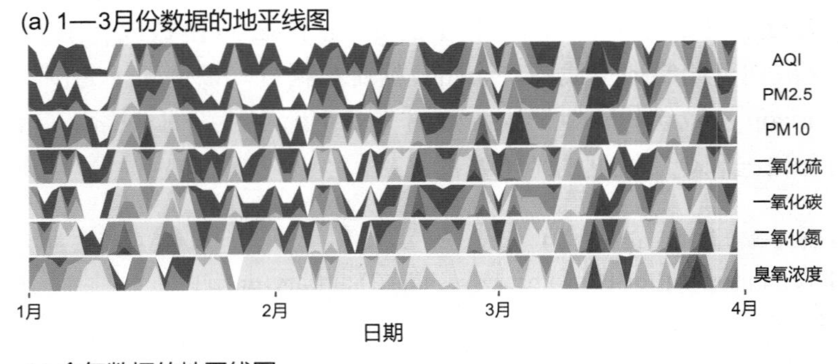

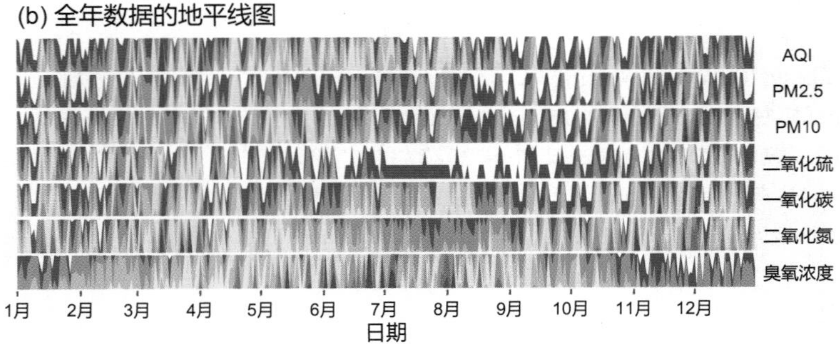

图7-12　某地区2023年7项空气污染指标的地平线图

图 7-12（a）是根据 1—3 月的原始数据绘制的，图 7-12（b）是根据全年数据绘制的。图 7-12（a）显示，各项指标的峰值主要集中在 1 月份和 3 月份；图 7-12（b）显示，除臭氧浓度的峰值主要集中在 5—8 月份，其他指标的峰值主要集中在 3 月份和 11 月份。

需要注意的是，地平线图不是精确描述一个或少数几个序列的变化模式，而是探索和发现多个序列的整体变化特征和模式。

7.4　双坐标图

双坐标（two ordinates）图是用左右两个坐标轴分别表示两个不同变量的图形，其中的 x 轴是相同的时间变量。当有两个不同的变量（不同的计量单位或不同的数量级）需要放在同一幅图中进行比较时，双坐标图就很有用，该图尤其适合展示和比较两个不同的时间序列。

【例 7-1】（数据：data7-1.csv）表 7-1 是 2000—2021 年我国的国内生产总值和国内生产总值指数数据。

表7-1　2000—2021年我国国内生产总值和国内生产总值指数（前3行和后3行）

年份	国内生产总值（亿元）	国内生产总值指数（上年=100）
2000	100 280.1	108.5
2001	110 863.1	108.3
2002	121 717.4	109.1
⋮	⋮	⋮
2019	986 515.2	106.1
2020	1 013 567	101.8
2021	1 143 670	107.9

使用 plotrix 包中的 twoord.plot 函数可以绘制双坐标图，设置参数 type 可以绘制不同的图形。由该函数绘制的国内生产总值和国内生产总值指数的双坐标图如图 7-13 所示。

```
# 图7-13的绘制代码
> library(plotrix)
> data7_1<-read.csv("C:/mydata/chap07/data7_1.csv")

#（a）双折线图
> par(mfrow=c(1,2),lab=c(10,2,1),cex.main=0.8,font.main=1)
> twoord.plot(data=data7_1,type="b",           # 设置绘图类型为折线图
+   lcol="black",rcol="red2",rpch=22,          # 设置左侧和右侧图的颜色和点的类型
+   lx="年份",ly="国内生产总值",rx="年份",ry="国内生产总值指数",
                                               # 设置左侧和右侧坐标轴
```

```
+  lytickpos=seq(100000,1000000,by=200000),         # 设置左侧坐标轴标签刻度
+  rytickpos=seq(100,120,by=2),                     # 设置右侧坐标轴标签刻度
+  xlab="年份",ylab="国内生产总值(亿元)",rylab="国内生产总值指数(上年=100)",
                                                    # 设置左侧和右侧坐标轴标签
+  axislab.cex=0.7,                                 # 设置坐标轴标签字体大小
+  rylab.at=108,                                    # 设置右侧标签位置
+  main="(a) 双折线图", mar=c(4,4,2,4))              # 设置主标题和图形边界

#（b）条形图和折线图
> twoord.plot(data=data7_1,type=c("bar","b"),       # 设置绘图类型为条形图和折线图
+  lcol="orange2",rcol="black",rpch=1,
+  lx="年份",ly="国内生产总值",rx="年份",ry="国内生产总值指数",
+  lytickpos=seq(100000,1000000,by=200000),rytickpos=seq(100,120,by=2),
+  xlab="年份",ylab="国内生产总值(亿元)",rylab="国内生产总值指数(上年=100)",
+  axislab.cex=0.7,rylab.at=108,main="(b) 条形图和折线图",mar=c(4,4,2,4))
```

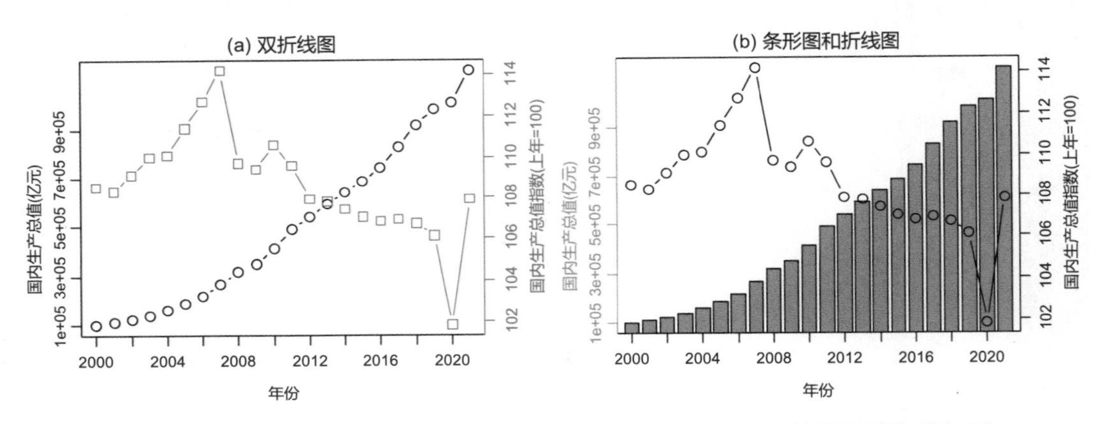

图7-13　2000—2021年我国国内生产总值和国内生产总值指数的双坐标图

图 7-13 显示，国内生产总值呈逐年上升趋势，而国内生产总值指数在 2006 年之前呈现上升趋势，之后则呈现下降趋势。

7.5　日历图

如果数据是按一年中的每天记录的，则可以将每天的数据用日历的形式呈现出来，这就是**日历图**（calendar plot）。该图在空气污染物分析、风向分析中很有用。

使用 openair 包中的 calendarPlot 函数、ggTimeSeries 包中的 ggplot_calendar_heatmap 函数等，均可绘制日历图。

【例 7-2】（数据：data7-2.csv）表 7-2 是某地区 2020 年 1 月 1 日—2023 年 12 月 31 日的空气质量数据。绘制日历图，分析各项空气污染指标的变化特征。

表7-2　2020年1月1日—2023年12月31日某地区的空气质量数据（前3行和后3行）

日期	AQI	质量等级	PM2.5（μg/m³）	PM10（μg/m³）	二氧化硫 SO_2（μg/m³）	一氧化碳 CO（μg/m³）	二氧化氮 NO_2（μg/m³）	臭氧浓度 O_3（mg/m³）
2020/1/1	226	重度污染	176	199	33	3.4	106	12
2020/1/2	316	严重污染	266	299	35	4.6	124	16
2020/1/3	297	重度污染	247	296	20	3.5	83	22
⋮	⋮	⋮	⋮	⋮	⋮	⋮	⋮	⋮
2023/12/29	118	轻度污染	89	110	6	1.4	55	55
2023/12/30	35	优	8	35	3	0.3	10	52
2023/12/31	48	优	21	36	5	0.5	38	31

由 calendarPlot 函数绘制的某地区 2023 年 AQI 的日历图如图 7-14 所示。

```
# 图7-14的绘制代码
> library(openair);library(dplyr)
> library(lubridate)                                    # 为使用函数year提取年份

# 处理数据
> data7_2<-read.csv("C:/mydata/chap07/data7_2.csv")
> d<-data.frame(date=as.Date(data7_2$日期),AQI=data7_2$AQI)    # 将日期转换成日期变量并选择AQI
> df<-data.frame(d,year=year(d$date))%>%               # 提取年份并添加到数据框
+   filter(year=="2023")                                # 筛选出2023年的数据

# 绘制日历图
## Sys.setlocale(locale="C")                           # 修改计算机系统以合理显示x轴标签
> calendarPlot(df,pollutant="AQI",cols="heat",year=2023,month=c(1:12))
```

绘图前需要修改计算机系统的地理位置，因为在中国，需要设置 Sys.setlocale(locale="C")，否则，x 周的标签均显示为星，无法分清一周的每一天。

绘图函数 calendarPlot 中的参数 mydata 是用于绘图的数据框；pollutant 用于指定绘图的变量；cols 用于指定绘图的颜色，默认 cols="heat"；year 指定要绘制的年份；month 指定要绘制的月份，默认 1:12，即 1—12 月。

图 7-14 中的 x 轴表示从周六到周五。图 7-14 右侧的色键表示不同颜色深度代表的数值大小，颜色越深，表示数值越大。从日历图中很容易发现每个月中哪一天的数值大，哪一天的数值小。图 7-14 显示，3 月 13 日和 14 日、4 月 2 日、11 月 14 日和 26 日的 AQI 数值较大，表示这几天的空气质量较差。从全年看，1 月、5—10 月的空气质量总体上较好。

如果想根据空气质量等级将 AQI 分类，就需要设置分组向量并列出相应的分组标签。比如，根据空气质量标准划分为 6 级：优（0 ～ 50）、良（51 ～ 100）、轻度污染（101 ～ 150）、中度污染（151 ～ 200）、重度污染（201 ～ 300）、严重污染（300 以上），分别用绿色、黄色、橙色、红色、紫色、褐红色表示。此时，函数会根据指定的颜色画出相应的日历图，并列出指定颜色向量的图例。

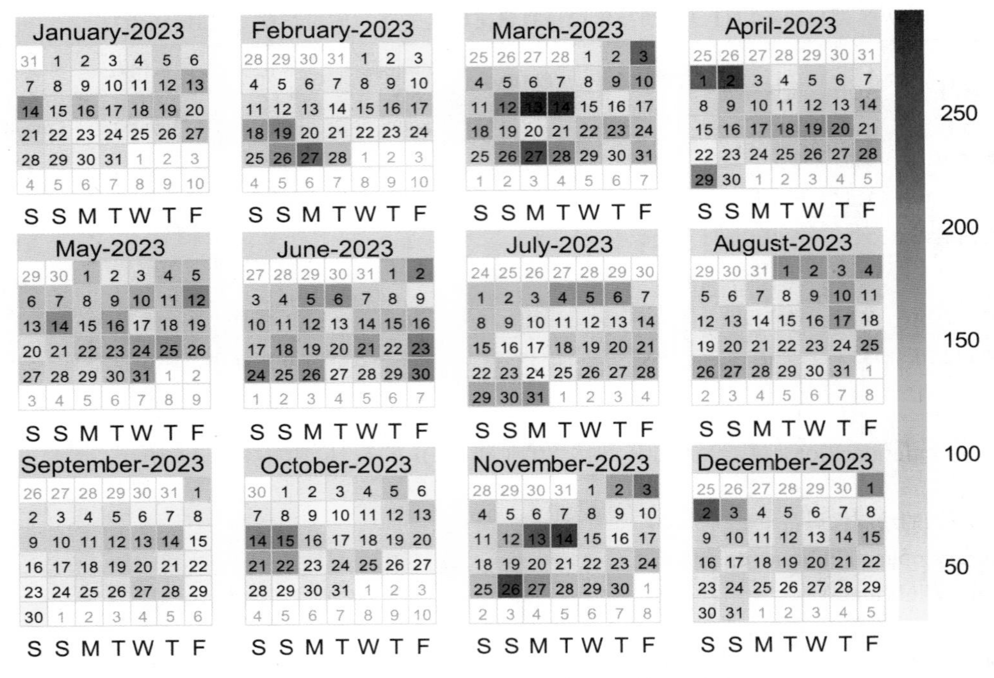

图7-14　某地区2023年AQI的日历图

如果只想画出几个月份的日历图，需要使用参数 selectByDate 来选择要绘制的月份，然后绘图。图 7-15 是某地区 2023 年 1—3 月 AQI 的日历图。

```
# 图7-15的绘制代码（使用图7-14构建的数据框df）
## Sys.setlocale(locale="C")                                   # 修改计算机系统
> calendarPlot(selectByDate(df,month=c(1,2,3),year=2023),      # 选择月份
+   pollutant="AQI",
+   key.position="bottom",                                     # 设置图例位置
+   breaks=c(0,50,100,150,200,300),                            # 设置分组向量
+   labels=c("优","良","轻度污染","中度污染","重度污染"),         # 设置标签向量
+   cols=c("green","yellow","orange","red","purple"))          # 设置颜色向量
```

图7-15　某地区2023年1—3月AQI的日历图

由于本例的 AQI 数据没有 300 以上的值，因此只分成 5 组（不含严重污染）。图 7-15 显示，1 月 14 日，2 月 18 日、19 日和 26 日，3 月 10 日、12 日、26 日和 28 日为中度污染；2 月份 27 日，3 月 3 日、13 日、14 日和 27 日为重度污染。整体上看，1 月的空气质量较好。

如果有多个年份每一天的数据，则可以以年为单位画出各个年份的日历图，以便比较各年份间数据的变化模式。以例 7-2 的 AQI 为例，使用 ggTimeSeries 包中的 ggplot_calendar_heatmap 函数绘制的日历图如图 7-16 所示。

```
# 图7-16的绘制代码
> library(ggTimeSeries);library(lubridate);library(RColorBrewer)
> data7_2<-read.csv("C:/mydata/chap07/data7_2.csv")

# 处理数据
> d<-data.frame(date=as.Date(data7_2$日期),AQI=data7_2$AQI)
> df<-data.frame(d,year=year(d$date))                    # 提取年份并添加到数据框

# 绘制日历图
> ggplot_calendar_heatmap(dtDateValue=df,
+   cDateColumnName="date",                              # 设置日期的列名
+   cValueColumnName="AQI",                              # 设置数据的列名
+   vcGroupingColumnNames="year",                        # 设置分组的列名
+   dayBorderSize=0.2,dayBorderColour="grey60",          # 设置每天的边界线大小和颜色
+   monthBorderSize=0.5,monthBorderColour="white")+          # 设置月份间的边界线大小和颜色
+   scale_fill_gradientn(colors=rev(brewer.pal(11," Spectral")))+ # 设置调色板
+   facet_wrap(~year,ncol=1)                                  # 按年份分面
```

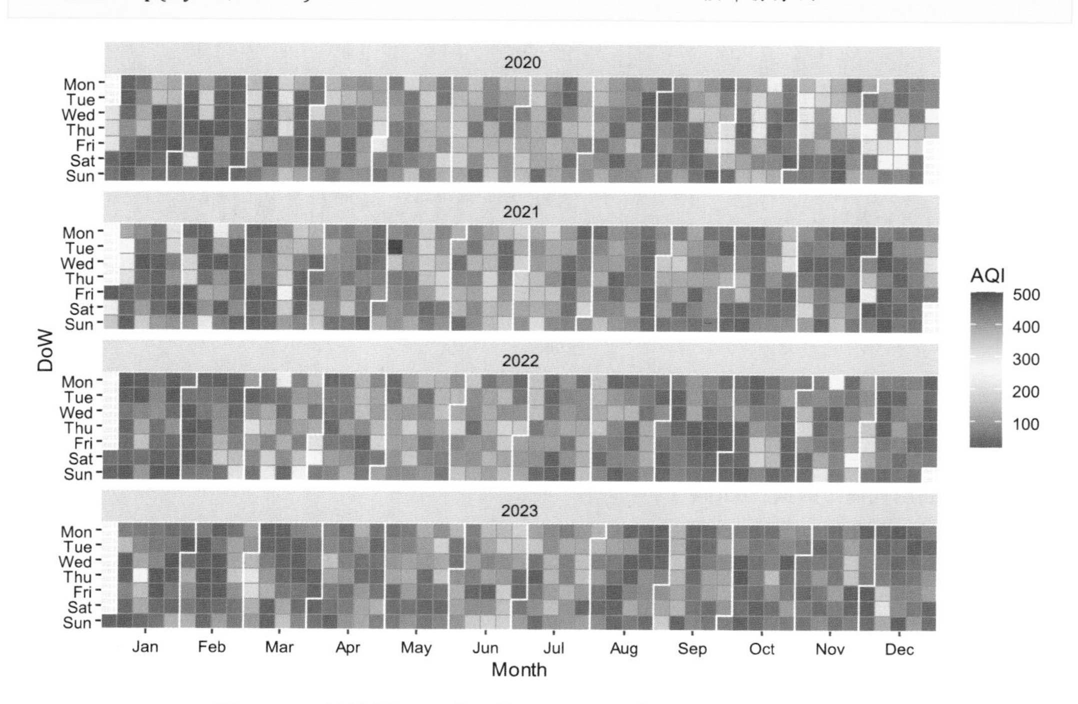

图7-16　某地区2020年1月1日—2023年12月31日AQI的日历图

图 7-16 右侧的色键（图例）表示不同颜色深度代表的数值大小。该图除了可以对年内各月份和各天的 AQI 进行分析外，还可以对各年份 AQI 的变化特征进行比较。

7.6　随机成分平滑曲线

随机波动通常会掩盖时间序列的固有模式，利用移动平均（moving average）可以将时间序列中的随机波动平滑掉，从而有利于观察其变化的固有模式。

移动平均是选择固定长度的移动间隔，对序列逐期移动求得平均数作为平滑值。使用 forecast 包中的 ma 函数、DescTools 包中的 MoveAvg 函数、caTools 包中的 runmean 函数等均可以做移动平均。使用 graphics 包中的 plot 函数、openair 包中的 timePlot 函数、ggfortify 包中的 autoplot 函数、ggplot2 包中的 geom_line 函数等均可以绘制移动平均线。

使用 ggplot 绘制移动平均折线图时，需要先计算出移动平均值再绘图。以例 4-1 的数据为例，使用 forecast 包中的 ma 函数对 2023 年 1 月 1 日—2023 年 12 月 31 日的 AQI 进行 7 日和 30 日移动平均，然后用 geom_line 函数绘制观测值和移动平均折线图，如图 7-17 所示。

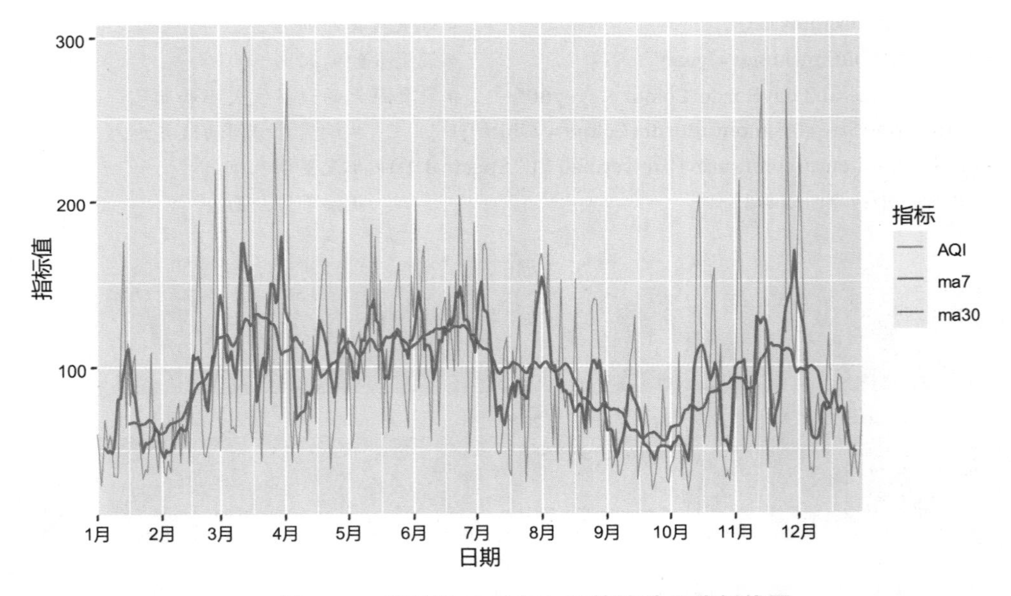

图7-17　某地区2023年AQI的移动平均折线图

```
# 图7-17的绘制代码（数据：data4_1）
> library(ggplot2);library(reshape2);library(dplyr)
> library(forecast)                                  # 为了使用ma(移动平均)函数

# 处理数据
> d<-read.csv("C:/mydata/chap04/data4_1.csv")
> d1<-data.frame(日期=as.Date(d$日期),AQI=d$AQI)   # 将日期转换成日期变量并选择AQI
```

```
> ma7<-ma(d1$AQI,order=7,centre=TRUE)                                # 计算7日移动平均
> ma30<-ma(d1$AQI,order=30,centre=TRUE)                              # 计算30日移动平均
> df<-data.frame(d1,ma7,ma30)%>%
+   melt(id.vars="日期",variable.name="指标",value.name="指标值")

# 绘制折线图
> size<-ifelse(df$指标=="AQI",0.2,0.8)                               # 设置线宽度
> ggplot(df,aes(x=日期,y=指标值,color=指标))+geom_line(size=size)+   # 绘制折线图
+   scale_x_date(expand=c(0,0),date_breaks="1 month",date_labels="%b")
```

图 7-17 显示，移动平均的间隔越长，曲线越平滑。在实际应用中，移动间隔长度的选择应视具体情况而定，当数据量较大时，移动间隔可长一些；如果数据是以固定长度的周期采集的，移动间隔的长度最好与数据的采集周期一致，这样可以有效消除序列中的随机波动。比如，如果数据是按季度采集的，移动间隔长度应取 4；如果是按月采集的，移动间隔长度应取 12；等等。

为观察每个指标的移动平均走势，可以采用分面方式绘制每个指标的独立图形。以例 4-1 中的 6 项空气污染指标为例，由 ggplot2 包绘制的 30 日移动平均折线图如图 7-18 所示。

```
# 图7-18的绘制代码（数据：data4_1）
> library(ggplot2);library(reshape2);library(forecast)

# 处理数据
> data4_1<-read.csv("C:/mydata/chap04/data4_1.csv")
> d<-data.frame(日期=as.Date(data4_1$日期),data4_1[,-c(1:3)])  # 设置日期变量并选择绘图数据
> ma<-data.frame(ma(d[,2:7],order=30,centre=TRUE))              # 计算30日移动平均
> colnames(ma)<-c('maPM2.5','maPM10','ma二氧化硫','ma一氧化碳','ma二氧化氮','ma臭氧浓度')
                                                                 # 重新命名列名称
> df1<-melt(d,id.vars="日期",variable.name="指标",value.name="指标值")
> df2<-melt(ma,variable.name="ma指标",value.name="ma指标值")
> df<-cbind(df1,df2)                                            # 合并数据框

> ggplot(df,aes(x=日期,y=指标值,color=指标))+geom_line(size=0.2)+      # 绘制折线图
+   geom_line(aes(y=ma指标值,color=ma指标),size=0.8)+                  # 绘制折线图
+   scale_x_date(expand=c(0,0),date_breaks="2 month",date_labels="%b")+
+   guides(color="none")+
+   facet_wrap(~指标,ncol=3,scale="free")       # 按指标分面，单独设置各分面图的y轴刻度
```

图 7-18 显示了移动平均后各项指标的变化模式。除臭氧浓度接近对称分布外，其余指标均呈现双峰分布。

在图 7-17 和图 7-18 中，要想使原始序列折线的长度和移动平均折线长度一致，先使用 na.omit(df) 剔除数据框中的缺失值再绘图即可。

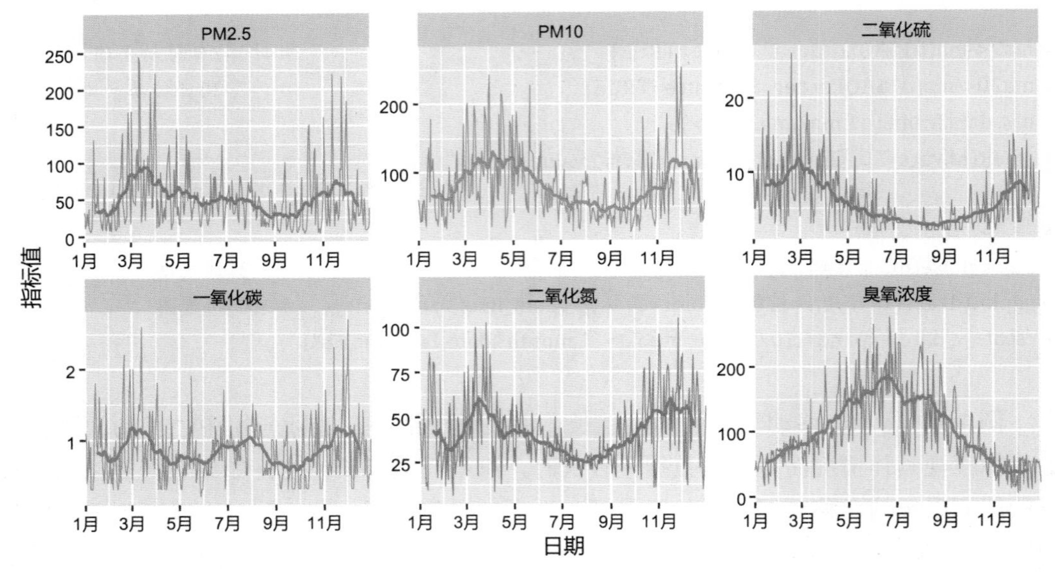

图7-18　某地区2023年6项空气污染指标的30日移动平均折线图

7.7　时间序列动态交互图

交互图（interactive plot）可以实现图形与数据的联动。将鼠标指针移到交互图中，移动鼠标指针可以观察图形对应的数据点。R 中有多个包可以绘制动态交互图，比如，ggiraphExtra 包和 plotly 包均可以绘制不同的动态交互图，如折线图、散点图、直方图、箱线图、条形图等。

使用 dygraphs 包中的 dygraph 函数可以绘制时间序列的动态交互图，使用 dyRoller 函数可以绘制移动平均动态交互图。为便于观察和分析，以例 4-1 中的 AQI 数据为例，由 dygraph 函数绘制的动态交互图如图 7-19 所示。

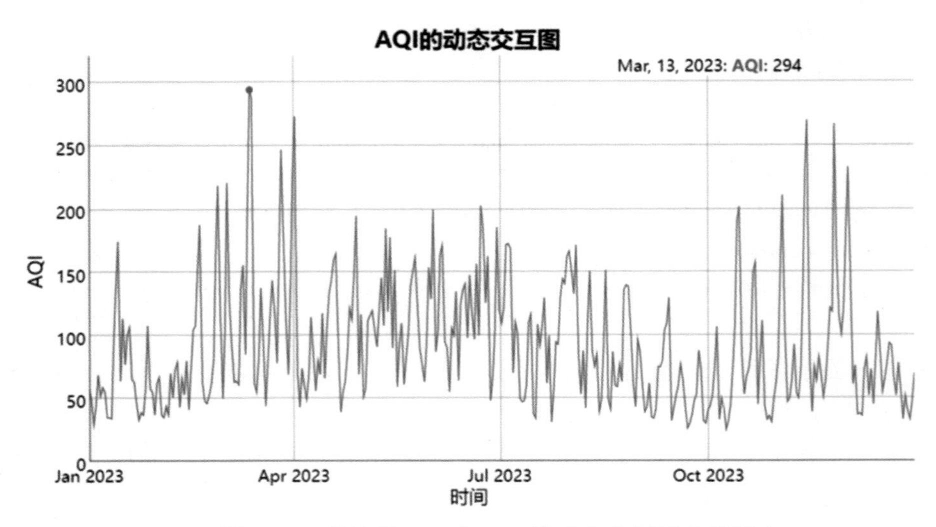

图7-19　某地区2023年AQI的动态交互图（截图）

```
# 图7-19的绘制代码（数据：data4_1）
> library(xts);library(dygraphs)
> data4_1<-read.csv("C:/mydata/chap04/data4_1.csv")
> date<-seq(as.Date("2023-01-01"),by="days",length=365)         # 使用seq函数生成时间
> dts<-xts(x=data4_1[,-c(1,3)],order.by=date)                   # 生成时间序列对象
> dygraph(data=dts$AQI,xlab="时间",ylab="AQI",main="AQI的动态交互图")
```

在图 7-19 中，鼠标指针所在位置对应的是 2023 年 3 月 13 日 AQI 的值，为 294。移动鼠标指针可观察任何时间点对应的 AQI 的数值。

由 dyRoller 函数绘制的 AQI、PM2.5 和 PM10 的 30 日移动平均动态交互图如图 7-20 所示。

```
# 图7-20的绘制代码（使用图7-19构建的时间序列对象dts）
> dygraph(data=dts[,c(1,2,3)],xlab="时间",ylab="移动平均值",
+   main="移动平均动态交互图") %>%                              # %>%为管道函数
+   dyRoller(dygraph,rollPeriod=30)                             # 30日移动平均
```

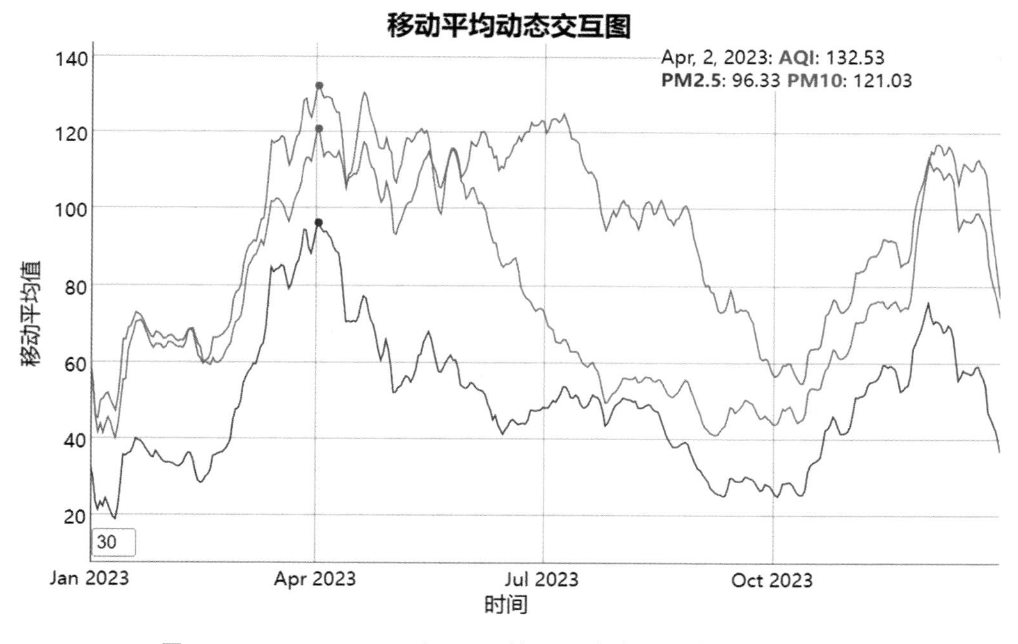

图7-20　AQI、PM2.5和PM10的30日移动平均动态交互图（截图）

图 7-20 左下角显示一个方框，方框内的数字是移动平均的周期数。在方框内输入移动的间隔周期数，即可得到相应的移动平均动态交互图。将鼠标指针放在图中任意位置，可以显示对应日期的 30 天移动平均值。

结合 dygraphs 包中的其他函数，可以绘制更多式样的交互图。请读者自己查阅函数帮助。

使用 plotly 包中的 plot_ly 函数也可以绘制时间序列的动态交互图，包括折线图、条形图、箱线图、散点图和 3D 散点图等。如果时间序列数据是按因子分类的，还可以绘制按因子分类的动态交互图。为便于观察和理解，以例 4-1 中 1—3 月份 AQI 的数据为例，由 plot_ly 函数绘制的按质量等级分组的动态交互条形图如图 7-21 所示。

```
# 图7-21的绘制代码（数据：data4_1）
> library(plotly);library(lubridate);library(dplyr)

# 处理数据
> data4_1<-read.csv("C:/mydata/chap04/data4_1.csv")
> d1<-data.frame(日期=as.Date(data4_1$日期),data4_1)
> d2<-data.frame(d1,months=month(d1$日期))              # 提取月份并添加到数据框
> d3<-filter(d2,months<=3)[,c(1,3,4)]                   # 筛选出1—3月份的绘图数据
> labels<-c("优","良","轻度污染","中度污染","重度污染")
> f<-factor(d3[,3],ordered=TRUE,levels=labels)          # 将质量等级转换成有序因子
> df<-data.frame(d3[,-3],质量等级=f)                    # 构建新的数据框

# 绘制图形
> p<-plot_ly(data=df,x=~日期,y=~AQI,type="bar")         # 绘制条形图
> add_markers(p,symbol=~质量等级)                       # 按因子设置符号
```

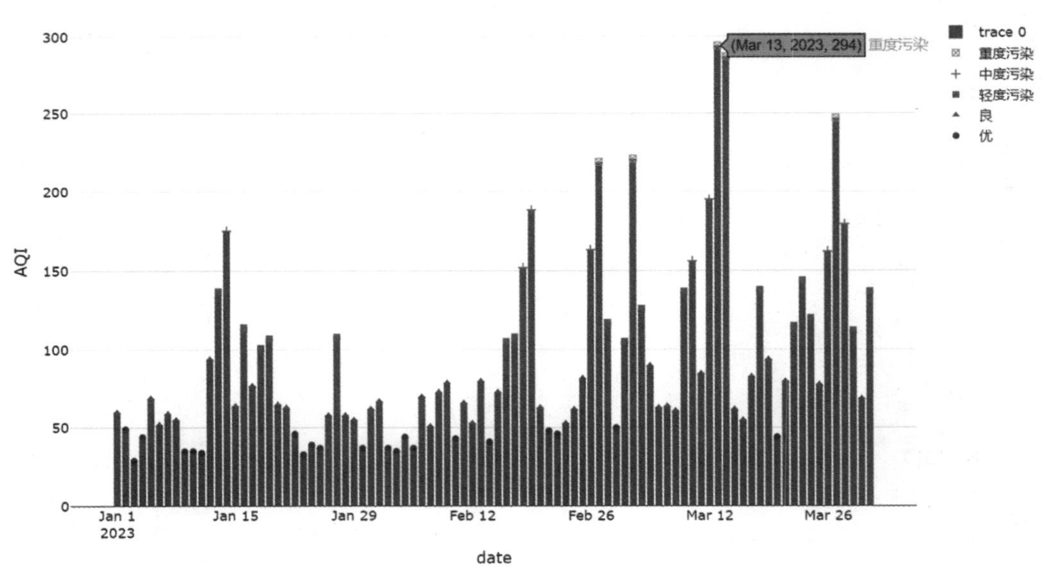

图7-21　某地区2023年1—3月份AQI的动态交互图（截图）

图 7-21 中的每个条表示某一天的 AQI，右侧的图例表示不同的条代表的质量等级。

习题

7.1　对于多变量和大数据集的时间序列，可以使用哪些图形进行描述？

7.2　面积图有何优点和缺点？

7.3　在中国证券市场上选择 10 只股票，根据 2023 年全年的交易数据画出以下图形。

（1）折线图和面积图。

（2）流线图和风筝图。

（3）地平线图。

（4）5 日和 30 日移动平均的动态交互图。

7.4　下表是某只股票连续 20 个交易日的收盘价格。

日期	收盘价（元）	日期	收盘价（元）
2023/7/15	97.59	2023/7/29	97.64
2023/7/16	96.80	2023/7/30	97.89
2023/7/17	96.35	2023/7/31	97.26
2023/7/18	94.75	2023/8/1	95.93
2023/7/19	95.59	2023/8/2	95.45
2023/7/22	95.70	2023/8/5	94.24
2023/7/23	95.40	2023/8/6	94.63
2023/7/24	94.64	2023/8/7	94.50
2023/7/25	96.30	2023/8/8	97.17
2023/7/26	96.50	2023/8/9	96.20

根据收盘价格绘制折线图和面积图，并分析收盘价格走势的特征。

第 8 章 概率分布可视化

Chapter 8

经典的统计分析方法多数依赖于随机变量的概率分布，比如，在总体分布已知或对总体分布做出某种假定的情况下进行估计和检验。其中有些分布是我们比较熟悉的，比如，描述离散型随机变量的二项分布、泊松分布等，描述连续性随机变量的正态分布、均匀分布、指数分布以及由正态分布推导出来的χ^2分布、t 分布、F 分布等。本章主要介绍二项分布、正态分布以及χ^2分布、t 分布、F 分布的可视化方法。

8.1 二项分布可视化

二项分布是建立在 Bernoulli 试验基础上的。在 n 次独立 Bernoulli 试验中，每次试验只有两个可能结果，即“成功”和“失败”，每次试验“成功”的概率均为 p，“失败”的概率则为$q=1-p$。在 n 次试验中，“成功”的次数 X 就是一个离散型随机变量，X 的概率分布就是二项分布，记为$X \sim B(n,\ p)$。n 次试验中成功次数 X=x 的概率可表示为

$$P(X=x)=\mathrm{C}_n^x p^x q^{n-x} \quad (x=0,1,2,\cdots,n)$$

式中，x 为成功次数；n 为试验次数；p 为每次试验成功的概率。

为观察二项分布的特征，我们先绘制出试验次数$n=5$、每次试验成功的概率p分别取$0.1, 0.2, \cdots, 0.9$时的二项分布概率的分布图，如图 8-1 所示。

```
# 图8-1的绘制代码
> p=seq(from=0.1,to=0.9,by=0.1)  # 生成0.1~0.9的等差序列，增量为0.1
> par(mfrow=c(3,3),mai=c(0.5,0.5,0.2,0.1),cex=0.7,mgp=c(2,1,0))
> for(i in 1:9){
+   barplot(dbinom(0:5,5,p[i]),
+   xlab="x",ylab="p",ylim=c(0,0.6),mgp=c(2,1,0),
+   main=substitute(B(5,p),list(p=p[i])),cex.main=0.8,col="deepskyblue")
+ }
```

图 8-1 显示，当$p=0.5$时二项分布的概率是对称的；当$p=0.1$时概率分布为右偏；当$p=0.9$时概率分布为左偏。

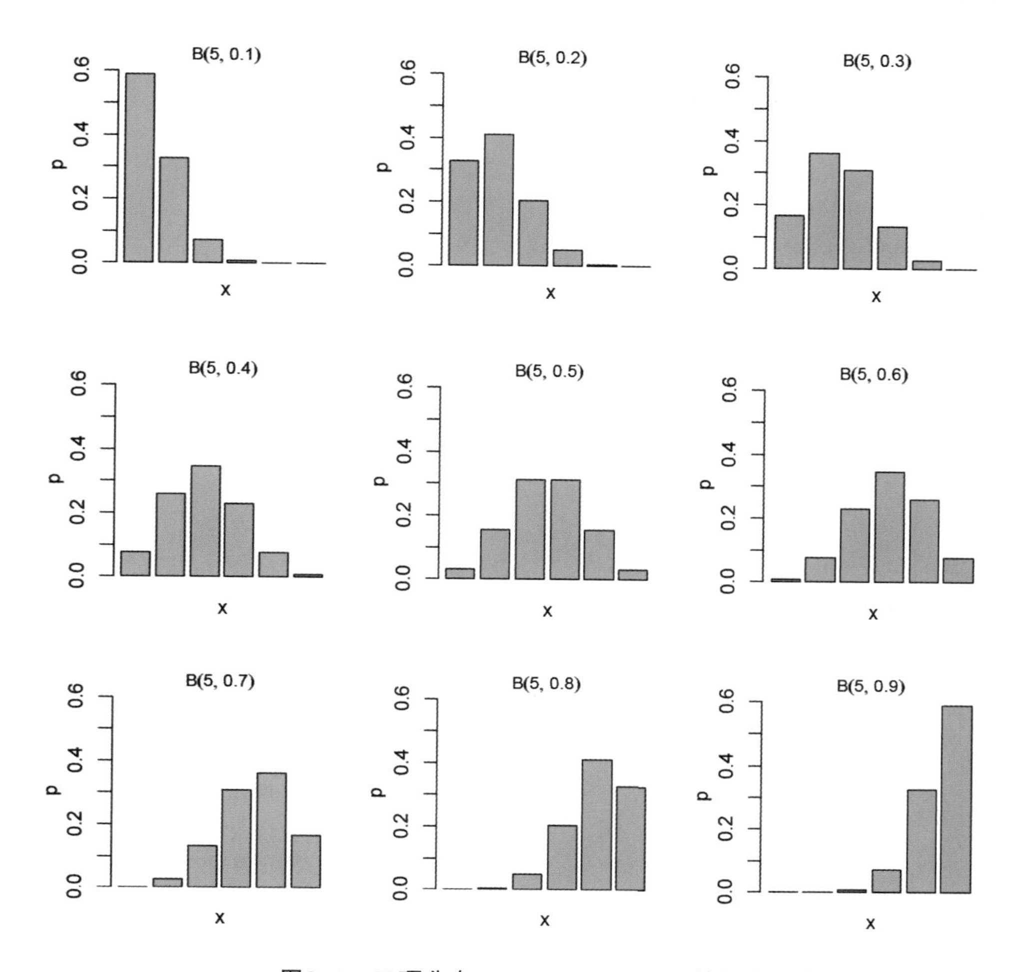

图8-1　二项分布$B(n=5, p=0.1:0.9)$的概率分布图

为进一步理解二项分布的意义，我们假定让 100 个人抛硬币，每人抛 10 次，观察出现正面的次数。这里的 10 就是试验次数，100 就是观察次数，每次试验成功的概率为 1/2。这相当于总共抛 1 000 次硬币，计算出正面的次数。用 R 的二项分布函数 rbinom(n, size, prob) 很容易得到出现正面次数的频数分布，其中 n 是观察次数，size 是试验次数，prob 是每次试验成功的概率。用下面的代码生成成功次数的分布表。

```
> set.seed(4)
> table(rbinom(n=100,size=10,prob=0.5))
结果如下：
成功次数：1  2  3  4  5  6  7  8  9
频    数：2  2  9  18 25 20 16 7  1
```

上述结果显示，1 000 次抛掷中，得到正面的次数总共为 527 次。

如果让更多的人参与试验，比如 500 人、5 000 人、10 000 人，并画出成功次数的频数分布图，就可以分析成功次数分布的特征，如图 8-2 所示。

```
# 图8-2的绘制代码
> par(mfrow=c(2,2),mai=c(0.7,0.7,0.4,0.1),cex=0.8,font.main=1)
> set.seed(3)
> for(i in 1:4){
+  n<-c(100,500,5000,10000)
+  d<-table(rbinom(n[i],size=10,prob=0.5))
+  barplot(d,col="deepskyblue",
+  xlab="成功次数",ylab="频数",main=paste("观察次数=",n[i]),cex.main=0.8)
+ }
```

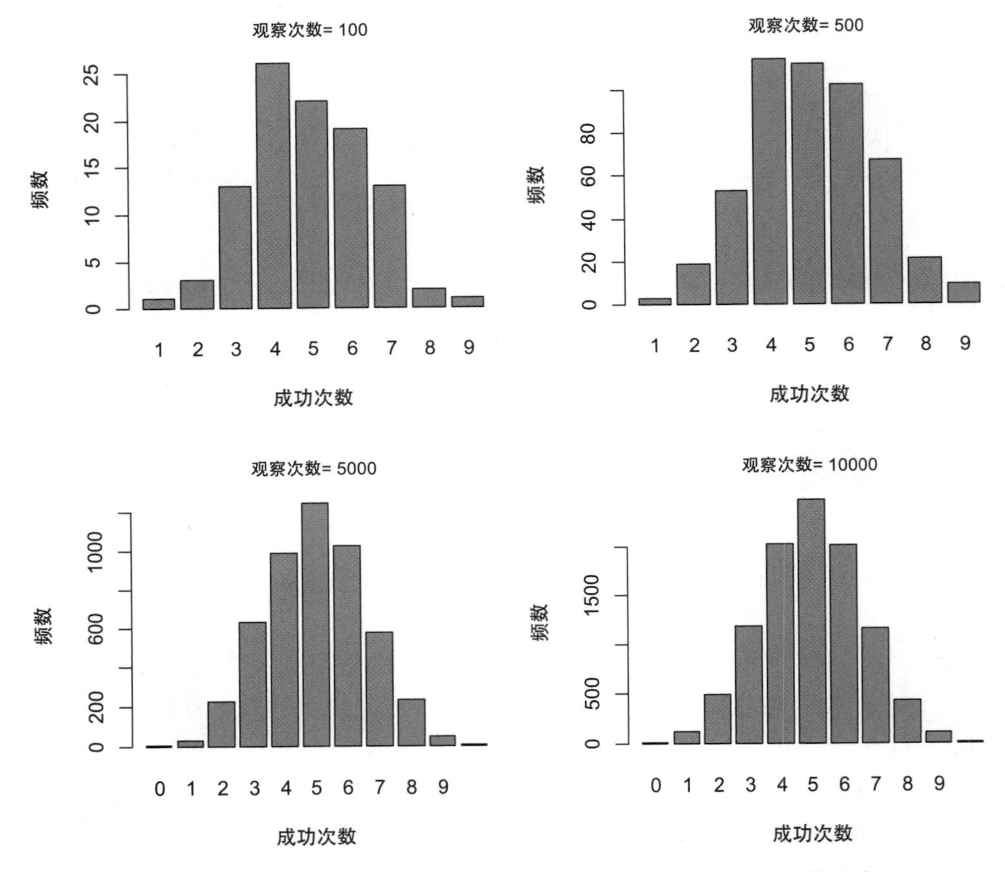

图8-2　观察次数n=c(100,500,5000,10000)时成功次数的分布

图 8-2 显示，随着观察次数的增多，观测到成功次数的分布越来越接近对称。

下面考察试验次数 n 逐渐变大时，成功次数 x 的概率分布如何变化，如图 8-3 所示。

```
# 图8-3的绘制代码
> par(mfrow=c(2,2),mai=c(0.5,0.5,0.3,0.1),cex=0.8)
> x=c(5,10,20,100);n=c(5,20,50,500);p=0.1;f<-c("(a)","(b)","(c)","(d)")
> for(i in 1:4){
+   barplot(dbinom(0:x[i],n[i],p),col="deepskyblue",
```

```
+   xlab="成功次数",ylab="概率",mgp=c(2,1,0),
+   main=paste(f[i],"x=0:",x[i],",","n=",n[i]),cex.main=1,font.main=1)
+ }
```

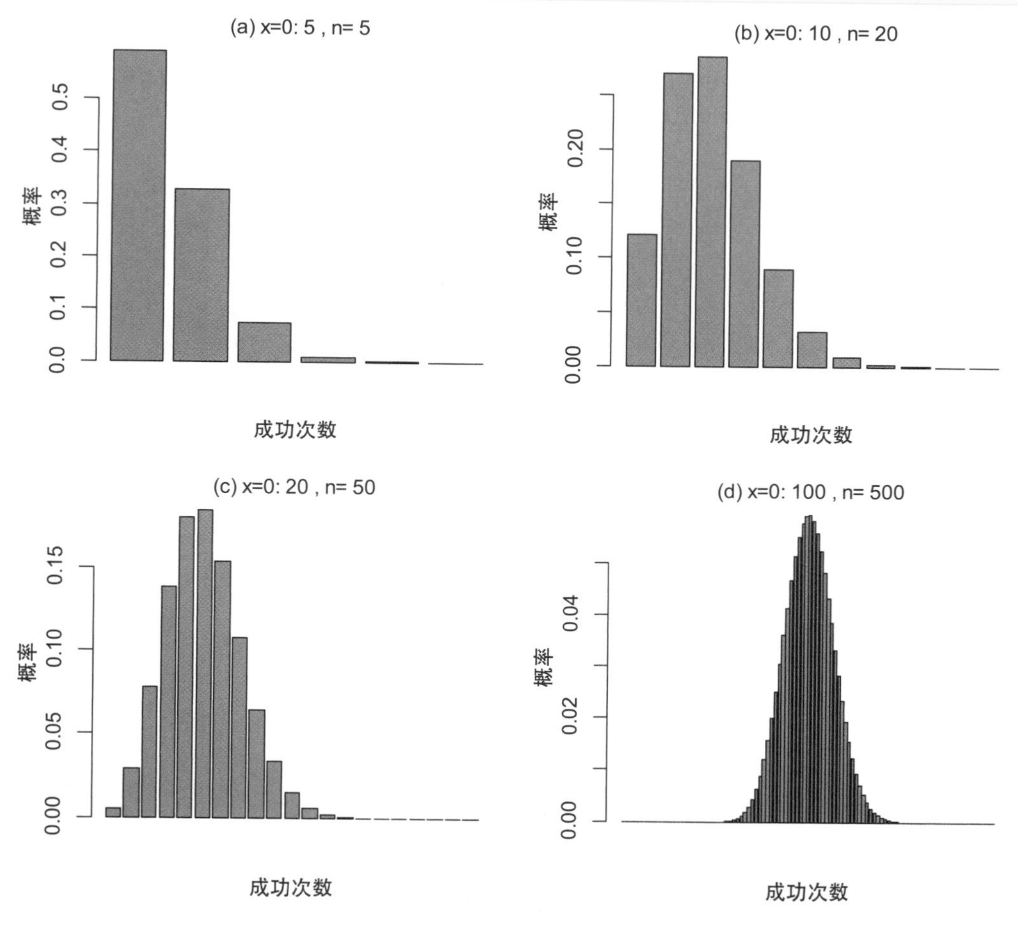

图8-3　试验次数n=c(5,20,50,500)时成功次数的概率分布

图 8-3 中每幅图试验成功的概率均为 p=0.1，但试验次数不同。结果显示，随着试验次数 n（样本量）的增大，成功次数的概率分布越来越对称。实际上，当 n 充分大时，二项分布趋于正态分布。

使用 stats 包中的 dbinom(x, size, prob) 函数很容易得到 n 次试验出现成功次数为 x 的概率。如果想计算出 n 次试验中成功次数小于等于 x 的累积概率，可使用 pbinom(q,size, prob) 函数，其中 q 是二项分布的分位数，size 是试验次数，prob 是每次试验成功的概率。

【例 8-1】某电商承诺，在本电商购物，按预定时间的送达率为 70%。假定你在该电商购物 10 次，可视化以下概率：

（1）恰好有 5 次按预定时间送达。

（2）有 6 次及以下按预定时间送达。

（3）按预定时间送达在 6 次以上。

（4）按预定时间送达在 5 ～ 8 次之间。

使用 vistributions 包中的 vdist_binom_prob 函数可以绘制出给定分位数时二项分布的概率；使用 vdist_binom_perc 函数可以绘制出给定概率时的分位数。由 vdist_binom_prob 函数绘制的例 8-1 的图形如图 8-4 所示。

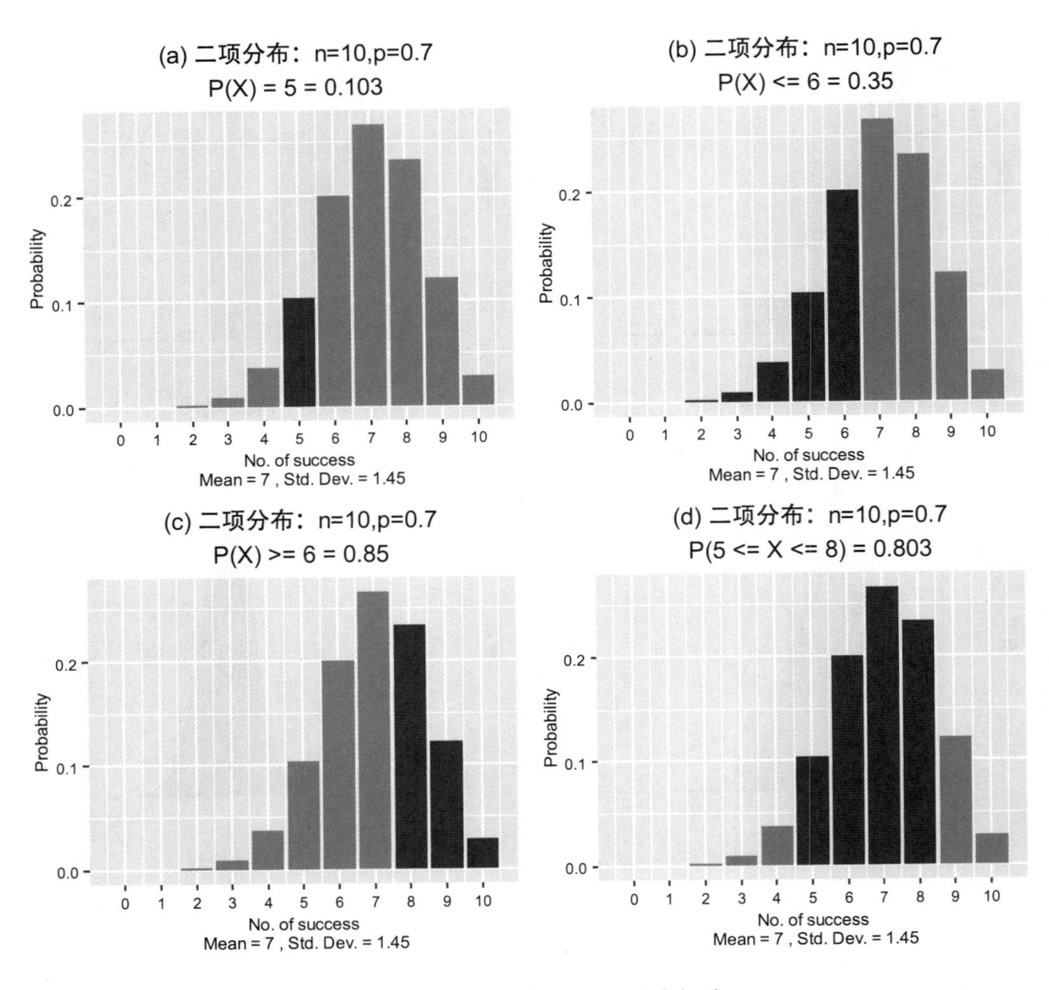

图8-4　例8-1的二项分布概率

```
# 图8-4的绘制代码
> library(vistributions);library(ggplot2);library(gridExtra)
> mytheme<-theme(plot.title=element_text(size="9"),          # 设置主标题字体大小
+   axis.title=element_text(size=8),                          # 设置坐标轴标签字体大小
+   axis.text=element_text(size=7))                           # 设置坐标轴刻度字体大小

> p1<-vdist_binom_prob(n=10,p=0.7,s=5,type='exact')+          # 画出点概率P(X=5)
+  ggtitle("(a) 二项分布：n=10,p=0.7")+mytheme
> p2<-vdist_binom_prob(n=10,p=0.7,s=6,type='lower')+          # 下(左)侧的概率P(X<=6)
+  ggtitle("(b) 二项分布：n=10,p=0.7")+mytheme
```

```
> p3<-vdist_binom_prob(n=10,p=0.7,s=6,typ ='upper')+          # 上(右)侧的概率P(X>=6)
+  ggtitle("(c) 二项分布：n=10,p=0.7")+mytheme
> p4<-vdist_binom_prob(n=10,p=0.7,c(5,8),type='interval')+    # 画出区间的概率P(5<=X<=8)
+  ggtitle("(d) 二项分布：n=10,p=0.7")+mytheme
> grid.arrange(p1,p2,p3,p4,ncol=2)                             # 组合图形
```

图 8-4 中用深蓝色条表示的为二项分布概率。图的上方给出了概率表达式和概率值，图的下方给出了试验成功的次数和二项分布的均值及标准差。

8.2　正态分布可视化

常见的连续型概率分布有正态分布、均匀分布、指数分布，以及由正态分布推导出来的χ^2分布、t 分布、F 分布等。本节主要介绍如何用 R 模拟这些分布的图像，以便更好地理解和使用这些分布。

8.2.1　正态分布曲线和概率

在现实生活中，有许多现象都可以用正态分布来描述，甚至当未知一个连续总体的分布时，我们总尝试假定该总体服从正态分布来进行分析，其他一些分布（如二项分布、泊松分布等）概率的计算也可以利用正态分布来近似，由正态分布还可以推导出其他一些重要的统计分布，如χ^2 分布、t 分布、F 分布等。

如果随机变量 X 的概率密度函数为

$$f(x)=\frac{1}{\sqrt{2\pi\sigma^2}}\mathrm{e}^{-\frac{1}{2\sigma^2}(x-\mu)^2}，\ -\infty<x<\infty$$

则称 X 为正态随机变量，或称 X 服从参数为μ、σ^2的正态分布，记为$X\sim N(\mu,\sigma^2)$。其中 μ 是正态随机变量 X 的均值，可为任意实数；σ^2是 X 的方差，且$\sigma>0$。

正态分布曲线的形状取决于参数 μ 和 σ 的值，图 8-5 是对应于不同 μ 和 σ 的正态分布曲线。

```
# 图8-5的绘制代码
> library(ggplot2)
> p<-ggplot(data.frame(x=c(-4,4)),aes(x=x))+ylab("density")+
+  scale_x_continuous(breaks=c(-6,-4,-2,0,2,4,6))           # 设置x轴刻度线位置

> p+stat_function(fun=dnorm,args=list(mean=-2,sd=1),color="yellow3",size=0.6,alpha=0.9)+
                                                             # 均值=-2、标准差=1的正态曲线
+  annotate("segment",x=-6.5,xend=6.5,y=-0.002,yend=-0.002)+
+  annotate("text",x=-3.35,y=0.32,label="N(-2,1)",size=3.5)+
```

```
+  stat_function(fun=dnorm,args=list(mean=-2,sd=1),geom="area",fill="yellow",alpha=0.3)+
                                                                    # 填充阴影
+  stat_function(fun=dnorm,args=list(mean=-2,sd=1.5),color="red3",size=0.6,alpha=0.5)+
                                                  # 均值=-2、标准差=1.5的正态曲线
+  annotate("segment",x=-2,xend=-2,y=0,yend=0.4,linetype="dashed",color="red2",size=0.5)+
+  annotate("text",x=-4.8,y=0.12,label="N(-2,1.5)",color="red",size=3.5)+
+  stat_function(fun=dnorm,args=list(mean=-2,sd=1.5),geom="area",fill="red",alpha=0.2)+

+  stat_function(fun=dnorm,args=list(mean=2,sd=1.5),color="blue3",size=0.6,alpha=0.5)+
                                                   # 均值=2、标准差=1.5的正态曲线
+  annotate("segment",x=2,xend=2,y=0,yend=0.26,color="blue2",linetype="dashed",size=0.5)+
+  annotate("text",x=4.8,y=0.12,label="N(2,1.5)",color="blue",size=3.5)+
+  stat_function(fun=dnorm,args=list(mean=2,sd=1.5),geom="area",fill="blue",alpha=0.2)
```

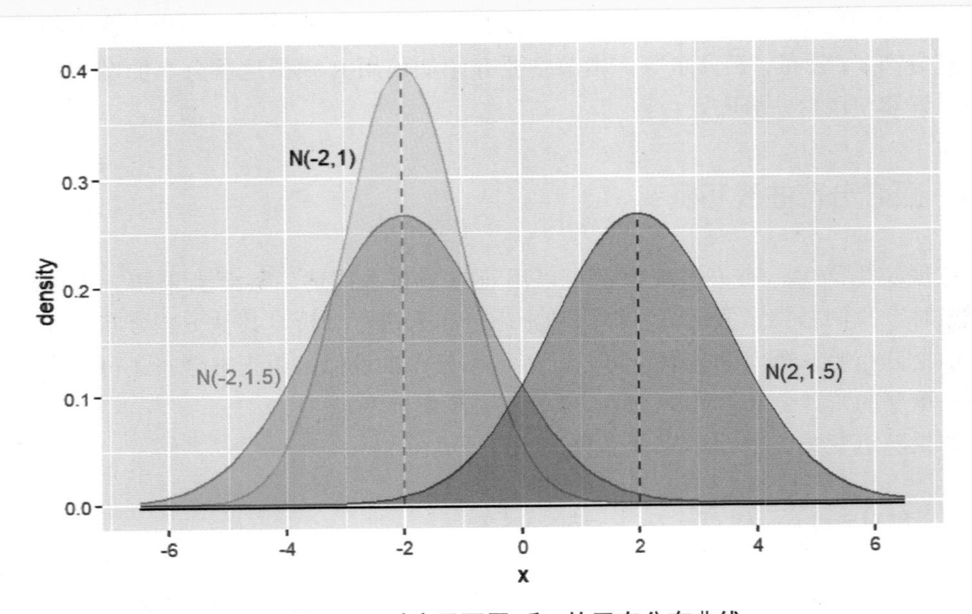

图8-5　对应于不同μ和σ的正态分布曲线

图 8-5 显示，正态曲线在$x=\pm2$处对称，且峰值在$x=-2$处。μ 决定正态曲线的具体位置，σ 相同而均值不同的正态曲线在坐标轴上体现为水平位移。σ 决定正态曲线的陡峭或扁平程度。σ 越大，正态曲线越扁平；σ 越小，正态曲线越陡峭。

对于任意一个服从正态分布的随机变量，经过$Z=(x-\mu)/\sigma$标准化后的新随机变量服从均值为 0、标准差为 1 的**标准正态分布**（standard normal distribution），记为 $Z\sim N(0,1)$。标准正态分布的概率密度函数为：

$$\varphi(x)=\frac{1}{\sqrt{2\pi}}\mathrm{e}^{-\frac{1}{2}x^2},\quad -\infty<x<\infty$$

正态随机变量取特定区间值的概率即为正态曲线下对应的面积。使用 R 软件中的 dnorm(x,mean=0,sd=1) 函数可以计算出 x 取任意值的密度；使用 pnorm(q,mean=0,sd=1)

函数可以计算分位数为 q 时的累积概率；使用 qnorm(p,mean=0,sd=1) 函数可以计算累积概率为 p 时的分位数；用 rnorm(n,mean=0,sd=1) 则可以产生正态分布的 n 个随机数。

图 8-6 展示了一般正态分布和标准正态分布曲线下的面积，即概率。

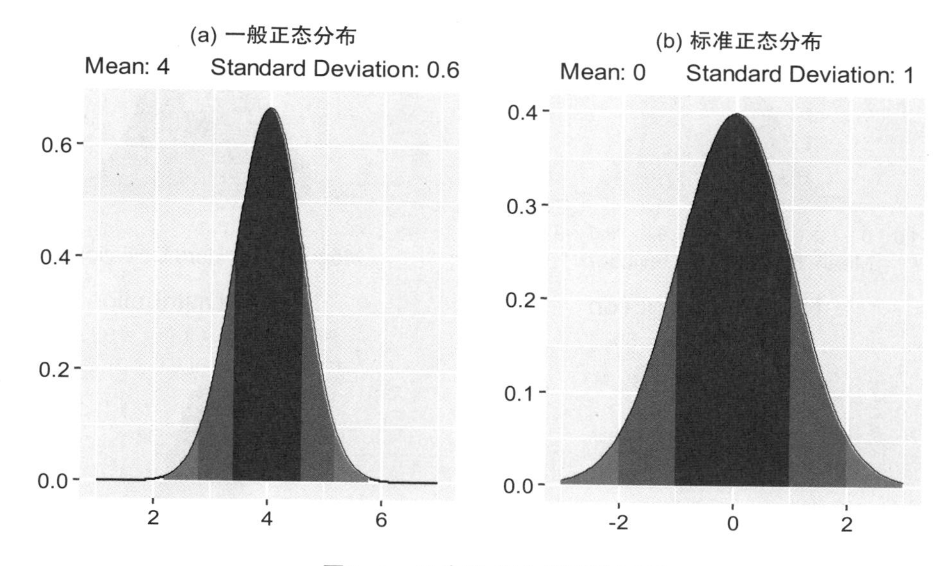

图8-6　正态分布曲线下的面积

【例 8-2】可视化以下概率和分位数：

（1）$X \sim N(5,1.5^2)$，$P(X \leqslant 2)$。

（2）$Z \sim N(0,1)$，$P(|Z| \leqslant 2)$。

（3）$X \sim N(50,5^2)$，$p=0.05$，右侧分位数。

（4）$Z \sim N(0,1)$，$p=0.95$，双侧分位数。

使用 vistributions 包中的 vdist_normal_prob 函数可以绘制出给定分位数时正态分布的概率；使用 vdist_normal_perc 函数可以绘制出给定概率时的分位数。由上述函数绘制的例 8-2 的图形如图 8-7 所示。

```
# 图8-7的绘制代码
> library(vistributions);library(gridExtra)
> p1<-vdist_normal_prob(perc=2,mean=5,sd=1.5,type="lower")
                                        # 均值为5、标准差为1.5，P(x<=2的概率)
> p2<-vdist_normal_prob(perc=c(-2,2),mean=0,sd=1,type="both")
                                        # 均值为0、标准差为1，P(|x|<=2的概率)
> p3<-vdist_normal_perc(probs=0.05,mean=50,sd=5,type="upper")
                                        # 均值为50、标准差为5，右侧分位数
> p4<-vdist_normal_perc(probs=0.95,mean=0,sd=1,type="both")
                                        # 均值为0、标准差为1，双侧分位数
> grid.arrange(p1,p2,p3,p4,ncol=2)      # 组合图形
```

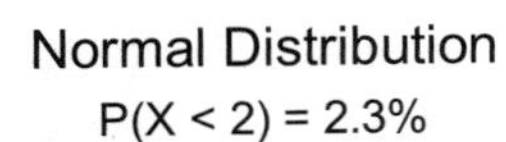

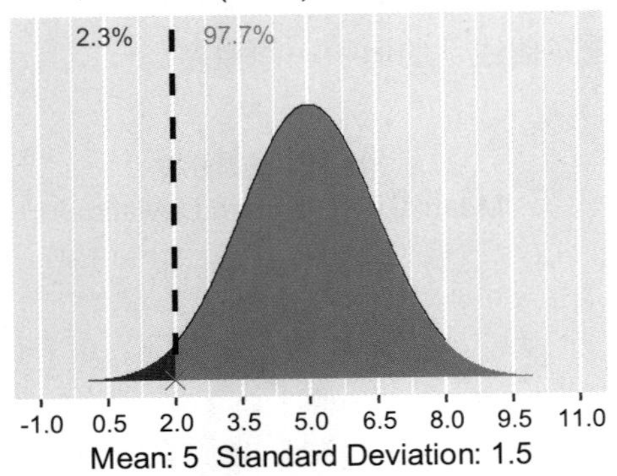

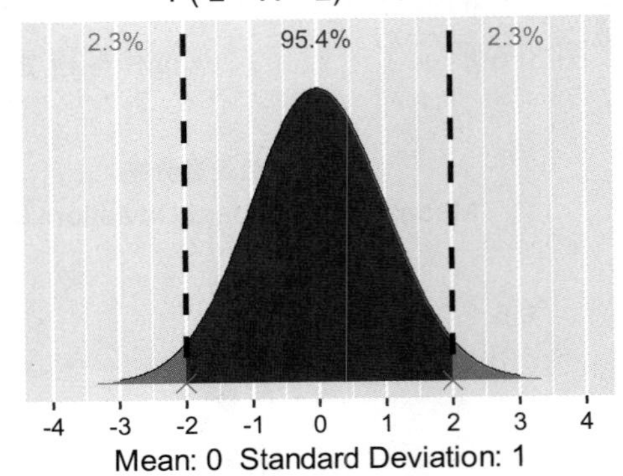

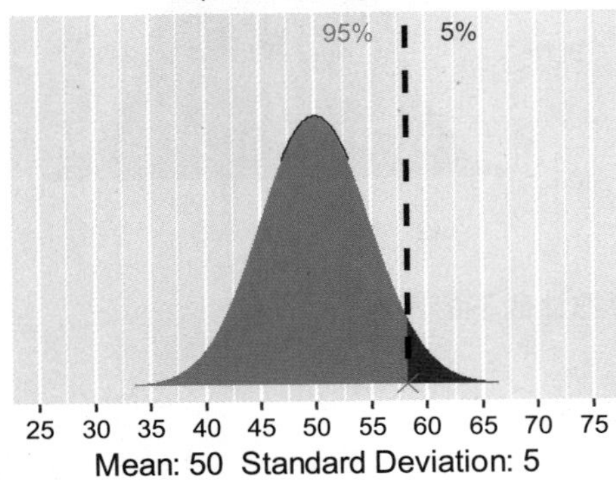

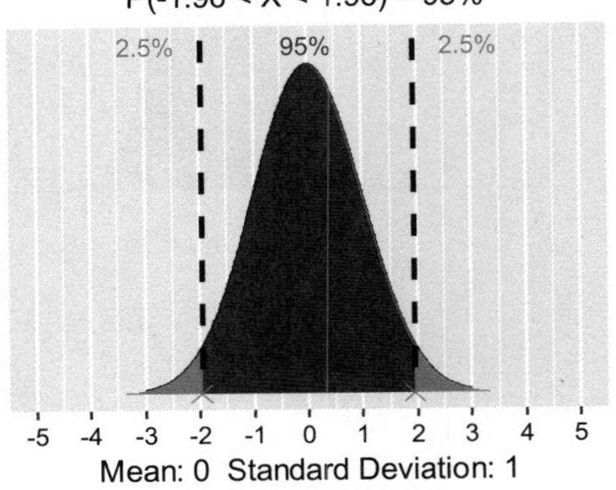

图8-7　例8-2的正态分布概率和分位数

图 8-7 的上方画出了给定分位数时正态分布的概率和给定概率时正态分布的分位数，下方列出了正态分布的均值和标准差。

8.2.2　累积分布函数和经验累积分布函数

1. 累积分布函数

对于所有实数x，$F_X(x)=P(X\leqslant x)$称为累积分布函数（cumulative distribution function, CDF），它是随机变量$X\leqslant x$的累积概率。使用 curve 函数可以绘制出 pnorm(q,mean,sd) 的图像，即累积分布函数曲线。x 在 −4 ～ +4 之间正态分布的累积分布函数如图 8-8 所示。

```
# 图8-8的绘制代码
> library(ggplot2)
> ggplot(data.frame(x=c(-4,4)),aes(x=x))+
+  stat_function(fun=pnorm,color="red2",size=0.8)+
+  xlim(-5,5)+ylab("累积概率")
```

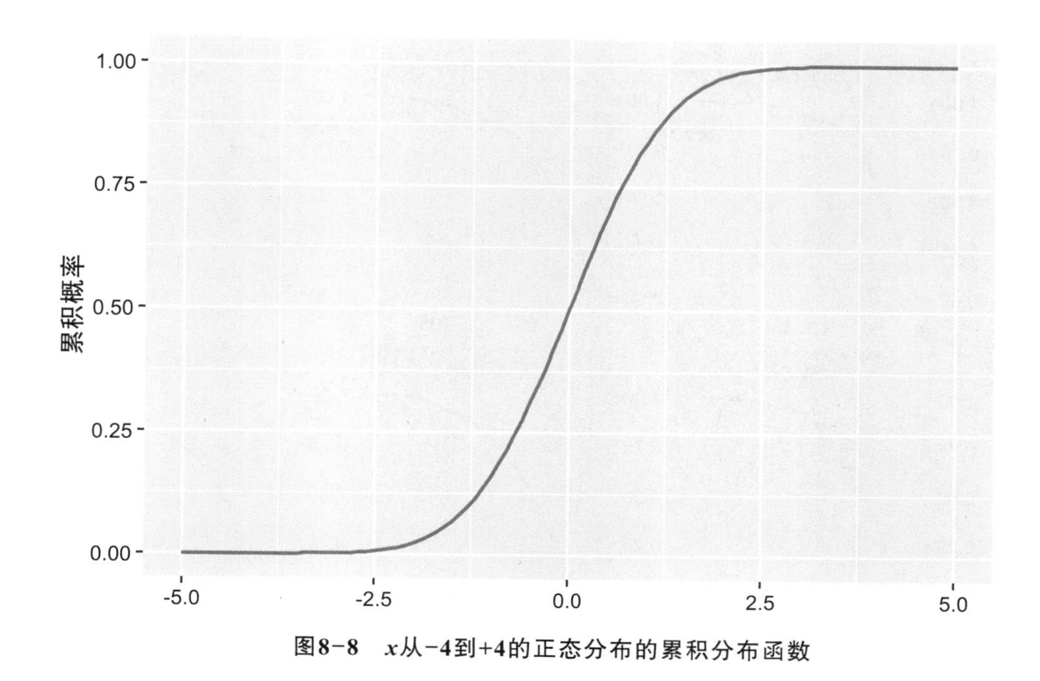

图8-8　x从−4到+4的正态分布的累积分布函数

根据累积分布函数曲线可以观察小于等于 x、大于等于 x、在 x 某个区间内的数据的比例大约是多少。比如，图 8-8 显示，大约有一半的数据在 x 小于等于 0 以下。

2. 经验累积分布函数

经验累积分布函数（empirical cumulative distribution function，ECDF）是根据实际观测数据得到的分布函数的估计。使用 R 基础安装自带的 stats 包中的 ecdf 函数可以计算出经验累积分布函数。使用 plot 函数、Hmisc 包中的 Ecdf 函数、DescTools 包中的 PlotECDF 函数、ggpubr 包中的 ggecdf 函数、ggolot2 的 stat_ecdf 函数等均可以绘制出经验累积分布函数曲线。

以第 4 章中某地区的空气质量数据为例，由 ggolot2 包的 stat_ecdf 函数绘制的 6 项空气污染指标的经验累积分布函数如图 8-9 所示。

```
# 图8-9的绘制代码（数据：data4_1）
> library(ggplot2)
> data4_1<-read.csv("C:/mydata/chap04/data4_1.csv")
> df<-reshape2::melt(data4_1[,4:9],variable.name="指标",value.name="指标值")
> ggplot(df,aes(x=指标值,fill=指标))+ylab("累积概率")+
+   stat_ecdf(color="red")+
+   facet_wrap(~指标,ncol=3,scale="free")
```

如果要在同一个坐标中比较多个变量的经验累积分布函数，可以按变量分组，但这些变量的数值差异不应过大，否则不便于区分。

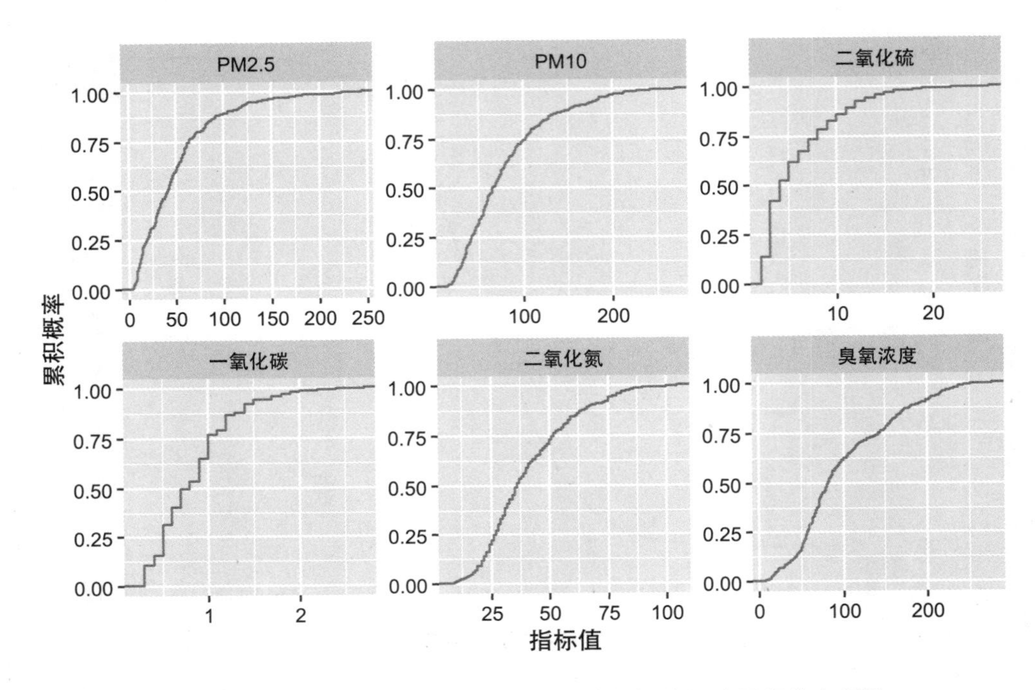

图8-9　2023年某地区6项空气污染指标的经验累积分布函数

8.2.3　正态概率图

在经典的统计推断中，有时需要假定总体服从某种分布。比如，当样本量比较小时，假定样本来自正态总体等。正态概率图（normal probability plots）是判断数据是否服从正态分布的常用图示方法。其画法有两种，一种称为 Q-Q 图（Quantile-Quantile plot），一种称为 P-P 图（Probability-Probability plot）。Q-Q 图是根据样本数据的分位数与理论分布（如正态分布）的分位数的符合程度绘制的，有时也称为分位数 - 分位数图。P-P 图则是根据样本数据的累积概率与理论分布（如正态分布）的累积概率的符合程度绘制的。除用于正态分布检验外，Q-Q 图（或 P-P 图）也可以用于检验 t 分布、χ^2 分布、均匀分布、贝塔分布、伽马分布等。

这里以正态 Q-Q 图为例说明正态概率图的绘制过程。对于一组样本数据，可以计算出任意一点的分位数，记为Q_o。如果要检验该数据是否服从正态分布，我们就可以计算出相应的标准正态分布的分位数，称为理论分位数，记为Q_e。以Q_e作 x 轴，Q_o作 y 轴（x 轴和 y 轴可以互换），可以绘制出多个分位数点（Q_e，Q_o）在坐标系中的散点图。如果实际数据服从正态分布，则所有分位数点应该落在经由$Q_{25\%}$（25% 的分位数）和$Q_{75\%}$（75% 的分位数）的直线上。如果各分位数点在这条直线周围随机分布，越靠近直线，说明实际数据越近似正态分布，如图 8-10（a2）所示；各分位点离直线越远，说明与正态分布的偏差越大；如果各分位数点的分布有明显的固定模式，则表示实际数据不服从正态分布，如图 8-10（b2）和图 8-10（c2）所示。P-P 图的画法类似，只不过是根据累积概率绘制的。

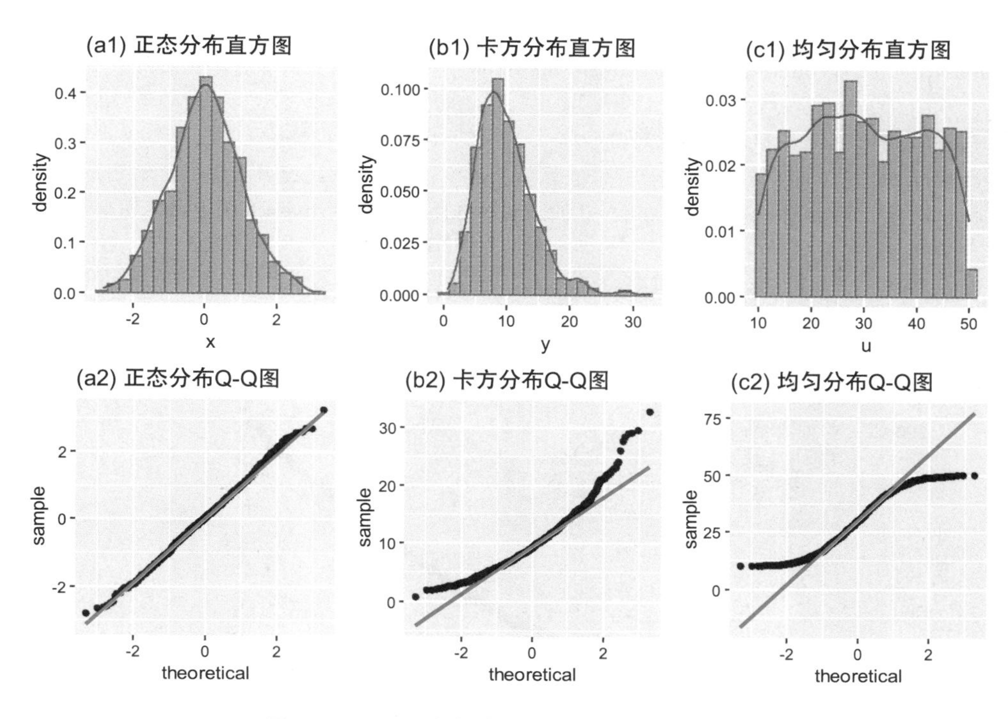

图8-10　不同分布的直方图与正态Q-Q图的比较

在分析正态概率图时，不要用严格的标准去衡量数据点是否在理论直线上，只要各点近似在一条直线周围随机分布即可。当样本量较小时，正态概率图中的点很少，提供的正态性信息很有限，因此，使用 Q-Q 图时，样本量应尽可能大。

使用 stats 包中的 qqnorm 函数、epade 包中的 qq.ade 函数、DescTools 包中的 PlotQQ 函数、ggplot 包中的 stat_qq 函数等均可以绘制正态 Q-Q 图。以例 4-1 中的 AQI 数据为例，由 ggplot 包中的 stat_qq（或 geom_qq）函数和 stat_qq_line（或 geom_qq_line）函数绘制的正态 Q-Q 图如图 8-11 所示。

```
# 图8-11的绘制代码（数据：data4_1）
> library(ggplot2);library(gridExtra)
> data4_1<-read.csv("C:/mydata/chap04/data4_1.csv")

# 绘制Q-Q图
> p<-ggplot(data4_1,aes(sample=AQI))+stat_qq()+stat_qq_line(size=1,color="red")+
+  xlab("theoretical")+ylab("sample")+

# 绘制直方图
> h<-ggplot(data4_1,aes(x=AQI))+
+  geom_histogram(bins=20,aes(y=..density..),fill="lightskyblue",color="gray50")+
+  geom_density(color="red2",size=0.7)+                      # 添加核密度曲线
+  theme_light()+
+  theme(panel.background=element_rect(fill="lightyellow"))+  # 设置图形面板背景色
```

```
+  theme(plot.background=element_rect(fill="lightblue"))          # 设置图形整体背景色

# 创建图形元素，并将图形元素插入到图形中
> h_grob<-ggplotGrob(h)                                            # 创建图形元素（直方图）
> p+annotation_custom(grob=h_grob, xmin=-2.93,xmax=-0.1,ymin=125,ymax=300) # 插入图形元素
```

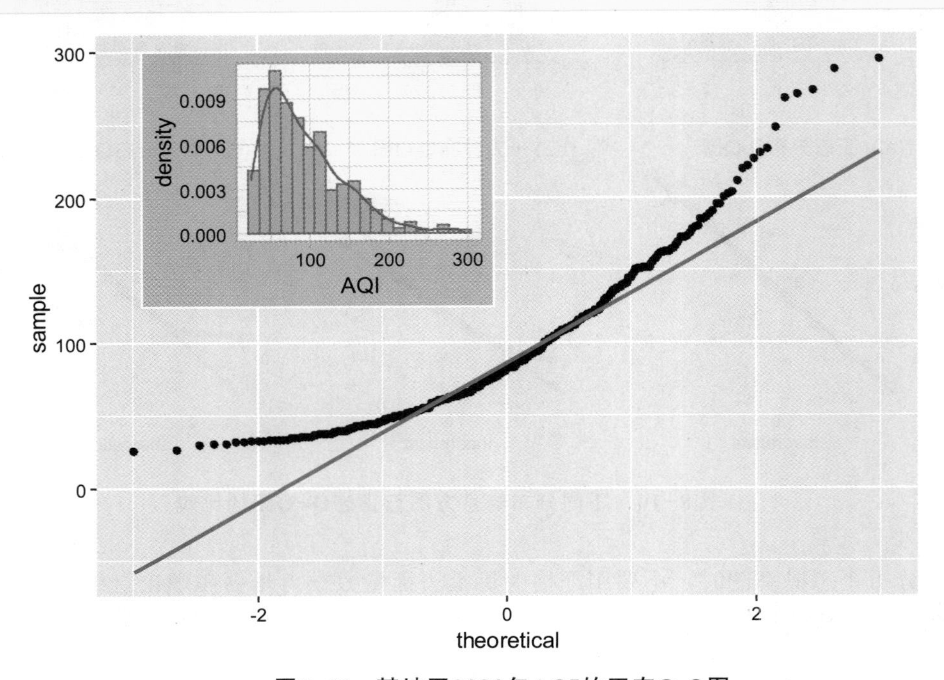

图8-11　某地区2023年AQI的正态Q-Q图

图8-11中的x轴为理论正态分布分位数，y轴为样本分位数（x轴和y轴可以互换）。为便于理解Q-Q图的含义，图8-11中添加了AQI的直方图和核密度曲线。图8-11显示，各观测点并非在理论正态分布直线周围随机分布，而且观测值越大或越小，越偏离理论正态分布，表明AQI不服从正态分布。从直方图和核密度曲线的分布形状可清楚地看到AQI的分布呈现明显的右偏。

图8-12是对6项空气污染指标绘制的正态Q-Q图，为便于观察，按指标做了分面，如果想比较少数几个指标，也可以按指标分组绘制。

```
# 图8-12的绘制代码（数据：data4_1）
> library(ggplot2);library(reshape2) ;library(dplyr)
> data4_1<-read.csv("C:/mydata/chap04/data4_1.csv")
> df<-data4_1%>%select(-c(日期,AQI,质量等级))%>%melt(variable.name="指标",value.name="指标值")

> ggplot(df,aes(sample=指标值,color=指标))+stat_qq()+stat_qq_line(size=1,color="red")+
+  xlab("theoretical")+ylab("sample")+guides(color="none")+
+  facet_wrap(~指标,ncol=3,scale="free")      # 按指标3列分面
```

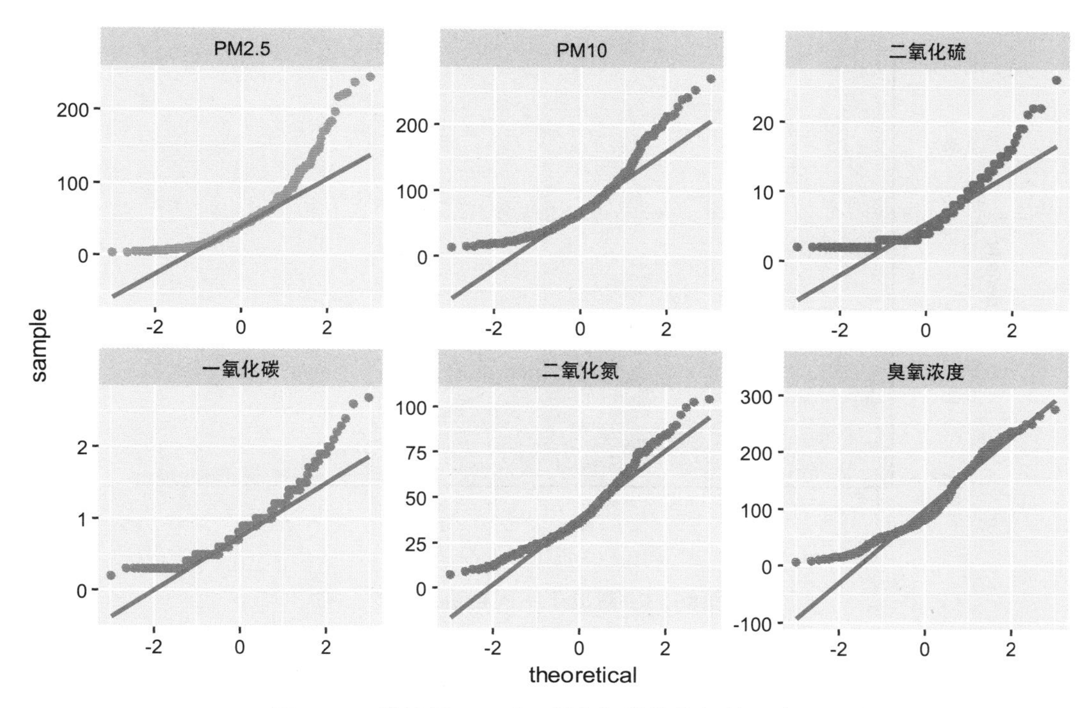

图8-12　某地区2023年6项空气污染指标的正态Q-Q图

图 8-12 显示，6 项指标均不服从正态分布。

8.3　其他分布可视化

正态分布除了可以作为二项分布、泊松分布的极限分布外，由正态分布还可以推导出一些重要的统计分布，如χ^2分布、t 分布、F 分布等。这些分布在统计推断中具有十分重要的地位和用途。

8.3.1　χ^2分布可视化

χ^2分布（chi-square distribution）是 n 个独立标准正态随机变量平方和的分布。设Z为标准正态随机变量，令$X=Z^2$，则X服从自由度为 1 的χ^2分布，即$X\sim\chi^2(1)$。一般，对于 n 个独立标准正态随机变量Z_1^2，$Z_2^2,\cdots$，Z_n^2，随机变量$X=\sum_{i=1}^{n}Z_i^2$的分布称为具有 n 个自由度的χ^2分布，记为$X\sim\chi^2(n)$。

$\chi^2(n)$分布的图像的形状取决于其自由度 n 的大小，通常为不对称的右偏分布，但随着自由度的增大逐渐趋于对称。图 8-13 是对应于不同自由度的χ^2分布曲线。

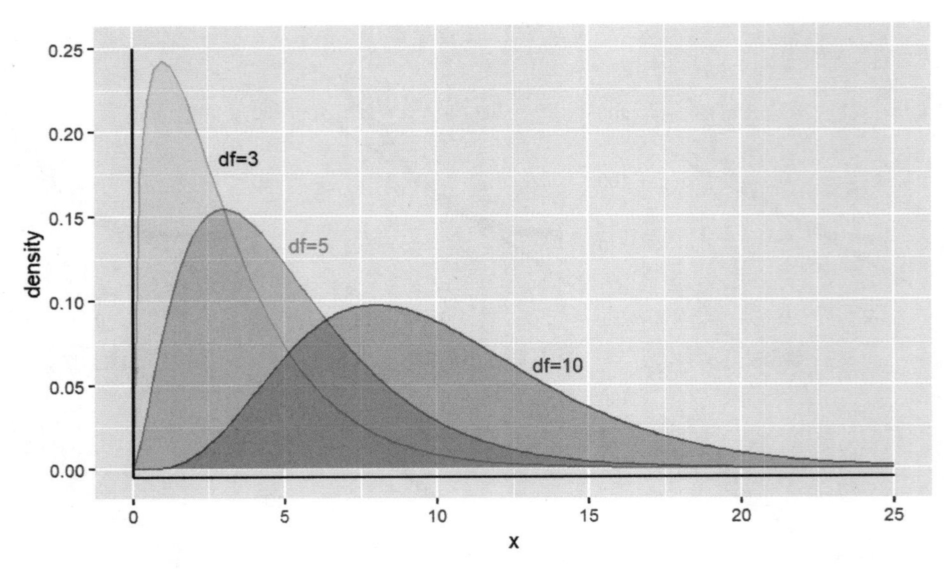

图8-13　对应于不同自由度的χ^2分布

图 8-13 显示，随着自由度的增大，χ^2分布的图像逐渐趋于对称。

在总体方差的估计和非参数检验中都会用到χ^2分布。比如，一个总体方差的估计和检验、两个类别变量的独立性检验等都使用χ^2分布。

χ^2分布的概率即曲线下面积。利用 R 软件中的 dchisq(x,df) 函数可以计算给定 x（χ^2值）和自由度 df 时的密度；利用 pchisq(q,df) 函数可以计算给定分位数 q 和自由度 df 时χ^2分布的累积概率；利用 qchisq(p,df) 函数可以计算给定累积概率 p 和自由度 df 时χ^2分布的分位数；利用 rchisq(n,df) 函数可以产生自由度为 df 时χ^2分布的随机数。

【例 8-3】可视化以下概率和分位数：

（1）自由度为 5，χ^2值小于等于 1.5 的概率。

（2）自由度为 6，χ^2值大于等于 12 的概率。

（3）自由度为 10，χ^2分布累积概率为 0.1 时的分位数。

（4）自由度为 8，χ^2分布累积概率为 0.95 时的分位数。

使用 vistributions 包中的 vdist_chisquare_prob 函数可以绘制出给定分位数时χ^2分布的概率；使用 vdist_chisquare_perc 函数可以绘制出给定概率时的分位数。由上述函数绘制的例 8-3 的图形如图 8-14 所示。

```
# 图8-14的绘制代码
> library(vistributions);library(gridExtra)
> p1<-vdist_chisquare_prob(perc=1.5,df=5,type="lower")+        # 左尾概率P(X<=1.5)
+  ggtitle("(a) 卡方分布：chisq=1.5,df=5")
> p2<-vdist_chisquare_prob(perc=12,df=6,type="upper")+         # 右尾概率P(X>=12)
+  ggtitle("(b) 卡方分布：chisq=12,df=6")
> p3<-vdist_chisquare_perc(probs=0.1,df=10,type="lower")+      # 累积概率为0.1时的分位数
+  ggtitle("(c) 卡方分布：p=0.1,df=10")
```

```
> p4<-vdist_chisquare_perc(probs=0.95,df=8,type="lower")+      # 累积概率为0.95时的分位数
+  ggtitle("(d) 卡方分布：p=0.95,df=8")
> grid.arrange(p1,p2,p3,p4,ncol=2)                              # 组合图形
```

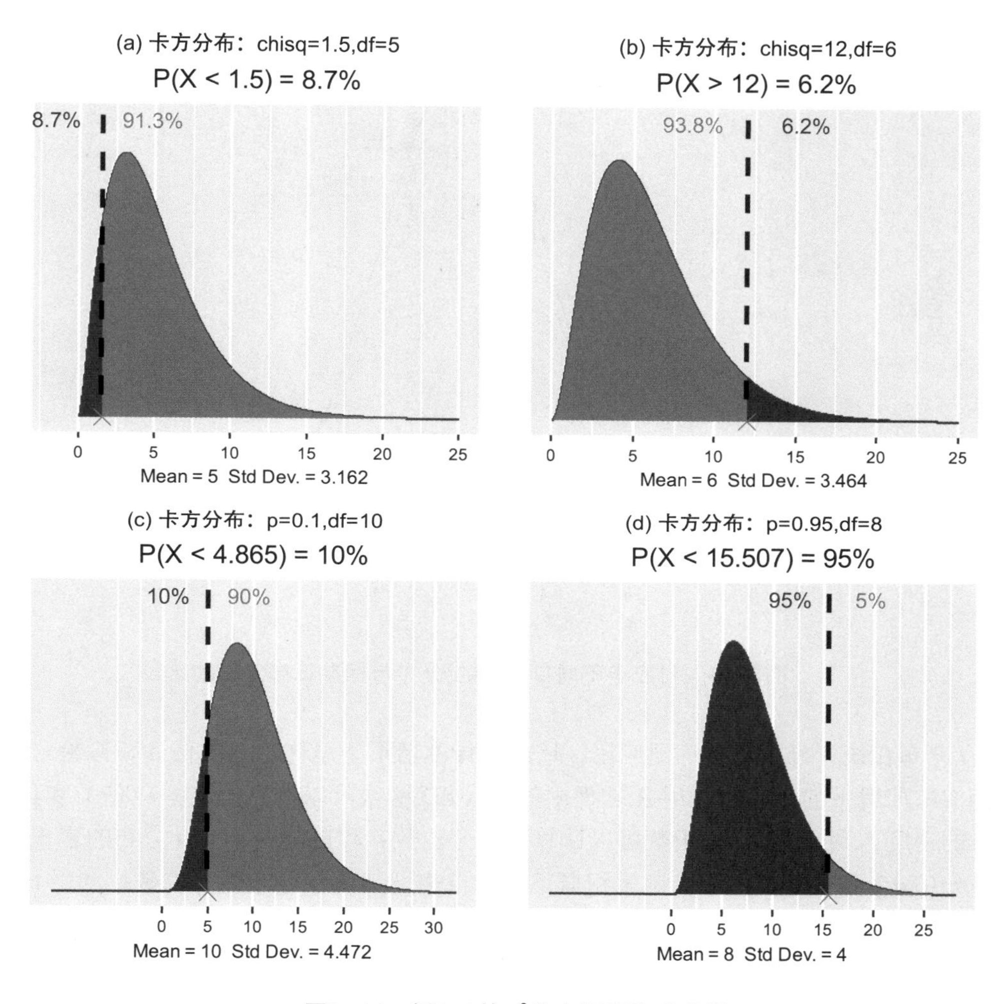

图8-14　例8-3的χ^2分布概率和分位数

图 8-14（a）和图 8-14（b）的上方列出了给定自由度和卡方值时χ^2分布的概率，下方列出了χ^2分布的期望值和标准差；图 8-14（c）和图 8-14（d）的上方列出了给定累积概率时χ^2分布的分位数。

8.3.2　*t* 分布可视化

t 分布（*t*-distribution）也称为学生 *t* 分布（student's distribution）。设随机变量 $Z \sim N(0,1)$，$X \sim \chi^2(n)$，且Z与X独立，则称$T = \dfrac{Z}{\sqrt{X/n}}$服从自由度为 n 的t分布，记为 $T \sim t(n)$。

t分布是一种类似正态分布的对称分布，它通常要比正态分布平坦和分散。一个特定的t分布依赖于称为自由度的参数。随着自由度的增大，t分布逐渐趋于正态分布。对应于不同自由度的t分布曲线与标准正态分布曲线如图 8-15 所示。

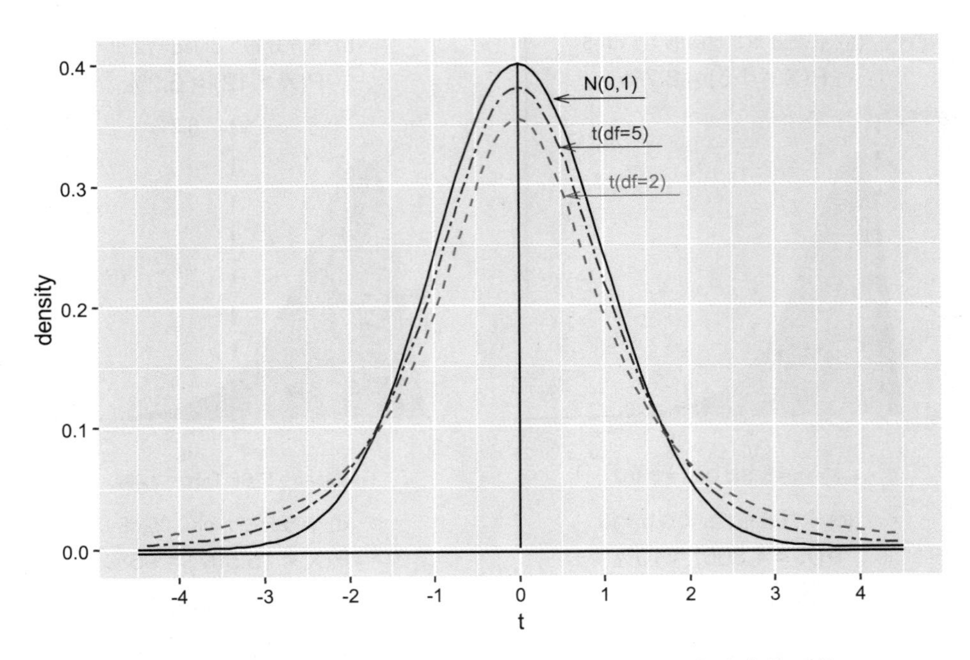

图8-15　对应于不同自由度的t分布与标准正态分布的比较

t 分布在统计推断中有广泛应用，比如小样本情形下总体均值的估计和检验。t 分布的概率即曲线下的面积。利用 R 软件中的 dt(x,df) 函数可以计算给定 x（t 值）和自由度 df 时的密度；利用 pt(q,df) 函数可以计算给定分位数 q 和自由度 df 时 t 分布的累积概率；利用 qt(p,df) 函数可以计算给定累积概率 p 和自由度 df 时 t 分布的分位数；利用 rt(n,df) 函数可以产生自由度为 df 时 t 分布的随机数。

【例 8-4】可视化以下概率和分位数：

（1）自由度为 8，t 值小于等于 −2 的概率。

（2）自由度为 6，t 值大于等于 2.5 的概率。

（3）自由度为 12，t 分布累积概率为 0.025 时的分位数。

（4）自由度为 10，t 分布累积概率为 0.95 时的分位数。

使用 vistributions 包中的 vdist_t_prob 函数可以绘制出给定分位数时 t 分布的概率；使用 vdist_t_perc 函数可以绘制出给定概率时的分位数。由上述函数绘制的例 8-4 的图形如图 8-16 所示。

```
# 图8-16的绘制代码
> library(vistributions);library(gridExtra)
> p1<-vdist_t_prob(perc=-2,df=8,type="lower")+        # 左尾概率P(X<=-2)
+  ggtitle("(a) t分布：t=-2,df=8")
```

```
> p2<-vdist_t_prob(perc=2.5,df=6,type="both")+         # 左尾和右尾概率P(|X|>=2.5)
+  ggtitle("(b) t分布：t=2.5,df=6")
> p3<-vdist_t_perc(probs=0.025,df=12,type="lower")+ # 累积概率为0.025时的分位数
+  ggtitle("(c) t分布：p=0.025,df=12")
> p4<-vdist_t_perc(probs=0.95,df=10,type="both")+     # 累积概率为0.95时的分位数
+  ggtitle("(d) t分布：p=0.95,df=10")
> grid.arrange(p1,p2,p3,p4,ncol=2)                     # 组合图形
```

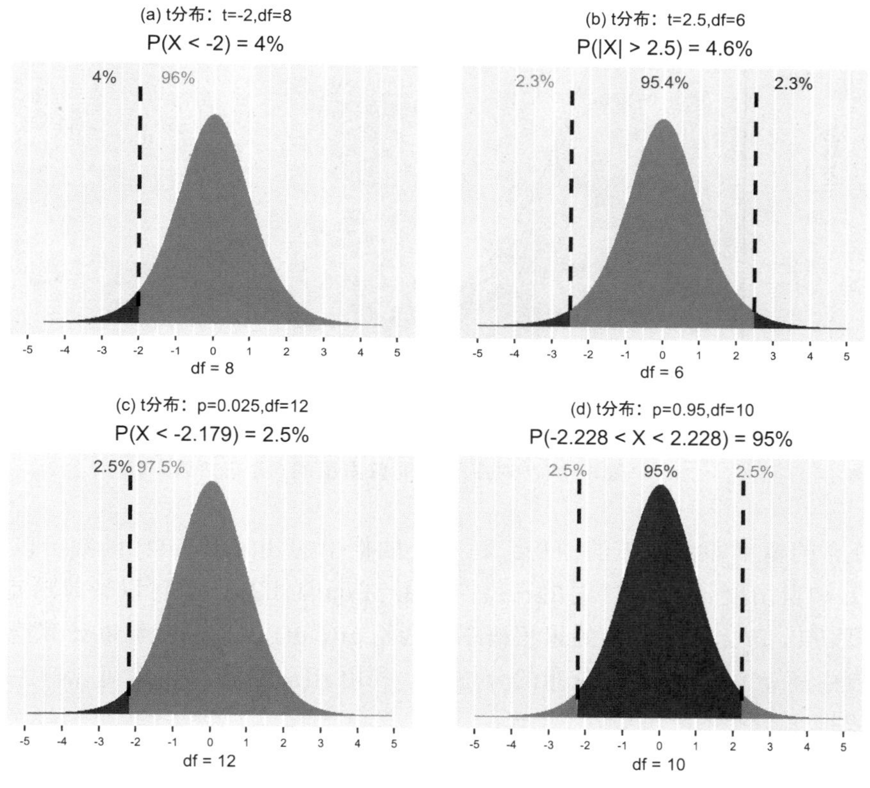

图8-16　例8-4的*t*分布概率和分位数

图 8-16（a）和图 8-16（b）的上方列出了给定自由度和 *t* 值时 *t* 分布的概率，下方列出了 *t* 分布的自由度；图 8-16（c）和图 8-16（d）的上方列出了给出累积概率时 *t* 分布的分位数。

使用 sjPlot 包中的 dist_t 函数可以绘制出给定自由度和右尾概率时 *t* 分布的分位数，以及给定自由度和分位数时 *t* 分布的右尾概率。限于篇幅，这里不再举例。

8.3.3　*F* 分布可视化

F 分布（F-distribution）是为纪念著名统计学家罗纳德·费希尔（R.A.Fisher），以其姓氏的第一个字母命名的。它是两个χ^2分布变量的比。设$U \sim \chi^2(n_1)$，$V \sim \chi^2(n_2)$，且 U

和 V 相互独立，则$F=\dfrac{U/n_1}{V/n_2}$服从自由度为 n_1 和 n_2 的 F 分布，记为$F \sim F(n_1,n_2)$。F 分布主要用于比较不同总体的方差是否有显著差异。

F 分布的图像与χ^2分布类似，其形状取决于两个自由度。对应于不同自由度的 F 分布曲线如图 8-17 所示。

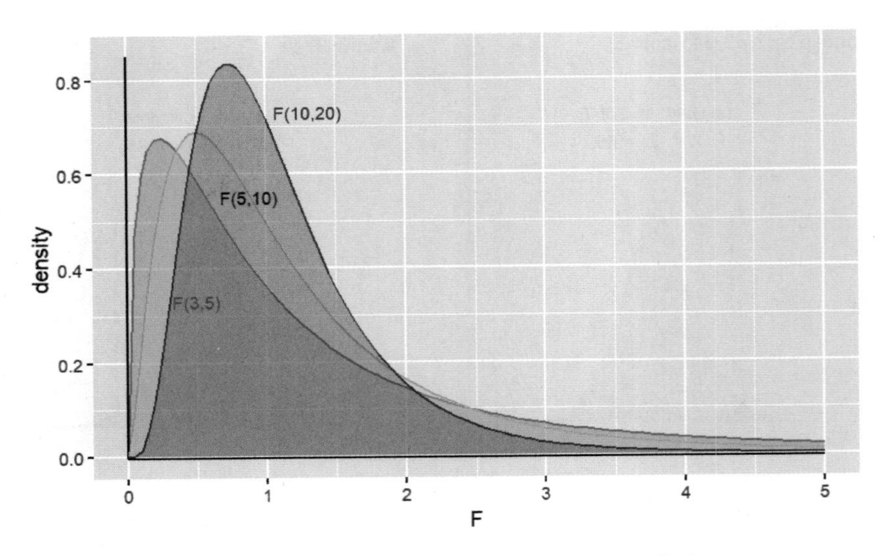

图8-17　对应于不同自由度的F分布曲线

F 分布的概率即曲线下的面积。利用 R 软件中的 df(x,df1,df2) 函数可以计算给定 x（F 值）和自由度 $df1$、$df2$ 时的密度；利用 pf(q,df1,df2) 函数可以计算给定分位数 q 和自由度 $df1$、$df2$ 时 F 分布的累积概率；利用 qf(p,df1,df2) 函数可以计算给定累积概率 p 和自由度 $df1$、$df2$ 时 F 分布的分位数；利用 rf(n,df1,df2) 函数可以产生自由度为 $df1$、$df2$ 时 F 分布的随机数。

【例 8-5】可视化以下概率和分位数：

（1）分子自由度为 10，分母自由度为 45，F 值小于等于 0.5 的概率。

（2）分子自由度为 5，分母自由度为 30，F 值大于等于 3 的概率。

（3）分子自由度为 5，分母自由度为 30，累积概率为 0.025 时的 F 值。

（4）分子自由度为 5，分母自由度为 30，右尾概率为 0.05 时的 F 值。

使用 vistributions 包中的 vdist_f_prob 函数可以绘制出给定分位数时 F 分布的概率；使用 vdist_f_perc 函数可以绘制出给定概率时的分位数。由上述函数绘制的例 8-5 的图形如图 8-18 所示。

```
# 图8-18的绘制代码
> library(vistributions);library(gridExtra)
> p1<-vdist_f_prob(perc=0.5,num_df=10,den_df=45,type="lower")+        # 左尾概率P(X<=0.5)
+  ggtitle("(a) F分布：f=0.5,df1=10,df2=45")
> p2<-vdist_f_prob(perc=3,num_df=5,den_df=30,type="upper")+           # 右尾概率P(X>=3)
```

```
+ ggtitle("(b) F分布： f=3,df1=5,df2=30")
> p3<-vdist_f_perc(probs=0.025,num_df=5,den_df=30,type="lower")+   # 累积概率为0.025时的分位数
+ ggtitle("(c) F分布： p=0.025,df1=5,df2=30")
> p4<-vdist_f_perc(probs=0.05,num_d=5,den_df=30,type="upper")+ # 右尾概率为0.05时的分位数
+ ggtitle("(d) F分布： p=0.05,df1=5,df2=30")
> grid.arrange(p1,p2,p3,p4,ncol=2)                                  # 组合图形
```

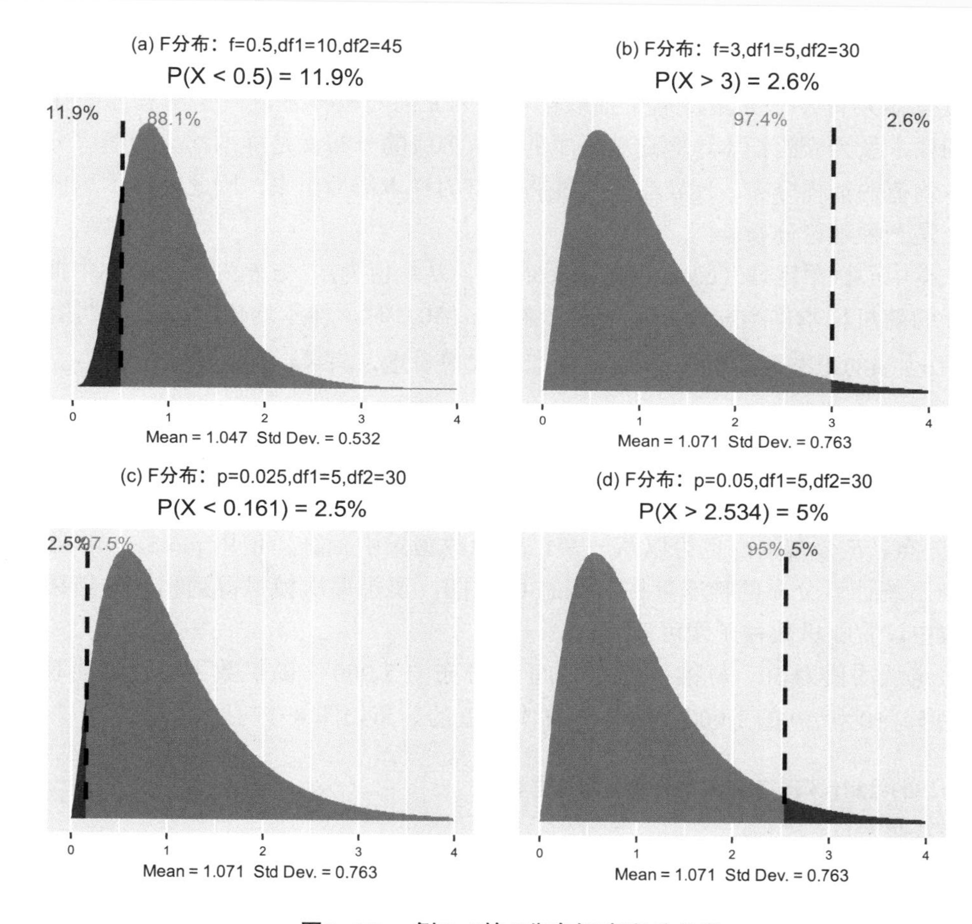

图8-18　例8-5的*F*分布概率和分位数

图 8-18（a）和图 8-18（b）的上方列出了给定自由度和 F 值时 F 分布的概率，下方列出了 F 分布的期望值和标准差；图 8-18（c）和图 8-18（d）的上方列出了给定累积概率时 F 分布的分位数。

8.4　抽样分布可视化

经典统计推断通常是用样本统计量推断总体的相应参数。比如，用样本均值推断总体均值、用样本方差推断总体方差、用样本相关系数推断总体相关系数等。统计量是描

述样本特征的一个函数。统计量的取值会因样本不同而变化，因此样本统计量是一个随机变量。

样本统计量的分布称为**抽样分布**（sampling distribution），它实际上就是样本统计量的概率分布。统计量的抽样分布是经典统计中推断的理论依据。本节主要使用 R 函数来模拟样本统计量的抽样分布。

8.4.1 均值分布可视化

设总体共有 N 个元素，从中抽取样本量为 n 的随机样本，假定从总体中抽出所有可能的样本量为 n 的样本，则这些样本的均值形成的分布就是样本均值的概率分布，或称样本均值的抽样分布。现实中不可能将所有的样本都抽出来，因此，样本均值的分布实际上是一种理论分布。

依据**中心极限定理**（central limit theorem），从均值为μ、方差为σ^2的总体中抽取样本量为 n 的随机样本，当 n 充分大（通常要求$n \geqslant 30$）时，样本均值近似服从期望值为μ、方差为σ^2/n的正态分布，即$\bar{x} \sim N(\mu, \sigma^2/n)$。等价地，有$\dfrac{\bar{x}-\mu}{\sigma/\sqrt{n}} \sim N(0,1)$。

使用 DAAG 包中的 simulateSampDist 函数、sampdist 函数等，均可以模拟指定统计量的抽样分布。该函数默认的抽样总体为标准正态分布，使用者可以指定从任意总体中抽样。比如，从已知分布的总体中抽样，如一般正态分布、均匀分布、指数分布、χ^2分布、t 分布、F 分布等，也可以从一个已知的数据集中抽样。使用 plotSampDist 函数可以绘制出统计量分布的核密度图和正态 Q-Q 图。要想每次模拟得到相同的结果，在绘图参数中设置随机数种子即可。

假定从均值为 50、标准差为 10 的正态分布的 5 000 个随机数中，随机抽取样本量分别为 5、10 和 50 的 1 000 个样本，样本均值的分布如图 8-19 所示。

```
# 图8-19的绘制代码（来自正态分布总体的样本）
> library(DAAG)
> s_mean<-simulateSampDist(rpop=rnorm(5000,mean=50,sd=10),
              # 抽样总体：均值=50、标准差=10的正态分布的5000个随机数
+  numsamp=1000,                              # 抽取的样本数为1000个
+  numINsamp=c(5,10,50),                      # 样本量分别为5,10,50
+  FUN=mean)                                  # 计算样本均值
> par(pty="s")                                # 生成一个方形绘图区域
> plotSampDist(s_mean,graph=c("density","qq"), # 画出密度图和Q-Q图
+  cex=0.7,                                   # 设置字体大小
+  popsample=TRUE)                            # 显示产生随机样本的抽样总体的分布
```

图 8-19 分别绘制出了总体分布（size1）和不同样本量的样本均值分布的核密度图和正态 Q-Q 图。图形显示，对于来自正态总体的随机样本，无论样本量大小，样本均值的分布均近似正态分布。

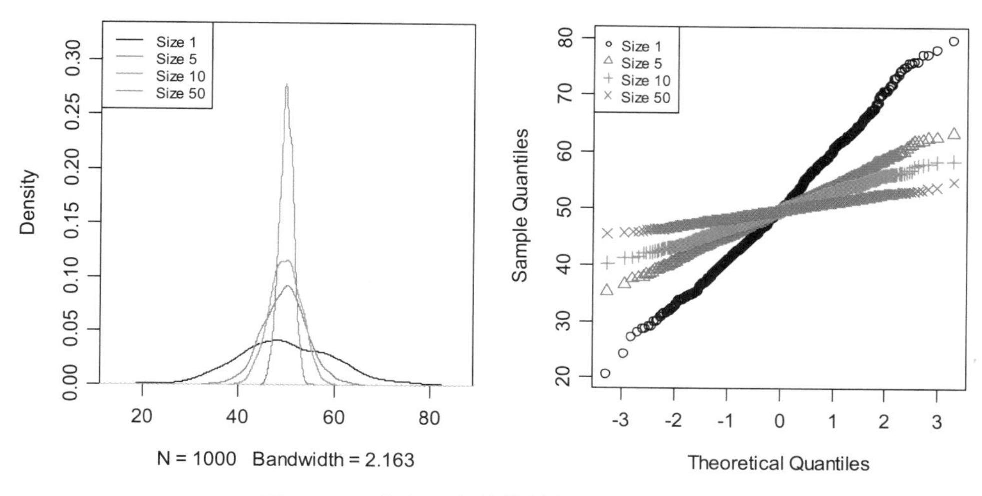

图8-19　来自正态总体的样本均值的抽样分布

图 8-20 是来自χ^2分布的不同样本量的 1 000 个样本均值的抽样分布。

```
# 图8-20的绘制代码（来自卡方分布总体的样本）
> library(DAAG)
> s_mean<-simulateSampDist(rpop=rchisq(10000,df=10),
              # 抽样总体：自由度等于10的卡方分布的10000个随机数
+  numsamp=1000,numINsamp=c(5,10,30),FUN=mean)
> par(pty="s")
> plotSampDist(s_mean,graph=c("density","qq"),cex=0.7,popsample=TRUE)
```

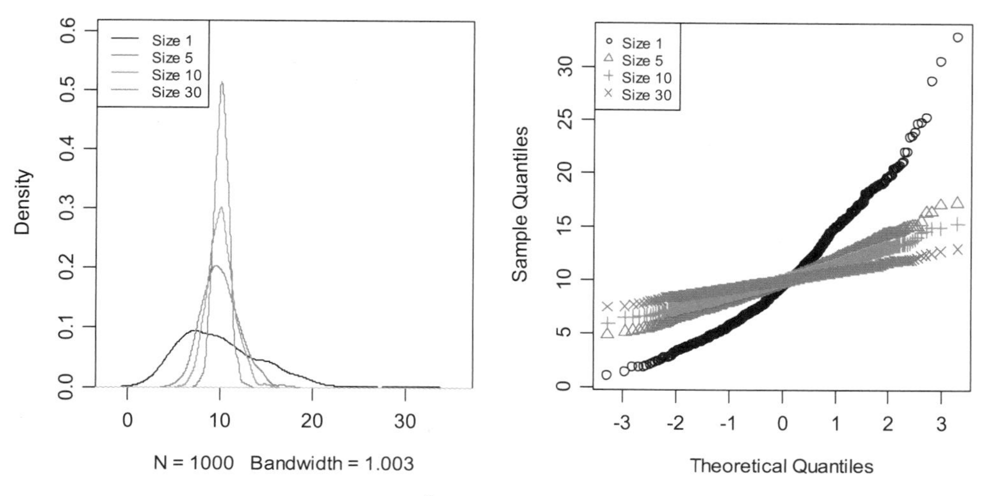

图8-20　来自χ^2分布总体的样本均值的抽样分布

图 8-20 显示，虽然总体服从χ^2分布，但样本均值的分布随着样本量的增大逐渐趋于正态分布。

抽样总体也可以是任何一个实际数据集。比如，以例 4-1 中的 AQI 数据为例，从全年 365 天的 AQI 数据中，随机抽取样本量分别为 5、10 和 50 的各 300 个样本，得到的样本均值的抽样分布如图 8-21 所示。

```
# 图8-21的绘制代码（数据：data4_1）
> library(DAAG)
> data4_1<-read.csv("C:/mydata/chap04/data4_1.csv",fileEncoding ="GBK")
> s_mean<-simulateSampDist(rpop=data4_1$AQI,       # 抽样总体：例4-1中AQI的365个观测值
+  numsamp=300,                                    # 抽取的样本数为300个
+  numINsamp=c(5,10,50),                           # 样本量分别为5,10,50
+  FUN=mean)                                       # 计算样本均值
> par(pty="s")
> plotSampDist(s_mean,graph=c("density","qq"),cex=0.7,popsample=TRUE)
```

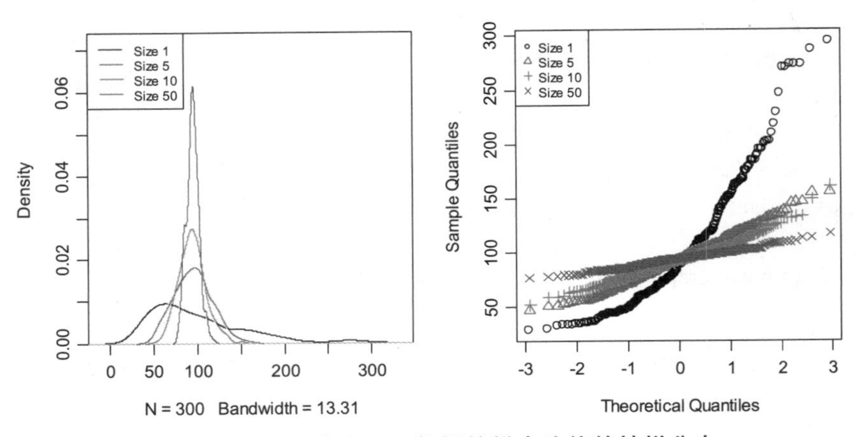

图8-21　来自AQI数据的样本均值的抽样分布

图 8-21 的原始数据显示，AQI 呈明显的右偏分布（size1），但样本均值的分布随着样本量的增大逐渐趋于正态分布。

8.4.2　方差分布可视化

样本方差s^2是估计总体方差的统计量。统计证明，对于来自正态总体的简单随机样本，比值$(n-1)s^2/\sigma^2$服从自由度为$(n-1)$的χ^2分布，即$((n-1)s^2/\sigma^2)\sim\chi^2(n-1)$。

使用 DAAG 包中的 simulateSampDist 函数可以模拟指定统计量的抽样分布。使用 plotSampDist 函数可以绘制出样本方差分布的核密度图和正态 Q-Q 图。假定从均值为 0、标准差为 1 的标准正态总体中，随机抽取样本量分别为 5、10 和 30 的 1 000 个样本，样本方差的分布如图 8-22 所示。

```
# 图8-22的绘制代码
> library(DAAG)
> s_var<-simulateSampDist(numsamp=1000,          # 从标准正态分布(默认)中抽取1000个样本
+  numINsamp=c(5,10,30),                         # 样本量分别为5,10,30
+  FUN=var)                                      # 计算样本方差
> par(pty="s")
> plotSampDist(s_var,graph=c("density","qq"),cex=0.7, popsample=FALSE)
```

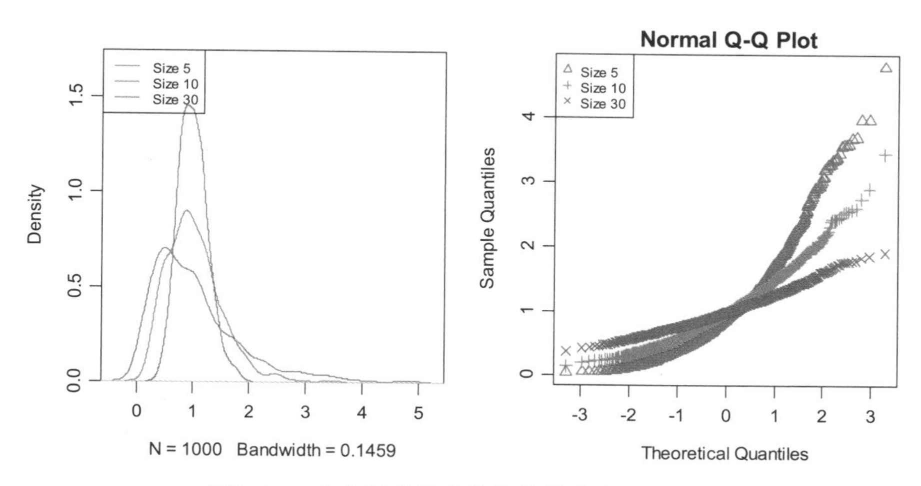

图8-22　来自标准正态总体的样本方差的抽样分布

图 8-22 显示，随着样本量的增大，样本方差的分布逐渐趋于对称。

8.4.3　比例分布可视化

比例（proportion）是指总体（或样本）中具有某种属性的个体与全部个体之和的比值。例如，一个班级的学生按性别分为男、女两类，男生人数与全班总人数之比就是比例，女生人数与全班总人数之比也是比例。再如，产品可分为合格品与不合格品，合格品（或不合格品）与全部产品总数之比就是比例。

设总体有 N 个元素，具有某种属性的元素个数为 N_0，具有另一种属性的元素个数为 N_1，总体比例用 π 表示，则有$\pi = N_0 / N$或$N_1 / N = 1-\pi$。相应地，样本比例用 p 表示，同样有$p = n_0 / n$，$n_1 / n = 1-p$。

从一个总体中重复选取样本量为 n 的样本，由样本比例的所有可能取值形成的分布就是样本比例的概率分布。统计证明，当样本量很大（通常要求$np \geqslant 10$和$n(1-p) \geqslant 10$）时，样本比例的分布可用正态分布近似，p 的期望值$E(p)=\pi$，方差为$\sigma_p^2 = \dfrac{\pi(1-\pi)}{n}$，即$p \sim N\left(\pi, \dfrac{\pi(1-\pi)}{n}\right)$，等价地有$\dfrac{p-\pi}{\sqrt{\pi(1-\pi)/n}} \sim N(0,1)$。

设总体比例$\pi = 0.2$，从该总体中随机抽取样本量分别为50、100、500、1 000的样本各5 000个，模拟的样本比例的分布如图8-23所示。

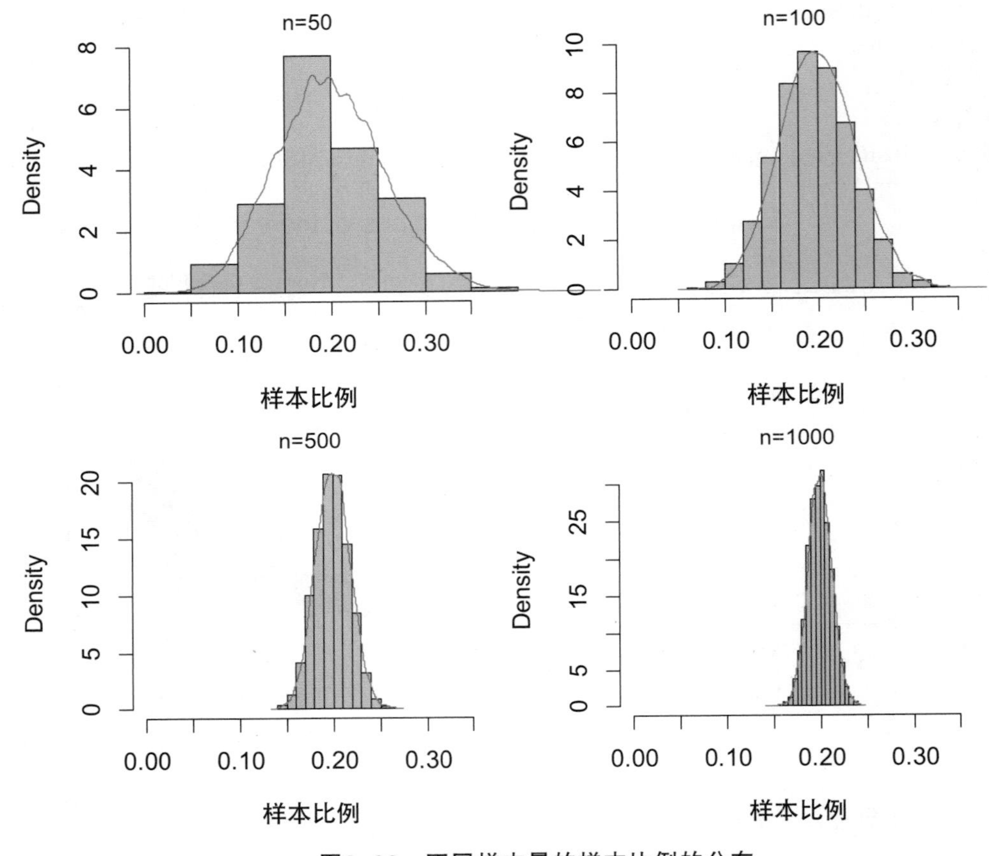

图8-23　不同样本量的样本比例的分布

图8-23显示，随着样本量的增大，样本比例逐渐趋于正态分布，而且分布越来越集中。

习题

8.1　某种产品的次品率为5%。在该产品中有放回地随机抽取20件，可视化以下概率。

（1）恰好有3件次品的概率。

（2）有3件及以下次品的概率。

（3）有3件及以上次品的概率。

8.2　根据第5章例5-1的数据（data5_1.csv），绘制出每股收益的正态Q-Q图。

8.3　可视化以下概率和分位数。

（1）$X \sim N(100,10^2)$，$P(X \leqslant 80)$。

（2）$Z \sim N(0,1)$，$P(|Z| \leqslant 1.5)$。

（3） $Z \sim N(0,1)$，$p = 0.99$，双侧分位数。

8.4　可视化以下概率和分位数。

（1） 自由度为 8，χ^2值大于 15 的概率。

（2） 自由度为 10，t 分布概率为 0.05 时的右侧分位数。

（3） 分子自由度为 10，分母自由度为 8，F 分布概率为 0.05 时的右侧分位数。

第 9 章 其他可视化图形

Chapter 9

前几章介绍了经典统计分析中常见的图形。本章作为前几章内容的补充，介绍几种特殊的可视化图形，包括和弦图、桑基图、沃罗诺伊图、词云图等。这些图形不仅具有炫酷的视觉效果，而且可以用于特定的数据分析。本章最后介绍图表组合以及为图形添加背景图片的方法。

9.1 和弦图

如果有两个或两个以上的类别变量及其对应的数值向量，要分析不同类别之间的数据流向和流量，则可以用和弦图、桑基图等进行展示。

和弦图（chord diagram）是展示矩阵、数据框或二维列联表中各组别数据间相互关系的图形，它是用圆形来表达数据流量的分布结构，也可用于不同组别之间的关系或相似性比较。和弦图的节点数据（组别或类别）沿圆周径向排列，节点之间使用不同宽度的弧线连接。和弦图与后面介绍的桑基图表达的信息差不多，但图形看起来比桑基图更炫酷。当组别较多时，各组别之间的数据连线显得过于混乱，不易识别和分析。

使用 circlize 包中的 chordDiagram 函数、DescTools 包中的 PlotCirc 函数等均可以绘制和弦图，函数的绘图数据可以是矩阵、二维列联表，也可以是数据框。以例 3-2 为例，由 circlize 包中的 chordDiagram 函数绘制的和弦图如图 9-1 所示。

```
# 图9-1的绘制代码（数据：data3_2）
> library(circlize)
> data3_2<-read.csv("C:/mydata/chap03/data3_2.csv")
> mat<-as.matrix(data3_2[,2:5]);rownames(mat)=data3_2[,1] # 将data3_2转换成矩阵
> set.seed(1)
> chordDiagram(mat,
+  grid.col=mat[,1],              # 设置对应于矩阵行或列（扇区）的网格颜色
+  grid.border="red",             # 设置外围圆弧边框的颜色
+  transparency=0.6,              # 设置网格颜色的透明度
+  small.gap=1,                   # 设置扇形之间的小类间隔
+  link.border="grey")            # 设置网格边框的颜色
>  circos.clear()                 # 结束绘图
```

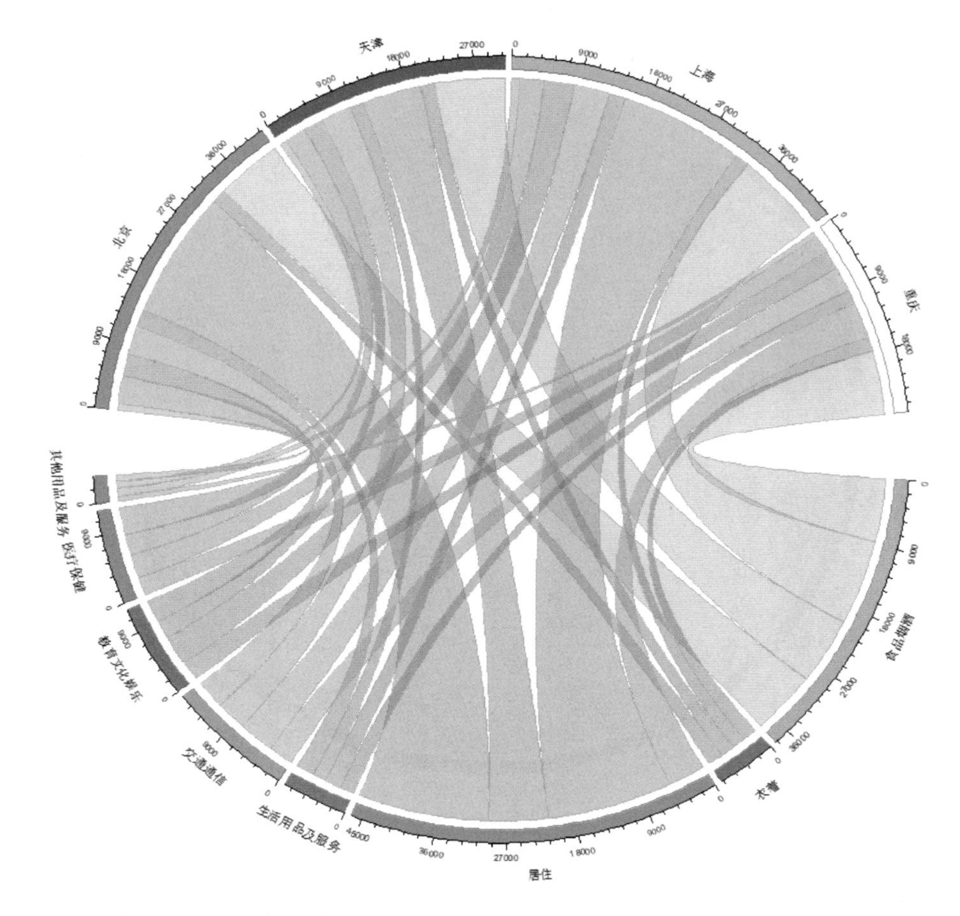

图9-1　2020年北京、天津、上海和重庆城镇居民人均消费支出的和弦图

图 9-1 中外环的大小与各类别数据的大小成比例，内部不同颜色连接的弧线表示数据关系流向，线的粗细表示数据流量的大小或关系强度。从外环看，在各项消费支出中，居住支出最多，食品烟酒支出其次，其他用品及服务支出最少；在 4 个地区中，上海和北京的支出总额差不多，重庆的各项支出总额最少。从 4 个地区各项支出的流向看，北京和上海的居住支出最多，其他用品及服务、衣着的支出则相对较少；天津的食品烟酒支出最多，其次是居住支出，其他用品和服务的支出最少；重庆的食品烟酒支出最多，其他用品和服务的支出最少，其他各项支出相差不大。

和弦图也可以用于展示类别数据的二维列联表。以例 3-1 的数据为例，由 circlize 包中的 chordDiagram 函数绘制的和弦图如图 9-2 所示。

```
# 图9-2的绘制代码（数据：data3_1）
> library(circlize)
> data3_1<-read.csv("C:/mydata/chap03/data3_1.csv")
> tab<-table(data3_1$满意度,data3_1$性别)  # 生成满意度与性别的二维表
> set.seed(23)
> chordDiagram(tab,grid.border="yellow2",transparency=0.8,small.gap=1,link.border="grey50")
```

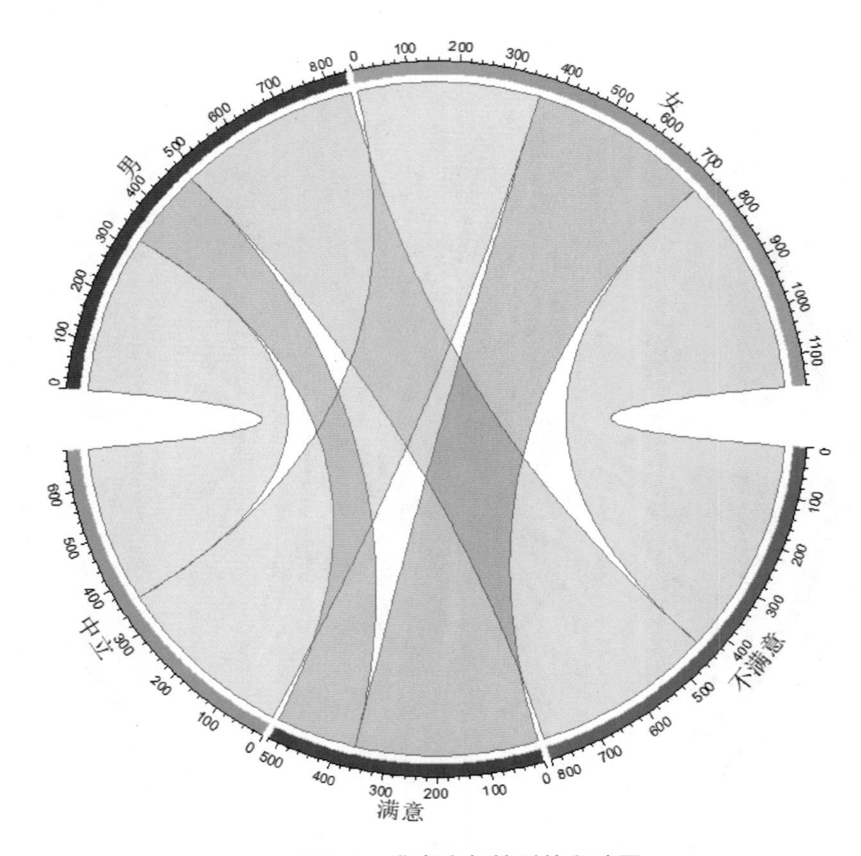

图9-2　满意度与性别的和弦图

图 9-2 展示了性别与满意度之间的人数流向及其关系。

使用 DescTools 包中的 PlotCirc 函数也可以绘制上述和弦图。仍然以例 3-1 为例，由 PlotCirc 函数绘制的性别与满意度、网购原因与满意度的和弦图如图 9-3 所示。

```
# 图9-3的绘制代码（数据：data3_1）
> library(DescTools) ;library(dplyr)
> df<-read.csv("C:/mydata/chap03/data3_1.csv")
> tab1<-df%>%select(性别,满意度)%>%table()         # 生成性别与满意度的二维表
> tab2<-df%>%select(网购原因,满意度)%>%table()     # 生成网购原因与满意度的二维表

> par(mfrow=c(1,2),mai=c(.2,.2,.3,.1),cex.main=0.9,font.main=1)
> PlotCirc(tab1,main="(a) 性别与满意度",
+   cex.lab=0.8,                                  # 设置标签字体大小
+   las=1,                                        # 设置坐标轴风格
+   dist=1.5,                                     # 设置标签与图的距离
+   acol=RColorBrewer::brewer.pal(3,"Set1"),      # 设置外围环形的颜色
+   aborder="black",                              # 设置外围环形边框的颜色
+   rcol=SetAlpha(c("red","green","blue"),0.3))   # 设置色带的颜色和透明度
> PlotCirc(tab2,cex.lab=0.8,main="(b) 网购原因与满意度")
```

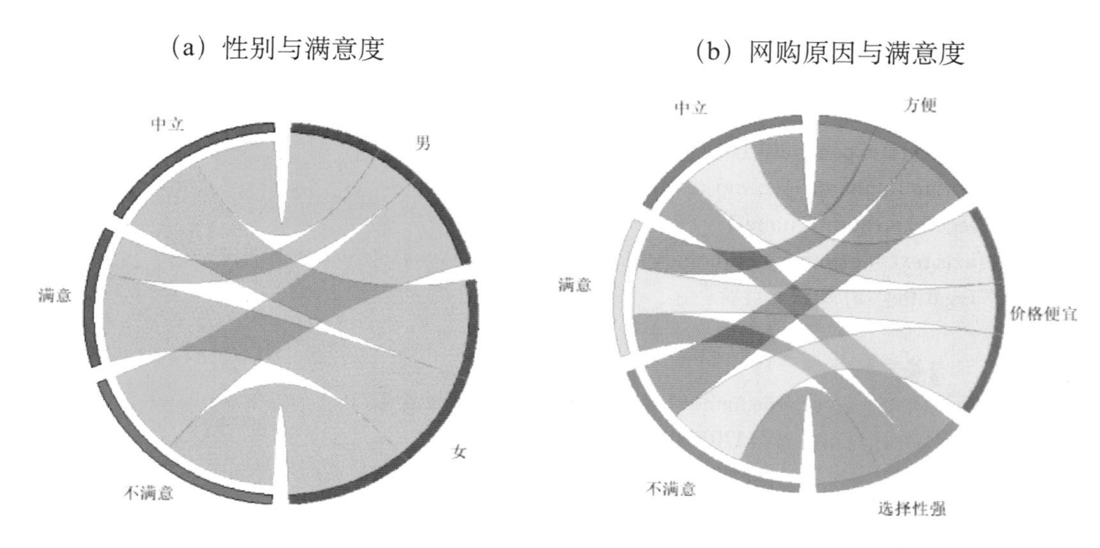

图9-3 性别与满意度、网购原因与满意度的和弦图

9.2 桑基图

桑基图（Sankey diagram）也称桑基能量平衡图，是一种特定类型的流程图。图中延伸的分支的宽度对应数据流量的大小。桑基图通常应用于能源、材料成分、金融等数据的可视化分析。因1898年马修·亨利·菲尼亚斯·里亚尔·桑基（Matthew Henry Phineas Riall Sankey）绘制的蒸汽机的能源效率图而闻名，此后便以其名字命名为桑基图。

桑基图可用于展示不同分类维度之间的相关性。比如，分析4种不同品牌的空调在5个地区的销售量，这里的空调品牌是一个维度，销售地区是另一个维度，用桑基图可以展示空调品牌与销售地区之间的关联性。每个品牌的销售量与该品牌在5个地区的销售量总和相等，这就是所谓的能量守恒。因此，桑基图的起点数据量与终点数据量总是相等的，即所有主支宽度的总和与所有分支宽度的总和相等，无论数据如何流动，都不可能产生新的数据。

使用riverplot包中的同名函数riverplot、networkD3包中的sankeyNetwork函数以及ggplot2包均可以绘制桑基图。比如，根据例3-2的数据，由ggplot2包绘制的2020年北京、天津、上海和重庆的城镇居民人均消费支出的桑基图如图9-4所示。

```
# 图9-4的绘制代码（数据：data3_2）
> library(ggplot2);library(reshape2)
> library(ggalluvial)                    # 为使用alluvium函数
> library(ggforce)                       # 为使用gather_set_data函数

# 构建绘制桑基图的数据
> data3_2<-read.csv("C:/mydata/chap03/data3_2.csv")
> df<-reshape2::melt(data3_2,variable.name="地区",value.name="支出金额")
> data1<-gather_set_data(df,1:2)      # 生成绘制桑基图的数据
```

```
#图（a）默认类别顺序
> p1<-ggplot(data1,aes(x=x,y=支出金额,stratum=y,alluvium=id,fill=y,label=y))+
+  scale_x_discrete(expand=c(0.1, 0.1))+geom_flow()+
+  geom_stratum(alpha=0.5)+geom_text(stat="stratum", size=2.5)+
+  theme(legend.position="none")+
+  theme(axis.text.y=element_text(angle=90,hjust=1,vjust=1))+ #调整y轴标签角度
+  xlab("")+ggtitle("(a) 默认类别顺序")

#图（b）调整类别顺序
> d.long<-melt(data3_2,variable.name="地区",value.name="支出金额")
> f<-factor(data3_2[,1],ordered=TRUE,levels=data3_2[,1])
> df<-data.frame(支出项目=f,d.long[,2:3])                    #构建新的有序因子数据框
> data2<-gather_set_data(df,1:2)
> p2<-ggplot(data2,aes(x=x,y=支出金额,stratum=y, alluvium=id,fill=y,label=y))+
+  scale_x_discrete(expand = c(0.1, 0.1))+
+  geom_flow()+geom_stratum(alpha=0.5)+geom_text(stat="stratum", size=2.5)+
+  theme(legend.position = "none")+
+  theme(axis.text.y=element_text(angle=90,hjust=1,vjust=1))+
+  xlab("")+ggtitle("(b) 调整类别顺序")

> gridExtra::grid.arrange(p1,p2,ncol=2)                       #按2列组合图形p1和p2
```

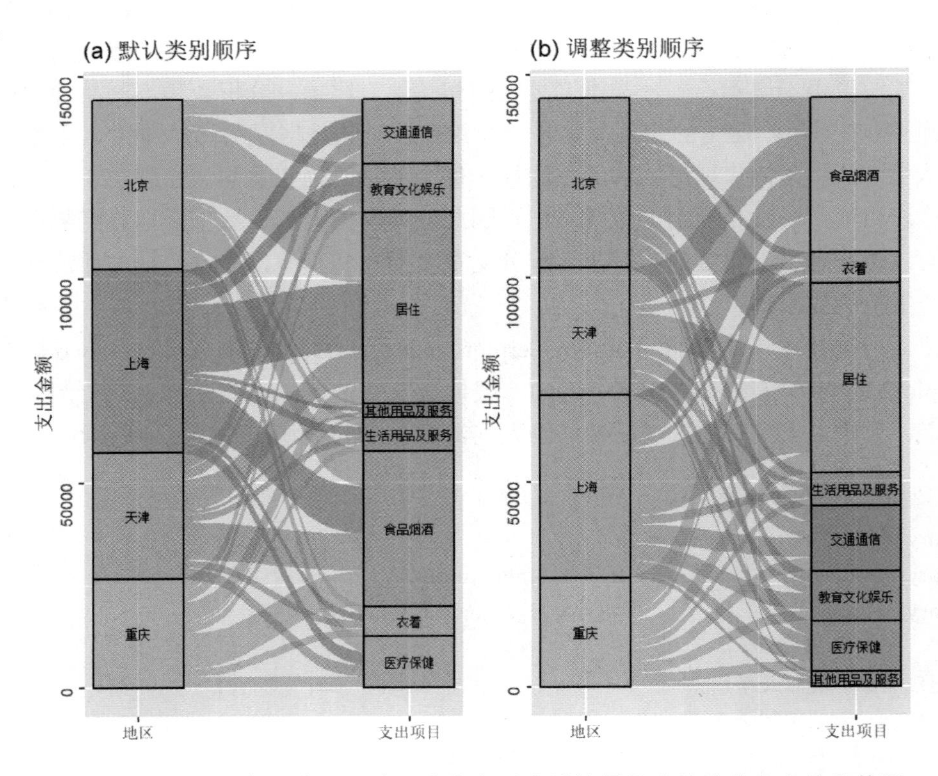

图9-4　2020年北京、天津、上海和重庆城镇居民人均消费支出的桑基图

图 9-4（a）是默认绘制的桑基图，图中没有对支出项目排序，函数按支出项目名称的拼音字母顺序排序。图 9-4（b）将支出项目转换为有序因子，以使图形中各支出项目的顺序与原始数据框的支出项目保持一致。图 9-4 左侧每个地区对应的矩形大小与该地区的总消费支出成正比，右侧每个消费项目对应的矩形大小与各项消费支出成正比，而且左侧每个地区的总支出额与分流到右侧的 8 个消费项目的支出额相等，左侧 4 个地区的总支出额与右侧 8 个消费项目的总支出额相等，这就是所谓的流量平衡。

图 9-4 展示了 4 个地区消费支出的流向。图形显示，在 4 个地区中，上海的消费支出总额最多，其次是北京，重庆最少。在 8 个消费项目中，居住支出最多，其次是食品烟酒支出，其他用品及服务支出最少。此外，北京和上海的居住支出最多，其次是食品烟酒支出，其他用品及服务支出最少；天津的食品烟酒支出最多，其次是居住支出，其他用品及服务支出最少；重庆的食品烟酒支出最多，居住、交通通信和教育文化娱乐的支出相差不大，其他用品及服务支出最少。

图 9-4 绘制的桑基图包含地区和支出项目两个因子及其对应的支出（数值向量）。当有 3 个或以上因子对应一个数值向量时，可以用桑基图反映数值向量在 3 个或以上因子间的流向。以第 3 章的例 3-1 为例，根据性别、网购原因和满意度 3 个因子绘制的桑基图如图 9-5 所示。

```
# 图9-5的绘制代码（数据：data3_1）
> library(ggalluvial) ;library(ggforce);library(ggplot2); library(dplyr)

# 构建绘制桑基图的数据格式
> data3_1<-read.csv("C:/mydata/chap03/data3_1.csv")
> df<-data3_1%>%table()%>%reshape2::melt()                # 生成频数分布表并融合数据
> data3<-gather_set_data(df,1:3)

# 图（a）调整类别轴项目顺序
> p1<-ggplot(data3,aes(x=x,y=value,
+   stratum=y, alluvium=id,fill=y,label=y)) +
+   scale_x_discrete(limits = c("性别","网购原因","满意度"))+     # 调整类别轴项目顺序
+   geom_flow() +
+   geom_stratum(alpha=0.5) +
+   geom_text(stat="stratum",angle=90,size=3)+               # 设置标签旋转角度和字体大小
+   theme(legend.position="none") +
+   xlab("类别项目")+ylab("人数")+ggtitle("(a) 调整类别轴项目顺序")

# 图（b）默认类别轴项目顺序
> p2<-ggplot(data3,aes(x=x,y=value,stratum=y, alluvium=id,fill=y,label=y))+
+   geom_flow()+geom_stratum(alpha=0.5) +
+   geom_text(stat="stratum",angle=90,size=3)+theme(legend.position="none") +
+   xlab("类别项目")+ylab("人数")+ggtitle("(b) 默认类别轴项目顺序")

> gridExtra::grid.arrange(p1,p2,ncol=2)                    # 按2列组合图形p1和p2
```

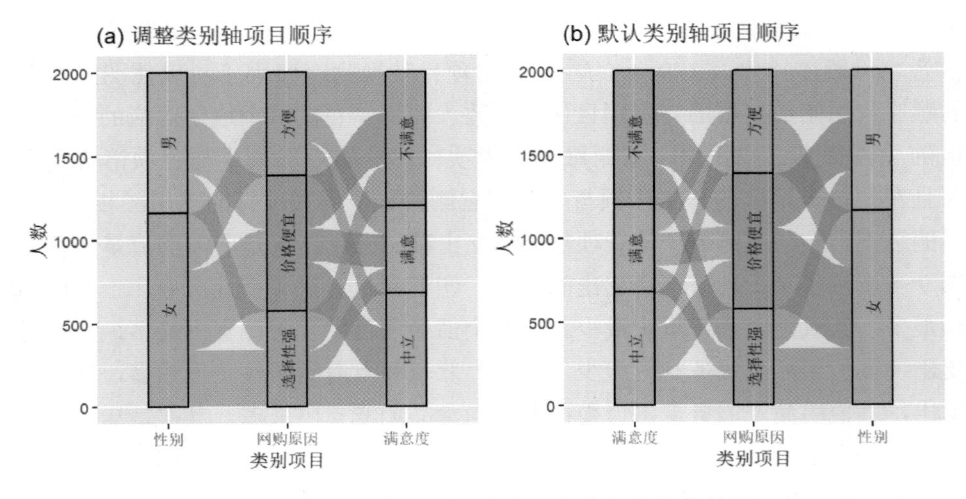

图9-5　性别、网购原因和满意度的桑基图

图 9-5（a）调整了类别轴项目（变量）的顺序，这是为了与数据框中原始类别变量的顺序一致，实际应用中可根据需要调整。图 9-5（b）是默认绘制的，类别轴项目是按项目名称的拼音字母顺序排列的。

使用 networkD3 包中的 sankeyNetwork 函数可以绘制动态交互桑基图，以例 3-2 为例，绘制的桑基图如图 9-6 所示。

```
# 图9-6的绘制代码（数据：data3_2）
> library(tidyverse);library(networkD3)

# 处理数据
> data3_2<-read.csv("C:/mydata/chap03/data3_2.csv")
> df<-reshape2::melt(data3_2,variable.name="地区",value.name="支出金额")
> colnames(df)<-c("target","source","value")                    # 重新命名列名

> nodes<-data.frame(name=c(as.character(df$source),
+   as.character(df$target))%>% unique())                       # 制作节点
> df$IDsource=match(df$source,nodes$name)-1
> df$IDtarget=match(df$target,nodes$name)-1
> ColourScal='d3.scaleOrdinal() .range(["#66C2A5","#FC8D62","#8DA0CB",
+   "#E78AC3","#A6D854","#FFD92F","#E5C494","#B3B3B3"])' # 设置颜色向量

# 绘制桑基图
> sankeyNetwork(Links=df, Nodes = nodes,
+                  Source="IDsource", Target="IDtarget",
+                  Value="value", NodeID="name",
+                  sinksRight=FALSE, colourScale=ColourScal, nodeWidth=30,
+                  fontSize=13, nodePadding=20)
```

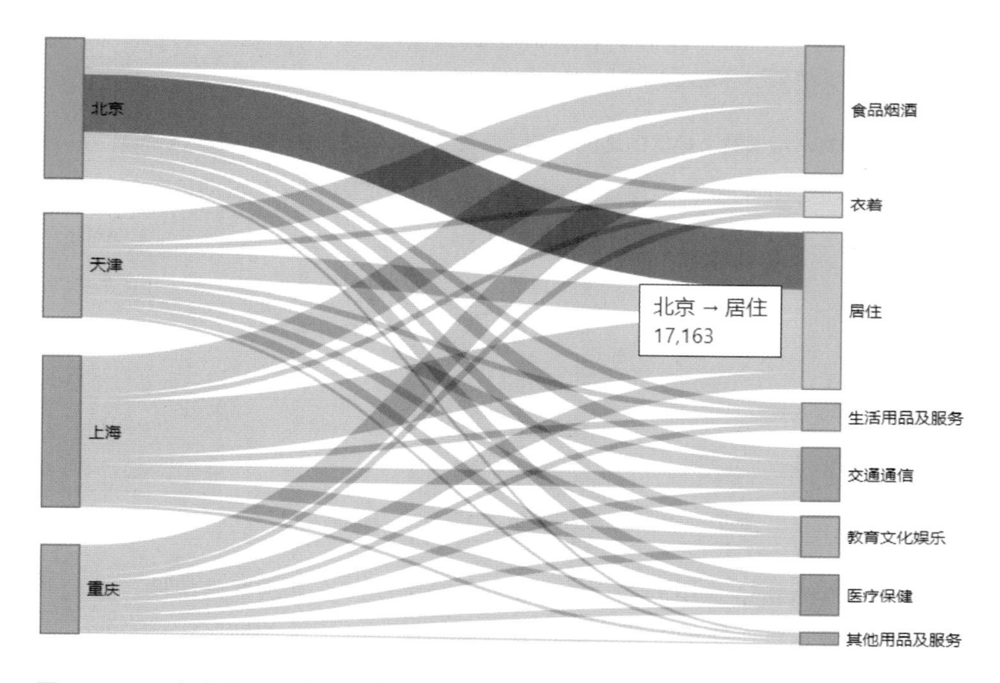

图9-6　2020年北京、天津、上海和重庆的城镇居民人均消费支出的动态交互桑基图（截图）

将鼠标指针移动到图中的任意一个条上，可以显示相应的数值；拖动类别标签可以改变类别的排列顺序。

使用 ggparallel 包中的 ggparallel 函数可以绘制不同类型的平行坐标图（parallel coordinate plot）或称平行集图（parallel sets diagrams），其用途与桑基图类似，限于篇幅，这里不再举例。

9.3　沃罗诺伊图

自然界中有很多东西是由多个不同的多边形组成的，比如，长颈鹿的皮肤纹理、蜻蜓的翅膀、植物叶子的微观机理等。人类建筑的外观也有很多是由多边形组成的，比如，北京的奥运建筑鸟巢和水立方等。

沃罗诺伊图（Voronoi diagram）是由多个不同的多边形组成的一种图形，又称泰森多边形。它是由俄国数学家沃罗诺伊（Georgy Fedoseevich Voronio）提出的一种划分和分解空间的方法。它将平面分成若干多边形，每个多边形内仅含有一个离散点，多边形内的点到相邻离散点的距离最近，位于多边形边上的点到其两边的离散点的距离相等。比较各多边形的大小就可以分析不同数据点的差异。

沃罗诺伊图的应用非常广泛。在计算几何学中，可用重心沃罗诺伊图方法来优化网格；在网络通信中，利用加权沃罗诺伊图设计中继站的位置，以提高利用率、降低成本；在地理学、气象学、结晶学、航天、核物理学、机器人等领域也有广泛应用。当类别数较多时，沃罗诺伊图可以作为饼图的替代图形。下面通过一个例子说明沃罗诺伊图的绘制方法。

【例 9–1】（数据：data9_1.csv）表 9–1 是 2021 年全国 31 个地区的地区生产总值及各地区所占百分比数据。

表9–1 2021年全国31个地区的地区生产总值及各地区所占百分比（前3行和后3行）

地区	区域划分	地带划分	地区生产总值（亿元）	各地区所占百分比（%）
北京	华北	东部地带	40 269.6	3.539 426 6
天津	华北	东部地带	15 695.1	1.379 493 6
河北	华北	东部地带	40 391.3	3.550 123 2
⋮	⋮	⋮	⋮	⋮
青海	西北	西部地带	3 346.6	0.294 143 6
宁夏	西北	西部地带	4 522.3	0.397 479 7
新疆	西北	西部地带	15 983.7	1.404 859 6

使用 voronoiTreemap 包中的 vt_d3 函数可以绘制动态交互沃罗诺伊图。该函数要求使用特定格式的数据框。比如，要按地带划分分组绘制各地区的地区生产总值，首先要计算出各地区的地区生产总值占全部总和的百分比，然后将表 9–1 中的数据组织成表 9–1–1 所示的格式（这里将该数据框命名为 data9_1_1，只显示前 3 行和后 3 行）。

表9–1–1 构建绘制沃罗诺伊图的数据框（data9_1_1）

h1	h2	h3	color	weight	codes
中国	东部地带	北京	#77bc45	3.539 427	北京
中国	东部地带	天津	#77bc45	1.379 494	天津
中国	东部地带	河北	#77bc45	3.550 123	河北
⋮	⋮	⋮	⋮	⋮	⋮
中国	西部地带	青海	#f58321	0.294 144	青海
中国	西部地带	宁夏	#f58321	0.397 48	宁夏
中国	西部地带	新疆	#f58321	1.404 86	新疆

表 9–1–1 中的 h1 是只有一个类别的总数据标签，这里表示中国；h2 是划分的三大地带；h3 是 31 个地区；color 是为 h2 着色的颜色，但必须是 16 进制颜色字符串；weight 是数据的比例或百分比（相加后等于 1 或 100%），这里是各地区的地区生产总值占全部地区生产总值之和的百分比；codes 是 h3 的缩写（本例与 h3 相同）。

表 9–1–1 是使用 voronoiTreemap 包中的 vt_input_from_df 函数将数据框 dtata9_1 转换成绘图所需的数据结构。根据表 9–1–1 的数据，由 vt_d3 函数绘制的沃罗诺伊图如图 9–7 所示。

```
# 图9–7的绘制代码（数据：data9_1_1）
> library(voronoiTreemap)
```

```
> data9_1_1<-read.csv("C:/mydata/chap09/data9_1_1.csv")
> d<-vt_input_from_df(data9_1_1)              # 创建绘图的数据结构
> vt_d3(vt_export_json(d),                     # 绘制沃罗诺伊图
+   seed=12,                                   # 设置随机数种子以使图形固定
+   legend=TRUE,legend_title="地带划分" )       # 设置图例和图例标题
```

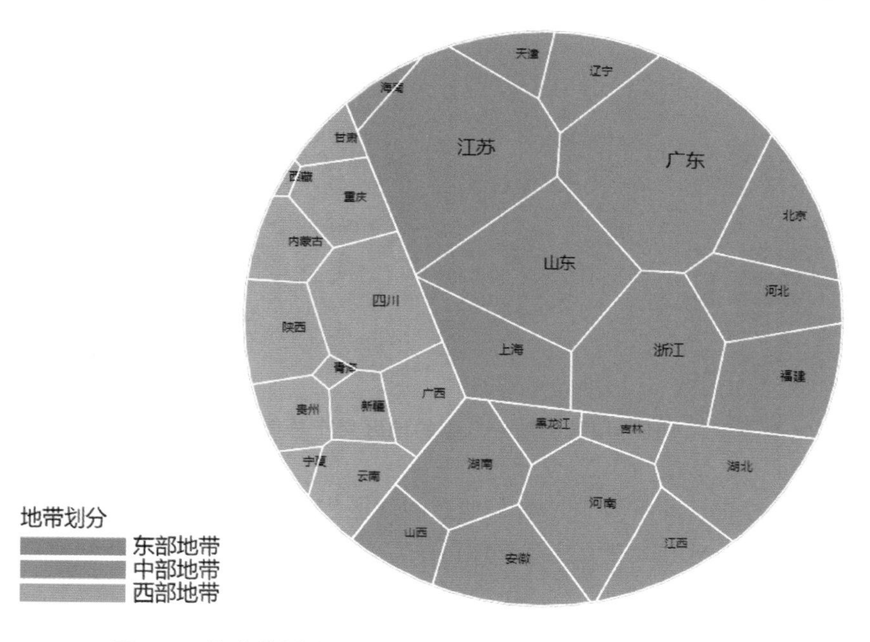

图9-7　按地带划分分组的地区生产总值的沃罗诺伊图（截图）

图 9-7 是动态交互的沃罗诺伊图，移动鼠标指针到任意一个地区上，即可显现该地区的地区生产总值所占百分比。图中左下角图例的不同颜色表示 3 个大的多边形代表的 3 个不同地带。每个大的多边形中的小多边形代表不同的地区。利用沃罗诺伊图，既可以分析不同地带的地区生产总值的差异，也可以分析每个地带内部各地区的地区生产总值差异。比如，图 9-7 显示，在三大地带中，东部地带的地区生产总值占比最大，其次是中部地带，西部地带占比最小。在东部地带中，地区生产总值占比较大的地区分别是广东、江苏、山东、浙江等，占比较小的是海南、天津等。

如果想要按表 9-1 中的区域划分（六大区域）绘制沃罗诺伊图，只需将表 9-1-1 中的 h2 替换成表 9-1 中的区域划分即可（这里将该数据框命名为 data9_1_2）。按区域划分绘制的沃罗诺伊图如图 9-8 所示。

```
# 图9-8的绘制代码（数据：data9_1_2）
> library(voronoiTreemap)
> data9_1_2<-read.csv("C:/mydata/chap09/data9_1_2.csv")
> d<-vt_input_from_df(data9_1_2)
> vt_d3(vt_export_json(d),seed=1211234,legend=TRUE,legend_title="区域划分")
```

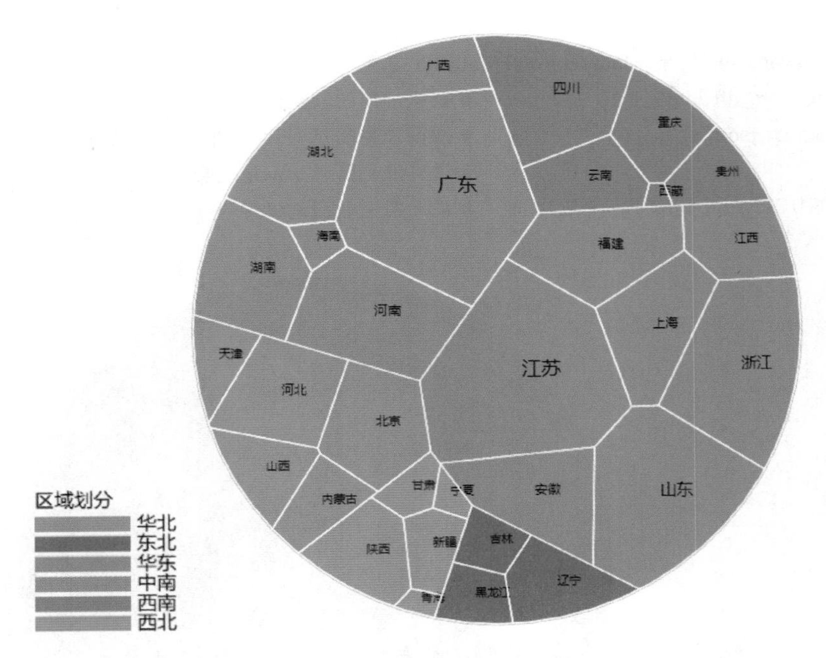

图9-8　按区域划分分组的地区生产总值的沃罗诺伊图

图 9-8 显示，在六大区域中，华东地区的地区生产总值占比最高，中南地区其次，东北地区最低。在华南地区中，广东的地区生产总值占比最高，最低的是海南，等等。

9.4　网络图

网络图（network diagram）是由箭线和节点组成的一种图形，用于描述事件之间的关系，因形状如同网络，故称网络图。网络图在社交关系分析、企业之间的业务关系分析、工程管理等领域都有广泛应用。下面通过一个例子说明网络图的绘制方法。

【例 9-2】（数据：data9_2csv）公司之间往往都有业务关系。假定有 31 家公司，它们之间的业务关系如表 9-2 所示。

表9-2　31家公司的业务关系（前3行和后3行）

Source	Target
公司1	公司2
公司1	公司3
公司1	公司4
⋮	⋮
公司15	公司30
公司15	公司31
公司18	公司22

表 9-2 中的 Source 指来源（from，当然也可以取其他名称），Target 指去向（to），这里表示来源公司与哪些公司有业务关系。如果还有公司的各种属性（如公司性质、所属行业等），也可以作为单独的列列出。

网络图最基本的两个元素是节点（node）或称顶点（vertice）和边（edge）。比如，图中用圆圈表示公司的位置，就是节点，节点之间的连线就是边。节点可以是包括人在内的任何实体，边表示关系，这种关系也可以是任何互动，比如对话、业务往来、资金往来等。边是可以有方向的，比如公司 1 主动与公司 2 发生业务关系，那么方向就是公司 1（Source 或 from）到公司 2（Target 或 to）。

使用 R 中的 networkD3 和 igraph 包均可以绘制网络图。networkD3 包中的 simpleNetwork 函数可以创建动态的网络图。该函数使用简单，要求的绘图数据是数据框，其中的前两列用于指定图形的边。由该函数绘制的 31 家公司的业务关系网络图如图 9-9 所示。

```
# 图9-9的绘制代码
> library(networkD3)
> data9_2<-read.csv("C:/mydata/chap09/data9_2.csv")
> simpleNetwork(data9_2,
+  linkDistance=30,              # 设置节点间连线的长度（默认为50）
+  charge=-100,                  # 设置节点之间的排斥力(负值)或吸引力(正值)
+  fontSize=13,                  # 设置节点标签字体大小
+  fontFamily="serif",           # 设置节点标签字体
+  linkColour="#DE2D26",         # 设置连线颜色
+  nodeColour="#3182bd",         # 设置节点颜色
+  opacity=1,                    # 设置图形的透明度（0表示完全透明，1表示完全不透明）
+  zoom=TRUE)                    # 图形可以缩放
```

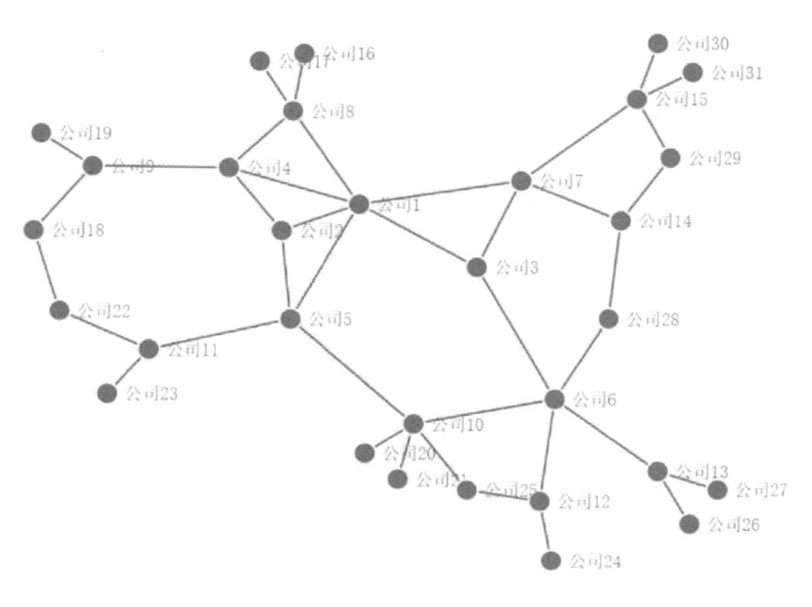

图9-9　31家公司业务关系的网络图（networkD3包绘制）（截图）

图 9-9 是动态的网络图，将鼠标指针放到任意节点，可以观察该公司与其他公司的关系，但图中并没有画出关系的方向，因此不易于静态观察。

igraph 包绘制的网络图可修改性强，该包提供的 layout 函数可以对图形进行多种布局，以改善图形的外观。使用该包绘制网络图时，首先需要使用该包提供的 graph_from_data_frame 函数，将数据框转换成绘图所需的数据格式。然后使用 layout 函数对图形进行布局，还可以根据需要，使用 V 函数和 E 函数对图形的参数进行设置，以美化图形。最后使用 plot 函数绘制出网络图。

以例 9-2 为例，由 igraph 包绘制的网络图如图 9-10 所示。

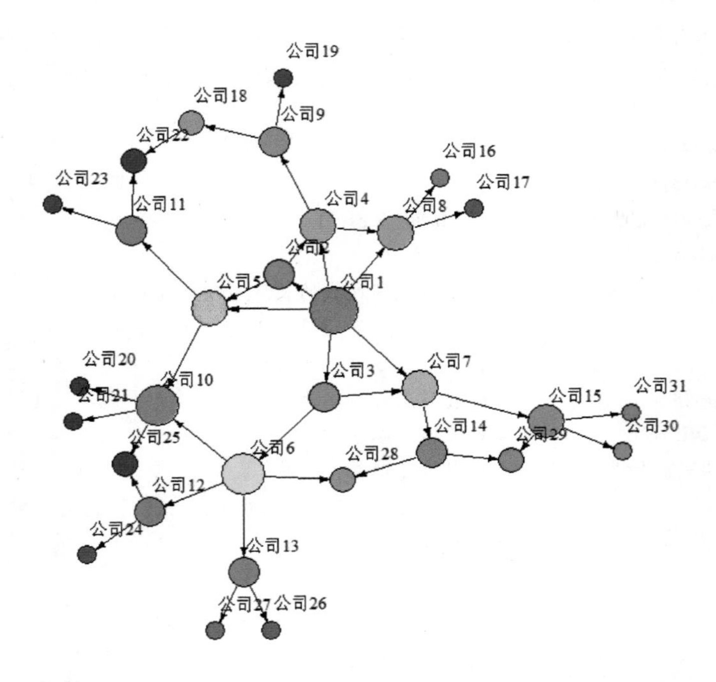

图9-10　31家公司业务关系的网络图（igraph包绘制）

```
# 图9-10的绘制代码
> library(igraph)
> data9_2<-read.csv("C:/mydata/chap09/data9_2.csv")

# 将数据框转换成绘图所需的数据格式
> graph<-graph_from_data_frame(data9_2,directed=TRUE)
                              # directed=TRUE表示创建有向图（连线有方向）
# 图形布局和参数设置
> set.seed(1)                 # 设置随机数种子，以使布局可重复（图形固定）
> l<-layout.fruchterman.reingold(graph)      # 设置图的布局方式为弹簧式发散布局
> V(graph)$size<-degree(graph)*2+5
                              # 设置节点大小与点中心度成正比（中心度即与该点相连的点的总数）
> colrs<-rainbow(31)                         # 设置节点颜色
```

```
> V(graph)$color=colrs[V(graph)]          #根据类型设置颜色（按照类型分组）
> V(graph)$label.color='black'            #设置节点标签的颜色
> V(graph)$label.cex=0.6                  #设置节点标签字体大小
> V(graph)$label.dist=2                   #设置标签与节点的距离
> E(graph)$arrow.size=0.2                 #设置箭头大小
> E(graph)$width=1                        #设置边（连线）的宽度
> E(graph)$color="black"                  #设置边（连线）的颜色
#绘制网络图
> plot(graph,layout=l)
```

图 9-10 中的连线箭头表示关系的方向。节点大小表示点中心度（即与该点相连的点的总数）的大小，中心度越大，节点就越大，表示与该公司的业务关系越强。

9.5 词云图

一个纯文本文件可以看作一种特殊类型的数据，比如，阅读一篇文章、浏览网络文献等，看到的就是文本文件。如果关心一篇文章中哪些词出现得多，网络文献中的热词是什么，就可以使用词频进行分析。词云图（word cloud）是由单个的字、词或句子组成的图形，它可以用于分析一篇文章中某些词语出现的词频、发现网络中的热门词语等。在词云图中，可根据词频的多少，用不同的位置或字体大小来安排各词语。比如，高频词用大的字体表示，并放在图中显眼的位置；低频词用小的字体表示，并放在图中次要的位置等。

【例 9-3】（数据：data9_3.csv）表 9-3 是 60 个不同的词及相应的词频。

表9-3　60个不同的词及其频数（前3行和后3行）

词	词频
可视化	1 500
R语言	1 100
分析	855
⋮	⋮
正态分布	174
图形组合	171
词云图	171

使用 wordcloud2 包中的同名函数 wordcloud2 可以绘制不同形状的动态交互词云图，使用 letterCloud 函数可以将词云图以某个字母、单个的字或词语展示。函数要求绘图的数据是包含词（或字）及其对应词频的数据框。由 wordcloud2 函数绘制的词云图如图 9-11 所示。

```
# 图9-11的绘制代码
> library(wordcloud2)
> data9_3<-read.csv("C:/mydata/chap09/data9_3.csv")
> wordcloud2(data=data9_3,shape="circle",size=0.6)+ WCtheme(class=1)
```

图9-11　60个不同词的词云图（截图）

在图 9-11 的绘制代码中，shape 用于设置词云图的形状，可以是圆形（circle，默认）、心形（cardioid）、钻石形（diamond）、三角形（triangle）、五边形（pentagon）和星形（star）等。size 用于设置字的大小。图 9-11 显示，词频较多的词有可视化、R 语言、分析、数据、函数、颜色等。

使用 wordcloud2 包中的 WCtheme 函数，可以改变词云图的主题，可选值有 WCtheme(1)、WCtheme(2)、WCtheme(3)。也可以将几种主题结合使用，如 WCtheme(1) + WCtheme(2) 等。使用不同主题绘制的词云图如图 9-12 所示。

```
# 图9-12的绘制代码
> library(wordcloud2)
> data9_3<-read.csv("C:/mydata/chap09/data9_3.csv")
> wc<-wordcloud2(data=data9_3,shape="circle",size=0.5,
+  color=ifelse(data9_3[,2]>500,"red","deepskyblue"), # 词频大于500用红色，否则用深天蓝色
+  backgroundColor="black")                           # 设置背景颜色
> wc+WCtheme(class=1)                                 # 主题WCtheme(1)
> wc+WCtheme(class=1)+WCtheme(class=2)                # 主题WCtheme(1)+WCtheme(2)
```

如果要对一个文本（如一篇文章）绘制词云图，首先需要将文本存为纯文本文件，然后使用 jiebaR 包中的 qseg 函数分词，并过滤分词的结果（比如，过滤掉长度小于 1 的

词），返回高词频的数量并生成频数分布表，最后使用 wordcloud2 函数绘制词云图。

(a) WCtheme(1)

(b) WCtheme(1)+ WCtheme(2)

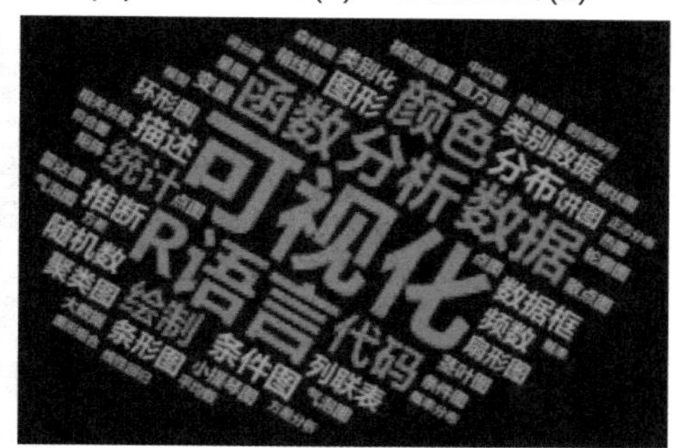

图9-12 不同主题的词云图（截图）

【例 9-4】（数据：《统计学简史》）下面是 H.O.Lancaster 所写、吴喜之翻译的《统计学简史》一文节选部分（全文请查阅 C:/mydata/chap09/ 统计学简史）。

统计学简史

H.O.Lancaster 著

中国人民大学统计学院 吴喜之 译

1. 起源，分布

统计最初产生于对国家的研究，特别是对其经济以及人口的描述。当时现代数学尚未形成，因此那时的统计史基本上是经济史的范畴。现代统计主要起源于研究总体（population）、变差（variation）和简化数据（reduction of data）。第一个经典文献属于 John Graunt（1620—1674），其具有技巧的分析指出了把一些庞杂、令人糊涂的数据化简为几个说明问题的表格的价值。他注意到在非瘟疫时期，一个大城市每年的死亡人数有统计规律，而且新生儿的性别比为 1.08，即每出生 13 个女孩就有 14 个男孩。大城市的死亡率比农村地区要高。在考虑了已知原因的死亡及不知死亡年龄的情况下，Graunt 估计出了六岁之前儿童的死亡率，并相当合理地估计出了母亲的死亡率为 1.5%。因此，他从杂乱无章的材料中得出了重要的结论。他还给出了一个新的生命表……

根据上述文本绘制的词云图如图 9-13 所示。

```
# 图9-13的绘制代码
> library(wordcloud2);library(jiebaR)
> w<-scan(file="C:/mydata/chap09/统计学简史.txt",what="",encoding="unknown")
                                              # 读取文本文件，选择字符编码
> seg<-qseg[w]                                # 调用分词模块进行分词
> seg<-seg[nchar(seg)>1]                      # 过滤掉长度小于1的词
> seg<-sort(seg,decreasing=T)[1:150]          # 返回前150个热词
> word_freq<-table(seg)                       # 词频列表
> wc<-wordcloud2(word_freq,shape='circle',size=0.5) # 绘制词云图
> wc+WCtheme(class=1)                         # 主题WCtheme(1)
```

图9-13　《统计学简史》一文中150个热词的词云图（截图）

图 9-13 展示了该篇文章中出现频率较高的前 150 个词，其中“正态分布”一词出现得最多。

9.6　组合图表

学术期刊或其他出版物对使用的图表往往有不同的规范和要求，比如，表格的形式、图片的格式和清晰度等。为满足论文发表或著作出版的要求，规范使用图表是十分必要的。产生静态表格的包有 tablenoe 包、ggpubr 包等，产生 HTML（Hyper Text Markup Language，超文本标记语言）表格的包有 flextable 包、reactable 包、DT 包等。本节主要介绍 ggpubr 包生成静态表格以及组合图表的绘制方法，该包是基于 ggplot2 包开发的一个衍生包，它可以生成学术论文或著作中使用的图表，以满足学术期刊或其他出版物对图表的特殊要求。

9.6.1　绘制表格

在 R 中录入的数据或读入到 R 中的数据实际上已经是 R 格式数据。如果要将该数据或该数据的分析结果以表格的形式应用到学术论文或著作中，就需要做特定的处理。使用 ggpubr 包中的 ggtexttable 函数可以绘制格式多样的表格。以例 3-2 为例，由该函数绘制的文本表格如图 9-14 所示。

```
# 图9-14的绘制代码（数据：data3_2）
> library(ggpubr)
> data3_2<-read.csv("C:/mydata/chap03/data3_2.csv")

# 表（a）中蓝色主题
> tab1<-ggtexttable(data3_2,row=NULL,        # 绘制表格，去掉行号
```

```
+  theme=ttheme("mBlue")) %>%               # 中蓝色主题
+  tab_add_title(text="表（a）中蓝色主题",face="plain",size=12) %>%    # 添加表头
+  tab_add_footnote(text="数据来源：《中国统计年鉴2021》",size=10,face="italic",hjust=1.7)
                                                                    # 添加脚注

# 表（b）中橘白色主题
> tab2<-ggtexttable(data3_2,row=NULL,theme=ttheme("mOrangeWhite")) %>%
+  tab_add_title(text="表（b）中橘白色主题",face="plain") %>%
+  tab_add_footnote(text="数据来源：《中国统计年鉴2021》",size=10,face="italic",hjust =1.7)

> ggarrange(tab1,tab2,ncol=2)               # 按2列组合tab1和tab2
```

表（a）　中蓝色主题

支出项目	北京	天津	上海	重庆
食品烟酒	8751.4	9122.2	11515.1	8618.8
衣着	1924.0	1860.4	1763.5	1918.0
居住	17163.1	7770.0	16465.1	4970.8
生活用品及服务	2306.7	1804.1	2177.5	1897.3
交通通信	3925.2	4045.7	4677.1	3290.8
教育文化娱乐	3020.7	2530.6	3962.6	2648.3
医疗保健	3755.0	2811.0	3188.7	2445.3
其他用品及服务	880.0	950.7	1089.9	675.1

数据来源：《中国统计年鉴2021》

表（b）　中橘白色主题

支出项目	北京	天津	上海	重庆
食品烟酒	8751.4	9122.2	11515.1	8618.8
衣着	1924.0	1860.4	1763.5	1918.0
居住	17163.1	7770.0	16465.1	4970.8
生活用品及服务	2306.7	1804.1	2177.5	1897.3
交通通信	3925.2	4045.7	4677.1	3290.8
教育文化娱乐	3020.7	2530.6	3962.6	2648.3
医疗保健	3755.0	2811.0	3188.7	2445.3
其他用品及服务	880.0	950.7	1089.9	675.1

数据来源：《中国统计年鉴2021》

图9-14　中蓝色调和中橘白色调的表格

除生成原始数据表格外，也可以将数据分析的结果绘制成文本表格的形式，然后应用到学术论文或著作中。比如，对于例 3-2 的数据，可以计算出每个地区的描述统计量，然后绘制文本表格，如图 9-15 所示。

```
# 图9-15的绘制代码（数据：data3_2）
> library(ggpubr)
> library(pastecs)                           # 为使用stat.desc函数计算描述统计量
> data3_2<-read.csv("C:/mydata/chap03/data3_2.csv")
> tab<-round(stat.desc(data3_2[,-1]),2)      # 计算描述统计量并将结果保留2位小数
> ggtexttable(tab,
+  theme=ttheme(colnames.style=colnames_style(size=9),
+  rownames.style=rownames_style(size=9),    # 设置行名称字体大小
+  tbody.style=tbody_style(size=9)))         # 设置表体字体大小
```

在图 9-15 的绘制代码中，首先使用 pastecs 包中的 stat.desc 函数计算汇总描述统计量，再使用 ggtexttable 函数绘制文本表格，其中的行名称即为描述统计量的名称。

	北京	天津	上海	重庆
nbr.val	8	8	8	8
nbr.null	0	0	0	0
nbr.na	0	0	0	0
min	880	950.7	1089.9	675.1
max	17163.1	9122.2	16465.1	8618.8
range	16283.1	8171.5	15375.2	7943.7
sum	41726.1	30894.7	44839.5	26464.4
median	3387.85	2670.8	3575.65	2546.8
mean	5215.76	3861.84	5604.94	3308.05
SE.mean	1899.03	1057.04	1932.61	876.31
CI.mean.0.95	4490.5	2499.49	4569.9	2072.15
var	28850637.91	8938594.73	29879863.19	6143369.8
std.dev	5371.28	2989.75	5466.25	2478.58
coef.var	1.03	0.77	0.98	0.75

图9-15　例3-2描述统计量的文本表格

如果要分析例 3-2 中 8 项消费支出的相关性，可以计算出相关系数矩阵，然后绘制文本表格，如图 9-16 所示。

```
# 图9-16的绘制代码（数据：data3_2）
> library(ggpubr)
> data3_2<-read.csv("C:/mydata/chap03/data3_2.csv")
> mat<-as.matrix(data3_2[,-1]);rownames(mat)=data3_2[,1]      # 将数据框转换成矩阵
> cor<-round(cor(t(mat)),4)       # 将矩阵转置计算相关系数矩阵，结果保留4位小数
> ggtexttable(cor,theme=ttheme("light"))                      # 使用light主题
```

	食品烟酒	衣着	居住	生活用品及服务	交通通信	教育文化娱乐	医疗保健	其他用品及服务
食品烟酒	1	-0.9683	0.5161	0.3048	0.8757	0.911	0.1644	0.8185
衣着	-0.9683	1	-0.3641	-0.0903	-0.8742	-0.7812	-0.0275	-0.8452
居住	0.5161	-0.3641	1	0.9235	0.7071	0.7462	0.9233	0.6622
生活用品及服务	0.3048	-0.0903	0.9235	1	0.4091	0.6501	0.8862	0.3358
交通通信	0.8757	-0.8742	0.7071	0.4091	1	0.796	0.4815	0.9908
教育文化娱乐	0.911	-0.7812	0.7462	0.6501	0.796	1	0.434	0.7066
医疗保健	0.1644	-0.0275	0.9233	0.8862	0.4815	0.434	1	0.4692
其他用品及服务	0.8185	-0.8452	0.6622	0.3358	0.9908	0.7066	0.4692	1

图9-16　例3-2相关系数矩阵的文本表格

图 9-16 是设置主题 light 绘制的表格。设置 theme=ttheme("classic") 可以绘制带有横竖线的经典型表格；设置 theme=ttheme("minimal")，可以绘制只有竖线的表格；设置 theme=ttheme("blank")，可以绘制没有线的表格（类似于 R 的输出结果）；设置 theme=ttheme("mOrange") 可以绘制中橘色表格；还可以根据自身需要设置不同类型的主题。

9.6.2　表格与图形的组合

学术刊物或其他出版物不仅对使用的图形有特殊要求，也因版面的限制会约束论文或著作的篇幅。作者应考虑在有限的空间内使图形尽可能展示出更多信息。这时，可以将有些信息（如数据表格和注释文本等）直接绘制在图形中，以节省篇幅。使用 ggpubr 包中的 ggarrange 函数，可以将数据表格和注释文本等信息组合在一幅图中。

绘制在图形中的表格可以是原始数据表格，也可以是数据分析结果的表格。比如，以例 3-2 为例，绘制条形图并将原始数据表格组合到图形中，如图 9-17 所示。

```
# 图9-17的绘制代码（数据：data3_2）
> library(ggpubr)
> data3_2<-read.csv("C:/mydata/chap03/data3_2.csv")

# 处理数据
> d.long<-reshape2::melt(data3_2,variable.name="地区",value.name="支出金额")
> f<-factor(data3_2[,1],ordered=TRUE,levels=data3_2[,1])           # 将支出项目变为有序因子
> df<-data.frame(支出项目=f,d.long[,2:3])                          # 构建新的有序因子数据框

# 绘制表格和图形
> tab<-ggtexttable(data3_2,rows=NULL,theme=ttheme("mOrange")) # 绘制表格
> bar<-ggbarplot(df,x="地区",y="支出金额",fill="支出项目",
+  orientation="vertical",label=FALSE)++                           # 垂直摆放，不显示数据标签
+  scale_fill_discrete(labels=function(x) str_wrap(x,width=8))     # 设置图例标签宽度

> ggarrange(bar,tab,ncol=2,nrow=1,                                 # 按两列组合条形图与表格
+            widths=c(1.5,1),                                      # 设置图形的宽度比
+            legend="right")                                       # 设置图例位置
```

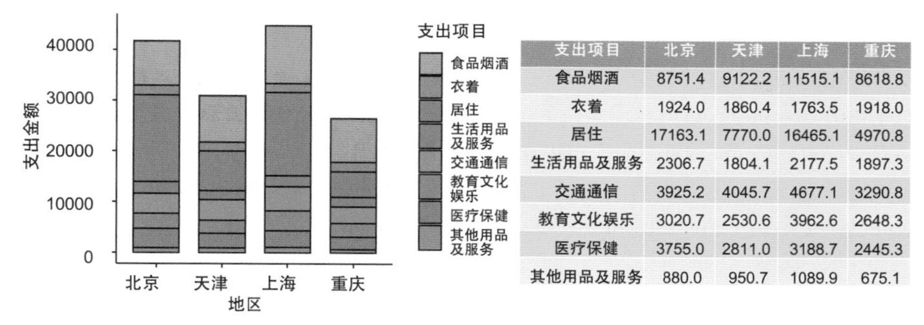

支出项目	北京	天津	上海	重庆
食品烟酒	8751.4	9122.2	11515.1	8618.8
衣着	1924.0	1860.4	1763.5	1918.0
居住	17163.1	7770.0	16465.1	4970.8
生活用品及服务	2306.7	1804.1	2177.5	1897.3
交通通信	3925.2	4045.7	4677.1	3290.8
教育文化娱乐	3020.7	2530.6	3962.6	2648.3
医疗保健	3755.0	2811.0	3188.7	2445.3
其他用品及服务	880.0	950.7	1089.9	675.1

图9-17　带有原始数据表格的4个地区消费支出的条形图

下面以例 4-1 的数据为例，绘制带有描述统计量表格信息的核密度图。为便于观察和理解，这里只绘制出按质量等级分组的 AQI 的图形。根据分析需要，也可以绘制其他图形，如箱线图、小提琴图、条形图等。图 9-18 是按质量等级分组计算的描述统计量信息与核密度图的组合。

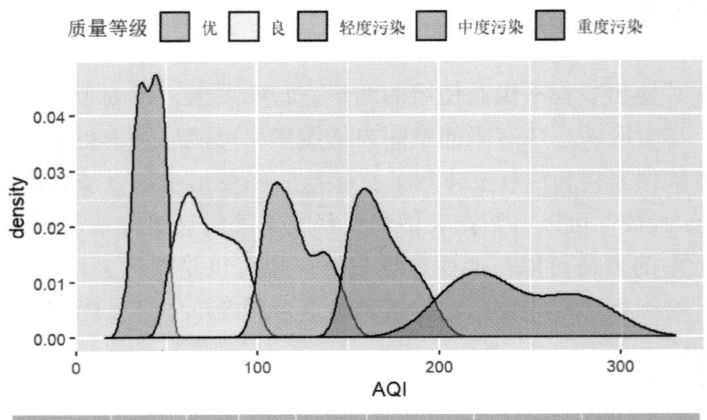

质量等级	length	min	max	range	mean	sd	cv
优	77	25	50	25	40.14286	6.540792	0.16293787
良	152	51	100	49	72.42105	13.929114	0.19233515
轻度污染	83	101	150	49	120.61446	13.936118	0.11554269
中度污染	39	151	200	49	168.25641	14.278652	0.08486245
重度污染	14	202	294	92	241.64286	31.200609	0.12911869

图9-18　带有描述统计量表格的按AQI分组的核密度图

```
# 图9-18的绘制代码（数据：data4_1）
> library(ggpubr)
> data4_1<-read.csv("C:/mydata/chap04/data4_1.csv")

# 处理数据
> a<-c("优","良","轻度污染","中度污染","重度污染")      # 设置因子向量
> f<-factor(data4_1[,3],ordered=TRUE,levels=a)           # 将质量等级变为有序因子
> df<-data.frame(质量等级=f,data4_1[,-3])                # 构建新的有序因子数据框

# 绘制图形和表格
> density.p<-ggdensity(df,x="AQI", fill="质量等级",palette="Set3")+ # 绘制核密度图
+   xlim(15,330)+theme_grey()                             # 设置x轴数值范围和灰底色主题
> stable<-desc_statby(df,measure.var="AQI",grps="质量等级")
                                                          # 计算按质量等级分组的AQI的描述统计量
> dt<-stable[,c("质量等级","length","min","max","range","mean","sd","cv")]
                                                          # 选择表中需要输出的统计量
> stable.p<-ggtexttable(dt,rows=NULL,
+   theme=ttheme(colnames.style=colnames_style(size=10),
+   rownames.style=rownames_style(size=10),
+   tbody.style=tbody_style(fill=get_palette("RdBu",5),size=10)))
                                                          # 设置表体为红蓝色调，字体大小为10
> ggarrange(density.p,stable.p,ncol=1,                    # 按1列组合图形和表格
+           heights=c(1,0.6),                             # 设置图形的高度比
+           font.label = list(size=9, color="black"),
```

```
+     common.legend=TRUE,                          # 设置共用图例
+     legend="top")                                # 设置图例位置
```

使用 desc_statby 函数可以绘制多个描述统计量，可根据需要选择，图 9-18 只选择了样本量（length）、最小值（min）、最大值（max）、极差（range）、平均数（mean）、标准差（sd）和离散系数（cv）等。

9.6.3 文本与图形的组合

在有些图形中，可能需要有一些必要的注释文本。这时，可以使用 paste 函数将文本段落连接成向量，然后使用 ggarrange 函数将文本组合到图形中。以例 4-1 中的 PM10 数据为例，绘制的小提琴图与注释文本的组合图形如图 9-19 示。

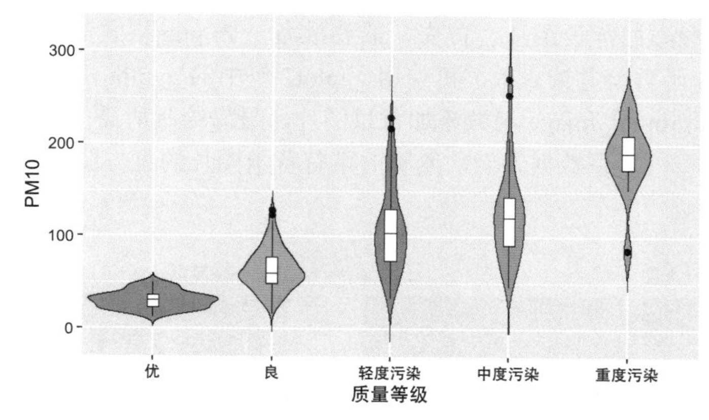

(1) PM10是可吸入颗粒物(inhalable particles)的缩写。
(2) 空气动力学当量直径≤10微米的颗粒物称为可吸入颗粒物，又称为PM10。
(3) 可吸入颗粒物通常来自在未铺沥青或水泥的路面上行驶的机动车、材料的破碎碾磨处理过程以及被风扬起的尘土。

图9-19　带有注释文本的PM10的小提琴图

```
# 图9-19的绘制代码（使用图9-18构建的数据框df）
> library(ggpubr)

# 绘制图形
> violin.p<-ggviolin(data=df,x="质量等级",y="PM10",                    # 绘制小提琴图
+   width=1.1,size=0.3,                                               # 设置小提琴图的宽度和线宽
+   fill="质量等级",palette="Set2",
+   add="boxplot",add.params=list(fill="white",width=0.1,size=0.2))+ # 添加箱线图并设置填充颜色
+   theme_grey()+theme(legend.position="none")                        # 去掉图例

# 添加注释文本
> text<-paste(
```

```
+   "（1）PM10是可吸入颗粒物(inhalable particles)的缩写。",
+   "（2）空气动力学当量直径≤10微米的颗粒物称为可吸入颗粒物，又称为PM10。",
+   "（3）可吸入颗粒物通常来自在未铺沥青或水泥的路面上行驶的机动车、材料的破碎碾磨",
+     "处理过程以及被风扬起的尘土。",sep=" ")              # 写入文本
> text.p<-ggparagraph(text,face="italic",size=10,color="blue4")  # 绘制文本并设置字体、字体大小
                                                                   和颜色
> ggarrange(violin.p,text.p,ncol=1,nrow=2,heights=c(1,0.25),legend="none")   # 组合图形并去掉图例
```

9.6.4　为图形添加背景图片

在某些场合，将带有相关信息的图片作为背景添加到图形中，不仅可以增强图形的可读性和趣味性，还可以提供补充信息，有助于理解图形。

为图形添加背景图片的方法有多种，使用 ggpubr 包中的 background_image 函数可以为 ggplot2 图形添加背景图片。首先，需要准备一张 png 格式的图片，然后使用 png 包中的 readPNG 函数将其读入 R，再使用 ggplot2 包中的 ggplot 函数生成一个空的图形对象，使用 background_image 函数添加背景图片，最后绘制所需的图形。

以例 4-1 的空气质量数据为例，绘制的带有背景图片的直方图和小提琴图如图 9-20 所示。

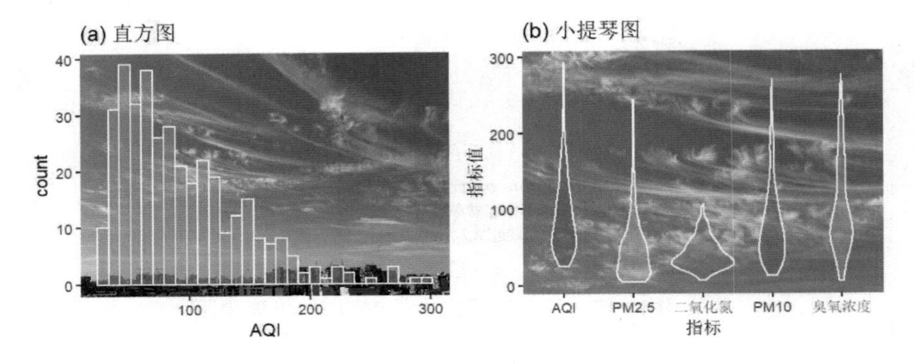

图9-20　带有背景图片的直方图和小提琴图

```
# 图9-20的绘制代码（数据：data4_1）
> library(png);library(ggplot2);library(ggpubr)
> data4_1<-read.csv("C:/mydata/chap04/data4_1.csv")

# 绘制直方图
> img<-readPNG("C:/mydata/chap09/001.png")                  # 读入图片
> p1<-ggplot(data4_1,aes(x=AQI))+ ggtitle("(a) 直方图")+      # 绘制图形对象
+   background_image(img)+                                  # 添加背景图片
+   geom_histogram(fill="deepskyblue",alpha=0.5,color="white")
```

```
# 绘制小提琴图
> df<-reshape2::melt(data4_1[,c(1,2,4,8,5,9)],,variable.name="指标",value.name="指标值")
> img<-readPNG("C:/mydata/chap09/002.png")                                # 读入图片
> p2<-ggplot(df, aes(x=指标,y=指标值))+ggtitle("(b) 小提琴图")+
+  background_image(img)+
+  geom_violin(aes(fill=指标),alpha=0.5,color="white")+
+  fill_palette("jco")+guides(fill="none")+
> ggarrange(p1,p2,ncol=2)                                                  # 组合图形p1和p2
```

习题

9.1　和弦图和桑基图有何区别？

9.2　从网上下载一篇新闻报道，绘制出词云图。

9.3　根据第 6 章中例 6-1 的数据（data6_1.csv），绘制食品烟酒支出的沃罗诺伊图。

9.4　使用 R 自带的数据集 Titanic，绘制以下图形。

（1）绘制 Class 和 Survived 两个变量的和弦图。

（2）绘制该数据集的桑基图。

9.5　使用 R 自带的数据集 faithful，绘制 eruptions 和 waiting 两个变量的小提琴图，并在图中添加以下文本注释："该数据集记录了美国黄石国家公园（Yellowstone National Park）老忠实间歇喷泉（Old Faithful Geyser）的喷发持续时间（eruptions）和下一次喷发的等待时间（waiting）的 272 个观测数据。"

9.6　选择一张你喜欢的图片作为背景，使用 R 自带的数据集 faithful，绘制喷发持续时间（eruptions）的直方图，并叠加在背景图片上。

第10章 可视化的相关主题

Chapter 10

精心设计的图表可以有效地呈现数据，也能让人更容易看懂和理解数据，但设计和使用不当也会造成对数据的疑惑和误解。图形应尽可能简洁合理，以能够清晰地展示数据、合理地表达分析目的为依据。在可视化分析中，应规范使用图形，既要追求美观，又应避免不必要的修饰。可视化的目的不是画出漂亮的图形，而是展示数据信息。过于花哨的修饰往往会使人注重图形本身，而掩盖了图形所要表达的信息。本章主要介绍与可视化相关的一些主题以及可视化分析中应注意的事项。

10.1 图形元素

图形元素是指组成图形的各个要素，也就是图形的组件，比如坐标轴、图中的点或线、图例、标题等。图形元素可以粗略地分为表示数据的元素和不表示数据的元素。表示数据的元素是图中用于展示数据的组件，比如，条形图中用于表示类别频数的条、散点图中的点、折线图中的线等，这些元素主要用于表达数据所提供的信息，也是图形的主体部分，称为主体信息。不表示数据的元素包括图形的坐标轴、坐标轴刻度及其标签、坐标轴标题（标签）、图例、图形标题、图形注释等，这些元素主要提供帮助人们理解图形的一些其他信息，称为辅助信息。这两类元素中，表示数据的元素是主要的，在绘制图形时应将注意力放在这类元素上。由于图形是一种相对独立的信息载体，即使不看上下文，只看图形也应该能大概看懂其中的信息，因此必要的辅助信息也是不可或缺的。

10.1.1 坐标系和坐标轴

任何图形都是在一定的坐标系中绘制的。数据可视化实际上是将数据映射到空间上的某个位置，这个空间就是坐标系（coordinate system），它是一组位置坐标及其几何布局的组合。坐标系是由坐标轴构成的空间，它可以是由几个互相垂直的向量构成的空间，比如由 x、y 两个向量构成的二维（two dimension，2D）直角坐标系，由 x、y 和 z 三个向量构成的三维（three-dimension，3D）坐标系等，也可以是非垂直的向量构成的空间，如极坐标系。

坐标系的种类很多，数据可视化中常用的有直角坐标系（rectangular coordinate system），也称笛卡尔坐标系（Cartesian coordinate system）、极坐标系（polar coordinate system）等。对于常规的二维数据可视化，需要由两个数来唯一确定一个点，因此需要有 x 和 y 两个坐标轴，通常 x 轴是水平轴，y 是垂直轴（x 轴和 y 轴可以互换），x 轴和 y 轴通常相互垂直，这就是直角坐标系。当然，也可以使用其他布局，比如，让一个轴为圆，另一个轴为其径向方向，这就是极坐标系。极坐标系是在平面上使用一个角度值和长度值构成的坐标系，比如，使用 x 轴表示角度，y 轴表示半径的长度（x 轴和 y 轴也可以互换）。普通的条形图是在直角坐标系中绘制的，玫瑰图是在极坐标系中绘制的。

由于可视化的数据类型不同，比如，一个变量是数值的，另一个变量是类别的，即便是两个数值变量，它们的计量单位也可能不同。在笛卡尔直角坐标系中，两个坐标轴可以表示不同的变量。比如，用 x 轴表示地区（类别变量），用 y 轴表示各地区的人口数（数值变量），或者将两个坐标轴互换。直角坐标系中的图形也可以转换成极坐标系中的图形，使用 R 语言作图时，很容易实现直角坐标系和极坐标系的转换，比如，将直角坐标系中的条形图转换成极坐标系中的玫瑰图等。

10.1.2 坐标轴刻度

可视化中最常用的坐标轴标尺（刻度）是线性的，有时也会使用非线性标尺，如对数标尺。如果使用线性标尺的坐标轴绘图，数轴的数值起点应从 0 开始，尤其是在绘制条形图时，数值轴的刻度必须从 0 开始，否则可能会放大数值间的差异，造成视觉差异和理解错误。但有的图形数值轴的刻度不一定从 0 开始，比如，时间序列折线图，如果序列的波动范围较小，从 0 开始则不宜观察序列的波动。

图 10-1 是某地区 2022 年 1—12 月的居民消费价格指数（上年同月 =100）的折线图，其中图 10-1（a）的 y 轴起点是 0，图 10-1（b）的 y 轴起点是 90，图 10-1（c）的 y 轴起点是 99。

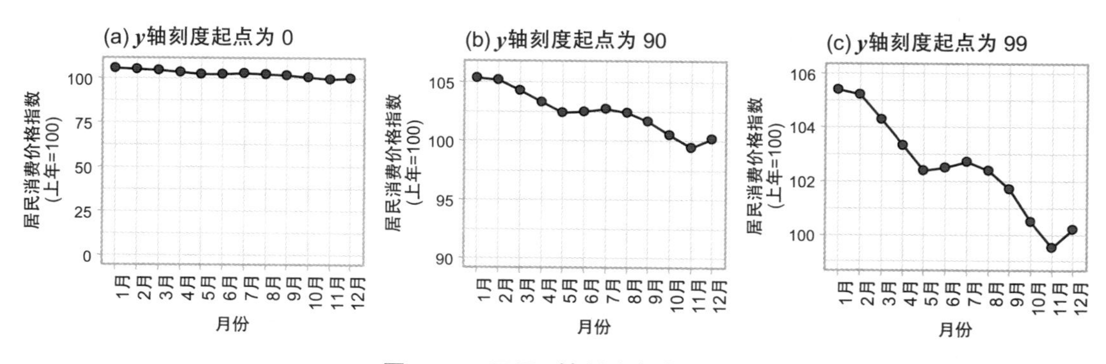

图10-1 不同 y 轴刻度起点的折线图

图 10-1（a）的 y 轴起点是 0，居民消费价格指数的波动看起来很小。图 10-1（b）的 y 轴起点是 90，结果显示居民消费价格指数的下降幅度看上去更合理。图 10-1（c）

的 y 轴起点是 99，结果显示居民消费价格指数的下降幅度看上去很大。坐标轴数值的起点不同，会造成完全不同的视觉误差，这可能会造成误导。因此，在时间序列可视化中，确定适当的坐标轴起点是十分必要的，这要根据数据的特点和分析需要灵活掌握，不能教条化。

在使用 R 语言绘图时，函数会根据变量的取值范围自动确定 x 轴或 y 轴的范围，比如，在绘制时间序列图时，可能会出现数值轴的起点不是 0 的情况。虽然可以通过修改函数的参数来修改坐标轴的数值范围，但如果坐标轴刻度的起点不合理，所绘制的图形就可能误导对数据的理解。

10.1.3 图形标题

标题（title）是图形中不可或缺的重要元素，没有标题的图形是不可取的。图形标题有主标题、副标题、坐标轴标题（标签）、图例标题等。主标题是指一幅图的总标题，它主要用于注释图形的内容，一般包括图中数据所属的时间（when）、地点（where）和内容（what）3 个要素。由于图形是一种相对独立的信息载体，只看主标题就应大概知道图形要表达的信息，比如，“2021 年北京市的地区生产总值”，这其中就包含了时间（2021 年）、地点（北京市）和内容（地区生产总值）3 个元素，缺少其中的任何一个元素就可能会产生疑惑。此外，在使用多幅图时，主标题还应包括必要的图形编号。主标题可以放在图的上方，也可放在图的下方。本书对主标题的处理方式是：对于没有子图的单独一幅图，主标题放在图形的下方（这样做可以避免影响看图的视线）；对于由多个子图组合成的一幅图，子图的主标题放在相应图的上方，整幅图的主标题放在图的下方。当标题名称太长时，可以在适当的位置使用 \n 换行。

坐标轴标题也称坐标轴标签，用于说明坐标轴代表的变量名称，以便于阅读和理解。没有坐标轴标题的图形是无法理解的。坐标轴标题除给出变量名称外，还应给出数据的计量单位（主要是针对数值）。如果在上下文中给出了原始数据及其计量单位的信息，为使图形更简洁，也可以省略计量单位，否则，数据的计量单位就是必需的。下面通过一个例子说明规范使用主标题和坐标轴标题的必要性。

图 10−2 是 2021 年北京、天津、上海和重庆的地区生产总值数据的条形图。

图 10−2（a）有两个问题：一是主标题只有编号，没有内容；二是没有坐标轴标题。虽然表示类别的 x 轴没有标题可以看懂，但 y 轴标题是必须有的，否则就不知道这幅图表达的是什么。

图 10−2（b）也有两个问题：一是主标题没有给出时间和地点信息，不知道是哪个地区的地区生产总值，也不知道是什么时间的地区生产总值；二是 y 轴标题没有计量单位，无法理解数据的含义。

图 10−2（c）的主标题没有问题，但 y 轴标题没有计量单位，难以理解。

图 10−2（d）是一幅完整的规范图形，主标题给出时间、地点和内容信息，y 轴标题给出了计量单位，这样的图形就很容易理解。

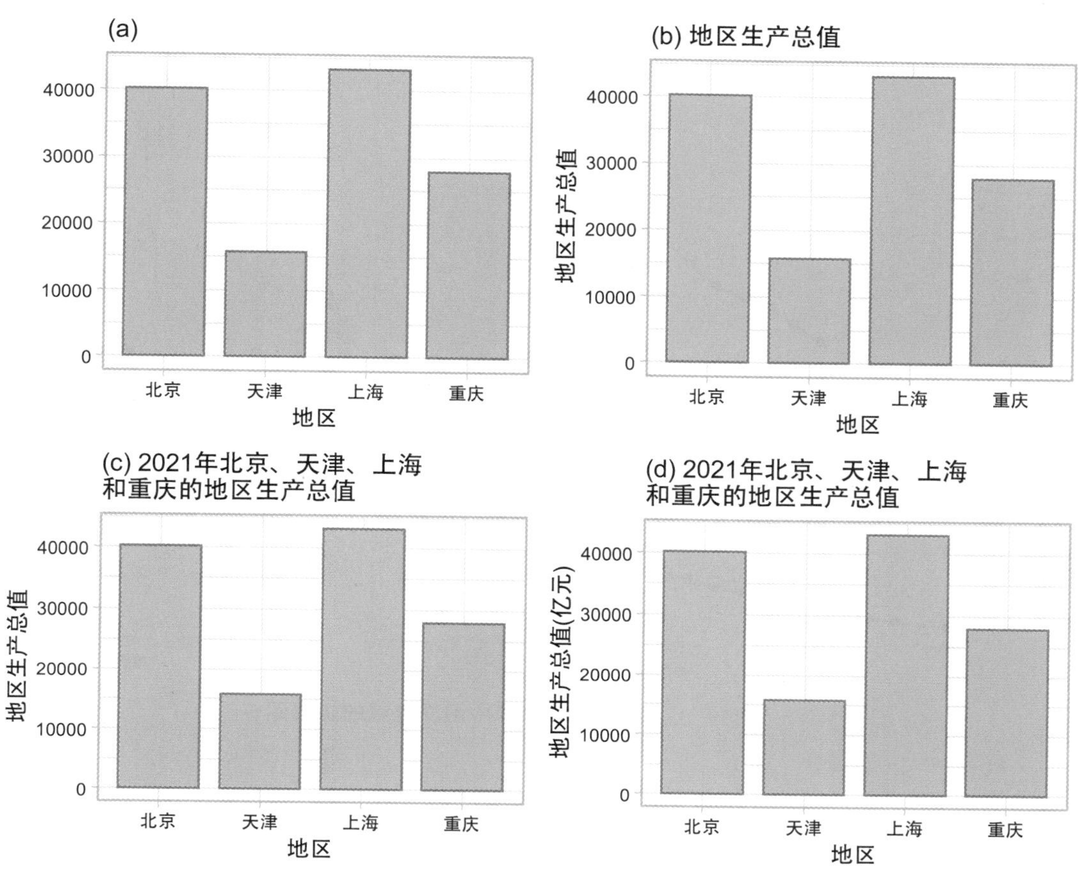

图10-2　2021年北京、天津、上海和重庆地区生产总值的条形图

10.2　图形比例

在直角坐标系中绘制的二维图形是由 4 个点构成的一个矩形（当然有些图形也可以画出正方形，如正态 Q-Q 图），如果把 x 轴定义为宽度（width），y 轴定义为高度（height），图形宽度和高度的比例大致为 10∶7 或 4∶3。从视觉效果看，这样的图形比例能够更合理地展示数据，也易于解读图形，过宽或过高的图形都有可能歪曲数据，给人留下错误的印象。

图 10-3 是 2000—2021 年中国发电量（亿千瓦小时）的折线图。

图 10-3（a）的宽度和高度比例大约为 10∶7，比较真实地展示了发电量的变化趋势。图 10-3（b）的宽度和高度不成比例，宽度过宽，高度过低，这样的图形容易压缩数据的变动，看起来似乎发电量的上升趋势不够明显。图 10-3（c）的宽度和高度同样不成比例，宽度过窄，高度过高，这样的图形容易放大数据的波动，看起来上升趋势过于陡峭。

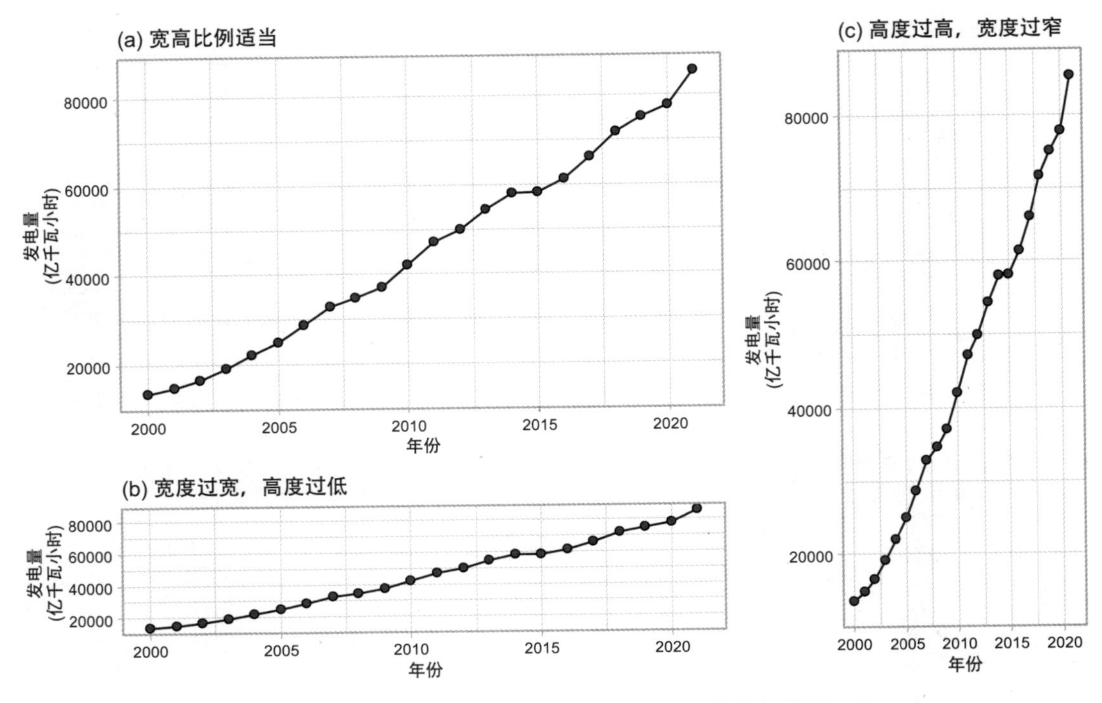

图10-3　2000—2021年中国发电量的折线图

10.3　图形配色

图形配色在可视化中十分重要，颜色不仅可以美化图形，也可以对数据起到分类的作用，还可以用于强调某些特别关注的数值或其他特征。图形中使用的颜色要有明确的意义，无意义的着色可能会造成扰乱视线、画蛇添足的后果。

使用 R 语言绘图时，可以根据需要对图形进行配色。R 提供了丰富的配色方案，也有专门对色盲友好的配色包（如 viridis 包）。图形配色是可视化中较难掌握的一种技巧。在本书写作过程中，多幅图形都曾在配色上花费了不少时间，总是试图找到一种自认为最佳的配色效果，但实际上很难做到，因为图形配色不仅仅是个人偏好，还要考虑对数据的表达以及读者对颜色的感受和对颜色的理解。最重要的是配色要有意义，配色不当不仅影响图形美观，还可能误导读者对图形的解读，造成适得其反的效果。下面通过几个例子来说明图形配色需要注意的问题。

图 10-4 是用不同配色方案绘制的 2021 年北京、天津、上海和重庆地区生产总值的条形图。

图 10-4 的条形图展示的是 4 个地区的同一类数据，即地区生产总值。如何对图形配色主要取决于想要强调什么。这里的 x 轴是类别，由于地区是无序类别变量，如果要保持原始数据框中地区出现的顺序，即北京、天津、上海和重庆，就意味着将地区作为有序类别变量，如图 10-4（a）所示，这里使用 4 种不同的颜色，即每个地区用一种颜色

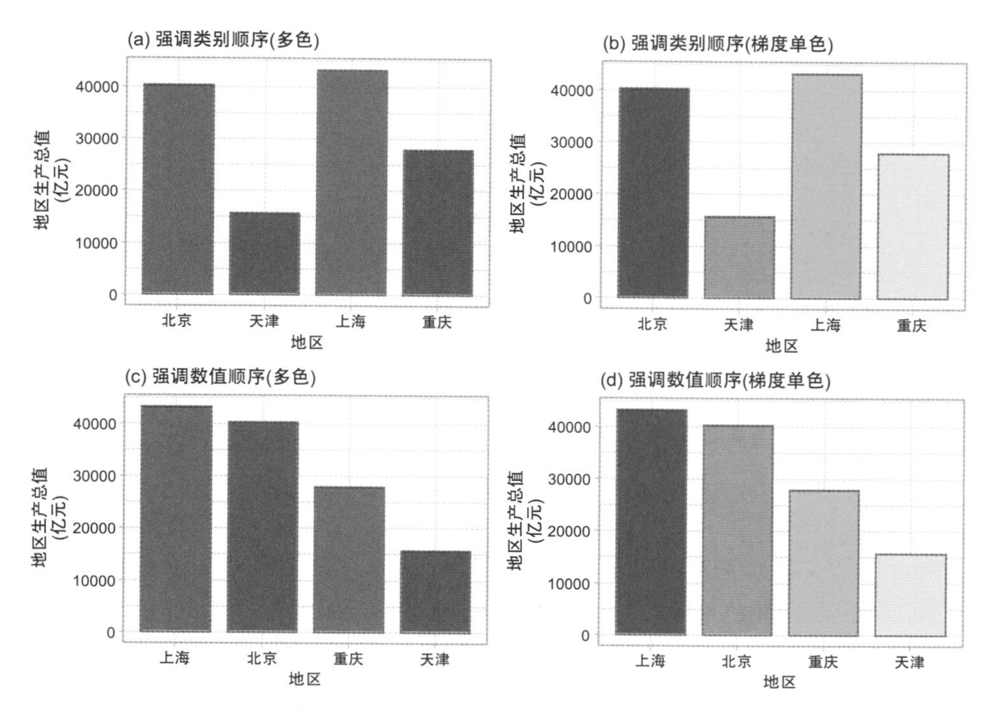

图10-4 2021年北京、天津、上海和重庆的地区生产总值不同配色的条形图

（当然也可以使用相同的单色），这时不同颜色就起到了分类作用，配色是有意义的。图 10-4（b）也是按原始的地区顺序，图形使用单色梯度（由深到浅渐变，也可以由浅到深渐变）配色，虽然单色梯度配色能起到分类的作用，但它更侧重于强调数值的渐变过程，因此对类别的梯度配色就没有太大意义。

图 10-4（c）和图 10-4（d）强调的是按地区生产总值的多少排序（数值顺序），地区只是作为地区生产总值的类别标签。图 10-4（c）使用了多种颜色配色，这就没有多大意义，因为这样的颜色分类对数值的理解没有帮助，还容易扰乱视线，不利于比较分析。图 10-4（d）使用单色梯度配色，用颜色饱和度来区分不同的条，数值从大到小，相应的颜色则由深到浅，这样配色既体现了各条之间的差异，也体现了数值由大到小的渐变过程，又不会感到 4 个条是完全不同的数值，更有利于比较和分析。

颜色除起到分类的作用外，也可以用于标识所关心的某类数值（如数值大小、某个特定的类别等），还可以用于标识其他特定的图形元素（如标题、图例、注释等）。

再来看一个例子。假定随机抽取 50 名学生（25 名男生和 25 名女生），得到身高（cm）和体重（kg）数据。如果分析身高和体重的关系，可以绘制散点图，如图 10-5 所示。

图 10-5（a）强调用颜色对性别进行分类（这里实际上已经使用字母 F（男）和 M（女）做了分类）。图中使用两种不同的颜色来区分图中的各个点，男性用红色表示，女性用蓝色表示。这里用颜色对各个点进行分类处理，有助于对男女身高与体重关系差异的分析和理解，因此这样的配色是很有意义的。图 10-5（b）强调的是某一类数值的大小。图中特别关注身高在 180cm 及以上的数值，用红色表示各个点（+ 号），其余点用蓝色表示。

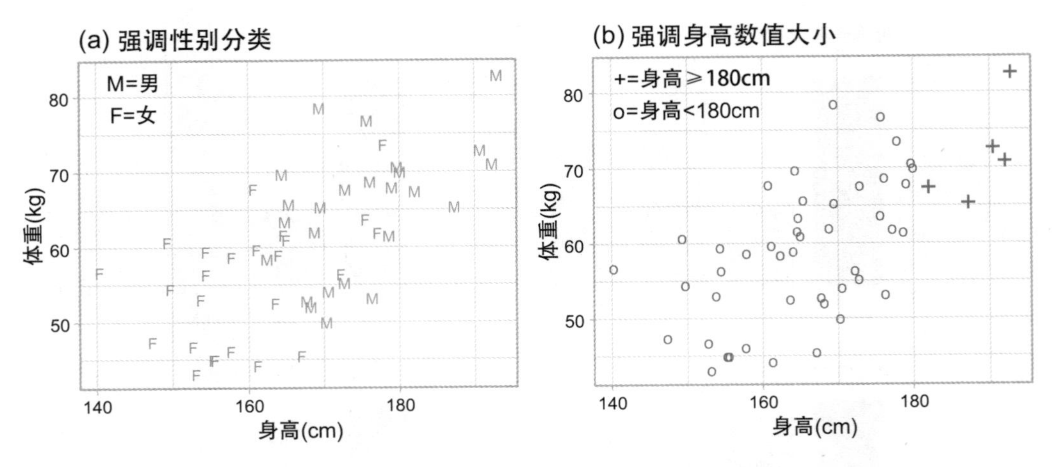

图10-5　50名学生身高和体重的散点图

此外，也可以用颜色区分数值的其他特征。比如，要分别拟合男女身高与体重的回归线，就可以用不同颜色加以区分，如图 10-6 所示。

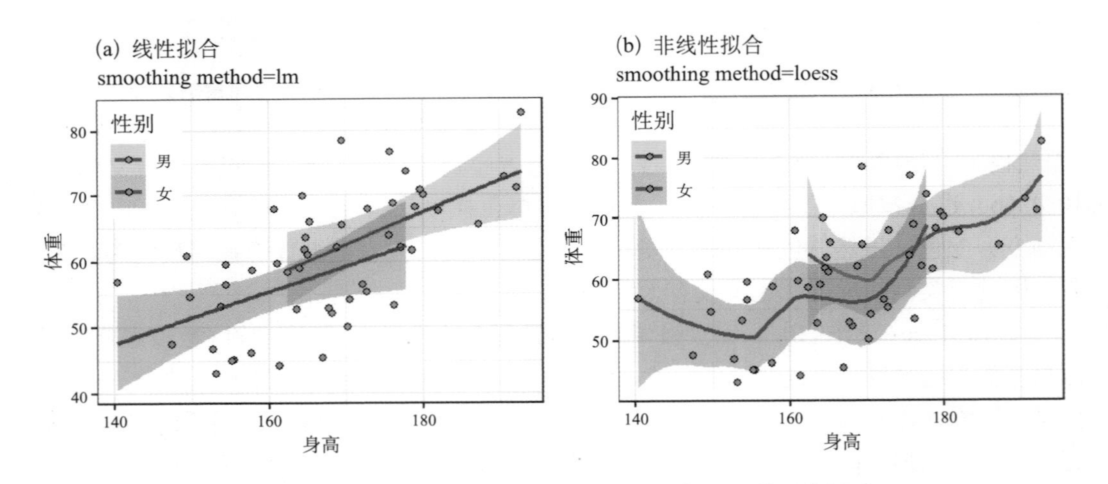

图10-6　50名学生身高和体重的散点图及其回归拟合

图 10-6（a）用两种颜色区分了男女不同的点，并分组拟合了回归直线；图 10-6（b）分组拟合了回归曲线，并给出了用颜色表示的置信带。这里的颜色使用就很有必要，有助于对图形的理解和分析。

10.4　3D 图形

在可视化实践中，多数图形是在二维（2D）空间绘制的平面图，也有部分图形是在三维（3D）空间绘制的 3D 图。2D 图形更符合人们的视觉习惯，也更容易观察和理解。相反，3D 图形不仅不符合人们的视觉习惯，有时也难以解读。

在有些场合，人们可能会有意将图形绘制成3D形式，认为3D图形外观上看起来更漂亮、更炫酷，但如果3D图形没有提供额外的信息，这样的3D图形就没有实际意义，还有扰乱视线、混淆视听之嫌。从数据可视化的视角看，除非特别有必要，否则应避免使用3D图形。

下面通过几个例子对2D图形和3D图形进行比较，以甄别3D图形的优劣。

图10-7是某地区2022年空气质量等级的条形图。

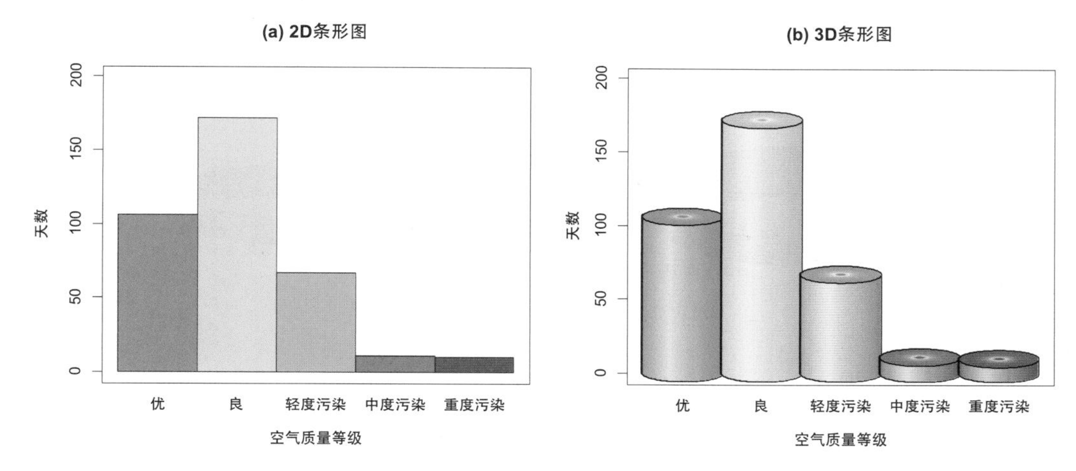

图10-7　某地区2022年空气质量等级的2D条形图和3D条形图

图10-7（a）是普通的2D条形图，图中的各个条是根据空气质量等级分类的标准着色绘制的，优、良、轻度污染、中度污染、重度污染、严重污染分别用绿色（green）、黄色（yellow）、橙色（orange）、红色（red）、紫色（purple）、褐红色（maroon）表示。x轴是按等级的标准排序绘制的（如果需要，也可以按频数排序绘制）。图10-7（b）是相同数据绘制的3D条形图。首先，从统计（或数学）意义上讲，真正的3D应该是具有3个维度的变量（数据），而图10-7（b）展示的只是两个维度（质量等级和相应的频数）。这种只表达两个维度信息的3D图并不是真正意义上的3D图，而是一种**伪3D图**（false three dimensions graph）。其次，这个3D图虽然看上去很漂亮，但与2D图相比，并没有提供额外的信息。最后，这个3D条形图各条的高度与y轴刻度在视觉上也不匹配（这里是以圆柱上的椭圆圆心与y轴刻度对应），这容易造成视觉误差，看上去的高度比实际高度要高。这样的伪3D图虽然看上去很吸引人，但并没有增加信息和可阅读性。

图10-8是10-7数据的饼图，其中的3D饼图（同样是伪3D图）是用不同的倾斜角绘制的。

图10-8（a）是普通的2D饼图，其余3幅图是使用不同倾斜角度（theta）绘制的3D饼图。除角度外，3D饼图的高度（厚度）也可以任意设置（本图没有刻意设置）。图10-8显示，倾斜角度越小，饼图中扇区面积的视觉效果似乎就越大。比如，就空气质量为良的扇区来看，图10-8（d）的占比似乎超过了47%，而图10-8（b）看上去更接近于实际。此外，这样的3D饼图与图10-8（a）的2D饼图相比，并没有提供额外的信息，只是让你看起来更费时、费力和费解。

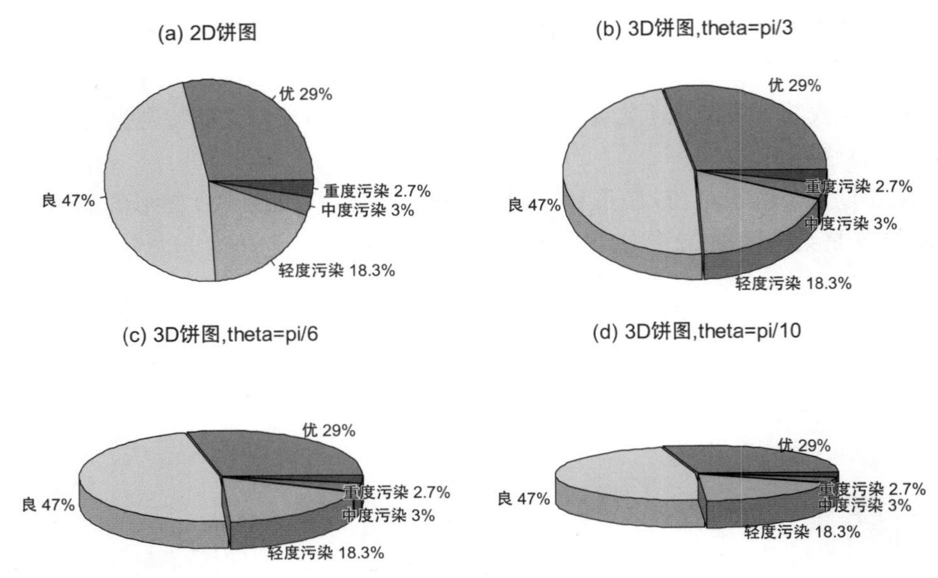

图10-8　2D饼图和不同视角的3D饼图

图 10-9 是根据 3 个变量绘制的 3D 散点图和 2D 气泡图。

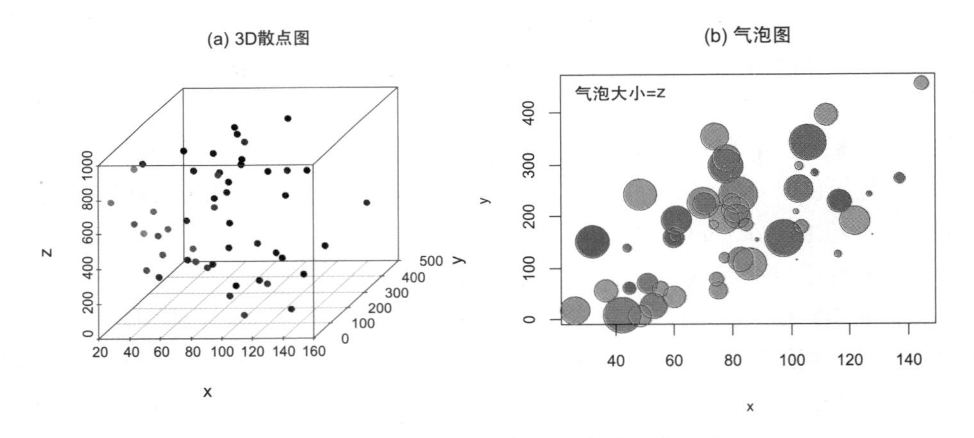

图10-9　3个变量的3D散点图和气泡图

散点图主要用于展示变量之间的关系。如果只有 3 个变量，并且一定要用一幅图画出散点图，恐怕也只能使用 3D 散点图了。问题是为什么非要使用一幅图来绘制 3 个变量的散点图呢？你能绘制 4 个或更多变量的一幅散点图吗？为什么不考虑用散点图矩阵、相关系数矩阵图或者找一种可替换图形（如气泡图）呢？

观察图 10-9（a），不仅难以判断出 x 与 y 之间是什么样的关系，更难分清 z 与 x 和 y 之间是什么样的关系，该图显示 3 个变量之间似乎没什么关系。与其他 3D 图形相比，3D 散点图会让人真正体会到什么叫费时、费力和费解。

图 10-9（b）的气泡图实际上是用二维坐标来展示 3 个变量之间的关系，其中的第 3 个变量用气泡的大小表示，可以说这是一种非常巧妙的构思。图 10-9（b）显示，x 与 y 之间为正的线性关系，由于气泡的大小随着 x 和 y 的变化呈现随机分布，这表明 z

与 x 和 y 之间没有任何关系。

总之，不能为了炫酷而毫无目的地使用 3D 图，不增加信息量、不增进可阅读性、不增强可理解性的 3D 图形并没有多大意义。

10.5　数据变换

在可视化多个变量时，这些变量往往具有不同的量纲（dimension），也就是不同的计量单位。为了对多个变量的特征进行比较分析，通常需要将这些变量统一成相同的量纲，这时就需要对数据进行变换。在以前各章绘制的图形中，有部分图形做了数据变换处理，如图 4-13（b）（标准化后的核密度山峦图）、图 4-20 和图 4-23（b）（标准化后的箱线图和小提琴图）、图 6-6（b）（归一化雷达图）、图 6-9（归一化后的星图）等。

数据变换（data transformation）就是通过某种方法将原始数据进行重新表达。设一组原始数据为x_1，x_2,⋯，x_n，所谓变换就是找到一个函数 T，它把每个x_i用新值$T\left(x_i\right)$来代替，使得变换后的数据为$T\left(x_1\right)$，$T\left(x_2\right)$,⋯，$T\left(x_n\right)$。

变换可以改变原始数据的某些特性，以增进我们对数据的理解和分析。比如，可以把不对称的数据变为对称；变换可以使数据内部的差异（离散程度）变得更稳定，从而有利于对多批数据进行比较；变换还可以把原来不能用简单模型（比如线性模型）描述的数据变为可以描述；等等。因此，在数据分析和可视化中，有时需要先对数据做变换处理，以便于分析或比较。

数据变换的方法有多种，大致可分为线性变换（linear transformation）和非线性变换（nonlinear transformation）两大类。

线性变换是通过改变数据的原点或尺度将其变换成一组新的数据。通过线性变换可以化简数据，统一数据的量纲，从而便于对数据的描述和分析。非线性变换是将原始数据x变换成x^p的形式，也称幂变换或指数变换，如果$p=0$，则用$\lg(x)$代替x，也就是将原始数据做对数变换。此外，非线性变换还有立方变换、平方变换、平方根变换等多种形式。

线性变换只是简单地改变数据的原点和量纲，它是等度地对数据进行压缩或扩张，但不改变数据在坐标轴上的相对位置，自然也就不会改变数据分布的形状，因此有利于不同变量进行分布特征的比较。非线性变换则是不等度地压缩或扩张数据，它将线性坐标轴变换成了非线性坐标轴，因此会改变数据分布的形状。如果希望通过变换从根本上改变数据分布的形状，以便从视觉效果上更容易观察数据，这时可以做非线性变换。

本书可视化中用到的线性变换主要有标准化（standardization）变换和归一化（normalization）变换。标准化变换是将一组原始数据变换成均值为 0、方差为 1 的另一组数据。当有多个不同的变量进行比较分析时，通常需要做标准化变换。

设一组原始样本数据为x_1，x_2,⋯，x_n，样本量（样本数据的个数）为n，样本平均数用$\bar{x}$表示，样本标准差用s表示，标准化公式为：

$$z_i=\frac{x_i-\bar{x}}{s}$$

标准化后的数值也称标准分数或z分数。

使用 R 的 scale(x,center=TRUE,scale=TRUE) 函数可以做标准化变换，参数 x 为数值向量或矩阵；函数默认 center=TRUE，也就是对数据进行中心化处理，即将数据集中的每个数据减去数据集的均值（$x_i-\bar{x}$），若设置 center=FALSE 则表示不对数据做中心化处理；默认 scale=TRUE，也就是将中心化后的数值除以数据集的标准差。使用函数默认参数，实际上就是按上面的公式做标准化变换。若设置 center=TRUE，scale=FALSE，则表示只对数据做中心化处理，不做标准化变换。

归一化变换也称极值标准化，它是将一组原始数据缩放到 [0，1] 的范围内。当一组数据存在较大或较小的离群值时，通常需要做归一化变换。

设一组原始数据为x_1，$x_2,\cdots$，x_n，用x_{min}表示数据集的最小值，x_{max}表示数据集的最大值，T_i表示归一化后的值，归一化的计算公式为：

$$T_i=\frac{x_i-x_{\min}}{x_{\max}-x_{\min}}$$

为直观地理解变换的意义和效果，设由 12 个数据构成的数据集为（44，48，66，51，51，67，55，37，43，46，62，54），根据原始数据、标准化和归一化后的数据绘制的点图、箱线图和核密度图如图 10-10 所示。

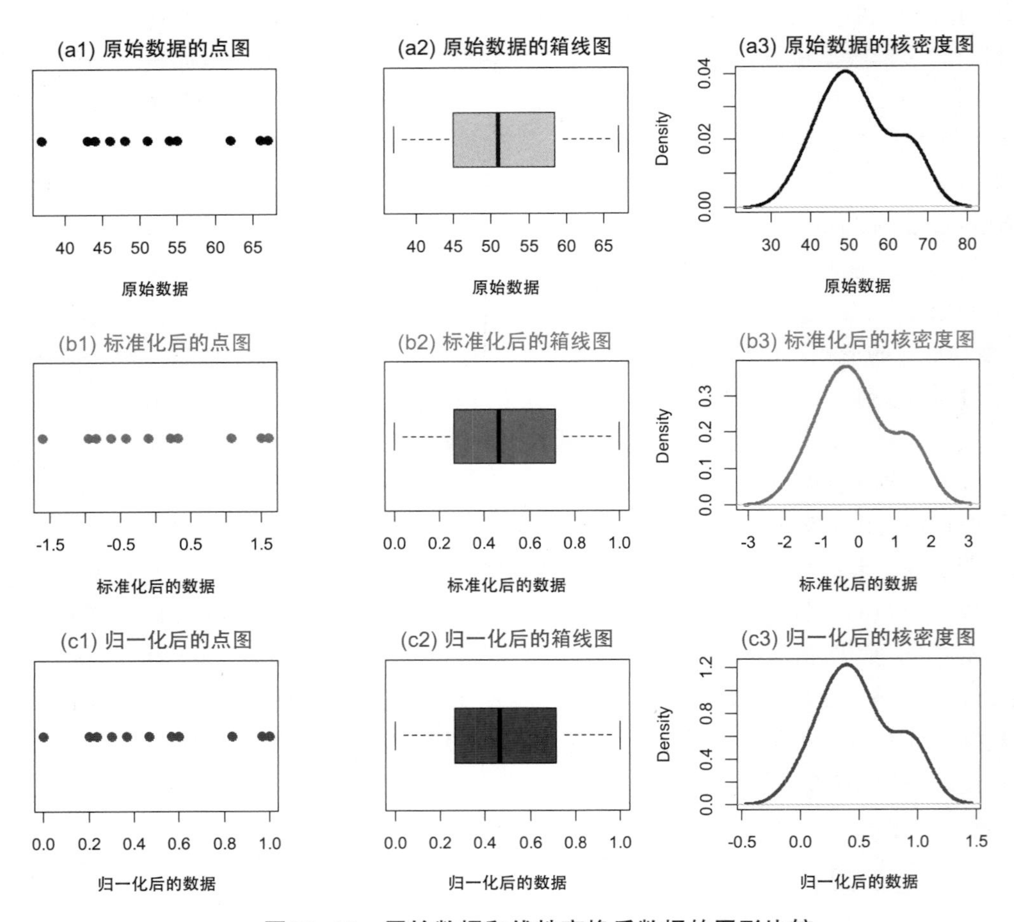

图10-10　原始数据和线性变换后数据的图形比较

如果原始数据是线性的，线性变换后的数据仍然是线性的。图 10-10 的点图显示，变换只是改变了坐标轴的标尺，没有改变各个点在坐标轴上的排列位置和顺序。箱线图和核密度图显示，变换没有改变数据分布的形状。

本书用到的非线性变换主要是对数变换，也就是对一组数据取对数。对数变换是将线性坐标轴变换成了对数坐标轴。由于对数变换是不等度地压缩数据，它对大数据的压缩程度远大于对小数据的压缩程度，因此会改变数据分布的形状。当需要改变数据的离散程度或分布形状时，通常需要做对数变换。

假定原始数据集为 a=c(1,10,100,1 000)，对数变换后的数据集为 b= $\log_{10}$(a)，变换结果为 b=c(0,1,2,3)。原始数据和对数变换后数据的点图和折线图如图 10-11 所示。

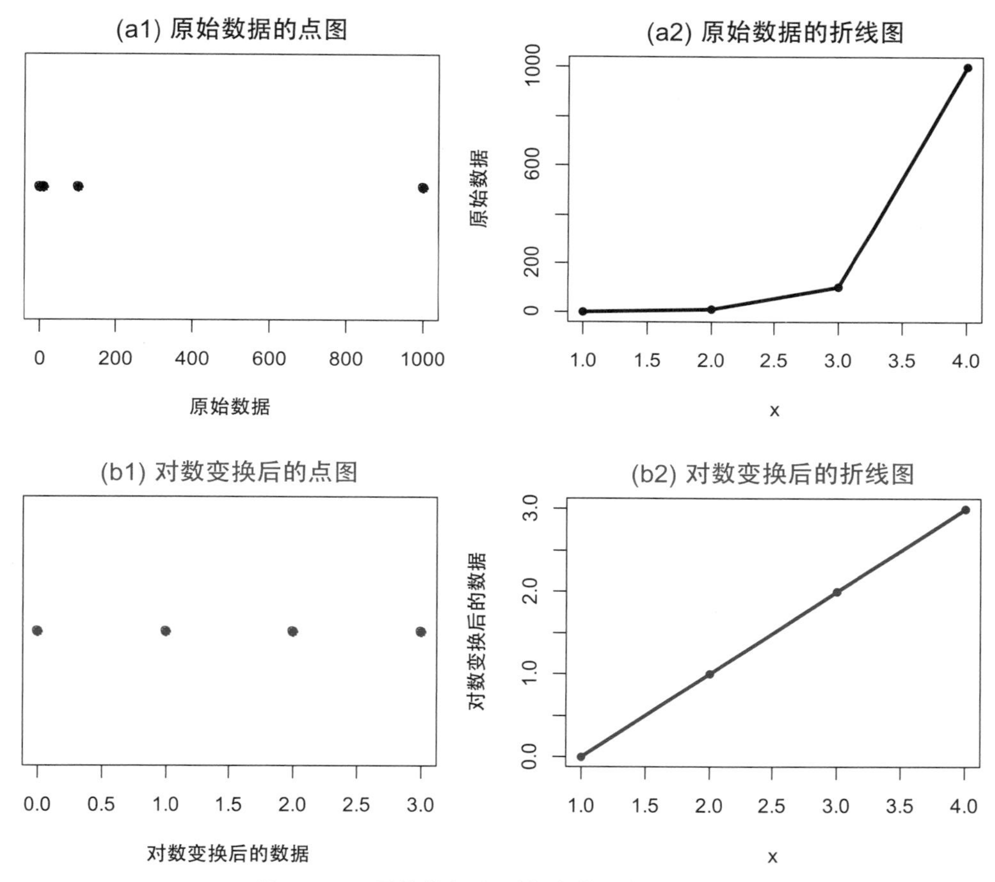

图10-11　原始数据和对数变换后数据图形的比较

图 10-11（a1）显示，原始数据在 x 轴上是不等距的；图 10-11（b1）显示，对数变换后在对数 x 轴上是等距的，也就是说，对数变换后，数据的离散程度相对变小了。图 10-11（a2）显示，原始数据为非线性（这里为指数）形态；图 10-11（b2）显示，对数变换后则为对数直线，即将一组指数变化的数据转换成了对数坐标中的直线，因此，对数变换改变了原始数据的形态。

图 10-12 更直观地展示了对数变换对数据分布形态的影响。

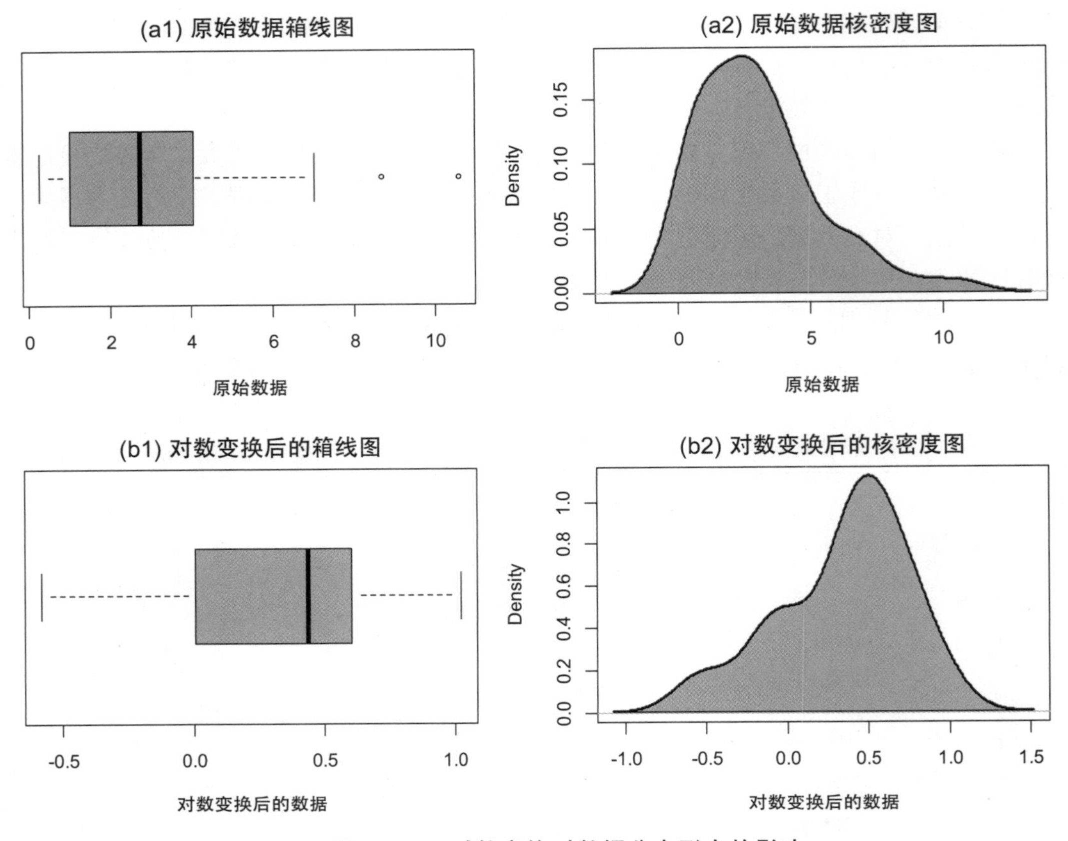

图10-12　对数变换对数据分布形态的影响

图 10-12 显示，原始数据的箱线图和核密度图为右偏分布，而对数变换后的箱线图和核密度图变为轻微左偏分布，偏斜程度变小了。图 10-12 中，原始数据的标准差为 2.27，偏度系数为 1.106，属于严重右偏；对数变换后的标准差为 0.394，偏度系数为 -0.655，离散程度和偏斜程度都变小了。因此，对数变换可以把数据的离散程度变小，也可以把不对称的数据变换为对称。

变换不是万能的，是否需要变换以及何时需要变换取决于原始数据的特征以及分析目的，不能为变换而变换。

10.6　图像格式

在数据可视化中，使用图形时需要对不同的图像文件格式有所了解。图像文件的格式有多种，比如，PDF（postable document format，便携式文件格式）、SVG（scalable vector graphics，可缩放矢量图形）、PNG（portable network graphics，便携式网络图形）、JPEG/JPG（joint photographic experts goup，联合图像专家组）等。

不同图像格式之间的主要区别是存储方式不同。图像的存储方式主要有位图（bitmap）和矢量图（vectogram）。比如，PDF 格式和 SVG 格式均为矢量图，PNG 格式和 JPEG/JPG 格式则是位图。位图是将图像存储为单个点（称为像素）的一个栅格，每个像素有一个指定的颜色，因此，放大位图的图像时清晰度会下降。矢量图则是以几何排列方式存储图像中的各个图形元素，而与像素无关。因此，任意放大或缩小矢量图都不会丢失图像的细节或影响清晰度。但矢量图的图像文件相对于位图要偏大，会占用更多的计算机资源，运行也相对较慢，而这已经不是问题。

R 语言的图形输出格式有两种：一种是矢量图（图元文件），另一种是位图。图像的存储方式有矢量图和以 postscript 语言存储的图像。R 绘制的图形（包括表格）主要有两种输出方式：一种是静态图形或表格，另一种是以 HTML 格式输出的动态交互图形或表格。静态图主要用于论文写作、PPT 或其他出版物，使用时可用鼠标点击图形，点击鼠标右键即可选择复制为图元文件（或复制为位图），然后将图形复制到 Word 文档或 PPT 中即可。如果要在其他设备上使用 R 输出的图形，可以将其保存为单独的图形文件，否则就没有必要保存图形，只需要保存图形绘制的 R 代码即可，需要时再运行代码即可得到图形，这样也便于修改图像。

习题

10.1　一幅完整的图形大概包括哪些要素？

10.2　谈谈你对 3D 图形的看法。

10.3　使用 R 自带的数据集 faithful，绘制 eruptions 和 waiting 两个变量的箱线图。你认为需要变换吗？你会做何种变换？

参考书目

[1] 温斯顿·常．R 数据可视化手册：第 2 版．北京：人民邮电出版社，2021．

[2] 保罗·莫雷尔．R 绘图系统：第 3 版．北京：人民邮电出版社，2020．

[3] Jonathan Schwabish．更好的数据可视化指南． 北京：电子工业出版社，2022．

[4] 克劳斯·O．威尔克．数据可视化基础．北京：中国电力出版社，2020．

[5] 张杰．R 语言数据可视化之美——专业图表绘制指南．北京：电子工业出版社，2019．

[6] John Jay Hilfiger．R 图形化数据分析．北京：人民邮电出版社，2017．

[7] Robert I.Kabacoff. R 语言实战：第 2 版．北京：人民邮电出版社，2016．

[8] 丘祐玮．数据科学——R 语言实现．北京：机械工业出版社，2017．

[9] 贾俊平．数据分析基础——R 语言实现．北京：中国人民大学出版社，2022．

[10] 贾俊平．统计学——基于 R．5 版．北京：中国人民大学出版社，2023．

图书在版编目（CIP）数据

数据可视化分析：基于 R 语言 / 贾俊平著. -- 3 版. -- 北京：中国人民大学出版社，2023.4
（基于 R 应用的统计学丛书）
ISBN 978-7-300-31533-1

Ⅰ. ①数… Ⅱ. ①贾… Ⅲ. ①可视化软件－数据处理 ②程序语言－程序设计 Ⅳ. ① TP317.3 ② TP312

中国国家版本馆 CIP 数据核字（2023）第 048355 号

基于 R 应用的统计学丛书
数据可视化分析——基于 R 语言（第 3 版）
贾俊平 著
Shuju Keshihua Fenxi—— Jiyu R Yuyan

出版发行	中国人民大学出版社		
社　　址	北京中关村大街31号	邮政编码	100080
电　　话	010－62511242（总编室）		010－62511770（质管部）
	010－82501766（邮购部）		010－62514148（门市部）
	010－62515195（发行公司）		010－62515275（盗版举报）
网　　址	http:www.crup.com.cn		
经　　销	新华书店		
印　　刷	唐山玺诚印务有限公司	版　　次	2019 年 5 月第 1 版
开　　本	787 mm × 1092 mm　1/16		2023 年 4 月第 3 版
印　　张	19.75　插页1	印　　次	2024 年 6 月第 2 次印刷
字　　数	448 000	定　　价	69.00 元

中国人民大学出版社　理工出版分社

教师教学服务说明

中国人民大学出版社理工出版分社以出版经典、高品质的统计学、数学、心理学、物理学、化学、计算机、电子信息、人工智能、环境科学与工程、生物工程、智能制造等领域的各层次教材为宗旨。

为了更好地为一线教师服务，理工出版分社着力建设了一批数字化、立体化的网络教学资源。教师可以通过以下方式获得免费下载教学资源的权限：

★ 在中国人民大学出版社网站 www.crup.com.cn 进行注册，注册后进入“会员中心”，在左侧点击“我的教师认证”，填写相关信息，提交后等待审核。我们将在一个工作日内为您开通相关资源的下载权限。

★ 如您急需教学资源或需要其他帮助，请加入教师 QQ 群或在工作时间与我们联络。

中国人民大学出版社　理工出版分社

教师 QQ 群：229223561(统计2组) 982483700(数据科学) 361267775(统计1组)
教师群仅限教师加入，入群请备注（学校+姓名）

联系电话：010-62511967，62511076

电子邮箱：lgcbfs@crup.com.cn

通讯地址：北京市海淀区中关村大街 31 号中国人民大学出版社 507 室（100080）